BIBLIOTHÈQUE DU CONDUCTEUR DE TRAVAUX PUBLICS

HYDRAULIQUE

AGRICOLE

PAR

Paul LÉVY SALVADOR

INGÉNIEUR CIVIL
SOUS-CHEF DU SERVICE TECHNIQUE DE LA DIRECTION DE L'HYDRAULIQUE AGRICOLE
AU MINISTÈRE DE L'AGRICULTURE

PREMIÈRE PARTIE

COURS D'EAU NON NAVIGABLES NI FLOTTABLES

PARIS

Vve Ch. DUNOD et P. VICQ, Éditeurs

LIBRAIRES DES PONTS ET CHAUSSÉES, DES MINES
ET DES CHEMINS DE FER

49 Quai des Grands-Augustins 49

1896

HYDRAULIQUE AGRICOLE

TOURS. — IMPRIMERIE DESLIS FRÈRES

BIBLIOTHÈQUE DU CONDUCTEUR DE TRAVAUX PUBLICS

HYDRAULIQUE

AGRICOLE

PAR

PAUL LÉVY SALVADOR

INGÉNIEUR CIVIL
SOUS-CHEF DU SERVICE TECHNIQUE DE LA DIRECTION DE L'HYDRAULIQUE AGRICOLE
AU MINISTÈRE DE L'AGRICULTURE

PREMIÈRE PARTIE

COURS D'EAU NON NAVIGABLES NI FLOTTABLES

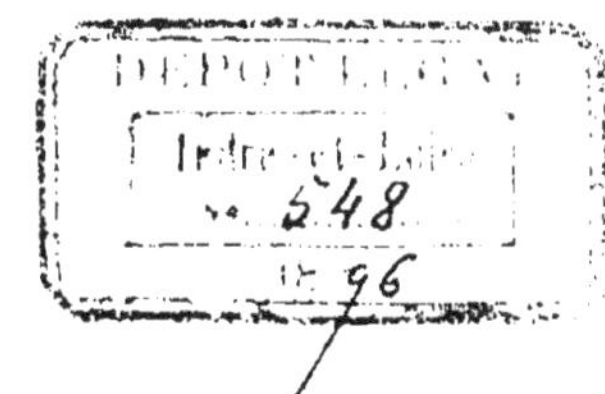

PARIS

Vve CH. DUNOD ET P. VICQ, ÉDITEURS

LIBRAIRES DES PONTS ET CHAUSSÉES, DES MINES
ET DES CHEMINS DE FER

49 Quai des Grands-Augustins 49

1896

BIBLIOTHÈQUE DU CONDUCTEUR DE TRAVAUX PUBLICS

PUBLIÉE SOUS LES AUSPICES

DE MESSIEURS LES MINISTRES DES TRAVAUX PUBLICS DE L'AGRICULTURE DE L'INSTRUCTION PUBLIQUE DU COMMERCE ET DE L'INDUSTRIE

Comité de patronage

BEAUREGARD (docteur)	Secrétaire général de l'Association philotechnique.
BECHMANN	Ingénieur en chef de l'assainissement (Service municipal de la ville de Paris), Professeur à l'Ecole des Ponts et Chaussées.
BOREUX	Ingénieur en chef de la voie publique (Service municipal de la ville de Paris).
BOUQUET	Directeur du personnel et de l'enseignement technique au Ministère du Commerce.
BOUVARD	Inspecteur général des services techniques municipaux d'architecture de la ville de Paris.
BROUARDEL (le Profr)	Doyen de la Faculté de médecine, Membre de l'Institut, Président de l'Association polytechnique.
COLSON	Maître des requêtes au Conseil d'État, Professeur à l'Ecole des Ponts et Chaussées.
COMTE (J.)	Ancien directeur des Bâtiments civils et des Palais nationaux.
DEBAUVE	Ingénieur en chef des Ponts et Chaussées, Agent voyer en chef de l'Oise, auteur du *Manuel de l'Ingénieur des Ponts et Chaussées.*
DELECROIX	Avocat, Docteur en droit, Directeur de la *Revue de la Législation des Mines.*
DONIOL	Inspecteur général des Ponts et Chaussées.
BOUSQUET (du)	Ingénieur en chef du matériel et de la traction à la Cie des Chemins de fer du Nord.
FLAMANT	Inspecteur général des Ponts et Chaussées de l'Algérie.
GAY	Inspecteur général des Ponts et Chaussées, Directeur de l'Ecole Nationale des Ponts et Chaussées.
GRILLOT	Président honoraire de la Société des Conducteurs, Contrôleurs et Commis des Ponts et Chaussées et des Mines.
GUILLAIN	Conseiller d'État, Directeur des Routes, de la Navigation et des Mines au Ministère des Travaux publics.
HATON DE LA GOUPILLIÈRE	Membre de l'Institut, Inspecteur général des Mines, Directeur de l'Ecole nationale supérieure des Mines.

HENRY (E.)	Inspecteur général des Ponts et Chaussées, Directeur du personnel et de la Comptabilité au Ministère des Travaux publics.
HUET	Inspecteur général des Ponts et Chaussées, Directeur administratif des Travaux de la ville de Paris.
HUMBLOT	Inspecteur général des Ponts et Chaussées, Directeur du Service des Eaux de la ville de Paris.
JOUBERT	Ancien Président de la Société des Anciens Elèves des Ecoles nationales d'Arts et Métiers.
LAUSSEDAT (le Colonel)	Membre de l'Institut, Directeur du Conservatoire national des Arts et Métiers.
Me LE BERQUIER	Avocat à la Cour d'appel de Paris.
MARTIN (J.)	Inspecteur général des Ponts et Chaussées en retraite, Ancien professeur à l'École nationale des Ponts et Chaussées.
MARTINIE	Contrôleur général de l'Administration de l'Armée, Ancien président de la Société de Topographie de France.
METZGER	Inspecteur général des Ponts et Chaussées, Directeur des Chemins de fer de l'Etat.
MICHEL (J.)	Ingénieur en chef au Chemin de fer de Paris à Lyon et à la Méditerranée.
NICOLAS	Conseiller d'Etat, Directeur du Travail et de l'Industrie au Ministère du Commerce, de l'Industrie et des Postes et Télégraphes.
PHILIPPE	Inspecteur général des Ponts et Chaussées, Directeur de l'Hydraulique agricole au Ministère de l'Agriculture.
PILLET	Professeur au Conservatoire national des Arts et Métiers.
Le **Président** de la Société des Ingénieurs civils de France.	
RÉSAL	Ingénieur en chef des Ponts et Chaussées, Professeur à l'École Nationale des Ponts et Chaussées.
ROUCHÉ	Professeur au Conservatoire national des Arts et Métiers.
SANGUET	Président de la Société de Topographie parcellaire de France.
TAVERNIER (de)	Ingénieur en chef des Ponts et Chaussées, Directeur du secteur électrique de la rive gauche.
TISSERAND	Conseiller d'Etat, Directeur de l'Agriculture au Ministère de l'Agriculture.
TRICOCHE (le Général)	Président de la Société de Topographie de France.

BIBLIOTHÈQUE DU CONDUCTEUR DE TRAVAUX PUBLICS

Comité de rédaction

SIÈGE : 46, QUAI DE L'HÔTEL-DE-VILLE

Bureau

PRÉSIDENT :

JOLIBOIS — Conducteur des Ponts et Chaussées, Navigation de la Seine (Entretien des ponts de Paris), Président de la Société des Conducteurs, Contrôleurs et Commis des Ponts et Chaussées et des Mines, Membre des Sociétés des Ingénieurs civils de France, des anciens élèves des Ecoles d'Arts et Métiers, de Topographie de France, etc., Professeur à l'Association philotechnique.

VICE-PRÉSIDENTS :

LAYE — Ingénieur des Arts et Manufactures (Cie du Chemin de fer du Nord), ex-commis des Ponts et Chaussées.

VERDEAUX — Inspecteur de la voie (Cie du Chemin de fer d'Orléans), Membre de la Société des Ingénieurs civils de France.

VIDAL — Conducteur des Ponts et Chaussées (Contrôle des Chemins de fer du Midi).

SECRÉTAIRE GÉNÉRAL :

CANAL — Conducteur des Ponts et Chaussées, Contrôleur Comptable des Chemins de fer (Orléans).

SECRÉTAIRES :

DEJUST — Conducteur municipal (Service des Eaux), Ingénieur des Arts et Manufactures.

DIÉBOLD — Conducteur des Ponts et Chaussées, Service Municipal (Assainissement).

HABY — Rédacteur au Ministère des Travaux Publics.

MEMBRES DU COMITÉ :

ALLEGRET — Conducteur des Ponts et Chaussées, Contrôleur Comptable des Chemins de fer (Ouest).

BONNET — Conducteur des Ponts et Chaussées, Service Municipal (Eclairage), ex-Vice-Président de la Société des Conducteurs, Contrôleurs et Commis des Ponts et Chaussées et des Mines.

INTRODUCTION

1. Divers modes d'utilisation des eaux. — Les eaux des fleuves, des rivières et des ruisseaux qui sillonnent le territoire français sont susceptibles d'être utilisées de bien des manières différentes.

Elles sont employées pour l'alimentation et les besoins domestiques des centres habités, pour la navigation fluviale, naturelle ou artificielle ; elles sont utilisées pour la production de la force motrice nécessaire à la mise en marche de nombreuses usines ; enfin, elles servent en agriculture pour fertiliser et enrichir la terre.

De ces divers modes d'emploi, les plus essentiels sont ceux où l'eau ne peut pas être remplacée, c'est-à-dire, en première ligne, l'alimentation des villes et, ensuite, l'utilisation agricole. Quant aux transports par eau, ils pourraient s'effectuer de toute autre manière, et la force motrice est susceptible d'être produite sans le secours d'une chute d'eau. Remarquons pourtant que l'industrie qui utilise la force motrice d'un barrage ne *consomme* pas l'eau, laquelle, après avoir mis en mouvement les artifices de l'usine, est rendue presque intégralement à son cours naturel.

La navigation fluviale se contente d'utiliser l'eau comme moyen de transport. Les travaux d'aménagement qu'il est souvent nécessaire d'exécuter, dans le but de parer aux conséquences nuisibles des variations du débit des cours d'eau naturels, intéressent cependant l'agriculture, à cause de leur influence sur le régime des nappes souterraines des vallées [1].

[1] Un exemple de ce fait a été constaté dans la vallée de la Basse-Yonne, à l'aval de Sens. Avant l'exécution des travaux de canalisa-

La canalisation des grands cours d'eau crée des chutes importantes qui pourraient être utilisées par l'industrie sans apporter d'entraves à la navigation, mais les exemples de ce genre d'utilisation sont rares.

Les voies navigables *artificielles* nécessitent pour leur alimentation la formation d'emmagasinements d'eau importants. Dans certains cas, les eaux véhiculées par les canaux de navigation sont employées, en partie, pour les irrigations ou les submersions ; toutefois, la quantité d'eau mise à la disposition de l'agriculture est peu importante ; de plus, les prises d'eau pouvant toujours être fermées si les besoins de l'alimentation des canaux l'exigent, elles ne constituent, par suite, qu'un mode de jouissance précaire.

En réalité, les trois principaux modes d'emploi de l'eau sont donc l'alimentation des agglomérations, la navigation artificielle et l'utilisation agricole et industrielle.

2. Utilisation agricole des eaux. — D'après M. l'ingénieur en chef Bechmann, professeur du Cours d'Hydraulique agricole à l'École des Ponts et Chaussées, le débit annuel des fleuves et des rivières n'est pas inférieur à 180 milliards de mètres cubes. L'alimentation, à raison de 250 litres par jour et par tête, pour une population de 36.000.000 d'habitants, exige un volume de 3.285.000.000 mètres cubes.

L'arrosage d'un hectare de terre demande au plus 15.000 mètres cubes par an. Si donc le cube disponible de 176.715.000.000 mètres cubes était consacré entièrement à l'agriculture, il permettrait d'irriguer une surface de

tion, les eaux ordinaires et moyennes de l'Yonne trouvaient un écoulement facile dans le lit mineur, et leur niveau se maintenait généralement à une assez faible hauteur au-dessus de l'étiage ; la nappe souterraine qui règne dans le massif crayeux formant le sous-sol de la vallée s'infléchissait vers le thalweg suivant une forte pente et se déchargeait dans la rivière sans apparaître à la surface, au moins pendant la belle saison. Les prairies et les terrains labourables de la vallée étaient alors très productifs. Mais depuis que les eaux de l'Yonne sont surélevées par des barrages, le niveau de la nappe souterraine s'est lui-même relevé, et l'eau apparaît aujourd'hui sur le sol en un grand nombre de points, de telle sorte que les prairies et les terres labourables souffrent généralement d'un excès d'humidité.

12.000.000 d'hectares. Or la statistique nous apprend que, sur 27.000.000 d'hectares en culture, il n'y a pas plus de 2.360.000 hectares irrigués et 3 à 4.000.000 d'hectares de terres plus ou moins régulièrement arrosées [1].

3. Utilisation industrielle des eaux. — L'altitude moyenne du pays au-dessus de la mer étant de 150 mètres environ, le cube d'eau disponible représente une force motrice brute de 11.225.260 chevaux-vapeur. Mais la plupart des chutes sont inutilisées.

On doit, toutefois, constater que, depuis que le transport de l'énergie à distance est entré dans le domaine de la pratique et aussi depuis que de grands progrès ont été réalisés dans la construction des turbines, l'aménagement des chutes en vue de la production de la force motrice et de l'éclairage électrique est devenu assez fréquent, surtout dans les pays montagneux, où la forte pente des cours d'eau et l'encaissement des rives facilitent la création à peu de frais de forces motrices importantes. Mais on est loin d'avoir fait dans cette voie tous les progrès désirables.

A l'appui de ce qui précède, nous citerons l'exemple suivant : dans le département de Meurthe-et-Moselle, l'un des premiers par l'importance de son industrie et le développement de ses irrigations, on constate que, sur 62.389 hectares qui forment le bassin versant de la rivière de la Chiers, 1.355 hectares sont arrosés. La force motrice totale dont on pourrait disposer est de 4.800 chevaux-vapeur environ ; la force brute mise au service des usines existantes est de 495 chevaux, et le travail utile de 233 chevaux seulement.

Nous ne voulons pas prétendre que tous les travaux ayant pour but l'utilisation des eaux soient susceptibles de produire des résultats satisfaisants. Nous verrons, quand nous traiterons des irrigations, que l'emploi des eaux dérivées exige des travaux d'appropriation de la terre entraînant des dépenses parfois assez élevées. L'aménagement d'une chute en vue de la production de la force motrice n'aurait pas de raison d'être si l'utilisation de la force ainsi créée ne répondait pas

[1] Bechmann, *Cours d'Hydraulique agricole*, professé à l'École des Ponts et Chaussées.

à une nécessité bien démontrée. Chaque cas particulier doit être l'objet d'un examen minutieux au point de vue de la dépense et des recettes et, dans certains cas, le résultat de cet examen peut être défavorable.

Chercher à utiliser autant que possible les qualités fertilisantes de l'eau pour l'agriculture et ses forces vives pour l'industrie, en restreindre l'emploi au cas où les résultats à attendre justifient les dépenses à faire, tel est, en somme, le but à atteindre et la seule solution rationnelle du problème économique de l'utilisation agricole et industrielle des eaux.

4. Définition de l'hydraulique agricole. — On peut définir comme suit l'hydraulique agricole. C'est la science de l'aménagement des eaux en vue de leur bonne répartition sur le sol, et de l'utilisation des eaux ainsi aménagées pour les besoins de l'agriculture et, subsidiairement, pour ceux de l'industrie.

En théorie, un cours d'eau idéal serait celui dont les variations de débit ne causeraient aucun dommage aux divers intérêts riverains, et qui assurerait en tout temps l'écoulement parfait des eaux pluviales ou stagnantes de son bassin. Dans ce cas, aucune molécule d'eau ne se perdrait dans la mer sans que le pays qu'elle a traversé n'eût pu profiter de sa puissance motrice, de ses facultés fertilisantes et de ses qualités sous le rapport de la navigation.

L'hydraulique agricole n'a pas à s'occuper des cours d'eau navigables ou flottables, qui, comme nous le verrons plus loin, sont soumis à un régime absolument différent de celui des cours d'eau non navigables ni flottables. Elle a dans sa compétence, non seulement l'entretien de ces derniers cours d'eau, la répartition et l'utilisation de leurs eaux, mais encore toutes les questions relatives au desséchement des étangs et des marais, à l'assainissement des terres humides et insalubres, à la défense des terres riveraines contre les crues, aux moyens de restreindre les inondations. En un mot, elle ne se contente pas d'employer les eaux dites utiles, elle a aussi pour mission la défense du sol contre les eaux nuisibles ou malsaines.

5. Des cours d'eau non navigables ni flottables. — Un cours d'eau non navigable ni flottable est celui qui, soit par suite du peu d'importance de son débit, soit par suite de l'exagération de la pente de son profil en long, soit pour toute autre cause, n'est pas susceptible de porter des bateaux ou des radeaux.

Tandis que les cours d'eau navigables ou flottables font partie du domaine public (art. 538 du Code civil), les autres sont du domaine commun. Les concessions d'eau sur les cours d'eau du domaine public ne peuvent être accordées que par décret, à titre essentiellement précaire et révocable. Au contraire, les riverains des cours d'eau non navigables ni flottables ont le droit de se servir des eaux à leur passage (art. 644 du Code civil), à la seule condition d'avoir provoqué et obtenu du préfet une autorisation sous forme d'arrêté réglementant le mode de jouissance, dans le but de sauvegarder l'intérêt général.

Les cours d'eau du domaine public ont été classés comme tels soit par l'ordonnance royale du 10 juillet 1835, rendue en exécution de la loi du 15 avril 1829 sur la pêche fluviale, soit par divers lois ou décrets postérieurs. Nous donnons, comme annexe au présent volume, un tableau faisant connaître, pour tous les cours d'eau partiellement navigables ou flottables, le point où commence le flottage ou la navigation. Tous les cours d'eau non compris dans cette nomenclature appartiennent au domaine commun.

6. Longueur du réseau des cours d'eau non navigable ni flottables. La longueur totale du réseau des cours d'eau non navigables ni flottables de la France continentale est d'environ 258.000 kilomètres. La répartition entre les départements est donnée par le tableau suivant :

Départements	Superficie en kilomètres carrés	Longueur approx. des cours d'eau non navigables ni flottables	Départements	Superficie en kilomètres carrés	Longueur approx. des cours d'eau non navigables ni flottables
Ain	5.799	2.996	Report	284.387	139.471
Aisne	7.352	2.528	Loiret	6.771	995
Allier	7.308	3.144	Lot	5.212	1.787
Basses-Alpes	6 954	3.250	Lot-et-Garonne	5.354	4.063
Hautes-Alpes	5 590	1.268	Lozère	5.170	2.744
Alpes-Maritimes	3.743	2.913	Maine-et-Loire	7.121	3.658
Ardèche	5.527	3.086	Manche	5.928	3.740
Ardennes	5.233	2 218	Marne	8.180	2.573
Ariège	4.894	2.859	Haute-Marne	6.220	2.311
Aube	6.001	2.150	Mayenne	5.171	4.228
Aude	6.313	5.351	Meurthe-et-Mos.	5.232	3.907
Aveyron	8.743	4 645	Meuse	6.228	4.915
Bouch.-d.-Rhône	5.105	819	Morbihan	6.798	3.832
Calvados	5.521	3.796	Nièvre	6.817	2.766
Cantal	5.741	3.672	Nord	5.681	2.597
Charente	5.942	1.781	Oise	5.855	1.315
Charente-Inférieure	6.826	2.301	Orne	6.097	3.833
Cher	7.199	3.037	Pas-de-Calais	6.606	1.793
Corrèze	5.866	3.334	Puy-de-Dôme	7.950	6.058
Corse	8.747	9.147	Basses-Pyrénées	7.623	4.533
Côte-d'Or	8.761	2.405	Hautes-Pyrénées	4.529	2.601
Côtes-du-Nord	6.886	6.298	Pyrénées-Orient.	4.122	1.618
Creuse	5.568	4.121	H.-Rhin (Belfort)	610	486
Dordogne	9.183	3.924	Rhône	2.790	1.678
Doubs	5.228	1.708	Haute-Saône	5.340	2.046
Drôme	6.522	1.994	Saône-et-Loire	8 552	3.997
Eure	5.958	887	Sarthe	6 207	3.967
Eure-et-Loir	5.874	1.138	Savoie	5.760	3.291
Finistère	6.722	2.800	Haute-Savoie	4.315	3.642
Gard	5.836	2.631	Seine	479	100
Haute-Garonne	6.290	4.686	Seine-Inférieure	6.035	1.185
Gers	6.280	2.677	Seine-et-Marne	5.736	3.633
Gironde	9.740	3.539	Seine-et-Oise	5.604	1.106
Hérault	6.198	6.177	Deux-Sèvres	6.000	2.686
Ille-et-Vilaine	6.726	4.109	Somme	6.161	1.105
Indre	6.795	2.535	Tarn	5.742	3.814
Indre-et-Loire	6.114	1.826	Tarn-et-Garonne	3.720	4.235
Isère	8.289	3.758	Var	6.028	1.406
Jura	4.994	2.786	Vaucluse	3.548	892
Landes	9.321	4.139	Vendée	6.703	3.509
Loir-et-Cher	6.351	725	Vienne	6.970	2.336
Loire	4.760	3.097	Haute-Vienne	5.517	2.308
Haute-Loire	4.962	3.329	Vosges	5 853	3.317
Loire-Inférieure	6.875	3.914	Yonne	7.428	2.270
A reporter	284.387	139.471	Totaux	528.400	258.574

7. Des agents chargés de la police des cours d'eau non navigables ni flottables. — Aux termes des lois et règlements en vigueur sur la police des cours d'eau non navigables ni flottables, c'est aux préfets qu'il appartient :

1° De veiller à la conservation de ces rivières (décret-loi de l'Assemblée Nationale des 22 décembre 1789-janvier 1790) ;

2° De rechercher et d'indiquer les moyens de procurer le libre cours des eaux, d'empêcher que les prairies ne soient submergées par la trop grande élévation des écluses des moulins et par les autres ouvrages établis sur la rivière et de diriger enfin toutes les eaux du territoire vers un but d'utilité publique d'après les principes de l'irrigation (loi des 12-20 août 1790) ;

3° De fixer la hauteur à laquelle les propriétaires de moulins construits ou à construire seront forcés de tenir leurs eaux, cette hauteur devant être déterminée de manière à ne nuire à personne ; les permissionnaires restent garants de tous dommages que les eaux pourront causer aux propriétés voisines par la trop grande élévation du déversoir ou autrement (lois des 28 septembre-6 octobre 1791) ;

4° De prendre toutes les mesures nécessaires pour empêcher que les eaux ne soient détournées de leur cours naturel par des prises d'eau, saignées ou autrement, sans autorisation préalable, et que les usines, barrages et chaussées ne puissent excéder le niveau qui aura été déterminé (arrêté du Gouvernement du 19 ventôse an VI).

Les droits de police et de surveillance ainsi dévolus aux préfets sont exercés en leur nom par les agents du service des Ponts et Chaussées chargés de l'hydraulique agricole.

Les Conducteurs des Ponts et Chaussées, qui sont en contact permanent avec les populations rurales, sont tout désignés pour remplir la mission de chercher à concilier les intérêts contradictoires des divers riverains ayant droit à l'usage des eaux. C'est aussi à eux qu'il appartient de guider par leurs conseils ces riverains qui, par suite de manque d'initiative, laissent trop souvent écouler sans l'utiliser l'eau se trouvant à leur portée, et dont l'emploi judicieux augmenterait dans une proportion parfois considérable la valeur des revenus qu'ils tirent de la terre.

8. Divisions de l'ouvrage. — L'utilisation pour l'agriculture et l'industrie des eaux des petits cours d'eau est le but principal vers lequel doivent tendre les efforts des agents du service de l'hydraulique agricole. Aussi traiterons-nous d'abord, avec un certain développement, la question de la réglementation des prises d'eau sur cours d'eau non navigables ni flottables qui forme la partie courante de ce service. Nous examinerons ensuite l'ensemble des travaux nécessaires pour l'entretien et l'amélioration des mêmes cours d'eau, dans le but de se rapprocher le plus possible de ce que nous avons appelé le cours d'eau idéal.

Dans un second volume, nous nous occuperons de la répartition aux mieux des intérêts agricoles des eaux disponibles ; nous examinerons aussi les travaux d'aménagement des eaux nuisibles. Enfin, nous terminerons par quelques considérations sur des questions connexes : polders, drainage, fixation des dunes et utilisation des eaux d'égout.

PREMIÈRE PARTIE

RÉGLEMENTATION DES PRISES D'EAU
SUR COURS D'EAU
NON NAVIGABLES NI FLOTTABLES

CHAPITRE I

GÉNÉRALITÉS

9 Faculté d'établissement des prises d'eau. — Conditions auxquelles elle est subordonnée. — La faculté pour les riverains d'établir en lit de rivière des barrages de retenue ou de pratiquer des saignées sur les berges leur est implicitement reconnue par l'article 644 du Code civil.

Mais l'exécution de ces travaux est subordonnée à diverses conditions essentielles commandées par l'intérêt général, et dont l'application est placée sous la garde de l'autorité administrative.

La pente d'une rivière qu'on peut utiliser pour la production de la force motrice ou le relèvement des eaux employées soit à l'arrosage des terres, soit à tout autre usage, n'est pas susceptible d'appropriation privée.

L'utilisation des eaux nécessite ordinairement la création de barrages qui, relevant le niveau de la rivière pourraient amener la submersion des propriétés d'amont, si l'Administration n'intervenait pas pour concilier les divers intérêts en présence. C'est elle qui fixe la hauteur des retenues et dispose de la pente des rivières non navigables ni flottables, au mieux des intérêts des riverains.

Les travaux que nécessite l'utilisation des eaux doivent être régulièrement autorisés par l'Administration, que les lois déjà mentionnées des 22 décembre 1789-janvier 1790, 12-20 août 1790 et 28 septembre-6 octobre 1791, chargent de veiller à la conservation des rivières, au libre écoulement des eaux, ainsi qu'à leur répartition dans l'intérêt général. De plus, aux termes de l'arrêté du Gouvernement du 19 ventôse an VI (art. 9), est subordonné à « une autorisation expresse du Directoire exécutif » l'établissement des « ponts, chaus-« sées permanentes ou mobiles, écluses ou usines, batar-« deaux, moulins, digues ou autres obstacles quelconques au « libre cours des eaux ».

Aujourd'hui, ce sont les préfets qui sont compétents pour statuer directement, sur l'avis ou la proposition des ingénieurs du service hydraulique, sur toutes les affaires relatives à la réglementation des retenues nouvelles, ainsi qu'à la régularisation des retenues déjà existantes. Ces droits leur ont été conférés par le décret de décentralisation administrative du 25 mars 1852, confirmé par celui du 13 avril 1861, qui a placé dans les attributions des préfets « l'autorisation, sur les cours d'eau non navigables ni flottables, de tout établissement nouveau, tel que moulin, usine, barrage, prise d'eau d'irrigation, patouillet, bocard, lavoir à mines[1], et la régularisation de l'existence desdits établissements, lorsqu'ils ne sont pas encore pourvus d'autorisation régulière, ou la modification des règlements déjà existants ».

Sous le régime antérieur à 1852, les actes de police touchant au libre cours des eaux étaient réglés par ordonnances

[1] Un bocard à mines est une usine hydraulique, ordinairement composée d'un système de cames et pilons destinés à broyer les minerais en roche avant de les soumettre à l'action du feu dans les hauts-fourneaux.

Un patouillet est un établissement destiné à l'épuration des minerais de fer. Ordinairement, la mine est placée dans un coffre en charpente où l'eau se renouvelle et est tenue en mouvement au moyen soit de larges palettes, soit d'un châssis en fer adapté à la roue de l'arbre hydraulique. L'eau, chargée des parties terreuses qui formaient la gangue du minerai, s'écoule seule par déversement, et celui-ci se retrouve au fond du coffre.

Les lavoirs à mines ne sont, en réalité, que de petits patouillets ; le lavage s'y effectue à bras d'hommes. — Ces établissements, n'exigeant pas de barrages, ne sont pas des usines hydrauliques proprement dites ; mais ils ont le caractère d'usines métallurgiques soumises aux prescriptions des lois spéciales sur cette matière. (Nadault de Buffon. *Traité des Usines.*)

royales ou par décrets. Les préfets ont compétence pour modifier les dispositions anciennes et les réglementer à nouveau par de simples arrêtés.

10. Instruction des demandes. — Forme des règlements. — Les règles à suivre pour l'instruction des demandes en autorisation de prises d'eau sur cours d'eau non navigables ni flottables ont été tracées par trois instructions organiques ministérielles en date des 19 thermidor an VI, 23 octobre 1851 et 26 décembre 1884[1].

Vu l'importance de ces documents, nous en donnons ci-après le texte intégral.

CIRCULAIRE DU 19 THERMIDOR AN VI

Instruction sur le mode d'exécution de l'article 9 de l'arrêté du Directoire exécutif du 19 ventôse an VI

Depuis la promulgation de l'arrêté du Directoire exécutif du 19 ventôse dernier, plusieurs demandes m'ont été adressées à l'effet d'obtenir l'autorisation exigée par l'article 9 de cet arrêté, pour l'établissement des usines, écluses, batardeaux, moulins, digues, ponts et chaussées permanentes ou mobiles, sur les rivières navigables et flottables, canaux d'irrigation ou de dessèchements généraux. J'ai été dans le cas d'observer que ces demandes variaient dans leur forme ; que souvent les précautions nécessaires à leur préparation étaient négligées ou incomplètes, ou bien que le vœu des administrations n'était point assez formellement prononcé pour déterminer une décision. J'ai pensé qu'il était à propos de fixer une marche simple et régulière, qui, en remplissant l'objet de l'arrêté, pût être facilement connue des administrés, et suivie par les corps administratifs. Voici quelles sont les dispositions qui m'ont paru les plus importantes pour établir l'ordre et l'uniformité :

[1] Cette circulaire, postérieure à la formation du Ministère spécial de l'Agriculture, émane de ce dernier Ministère.

Toute personne qui désirera former un établissement de la nature de ceux énoncés dans l'article 9 précité, devra donner sa demande motivée et circonstanciée à l'administration centrale du département du lieu de l'établissement projeté. L'administration départementale, après avoir examiné la pétition, en ordonnera le renvoi à l'administration municipale du canton, à l'ingénieur ordinaire de l'arrondissement et à l'inspecteur de la navigation, partout où il y en aura d'établi. L'administration municipale aura à examiner les convenances locales et l'intérêt des propriétaires riverains ; et, afin d'obtenir à cet égard tous les renseignements, et de mettre les intéressés à même de former leurs réclamations, elle ordonnera l'affiche de la pétition à la porte principale du lieu de ses séances ; cette affiche devra demeurer posée pendant l'espace de deux décades, avec invitation aux citoyens qui auraient des observations à proposer, de les faire au secrétariat de la municipalité dans lesdites deux décades, ou, au plus tard, dans les trois jours qui suivront l'expiration du délai de l'affiche.

L'administration municipale formera alors son avis ; et, indépendamment de la précaution ci-dessus indiquée, elle ne négligera aucune des connaissances qu'elle pourra acquérir par elle-même, soit par son transport sur les lieux, soit par la réunion des propriétaires d'héritages riverains et de ceux des usines inférieures et supérieures, soit, enfin, par le concours des ingénieur et inspecteur, si elle peut les réunir.

Si l'ingénieur opère séparément afin de le faire en plus grande connaissance de cause, il attendra l'expiration des délais indiqués et la formation de l'avis de l'administration municipale qui lui sera remis avec toutes les pièces. Il examinera, par les règles de l'art, les inconvénients ou les avantages de l'établissement, et pèsera sous ce rapport la valeur des objections qui auront pu être faites. Lorsqu'il n'y aura pas d'inspecteur de la navigation dans l'arrondissement, il s'aidera des observations des mariniers instruits, sur l'effet que pourra produire, quant à l'action des eaux, l'établissement projeté, et prescrira la manière dont cet établissement devra se faire, ainsi que l'étendue et la proportion des vannes, écluses, déversoirs, etc.; il fera du tout un plan qu'il joindra à son rapport. La formation du plan sera aux frais de la partie requérante.

L'inspecteur de la navigation se concertera, autant que possible, avec l'ingénieur ordinaire qui, dans tous les cas, devra lui donner communication des pièces ; il examinera l'objet sous le rapport de la navigation ; il pourra faire son rapport séparément ; cependant, lorsque l'ingénieur et l'inspecteur seront d'accord, rien n'empêchera que la rédaction ne soit commune ; dans ce dernier cas, il sera formé une double minute dont l'une restera entre les mains de l'inspecteur, et l'autre en celles de l'ingénieur. L'ingénieur en chef donnera son avis sur le rapport de l'ingénieur ordinaire. Quant à l'inspecteur de la navigation, soit qu'il opère seul ou divisément, il devra toujours adresser une expédition de son rapport au bureau de la navigation, indépendamment de celle qu'il remettra pour l'administration centrale. Aussitôt la clôture des visites et rapports, toutes les pièces seront remises à l'administration centrale du département pour former son arrêté motivé, lequel, par une disposition expresse, portera surséance d'exécution jusqu'à l'intervention de la sanction du Directoire.

Conformément à l'arrêté du Directoire exécutif du 29 floréal an VI, tous les arrêtés d'autorisation des administrations centrales devront contenir :

1° L'obligation expresse aux ingénieurs de surveiller immédiatement l'exécution des travaux indiqués aux plan et devis ;

2° Celle au concessionnaire de faire, à ses frais, après les travaux achevés, constater leur état par un rapport de l'ingénieur dont une expédition sera déposée aux archives de l'administration centrale, et l'autre adressée au Ministre de l'Intérieur ;

3° D'insérer la clause expresse que, dans aucun temps, ni sous aucun prétexte, il ne pourra être prétendu indemnité, chômage, ni dédommagements par les concessionnaires ou ceux qui les représenteront, par suite des dispositions que le Gouvernement jugerait convenable de faire pour l'avantage de la navigation, du commerce ou de l'industrie, sur les cours d'eau où seront situés les établissements.

L'arrêté de l'administration étant formé, il sera adressé avec les pièces au Ministre de l'Intérieur, bureau de la navigation, quatrième division, pour, d'après l'examen, être présenté, s'il y a lieu, à l'homologation du Directoire exécutif.

Faute par le requérant de se conformer exactement aux dispositions de l'arrêté de concession qu'il aura obtenu, l'autorisation sera révoquée et les lieux remis au même état où ils étaient auparavant, à ses frais; il en sera usé de même dans le cas où le concessionnaire, après avoir exécuté fidèlement les conditions qui lui auront été imposées, viendrait, par la suite, à former quelque entreprise sur le cours d'eau, ou changer l'état des lieux sans s'y être fait autoriser.

Les mêmes règles que celles ci-dessus prescrites pour les nouveaux établissements auront lieu toutes les fois qu'on voudra changer de place les anciens, ou y faire quelque innovation importante. On observera de plus, à l'égard de ceux-ci, l'examen des titres de jouissance, pour connaître si ces titres se trouvent avoir été confirmés, d'après la discussion qui doit en être faite, en exécution des dispositions de l'arrêté du 19 ventôse.

Les corps administratifs, les commissaires du Directoire près les administrations centrales et municipales, les ingénieurs en chef et ingénieurs ordinaires, sont invités expressément à suivre la marche indiquée dans la présente instruction; c'est le seul moyen d'arriver à un ordre de choses qui, en encourageant les établissements utiles en ce genre, puisse arrêter les constructions nuisibles, prévenir les erreurs et les surprises et écarter du Gouvernement une foule de demandes où l'intérêt particulier met trop souvent ses calculs à la place de ceux sur lesquels doit reposer l'intérêt public.

INSTRUCTION GÉNÉRALE DU 23 OCTOBRE 1851

Réglementation des usines et prises d'eau sur les cours d'eau non navigables ni flottables

MONSIEUR LE PRÉFET,

Le service hydraulique, qui fait l'objet de la circulaire d'un de mes prédécesseurs, en date du 17 novembre 1848, comprend, en première ligne, l'instruction des affaires relatives à la réglementation des usines situées sur les cours d'eau.

Je viens, ainsi que l'annonçait la circulaire précitée, vous tracer, pour cette partie du service, des règles générales qui, résumant et complétant les prescriptions précédentes, apporteront dans l'instruction des affaires de ce genre une uniformité favorable à leur bonne et prompte expédition.

Toute demande relative, soit à la construction première de moulins ou usines à créer sur un cours d'eau, soit à la régularisation d'établissements anciens, soit à la modification des ouvrages régulateurs d'établissements déjà autorisés, doit vous être adressée en double expédition, dont une sur papier timbré.

S'il s'agit de la construction première d'une usine, la demande devra énoncer d'une manière distincte :

1° Les noms du cours d'eau et de la commune sur lesquels cette usine devra être établie, les noms des établissements hydrauliques placés immédiatement en amont et en aval ;

2° L'usage auquel l'usine est destinée ;

3° Les changements présumés que l'exécution des travaux devra apporter au niveau des eaux, soit en amont, soit en aval ;

4° La durée probable de l'exécution des travaux.

Le pétitionnaire devra, en outre, justifier qu'il est propriétaire des rives dans l'emplacement du barrage projeté et du sol sur lequel les autres ouvrages doivent être exécutés ou produire le consentement écrit du propriétaire de ces terrains.

S'il s'agit de modifier ou de régulariser le système hydraulique d'une usine existante ou d'un ancien barrage, le propriétaire devra fournir, autant que possible, outre les renseignements ci-dessus mentionnés, une copie des titres en vertu desquels ces établissements existent, et indiquer les noms des propriétaires qui les ont possédés avant lui.

La production de ces renseignements est nécessaire pour que l'affaire puisse être suivie ; elle rendra, en général, l'instruction plus facile et plus prompte ; et, d'ailleurs, dans l'intérêt des pétitionnaires eux-mêmes, il convient de les obliger à ne soumettre à l'Administration que des projets sérieux et dont l'exécution ne se trouve pas, dès l'origine, arrêtée par quelque insurmontable difficulté.

Première enquête. — D'après l'instruction du 19 thermidor an VI, dont les dispositions, conformément à la jurisprudence du Conseil d'État, sont applicables à tous les cours d'eau, toute demande relative à l'établissement ou à la régularisation d'un moulin ou usine doit être soumise à une enquête préalable de vingt jours.

Lorsque vous aurez reconnu que la pétition satisfait aux conditions voulues et peut utilement être soumise aux enquêtes, un arrêté, pour la rédaction duquel vous voudrez bien vous conformer au modèle ci-joint n° 1, en ordonnera le dépôt à la mairie de la commune où les travaux doivent être exécutés, et fixera le jour de l'ouverture de l'enquête.

L'arrêté sera, par les soins du maire, affiché tant à la principale porte de l'église qu'à celle de la mairie, et publié à son de caisse ou de trompe, le dimanche, à l'heure où les habitants se trouvent habituellement réunis. Il importe que l'annonce de l'enquête reçoive toute publicité, afin que les intéressés ne puissent l'ignorer, et que l'Administration soit autorisée à considérer leur silence comme un acquiescement au projet du pétitionnaire.

Un registre (modèle n° 2) destiné à recevoir les observations des parties intéressées sera ouvert à la mairie de la même commune.

Si l'entreprise paraît de nature à étendre son effet en dehors du territoire de la commune, l'arrêté désignera les autres communes dans lesquelles l'enquête doit être annoncée.

Si ces communes appartiennent à plusieurs départements, l'enquête sera ordonnée par le préfet du département où se trouve le siège principal de l'établissement, et l'arrêté transmis aux préfets des autres départements pour être publié dans toutes les communes intéressées.

L'accomplissement de ces formalités sera certifié (modèle n° 2) par les maires des communes où elles auront été prescrites.

Envoi aux ingénieurs. — Lorsque vous vous serez assuré de la régularité de l'enquête, vous transmettrez les pièces à l'ingénieur en chef dans les attributions duquel le cours d'eau se trouve placé, c'est-à-dire, pour les rivières navigables ou flottables, à l'ingénieur en chef qui est préposé aux travaux de ces rivières et pour les autres cours d'eau, à l'ingénieur en chef du service hydraulique ou du service ordinaire, suivant l'organisation du service dans votre département.

Sur les cours d'eau qui, sans être une dépendance du domaine public, servent à l'alimentation d'un canal ou qui sont soumis à un régime particulier dans l'intérêt de la navigation ou du flottage, aucune permission ne peut être accordée sans que les ingénieurs chargés du canal ou de la navigation aient été consultés. Il convient que, dans l'examen des affaires relatives à ces cours d'eau, les ingénieurs des deux services entrent directement en conférence et procèdent conformément aux instructions qui leur ont été adressées par la circulaire du 12 juin 1850.

Comme il importe, d'ailleurs, que les usines situées sur un même cours d'eau ou au moins sur la même partie d'un cours d'eau soient réglées dans des vues d'ensemble, il peut être nécessaire qu'un seul service d'ingénieur soit chargé de toutes les usines d'un cours d'eau placé à la limite de deux départements. Vous voudrez bien me signaler les circonstances dans lesquelles il pourrait être utile de prendre des mesures de cette nature.

Instruction par l'ingénieur ordinaire. — L'ingénieur en chef renvoie toutes les pièces à l'ingénieur ordinaire chargé du service des usines dans l'arrondissement, pour être procédé par lui à la visite des lieux et à l'instruction de l'affaire.

Visite des lieux. — L'ingénieur ordinaire, après s'être assuré que la visite des lieux peut être faite utilement, annonce à l'avance son arrivée aux maires des diverses communes intéressées, avec invitation de donner à cet avis toute publicité (modèle n° 3). Il prévient directement le pétitionnaire, les présidents des syndicats, s'il en existe sur le cours d'eau, les mariniers les plus expérimentés, s'il s'agit d'une rivière navigable ou flottable, et toutes autres personnes dont la présence lui paraît utile, et pour lesquelles il pense que cet avertissement direct est nécessaire. Ses avis doivent être adressés de telle sorte qu'il y ait, dans tous les cas, au moins cinq jours pleins entre la date de la réception de la lettre et le jour de la visite des lieux.

L'ingénieur ordinaire procède à cette visite en présence des maires ou de leurs représentants et de ceux des intéressés qui se sont rendus aux avertissements donnés.

Il se fait rendre compte de la position que doivent occuper les ouvrages projetés et des limites du terrain appartenant au pétitionnaire; il s'assure que la propriété des rives dans l'emplacement du barrage et du sol sur lequel les autres ouvrages doivent être assis n'est pas contestée, ou que le pétitionnaire a produit le consentement écrit du propriétaire de ces terrains.

Il rattache à un ou plusieurs repères provisoires, choisis avec soin, la hauteur des eaux en amont et en aval. S'il existe déjà des ouvrages, tels que barrages, déversoirs, pertuis, vannes de décharge, vannes motrices, il constate leurs dimensions et rapporte aux mêmes repères provisoires la hauteur des seuils, le dessus des vannes, la crête des déversoirs; enfin, il réunit tous les renseignements nécessaires pour constater et définir exactement, en ce qui touche le régime des eaux, l'état des lieux avant les changements qui doivent y être apportés.

Lorsqu'il devra résulter des travaux projetés une augmentation ou une diminution dans la hauteur des eaux, l'ingénieur procédera par voie d'expérience directe, afin de mettre les parties intéressées à même d'apprécier les conséquences de ces changements. Dans le cas où il serait impossible de faire ces expériences, il aura recours à tous autres moyens qui lui paraîtront propres à y suppléer. Lorsqu'il doit y avoir partage ou usage alternatif des eaux, il recueillera tous les renseignements nécessaires pour régler les droits de chacun.

L'ingénieur dresse, en présence du maire et des parties intéressées, un procès-verbal (modèle n° 4), dans lequel il indique, d'une manière circonstanciée, l'état ancien des lieux, les repères qu'il a adoptés, les renseignements qu'il a recueillis, les résultats des expériences qu'il a faites; il y ajoute les observations qui ont été produites; enfin, il déclare qu'il sera procédé ultérieurement, s'il y a lieu, au complément des opérations. Lecture de ce procès-verbal est donnée aux parties intéressées, qui sont invitées à le signer et à y insérer sommairement leurs observations si elles le jugent convenable. Mention y est faite des personnes qui se seraient retirées ou qui n'auraient pas voulu signer, ni déduire les motifs de leur refus.

Lorsque, dans la visite des lieux, les parties intéressées parviennent à s'entendre et font entre elles des conventions amiables, l'ingénieur doit constater cet accord dans le procès-verbal. Cette constatation, signée des parties, est régulière, et le Comité des travaux publics du Conseil d'État a reconnu qu'elle suffit pour que l'Administration puisse statuer.

Je recommande à MM. les ingénieurs de s'attacher à ne faire, en présence des intéressés, que des opérations qui soient facilement comprises, et à ne consigner au procès-verbal que des résultats matériels sur lesquels il ne puisse s'élever aucun doute. Ils comprendront, d'ailleurs, qu'en recevant les observations des intéressés, leur rôle ne doit pas se borner à enregistrer les dires contradictoires, mais qu'il leur appartient de provoquer les discussions qui peuvent éclairer les faits et de rechercher toutes les dispositions qui, en sauvegardant l'intérêt public, peuvent donner satisfaction aux intérêts privés.

Plans et nivellements. — L'ingénieur ordinaire dresse les plans et nivellements nécessaires à l'instruction de l'affaire, conformément au programme que vous trouverez ci-annexé.

Rapport. — Dans son rapport sur la demande du pétitionnaire, l'ingénieur présente un exposé de l'affaire, décrit l'état des lieux, discute les oppositions et motive les propositions relatives au niveau de la retenue, aux ouvrages régulateurs et aux prescriptions diverses qu'il estime devoir être imposées aux pétitionnaires.

Exposé de l'affaire. — L'exposé de l'affaire comprend l'analyse succincte de la pétition et les différentes phases de l'instruction à laquelle elle a été soumise.

Description des lieux. — La description de l'état des lieux embrasse toutes les parties de la vallée que peut affecter le régime des eaux de l'usine à régler. Les routes, les voies de communication vicinale, les gués, les ponts, les abreuvoirs, tous les ouvrages ou établissements publics qui peuvent se ressentir d'une manière quelconque des changements projetés dans la hauteur, le parcours ou la transmission des eaux, doivent y être sommairement indiqués. Il faut aussi faire connaître s'il existe sur le cours d'eau des usines réglées ou non réglées, soit en amont, soit en aval.

Discussion des oppositions. — Les questions de propriété, d'usage ou de servitude sont soumises aux règles du droit commun, et ressortissent aux tribunaux civils; mais, dans l'exercice du droit de police qui lui est attribué, l'Administration, dont toutes les décisions réservent d'ailleurs les droits des tiers, doit rechercher et prescrire, nonobstant tous titres et conventions contraires, les mesures que réclame l'intérêt public. En conséquence, MM. les ingénieurs ne devront s'arrêter, devant des oppositions qui soulèvent des questions de droit commun, qu'autant que les intérêts généraux n'auront pas à souffrir de l'ajournement de l'instruction. Dans tous les cas, avant de suspendre l'examen de l'affaire, il conviendra d'examiner si ces oppositions ont quelque fondement et si elles n'ont pas été mises en avant uniquement pour entraver la réalisation des projets du demandeur.

Niveau de la retenue. — Le premier point dont MM. les ingénieurs aient à s'occuper dans le règlement d'une usine est la détermination du niveau légal de la retenue. On entend par niveau légal d'une retenue la hauteur à laquelle l'usinier doit, par une manœuvre convenable des vannes de décharge, maintenir les eaux en temps ordinaire et les ramener, autant que possible, en temps de crues.

La fixation de ce niveau doit être faite de manière à ne porter aucune atteinte aux droits de l'usine supérieure, et à ne causer aucun dommage aux propriétés riveraines.

Ce n'est que dans l'examen attentif des circonstances de chaque affaire que MM. les ingénieurs trouveront les moyens de satisfaire à la première de ces conditions.

On ne saurait non plus poser, pour la seconde, de règles générales. La différence à maintenir entre le niveau de la retenue et les points les plus déprimés des terrains qui s'égouttent directement dans le bief varie avec la nature du terrain, le genre de culture et le régime du cours d'eau. A défaut d'usages locaux, et s'il n'est pas reconnu nécessaire d'adopter des dispositions particulières que MM. les ingénieurs devront motiver avec soin, l'Administration admet que cette différence doit être au moins de $0^m,16$. On ne devra pas, cependant prendre pour base de l'application de cette règle, quelques parties du terrain peu importantes, qui pourraient présenter une dépression exceptionnelle.

Lorsqu'au lieu de recevoir directement les eaux de la vallée, le bief est ouvert à mi-côte et supérieur à une partie des terrains qui le bordent, la règle précédente n'est plus seule applicable. Il faut alors que les terrains riverains inférieurs au bief soient protégés contre le déversement des eaux par des berges naturelles, ou des digues artificielles, dont la hauteur soit au moins de $0^m,30$ au-dessus de la retenue. Les digues artificielles auront en général une largeur de $0^m,60$ en couronne et des talus réglés à 3 de base pour 2 de hauteur. MM. les ingénieurs ont d'ailleurs à reconnaître, dans ce cas, si les eaux de toutes les parties de la vallée que la retenue affecte ont un écoulement assuré, et à prescrire, s'il y a lieu, les dispositions nécessaires pour leur évacuation, en tant que ces dispositions peuvent être mises à la charge de l'usinier.

Repère. — Il sera posé près de l'usine, en un point apparent et de facile accès, désigné, s'il y a lieu, par l'ingénieur, un repère définitif et invariable.

Le zéro de ce repère indiquera seul le niveau légal de la retenue.

Ouvrages régulateurs. — Toute retenue doit être accompagnée, sauf des exceptions très rares, et qui devront être motivées d'une manière spéciale par MM. les ingénieurs :

1° D'un déversoir de superficie dont l'objet est d'assurer immédiatement un moyen d'écoulement aux eaux lorsque quelque variation dans le régime de la rivière fait accidentellement dépasser le niveau légal ;

2° De vannes de décharge destinées à livrer passage aux eaux des crues.

Déversoir. — La longueur du déversoir doit être, en général, égale à la largeur du cours d'eau aux abords de l'usine, dans les parties où le lit a conservé son état normal.

Sur les cours d'eau ordinaires, dont le volume entier peut être utilisé par l'usine, la crête du déversoir doit être dérasée sur toute son étendue suivant le plan de pente de l'eau retenue au niveau légal, à l'époque des eaux moyennes, l'usine marchant régulièrement et le bief étant convenablement curé.

Sur les rivières dont les eaux ne sont pas utilisées en totalité par l'usine, le déversoir, qui a souvent une grande étendue, peut être disposé de manière à servir à l'écoulement d'une partie de la rivière même pendant les eaux ordinaires, et par conséquent être dérasé au-dessous de la hauteur de la retenue, sauf toutefois une partie du couronnement qui devra être réglée à cette hauteur, afin que l'état des eaux devant le déversoir permette d'apprécier si le niveau légal est observé.

Vannes de décharge. — Le débouché des vannes de décharge doit être calculé de telle sorte que, la rivière coulant à pleins bords et étant prête à déborder, toutes les eaux s'écoulent comme si l'usine n'existait pas. Dans ce calcul, on ne tiendra pas compte du débouché des vannes motrices, dont le propriétaire de l'usine doit toujours rester libre de disposer dans le seul intérêt de son industrie, mais on aura égard à la lame d'eau qui pourra alors s'écouler par le déversoir de superficie. Il est essentiel que MM. les ingénieurs apportent le plus grand soin dans cette partie de leur travail et que leurs propositions soient appuyées soit sur les résultats de jaugeages bien faits, soit sur des exemples tirés d'usines ou autres ouvrages existant sur le même cours d'eau et dont les débouchés sont convenablement établis.

Le niveau de l'arête supérieure des vannes de décharge sera déterminé d'après les mêmes règles que celui du déversoir. La hauteur des seuils sera fixée de manière à conserver la pente moyenne du fonds du cours d'eau et à ne produire dans le lit aucun encombrement nuisible. Dans les établissements anciens, où le débouché est trop faible et le seuil des vannes trop élevé, il suffit presque toujours de placer au niveau indiqué ci-dessus le seuil des nouvelles vannes dont on prescrira l'établissement, sans imposer à l'usinier les frais, souvent considérables, de l'abaissement du seuil des vannages existants.

Canaux de décharge. — MM. les ingénieurs n'ont pas ordinairement à préciser les dimensions des canaux de décharge. Il suffit de prescrire, en termes généraux, que ces canaux soient disposés de manière à embrasser, à leur origine, les ouvrages auxquels ils font suite, et à écouler facilement toutes les eaux que ces ouvrages peuvent débiter.

Vannes automobiles. — Les propriétaires d'usines, sur quelques cours d'eau dont les crues se produisent très rapidement, ont substitué aux vannes ordinaires des vannes automobiles, s'ouvrant sous la pression des eaux. Ce système n'offre pas assez de garanties pour que l'Administration puisse en prescrire explicitement l'application. Néanmoins, lorsque les usiniers demanderont l'autorisation d'en faire usage, cette autorisation pourra leur être accordée à leurs risques et périls, et sous la condition expresse que les vannes seront manœuvrées à bras, toutes les fois qu'elles ne s'ouvriraient pas par la seule action des eaux.

Barrages sur les rivières torrentielles. — Sur les rivières torrentielles fortement encaissées, il est souvent inutile d'établir des vannes de décharge en vue d'assurer l'écoulement des crues. Il suffit, dans ce cas, de fixer la hauteur et la longueur du barrage, de manière à n'apporter dans la situation des propriétés riveraines aucun changement qui leur soit préjudiciable. S'il paraissait nécessaire d'empêcher l'exhaussement du fond du lit ou de se ménager les moyens de vider le bief, on se bornerait à prescrire l'établissement de vannes de fond ou même d'une simple bonde.

Vannes motrices. — Sur les rivières non navigables ni flottables, hors les cas de partage d'eau dans lesquels l'Administration peut être appelée à déterminer la situation respective des divers intéressés, les dimensions des vannes motrices doivent être laissées à l'entière disposition du permissionnaire ; il n'y a pas lieu non plus d'imposer l'établissement de vannes de prises d'eau en tête des dérivations, ni de fixer la largeur et la pente des canaux de dérivation, toutes les fois qu'il n'est pas reconnu nécessaire, dans l'intérêt des propriétés riveraines, ou par suite de quelque disposition locale, de régler l'introduction des eaux dans ces canaux.

MM. les ingénieurs n'ont d'ailleurs, en aucun cas, à régler la chute de l'usine ni les dispositions du coursier et de la roue hydraulique.

Clauses spéciales pour les cours d'eau navigables. — Sur les cours d'eau navigables ou flottables, comme il s'agit d'une concession temporaire et révocable sur le domaine public, concession qui est soumise à une redevance, conformément à la loi de finances du 16 juillet 1840, il y a lieu de déterminer le volume d'eau concédé, en fixant les dimensions des prises d'eau. Quant à la quotité de la redevance, elle devra être établie en prenant pour base, dans chaque localité, la valeur de la force motrice. Les propositions qui vous seront faites à cet égard par MM. les ingénieurs devront être communiquées à M. le directeur des Domaines, dont l'avis sera joint au dossier, ainsi que le consentement du pétitionnaire.

MM. les ingénieurs auront, en outre, à déterminer les conditions à remplir dans l'intérêt de la navigation ou du flottage.

Ouvrages accessoires. — Les propositions des ingénieurs comprendront les obligations spéciales qu'il peut être nécessaire, à raison de l'état des lieux, d'imposer à l'usinier telles que rétablissement de gués, construction de ponts, ponceaux ou aqueducs, ou autres ouvrages présentant un caractère d'utilité générale. Toutefois, il convient que ces prescriptions soient rédigées en termes généraux, et qu'elle, ne règlent pas les détails qui doivent rester dans les attributions des autorités locales. MM les ingénieurs devront, d'ailleurs, lorsque plusieurs services sont intéressés dans la question, se conformer aux dispositions de la circulaire du 12 juin 1850.

Transmission régulière des eaux. — Dans le cas où, pour assurer la transmission régulière des eaux, il serait nécessaire d'interdire les éclusées ou d'en régler l'usage, MM. les ingénieurs auront à fixer soit le niveau au-dessous duquel les eaux ne doivent pas être abaissées, soit la durée des intermittences.

Étangs servant de biefs aux usines. — Si le bief d'une usine forme un étang qui puisse donner lieu à des exhalaisons dangereuses, il conviendra de rechercher quelles sont les dispositions spéciales à prescrire dans l'intérêt de la salubrité publique, afin que cet étang ne puisse pas tomber sous l'application du décret des 11-19 septembre 1792[1]. Vous voudrez bien consulter à cet effet les conseils municipaux des communes intéressées, ainsi que le conseil d'hygiène de l'arrondissement, organisé par l'arrêté du 18 décembre 1848, et joindre au dossier leurs délibérations et leurs avis.

Scieries. — S'il s'agit de créer une scierie, vous aurez à prendre l'avis du conservateur des eaux et forêts, qui est chargé d'examiner si l'établissement projeté n'est pas soumis aux prohibitions déterminées par le Code forestier[2]. Dans tous les cas, on doit stipuler que le permissionnaire ne pourra invoquer l'autorisation à lui accordée au point de vue du régime des eaux qu'après s'être conformé aux lois et règlements des eaux et forêts.

Usines situées dans la zone frontière. — Si l'usine doit être établie dans la zone frontière soumise à l'exercice des douanes, le directeur des douanes doit être également consulté, et une réserve analogue à celle indiquée ci-dessus doit être insérée dans l'acte d'autorisation.

Usines situées dans la zone des servitudes militaires. — Enfin, lorsque l'établissement projeté se trouve compris dans la zone des servitudes militaires, autour des places de guerre, il y a lieu d'ouvrir des conférences avec MM. les officiers du Génie

[1] Décret des 11-19 septembre 1792 : L'Assemblée Nationale décrète ce qui suit : « Lorsque les étangs, d'après les avis et procès-verbaux des gens de l'art, pourront occasionner, par la stagnation de leurs eaux, des maladies épidémiques ou épizootiques, ou que, par leur position, ils seront sujets à des inondations qui envahissent et ravagent les propriétés inférieures, les conseils généraux des départements sont autorisés à en ordonner la destruction, sur la demande formelle des conseils généraux des communes, et d'après les avis des administrateurs de district. »

[2] Art. 155 du Code forestier. — Aucune usine à scier le bois ne pourra être établie dans l'enceinte et à moins de 2 kilomètres de distance des bois et forêts, qu'avec l'autorisation du Gouvernement, sous peine d'une amende de 100 à 500 francs, et de la démolition dans le mois, à dater du jugement qui l'aura ordonnée.

Art. 156. — Sont exceptées des dispositions des trois articles précédents : les maisons et usines qui font partie des villes, villages ou hameaux formant une population agglomérée, bien qu'elles se trouvent dans les distances ci-dessus fixées des bois et forêts.

militaire, conformément à l'ordonnance du 18 septembre 1816 et aux circulaires des 27 mars 1846 et 30 octobre 1849.

Projet de règlement. — L'ingénieur ordinaire résume ses propositions, s'il y a lieu, dans un projet de règlement séparé de son rapport (modèle n° 5 pour les cours d'eau non navigables ni flottables, et modèle n° 6 pour les cours d'eau du domaine public) et adresse toutes les pièces de l'instruction à l'ingénieur en chef.

MM. les ingénieurs ne perdront pas de vue, en présentant leurs conclusions, que, dans toutes les prescriptions relatives aux règlements des usines, il importe de ménager avec soin les intérêts des propriétaires de ces établissements; il faut tenir compte des ouvrages existants, s'efforcer de les conserver, rechercher les moyens de n'imposer aucune construction trop dispendieuse, en laissant, d'ailleurs, autant que possible, à l'usinier la faculté de choisir pour ces constructions les emplacements qui lui conviendront le mieux, ne prescrire enfin de dispositions onéreuses que celles que l'intérêt de la police des eaux rend indispensables.

Avis de l'ingénieur en chef. — L'ingénieur en chef vous transmet, Monsieur le Préfet, toutes les pièces avec ses observations et son avis.

Deuxième enquête. — Conformément à la circulaire du 16 novembre 1834, ces pièces sont soumises à une nouvelle enquête en tout semblable à la première, sauf réduction du délai à quinze jours. Le résultat de cette seconde enquête est communiqué à MM. les ingénieurs, pour qu'ils donnent leur avis.

Si, d'après les résultats de cette seconde enquête, MM. les ingénieurs croient devoir apporter à leurs premières conclusions quelque changement qui soit de nature à provoquer de nouvelles oppositions, il conviendra que l'affaire soit de nouveau soumise à une enquête de quinze jours.

Avis du préfet. — Après l'accomplissement de ces formalités, vous aurez, Monsieur le Préfet, à prononcer le rejet de la demande ou à en proposer l'admission.

En cas de rejet, vous notifierez immédiatement votre arrêté motivé au pétitionnaire, qui, s'il le juge utile à ses intérêts, exercera son recours devant le Ministre.

En cas d'admission, vous me transmettrez les pièces avec votre avis. Si les conclusions des ingénieurs sont adoptées par vous sans modification, vous pourrez, afin d'éviter des transcriptions qui demandent un temps assez long et donnent lieu quelquefois à des erreurs, vous borner à me faire connaître, dans votre lettre d'envoi, que vous approuvez le projet de règlement. Si, au contraire, vous croyez devoir modifier ces conclusions, vous voudrez bien me transmettre, sous forme d'arrêté, votre avis motivé, en vous conformant, d'ailleurs, suivant les cas, au modèle n° 5 ou n° 6.

Récolement. — Lorsque l'acte d'autorisation a été rendu, l'ingénieur ordinaire, à l'expiration du délai fixé par cet acte, se transporte sur les lieux pour vérifier si les travaux ont été exécutés conformément aux dispositions prescrites, et rédige un procès-verbal de récolement, en présence de l'autorité locale et des intéressés, convoqués à cet effet dans les mêmes formes que pour la visite des lieux dont il a été parlé ci-dessus.

Le procès-verbal (modèle n° 7) rappelle les divers articles de l'acte d'autorisation et indique la manière dont il y a été satisfait.

L'ingénieur y fait mention de la pose du repère définitif, et, pour en définir la position, le rattache à des points fixes servant de contre-repères.

Si les travaux exécutés sont conformes aux dispositions prescrites, l'ingénieur en propose la réception et transmet le procès-verbal de récolement en triple expédition à l'ingénieur en chef, qui le soumet, avec son avis, à votre approbation. L'une des expéditions me sera transmise, une autre sera déposée aux archives de la préfecture, et la troisième à la mairie de la situation des lieux.

Lorsque les travaux ne sont pas entièrement conformes aux dispositions prescrites, l'ingénieur, à la suite du procès-verbal de récolement, discute les différences et il y joint, au besoin, de nouveaux dessins pour rendre plus facile la comparaison de l'état de choses qui existe avec celui qui a été prescrit.

Si les différences reconnues sont peu importantes et ne donnent lieu à aucune réclamation, vous voudrez bien,

Monsieur le Préfet, me soumettre l'affaire, afin que je prenne telle mesure qu'il appartiendra. S'il s'agit, au contraire, de différences notables et qui seraient de nature à causer des dommages, vous devrez, sans qu'il soit nécessaire de m'en référer, mettre immédiatement le permissionnaire en demeure de satisfaire aux prescriptions de l'acte d'autorisation, et, en cas de refus ou de négligence de sa part, vous ordonnerez la mise en chômage de l'usine, et même, s'il y a lieu, la destruction des ouvrages dommageables.

Revision des règlements. — Bien que l'Administration ne veuille pas s'interdire, d'une manière absolue, la faculté de revenir sur les autorisations accordées aux usiniers, il importe de ne modifier qu'avec une grande réserve les actes émanés du pouvoir exécutif, après une instruction régulière et contradictoire.

Dans le cas où les intéressés vous adresseraient des demandes tendant à obtenir la modification de règlements existants, vous voudrez bien me transmettre ces demandes accompagnées du rapport de MM. les ingénieurs et de votre avis particulier, afin de me mettre à même de statuer sur la question de savoir s'il y a lieu de prescrire une nouvelle instruction, laquelle devrait être faite dans les formes indiquées ci-dessus.

MM. les ingénieurs auront soin de joindre à leurs propositions celles des pièces de la première instruction qui peuvent être utiles à l'examen de l'affaire, et notamment l'acte administratif dont la revision est demandée.

Règlement de plusieurs usines. — Lorsqu'ils auront à traiter en même temps les affaires relatives à plusieurs usines, MM. les ingénieurs s'efforceront de former, autant que possible, un dossier distinct, et de présenter un projet de règlement spécial pour chaque établissement, afin que, d'une part, chaque propriétaire ait un titre réglementaire particulier, et que, d'autre part, les retards auxquels une affaire pourrait donner lieu n'arrêtent pas l'instruction des autres.

Règlements d'office. — Je vous recommande expressément, Monsieur le Préfet, de n'ordonner qu'avec une très grande réserve le règlement d'office d'usines existantes. Sans doute, toutes les fois qu'un dommage public ou privé lui est signalé, l'Administration doit intervenir ; mais il convient qu'elle s'abstienne, lorsque son intervention n'est pas réclamée, et surtout lorsqu'il s'agit d'établissements anciens qui ne donnent lieu à aucune plainte. On ne devra faire d'exceptions que pour les usines qui sont situées sur la même tête d'eau ou qui ont des ouvrages régulateurs communs, et qu'il est indispensable de régler simultanément lorsque l'Administration est saisie de questions relatives à l'une d'entre elles.

Les règlements d'office qu'il vous paraîtrait indispensable de prescrire seront d'ailleurs soumis aux mêmes règles que les affaires dont l'Administration est saisie par l'initiative des particuliers.

J'ai l'honneur de vous adresser, avec la présente circulaire, les modèles que j'ai cités dans le cours de cette instruction. J'attache une grande importance à ce que ces modèles soient exactement observés, et je vous prie de vous concerter avec M. l'ingénieur en chef pour faire imprimer les formules qui, à l'avenir, devront être exclusivement employées dans l'instruction des affaires d'usines.

Vous trouverez, en outre, ci-joint un programme pour la rédaction des dessins et des pièces écrites que doivent produire MM. les ingénieurs. Je vous prie de leur recommander de se conformer ponctuellement aux dispositions de ce programme.

Veuillez, Monsieur le Préfet, m'accuser réception de la présente circulaire, dont j'adresse une ampliation à MM. les ingénieurs en chef et ordinaires[1].

[1] Nota. — Cette circulaire était suivie de modèles qui ont été remplacés par ceux annexés à l'instruction générale du 26 décembre 1884.

PROGRAMME POUR LA RÉDACTION DES PIÈCES NÉCESSAIRES A L'INSTRUCTION DES RÈGLEMENTS D'EAU ANNEXÉ A LA CIRCULAIRE DU 23 OCTOBRE 1851

PIÈCES à PRODUIRE	ÉCHELLES	RÈGLES A OBSERVER
1° DESSINS.		
Plan général.	On se servira, autant que possible, des plans du cadastre. Si l'on ne peut en faire usage, on adoptera, suivant les cas, l'échelle de 1/1000° ou celle de 1/2000°.	Le plan comprendra toutes les portions des cours d'eau et toutes les propriétés sur lesquelles les travaux faits ou projetés peuvent avoir quelque influence. On indiquera spécialement les routes et chemins, les gués, pertuis, barrages, prises d'eau et autres ouvrages qui touchent aux cours d'eau. On indiquera les eaux par une teinte bleue; les prairies par une teinte verte; les bois par une teinte jaune; les terres arables, par une teinte bistre; les maisons et les ouvrages existants seront figurés en noir; les ouvrages projetés en rouge; les contours des terrains à arroser seront indiqués par un liseré vert foncé; les routes, chemins, cours et jardins seront laissés en blanc. Toutes les teintes seront légères; les propriétés seules des opposants seront rendues sensibles à l'œil par une couche plus prononcée des teintes qui viennent d'être indiquées. Les signes et écritures devront, autant que possible, être placés sur les objets mêmes auxquels ils se rapportent, et l'on n'aura recours à l'emploi des légendes que lorsque cette disposition sera indispensable pour éviter la confusion. On indiquera par une ou plusieurs flèches la direction des cours d'eau; par des lignes noires ponctuées l'emplacement et l'étendue des profils; par des chiffres romains, le numéro des profils en travers; par des chiffres arabes apparents placés au milieu de chaque parcelle la

PIÈCES à PRODUIRE	ÉCHELLES	RÈGLES A OBSERVER
		contenance des terrains à arroser : par des cotes entre parenthèses, rapportées au même plan de comparaison que celles du profil en long, la forme et le relief de ces terrains ; par des hachures l'étendue des dépressions exceptionnelles qui n'auraient pas été prises en considération pour fixer le point d'eau ; enfin par des écritures les ouvrages existants ou projetés qui seront mentionnés dans l'instruction. Les noms des pétitionnaires et des opposants seront toujours portés sur le plan : les premiers seront écrits en rouge, et les seconds en noir.
Dessins de détail.	Échelle de 1/200ᵉ.	Les dessins de détails pourront être rapportés sur une feuille séparée ou sur une partie distincte de la feuille du plan général. On y indiquera les plans, coupes et élévations des ouvrages existants et des ouvrages projetés, en noir pour les premiers, en rouge pour les seconds. Le point d'eau (*niveau légal de la retenue*) y sera toujours indiqué. Les débouchés et les dimensions essentielles de tous les ouvrages seront cotés avec soin.
Nivellements.		On rapportera, autant que possible sur la même feuille, les profils en long et en travers.
		1° *Profil en long*
	Longueurs : Échelle du plan général.	On s'abstiendra généralement de rapporter sur le profil en long les berges des cours d'eau, mais on y indiquera le fond du lit et le niveau des eaux.
	Hauteurs : décuple de celle des longueurs.	Toutes les cotes seront rapportées à un plan de comparaison passant par le repère provisoire, ou à 10 mètres au-dessus dans le cas

PIÈCES à PRODUIRE	ÉCHELLES	RÈGLES A OBSERVER
		où quelques points se trouveraient supérieurs au plan du repère [1]. Les cotes de longueur seront inscrites sur deux lignes tracées au-dessus du profil, parallèlement à la rive du papier. Sur la première ligne seront inscrites les longueurs partielles entre deux cotes consécutives du nivellement; sur la seconde, les mêmes longueurs cumulées à partir de l'usine. Le fond du lit sera indiqué par un liseré et des cotes noires; le niveau observé le jour de l'opération par des lignes et des cotes bleues; le point d'eau proposé par des lignes et des cotes rouges. Si, pendant le cours de l'instruction, des modifications sont apportées aux dispositions primitives, on emploiera successivement, pour désigner les nouveaux points d'eau, les couleurs jaune, bistre, etc. Si l'on propose simultanément deux points d'eau différents, l'un pour le jeu des usines, l'autre pour les irrigations, on conservera la couleur rouge pour désigner le premier, et l'on adoptera la couleur verte pour le second. Les repères provisoires seront figurés en noir à la place qu'ils occupent, avec le détail des constructions sur lesquelles ils se trouvent; les repères définitifs seront rapportés en rouge lorsqu'il y aura lieu de les désigner à l'avance.
		2° *Profils en travers*
	Longueurs : 1/500e.	Pour les affaires d'usine, des profils en travers seront relevés aux

1 Cette disposition a été abrogée par la circulaire du Ministre des Travaux publics du 23 février 1880, aux termes de laquelle les nivellements dressés à l'occasion des règlements d'eau doivent être désormais rapportés à un plan de comparaison *inférieur*, et en même temps, toutes les fois que cela sera possible, *au niveau de la mer*.

PIÈCES à PRODUIRE	ÉCHELLES	RÈGLES A OBSERVER
	Hauteurs : 1/50e.	points les plus bas des terrains qui bordent les cours d'eau et partout où la hauteur des eaux aura donné lieu à des réclamations. Pour les affaires d'irrigation, des profils en travers seront, en outre, levés sur les terrains à arroser, si les cotes du plan ne suffisent pas pour en faire connaître la forme. Le plan d'eau proposé sera figuré sur chaque profil par une ligne rouge pleine tracée dans le prolongement de l'ordonnée correspondante du profil en long. Chaque profil en travers sera rabattu à gauche de cette ligne, de telle sorte que la rive gauche du cours d'eau soit au-dessus de l'axe du profil en travers et la rive droite au-dessous. La cote rouge du profil en long sera reproduite sur l'axe du profil en travers avec des chiffres apparents entre parenthèses. Toutes les hauteurs seront comptées à partir de la ligne rouge ci-dessus désignée : elles seront écrites, suivant la position des points auxquels elles correspondent, les unes au-dessus, les autres-dessous de cette ligne, avec une encre de la couleur employée pour les points dont ces cotes indiquent le niveau. Si pendant le cours de l'instruction des modifications sont proposées au niveau de la retenue, on se bornera à les indiquer sur chaque profil en travers par une cote et par une ligne de même couleur que la couleur correspondante à ces modifications sur le profil en long. Si les profils en travers ont une trop grande étendue, ils pourront être dessinés à la même échelle que les profils en long.

PIÈCES à PRODUIRE	ÉCHELLES	RÈGLES A OBSERVER
2° PIÈCES ÉCRITES. —		
Procès-verbaux d'enquêtes.		Les pièces de chacune des enquêtes, y compris les arrêtés qui ont ordonné ces enquêtes, revêtus des certificats des maires, seront réunies ensemble et renfermées dans une formule imprimée (modèle n° 2).
Procès-verbal de visite des lieux. Rapports.		Le procès-verbal de visite des lieux sera rédigé sur une formule imprimée (modèle n° 4). Le rapport sera, autant que possible, subdivisé en plusieurs chapitres, qui présenteront d'une manière succincte, et dans l'ordre suivant: La situation de l'affaire; La description de l'état des lieux; La discussion des oppositions; Les observations et avis : { Niveau de la retenue ; Ouvrages régulateurs ; Dispositions accessoires. Les avis successifs de MM les ingénieurs ordinaires et de MM. les ingénieurs en chef, depuis l'origine jusqu'à la fin de l'instruction, devront être écrits à la suite les uns des autres, de manière à ne former qu'un seul cahier.
Projet de réglement.		Le projet de réglement (modèle n° 5 ou 6) devra être présenté dans une formule imprimée et formera une pièce séparée. Les modifications successives que les ingénieurs seront conduits à proposer pendant le cours de l'instruction seront indiquées par des encres de couleurs différentes, dans l'ordre suivant : rouge, bleu, vert, etc. *Dispositions générales* Les plans et nivellements seront

PIÈCES à PRODUIRE	ÉCHELLES	RÈGLES A OBSERVER
		toujours rapportés dans le sens du cours de la rivière et en allant de gauche à droite. On évitera d'employer des expressions locales, ou, si on les emploie, on en donnera l'explication. Les écritures devront être bien lisibles, ainsi que les chiffres inscrits sur les plans et profils. Les petits caractères (lettres ou chiffres) n'auront pas moins de deux millimètres de hauteur. Les échelles seront représentées graphiquement sur les plans et profils. En même temps, elles seront définies en chiffres, comme dans l'exemple suivant : *Échelle de* 0m,005 *pour mètre* (1/200) Les plans, profils et dessins seront, autant que possible, collés sur calicot blanc, ou, sinon, dressés sur bon papier, souple, propre au lavis. Tous les plans, profils, dessins et pièces écrites, sans exception aucune, seront présentés dans le format dit *tellière*, de 0m,31 de hauteur sur 0m,21 de largeur. Les plans, profils et dessins seront pliés suivant ces dimensions, en paravent, c'est-à-dire à plis égaux et alternatifs, tant dans le sens de la hauteur que dans celui de la longueur, en commençant toujours par cette dernière dimension. Les titres, signatures et autres écritures d'usage, ainsi que l'échelle, seront placés sur le verso du premier feuillet des plans, profils et dessins, de manière qu'il soit toujours facile de les mettre en évidence, que le dessin soit plié ou qu'il soit ouvert.

PIÈCES à PRODUIRE	ÉCHELLES	RÈGLES A OBSERVER
		Les ingénieurs emploieront les formules suivantes : Dressé par { l'ingénieur ordinaire ou l'élève ingénieur } soussigné. Vérifié et présenté par { l'ingénieur en chef, ou l'ingénieur faisant fonction d'ingénieur en chef. } soussigné, conformément à sa lettre ou à son rapport du.... On inscrira d'ailleurs, en caractères très lisibles, au-dessous des titres généraux, les noms et les grades des signataires du projet. Les procès-verbaux de conférences entre les ingénieurs des services civil et militaire seront toujours accompagnés d'une expédition des plans, nivellements, dessins et autres pièces mentionnées dans le procès-verbal, et portant les mêmes dates et les mêmes signatures que ce procès-verbal.

INSTRUCTION GÉNÉRALE DU 26 DÉCEMBRE 1884

Instructions pour le règlement des usines et prises d'eau sur cours d'eau non navigables ni flottables

MONSIEUR LE PRÉFET,

La circulaire de M. le Ministre des Travaux publics du 23 octobre 1851 a tracé la marche à suivre pour l'instruction des affaires relatives à la réglementation des usines sur les cours d'eau.

Cette circulaire est accompagnée d'un programme pour la rédaction des pièces nécessaires à l'instruction des règlements d'eau, et de sept modèles qui ont trait : les deux premiers, aux enquêtes à ouvrir ; le troisième et le quatrième, à la visite des lieux ; le cinquième et le sixième, aux projets de règlement ; et le septième, au procès-verbal de récolement des travaux.

M. le Ministre des Travaux publics a modifié le modèle n° 6, relatif au règlement des usines à établir sur les cours d'eau navigables et flottables, afin de faire disparaître les lacunes que présentait cette formule, de la mettre en harmonie avec la jurisprudence actuelle du Conseil d'État, et il a arrêté un nouveau modèle qu'il a rendu obligatoire par une circulaire du 18 juin 1878.

La Commission permanente de l'Hydraulique agricole a pensé qu'il convenait de modifier dans le même esprit et dans le même but le modèle n° 5, relatif au règlement des usines à établir sur les cours d'eau non navigables ni flottables ; elle a préparé le modèle ci-joint, que j'ai adopté, et auquel je vous prie de vous conformer à l'avenir.

Je crois utile de vous donner quelques explications au sujet de ce nouveau modèle, et je compléterai ensuite, sur divers points, les instructions contenues dans la circulaire du 23 octobre 1851, qui est consacrée par une pratique de plus de trente années, et doit rester la règle fondamentale en matière de règlement d'eau.

Nouveau modèle de règlement d'eau. — L'article premier reproduit la rédaction de l'article premier du nouveau modèle pour les usines à établir sur les cours d'eau navigables et flottables.

Cette rédaction respecte le droit du permissionnaire de faire tel usage qui lui convient de la force motrice mise à sa disposition.

Elle prévoit, en outre, le cas où il s'agit de réglementer une ancienne usine fondée en titre.

Cette distinction est nécessaire, car, si l'Administration conserve son droit de réglementation sur les usines qui ont une existence légale, elle n'a pas à les autoriser ; et ces usines ne doivent pas, par suite, être assujetties à toutes les mêmes clauses que les autres.

On doit entendre, sur les cours d'eau non navigables ni flottables, par *ancienne usine fondée en titre*, celle qui a été construite antérieurement aux lois abolitives du régime féodal et à la loi du 12-20 août 1790, ou celle qui a fait l'objet d'une vente nationale.

Les articles 2, 3, 4, 5 et 6 reproduisent purement et simplement les articles correspondants du modèle annexé à la circulaire du 23 octobre 1851. Une note fait seulement observer que l'article 4 comprend un certain nombre de dispositions qui supposent la réglementation d'une usine déjà existante, et qui doivent être supprimées dans le cas de réglementation d'une usine nouvelle à établir.

L'article 7 est relatif au repère. La rédaction adoptée est celle qui figure dans le nouveau modèle relatif aux usines à établir sur les cours d'eau navigables ou flottables, et qu'une circulaire de M. le Ministre des Travaux publics du 3 mars 1879 a rendue applicable aux usines établies sur les cours d'eau non navigables ni flottables.

L'article 8, relatif à la manœuvre des vannes de décharge en temps de crue, reproduit, sauf quelques changements de rédaction, l'article correspondant du modèle annexé à la circulaire du 23 octobre 1851.

L'article 9 se rapporte au cas où les opérations pratiquées dans l'usine seraient de nature à apporter à la température ou à la pureté des eaux un trouble préjudiciable à la salubrité publique, à la santé des animaux qui s'abreuvent dans la rivière ou à la conservation du poisson.

L'article 10, emprunté au nouveau modèle pour les usines à établir sur les cours d'eau navigables ou flottables, est relatif à l'établissement d'échelles à poissons.

Cet article ne devra être employé que dans les cas et après l'accomplissement des formalités prévues par la loi du 31 mai 1865 sur la pêche.

L'article 11 s'applique aux scieries sur lesquelles le service des forêts doit être consulté, et aux usines situées dans la zone frontière soumise à l'exercice des douanes.

Cette réserve est formulée en termes généraux et sans entrer dans le détail des prescriptions spéciales à chaque industrie, de manière à éviter la nécessité de procéder à la revision du règlement d'eau, en cas de changement de destination de l'usine.

L'insertion de cette clause ne dispensera pas d'ailleurs de prendre l'avis du conservateur des forêts ou du directeur des douanes, ainsi que le prescrit la circulaire du 23 octobre 1851.

L'article 12, relatif au curage, reproduit la formule qui a été rendue obligatoire par une circulaire de M. le Ministre des Travaux publics du 20 avril 1865.

Les articles 13, 14 et 15 reproduisent, sauf quelques changements de rédaction sans importance, les articles correspondants du modèle annexé à la circulaire du 23 octobre 1851.

Le nouveau texte de l'article 16 diffère peu de l'ancien. On y a ajouté un paragraphe qui caractérise avec plus de précision la portée de l'autorisation, et une note indique la variante à adopter pour les anciennes usines fondées en titre.

On a enfin conservé, pour l'article 17 et dernier, la formule qui a été rendue obligatoire par la circulaire déjà rappelée de M. le Ministre des Travaux publics du 20 avril 1865, mais on a jugé utile d'y remplacer le mot *autorisation* par le mot *règlement* et d'y réserver l'intérêt de la salubrité publique en même temps que celui de la police et de la répartition des eaux, conformément à la jurisprudence du Conseil d'État.

Maintien des prescriptions de la circulaire de M. le Ministre des Travaux publics du 27 juillet 1852. — Je ne vois rien à ajouter, Monsieur le Préfet, aux instructions que M. le Ministre des Travaux publics vous a adressées, le 27 juillet 1852, pour l'exécution du premier décret du 25 mars 1852 sur la décentralisation administrative, et je ne puis que maintenir ces instructions, auxquelles vous devrez continuer à vous conformer.

Usines métallurgiques. — Je vous rappelle qu'en vertu de la loi du 9 mai 1866 les usines métallurgiques sont rentrées dans le droit commun, sous le rapport du régime hydraulique, ainsi que M. le Ministre des Travaux publics vous l'a fait connaître par une circulaire du 26 juillet 1866.

Conférences. — La circulaire du 23 octobre 1851 renferme, au paragraphe intitulé : *Envoi aux ingénieurs*, la recommandation suivante :

« Sur les cours d'eau qui, sans être une dépendance du « domaine public, servent à l'alimentation d'un canal, ou « qui sont soumis à un régime particulier dans l'intérêt de

« la navigation, aucune permission ne peut être accordée « sans que les ingénieurs chargés du canal ou de la naviga- « tion aient été consultés. Il convient que, dans l'examen « des affaires relatives à ces cours d'eau, les ingénieurs des « deux services entrent directement en conférence et pro- « cèdent conformément aux instructions qui leur ont été « adressées par la circulaire du 12 juin 1850. »

Aujourd'hui que le service hydraulique est rattaché à mon Département, ces conférences s'imposent avec encore plus de force que par le passé, et je vous invite à y recourir toutes les fois que les circonstances le comporteront.

Quand ces conférences auront eu lieu, vous voudrez bien d'ailleurs, surseoir à statuer et me transmettre le dossier de l'affaire, afin que je puisse me concerter au préalable avec M. le Ministre des Travaux publics, et vous adresser, au besoin, des instructions spéciales.

Plans et nivellements. — MM. les ingénieurs devront continuer à dresser les plans et nivellements nécessaires à l'instruction de chaque affaire, conformément au programme annexé à la circulaire du 23 octobre 1851.

Toutefois, par dérogation à ce programme, et conformément à la circulaire de M. le Ministre des Travaux publics du 23 février 1880, les nivellements devront être rapportés à un plan de comparaison *inférieur*, et, en même temps, toutes les fois que cela sera possible, au *niveau de la mer*.

Niveau de la retenue. — La circulaire du 23 octobre 1851 prévoit le cas où le bief est ouvert à mi-côte, et elle stipule que les terrains riverains inférieurs au bief doivent alors être protégés soit par des berges naturelles, soit par des digues artificielles ayant au moins $0^{m},30$ de hauteur au-dessus de la retenue.

Il n'échappera pas à MM. les ingénieurs que ces digues artificielles ne peuvent être prescrites que sur les terrains appartenant à l'usinier, et que l'Administration n'a pas le droit de les imposer sur des terrains appartenant à des tiers, à moins du consentement formel et écrit de ceux-ci.

Ouvrages régulateurs. — La circulaire du 23 octobre 1851 porte que toute retenue doit être accompagnée, sauf des exceptions très rares et qui devront être motivées d'une manière spéciale par MM. les ingénieurs, d'un déversoir de superficie et de vannes de décharge destinées à livrer passage aux eaux de crues.

J'insiste pour que toute dérogation à cette règle générale soit justifiée avec le plus grand soin, et je vous prie, Monsieur le Préfet, d'en faire l'objet, dans vos arrêtés, d'un considérant spécial et motivé.

Barrages sur les rivières torrentielles. — La circulaire du 23 octobre 1851 renferme les instructions suivantes :

« Sur les rivières torrentielles fortement encaissées, il est « souvent inutile d'établir des vannes de décharge en vue « d'assurer l'écoulement des crues. Il suffit, dans ce cas, de « fixer la hauteur et la longueur du barrage, de manière à « n'apporter dans la situation des propriétés riveraines aucun « changement qui leur soit préjudiciable ; s'il paraissait né- « cessaire d'empêcher l'exhaussement du fond du lit ou de « se ménager les moyens de vider le bief, on se bornerait à « prescrire l'établissement de vannes de fond ou même d'une « simple bonde. »

L'exhaussement du fond du lit peut présenter de graves inconvénients, et lorsque cette éventualité sera à redouter, MM. les ingénieurs devront, à l'avenir, stipuler les mesures nécessaires pour la prévenir.

L'établissement de vannes de fond peut ne constituer qu'un palliatif insuffisant sur les rivières qui charrient beaucoup de détritus en temps de crue et, dans ce cas, il semble utile soit de rendre le barrage mobile sur une partie de sa longueur, en y ménageant des pertuis qui seraient fermés par des poutrelles, des aiguilles ou des vannes, soit de le construire assez légèrement pour qu'il puisse être facilement emporté par les crues, en totalité ou en partie.

Je me borne à cette indication générale, et je laisse à MM. les ingénieurs le soin de proposer et de justifier, dans chaque cas, les mesures que leur suggérera l'étude approfondie du régime de la rivière.

Délivrance des autorisations. — Je vous rappelle, Monsieur le Préfet, qu'aux termes de la circulaire de M. le Ministre des Travaux publics du 7 avril 1875 concertée avec M. le Ministre des Finances, les expéditions des arrêtés préfectoraux portant règlement d'eau, qui seront remises ou notifiées administrativement aux intéressés, doivent être délivrées sur papier timbré.

Récolement. — Il vous appartient, ainsi que M. le Ministre des Travaux publics vous l'a fait connaître par une circulaire du 25 février 1863, de prononcer, sur le vu des procès-verbaux de récolement dressés par MM. les ingénieurs, la réception définitive des travaux, lorsqu'ils ont été exécutés conformément aux prescriptions des arrêtés que vous avez rendus.

M. le Ministre des Travaux publics vous avait dispensé, dans ce cas, de lui adresser le procès-verbal de récolement.

Je crois utile de retirer cette dispense, et je vous prie de vouloir bien, à l'avenir, m'adresser toujours une expédition du procès-verbal de récolement, de même que vous m'adressez une expédition de l'arrêté d'autorisation (*Circulaire de M. le Ministre des Travaux publics du 27 juillet* 1852).

Je pourrai ainsi mieux suivre la marche des affaires et exercer plus facilement le contrôle dont je suis chargé par l'article 6 du décret de décentralisation du 25 mars 1852.

Revision des règlements. — Je vous rappelle enfin, Monsieur le Préfet, qu'aux termes de la circulaire du 23 octobre 1851, vous devez toujours me consulter avant de procéder à une instruction nouvelle ayant pour objet la modification des règlements existants.

Cette règle a été rappelée par une circulaire de M. le Ministre des Travaux publics du 7 août 1857, dont je maintiens les prescriptions.

Application du nouveau modèle aux prises d'eau industrielles, d'irrigation, ou d'alimentation. — Le nouveau modèle que je vous envoie est spécial aux règlements d'usines ; mais la très grande majorité de ces articles peut convenir également à la préparation des arrêtés concernant les autres prises d'eau.

MM. les ingénieurs auront donc à s'en inspirer, comme ils le faisaient du modèle n° 5 joint à la circulaire du 23 octobre 1851, lorsqu'ils auront à vous soumettre des propositions pour l'autorisation, sur les cours d'eau non navigables ni flottables, de prises d'eau industrielles, d'arrosage, d'irrigation, de submersion ou d'alimentation.

On remplacera, dans ce cas, à l'article premier, les mots :

l'usage de la force motrice que le sieur..... est autorisé à emprunter ou emprunte, par ceux-ci : *l'usage de la prise d'eau que le sieur..... est autorisé à pratiquer ou pratique.*

Prises d'eau d'irrigation. — La circulaire ministérielle du 23 octobre 1851 a fixé les règles à suivre pour la détermination du niveau légal de la retenue d'une usine, et elle porte que la différence entre ce niveau légal et les points les plus déprimés des terrains qui s'égouttent directement dans le bief, ou la *revanche*, doit être au moins de 0m,16.

Lorsqu'un barrage d'usine est utilisé pour des irrigations et que ces irrigations ont lieu d'une manière intermittente, par période de quarante-huit heures au plus par semaine, on peut autoriser les irrigants à relever, au moyen de hausses, le niveau légal pendant les périodes d'irrigation, à la condition de réserver aux terrains riverains une revanche d'au moins 0m,08.

Pour les barrages destinés uniquement à des irrigations, il convient de distinguer deux cas : celui où les eaux doivent être tendues au niveau légal d'une manière continue et permanente, et celui où les eaux ne doivent être relevées au niveau légal que d'une manière discontinue et intermittente, par périodes de quarante-huit heures au plus par semaine.

La revanche doit, dans le premier cas, être fixée à 0m,16 au moins, et, dans le second cas, elle peut être réduite, sans toutefois être inférieure à 0m,08.

Les barrages pour irrigations doivent, autant que possible, être mobiles sur une longueur égale au débouché linéaire de la rivière, lorsqu'on supprime le déversoir et les vannes de décharge, et il convient de stipuler que, en dehors des périodes d'irrigation, les appareils de fermeture (poutrelles, aiguilles ou vannes) doivent être enlevés ou levés au-dessus des plus hautes eaux, et les vannes de prise d'eau hermétiquement fermées.

Le mode de jouissance et la répartition des eaux soulèvent des questions compliquées et délicates, sur lesquelles la jurisprudence n'est pas encore fixée ; et je dois, dès lors, me borner à appeler votre attention sur ces questions, qui ne peuvent, dans l'état actuel de la jurisprudence, donner lieu qu'à des décisions d'espèce,

Prises d'eau d'alimentation des villes et communes. — Le droit de dériver d'une rivière non navigable ni flottable l'eau nécessaire à son alimentation ne peut être conféré à une ville ou à une commune que par un décret rendu après enquête, qui déclare l'utilité publique de l'entreprise et fixe le volume d'eau à dériver.

Mais ce décret ne peut être rendu et l'enquête elle-même ne doit être ouverte qu'après une instruction préalable faite par les soins de mon Département en vue d'apprécier l'influence de la prise d'eau projetée sur les intérêts dont la garde m'est confiée et d'établir les conditions à stipuler si cette prise d'eau comporte un barrage ou des dispositions spéciales exigeant un règlement d'eau.

Nous avons en conséquence, M. le Ministre de l'Intérieur et moi, arrêté de concert les mesures suivantes :

La demande de la commune sera d'abord communiquée, pour instruction et avis, à MM. les ingénieurs du service hydraulique.

Cette demande sera instruite, d'une manière complète, dans les formes prescrites par la circulaire ministérielle du 23 octobre 1851, si la prise d'eau projetée comporte un barrage ou des dispositions spéciales exigeant un règlement d'eau.

Dans les autres cas, on se bornera à la soumettre à la première enquête de vingt jours, qui pourra même être supprimée si elle est jugée inutile.

Il n'y aura pas lieu, d'ailleurs, d'exiger que la commune justifie qu'elle est propriétaire des rives dans l'emplacement du barrage projeté et du sol sur lequel les autres ouvrages devront être exécutés, ou qu'elle produise le consentement écrit du propriétaire de ces terrains.

MM. les ingénieurs du service hydraulique joindront au dossier ainsi constitué un avis motivé en ce qui touche le volume d'eau à dériver, notamment au point de vue des intérêts qui me sont confiés, et vous m'adresserez ce dossier, avec votre avis personnel.

Si je vous autorise à donner suite à l'affaire en ce qui concerne la dérivation à opérer sur le cours d'eau, vous pourrez alors faire procéder à l'enquête d'utilité publique, après avoir joint, s'il y a lieu, au dossier préparé en vue de cette enquête, une copie du projet du règlement d'eau dressé par les ingénieur du service hydraulique, et vous renverrez le dossier ainsi complété à M. le Ministre de l'Intérieur.

M. le Ministre de l'Intérieur se concertera avec moi pour la présentation du décret à intervenir, après avoir pris, s'il le juge utile, l'avis de M. le Ministre des Travaux publics sur les dispositions techniques du projet de distribution d'eau; et, quand ce décret sera notifié, mais seulement alors, vous sanctionnerez, s'il y a lieu, par l'arrêté qu'il vous appartient de prendre aux termes des décrets de décentralisation, le projet de règlement d'eau dressé par MM. les ingénieurs du service hydraulique.

Prises d'eau d'alimentation des canaux de navigation et des gares de chemins de fer. — Une procédure analogue devra être suivie pour les prises d'eau d'alimentation des canaux de navigation et des gares de chemins de fer.

Ces prises d'eau sont implicitement autorisées par la loi ou le décret qui a déclaré l'utilité publique du canal ou du chemin de fer dont elles constituent un accessoire obligé, et il reste à en fixer l'emplacement et l'importance.

C'est à M. le Ministre des Travaux publics qu'il appartient d'approuver les projets d'alimentation des canaux de navigation et des gares de chemins de fer, après avoir soumis ces projets, s'ils entraînent des expropriations, à l'enquête du titre II de la loi du 3 mai 1841 : mais il doit, avant de statuer, se concerter avec moi, quand la prise d'eau est faite dans un cours d'eau non navigable ni flottable, et nous avons, dans ce but, arrêté, d'un commun accord, les mesures suivantes :

Les projets dont il s'agit seront d'abord communiqués, pour instruction et avis, à MM. les ingénieurs du service hydraulique.

Cette instruction sera faite d'une manière complète, dans les formes prescrites par la circulaire ministérielle du 23 octobre 1851, si la prise d'eau projetée comporte un barrage ou des dispositions spéciales exigeant un règlement d'eau, et on y joindra un procès-verbal de conférences entre les ingénieurs du service hydraulique et les ingénieurs du service du canal ou du contrôle du chemin de fer, procès-verbal qui trouvera sa place naturelle entre la première et la deuxième enquête.

Dans les autres cas, on se bornera à la première enquête de vingt jours, qui pourra même être supprimée, si elle est jugée inutile.

MM. les ingénieurs du service hydraulique joindront au dossier ainsi constitué un avis motivé en ce qui touche le volume d'eau à dériver, notamment au point de vue des intérêts qui me sont confiés, et vous adresserez ce dossier, avec votre avis personnel, à M. le Ministre des Travaux publics, qui me le communiquera et auquel je le renverrai, après examen, avec mon avis.

S'il est reconnu qu'il peut être donné suite à l'affaire, M. le Ministre des Travaux publics fera procéder alors, en cas d'expropriation, à l'enquête du titre II de la loi du 3 mai 1841, et le dossier préparé en vue de cette enquête devra comprendre, s'il y a lieu, une copie du projet de règlement d'eau dressé par MM. les ingénieurs du service hydraulique.

Dans tous les cas, M. le Ministre des Travaux publics statuera, après s'être concerté avec moi, et vous attendrez l'approbation du projet avant de prendre, s'il y a lieu, votre arrêté réglementaire.

J'adresse un exemplaire de cette circulaire à M. l'ingénieur en chef de votre département, en le priant de m'en accuser réception.

Recevez, Monsieur le Préfet, l'assurance de ma considération la plus distinguée.

Le Ministre de l'Agriculture,

J. MÉLINE.

MINISTÈRE
de
L'AGRICULTURE

DÉPARTEMENT
d

COMMUNE
d

RIVIÈRE
d

USINE
du sieur

(Les mots et parties de mots indiqués en caractères romains devront être reproduits dans les formules imprimées, à la place même qu'ils occupent dans le présent modèle.
Les mots en italique, qui ne sont pas entre parenthèses, devront être écrits à la main toutes les fois qu'ils trouveront leur application.
Les mots ou phrases en italique et entre parenthèses ne doivent pas être reproduits.)

(On enverra quatre exemplaires du présent arrêté dans chacune des communes où il devra être publié.)

MODÈLE N° 1

Annexé à la Circulaire du 26 décembre 1884

RÈGLEMENT D'EAU

ENQUÊTE N°

Nous, Préfet du département d

Vu *la pétition présentée par le sieur*
le 18 , *tendant à*

Vu les lois des 12-20 août 1790, 6 octobre 1791 et l'arrêté du Gouvernement du 19 ventôse an VI ;

Vu l'instruction ministérielle du 19 thermidor an VI et les circulaires du 16 novembre 1834, du 23 octobre 1851 et du 26 décembre 1884,

ARRÊTONS ce qui suit :

ART. 1. — Pendant jours, du au les pièces ci-dessus visées resteront déposées au secrétariat de la mairie de la commune d ainsi qu'un registre destiné à recevoir les observations des parties intéressées.

ART. 2. — Pendant la même durée, le présent arrêté restera affiché dans les communes d tant à la principale porte de l'église qu'à celle de la mairie.

Il sera, en outre, publié à son de caisse ou de trompe.

ART. 3. — A l'expiration du délai ci-dessus fixé, MM. le*s* maire*s* nous renverr*ont* le présent arrêté, après avoir rempli le certificat d'autre part.

M. le Maire d y joindra, en outre, toutes les pièces de l'enquête.

Le 18 .

Le Préfet,

CERTIFICAT DU MAIRE

Le Maire de la commune d certifie que l'arrêté d'autre part a été publié et affiché dans les formes prescrites du au

Le 18 .

MINISTÈRE
de
L'AGRICULTURE

DÉPARTEMENT
d

COMMUNE
d

RIVIÈRE
d

USINE
du sieur

(Les mots et parties de mots indiqués en caractères romains doivent être reproduits dans les formules imprimées à la place même qu'ils occupent dans le présent modèle.

Les mots en italique, qui ne sont pas entre parenthèses, devront être écrits à la main toutes les fois qu'ils trouveront leur application.

Les mots ou phrases en italique et entre parenthèses ne doivent pas être reproduits.)

MODÈLE N° 2

Annexé à la Circulaire du 26 décembre 1884

RÈGLEMENT D'EAU

REGISTRE DE L'ENQUÊTE N°

Ouvert le 18 .

Fermé le 18 .

(Un registre de ce modèle, avec une feuille double intercalaire, devra être adressé au maire de la commune dans laquelle l'enquête doit être faite, en même temps que quatre expéditions de l'arrêté qui fixe le jour de l'ouverture et la durée de cette enquête.)

Les intéressés doivent inscrire ou faire inscrire leurs observations sur cette feuille, et, s'il y a lieu, sur des feuilles intercalaires de même dimension.

Le nom des signataires devra être reproduit d'une manière lisible sur la marge, en regard des observations qu'ils auront présentées.

Les observations qui auront été apportées à la mairie, rédigées sur des feuilles séparées, devront être réunies et annexées au présent registre.

CERTIFICAT D'ENQUÊTE

Le Maire de la commune d certifie que le présent registre est resté déposé au secrétariat de la mairie du au et que (1)

Le 18 .

(1) Indiquer, suivant le cas :
Qu'il n'a été présenté aucune observation ;
Ou qu'il n'a pas été présenté d'autres observations que celles inscrites au registre ;
Ou bien, qu'outre les observations inscrites au registre, MM... ont présenté des observations écrites sur des feuilles séparées, qui sont annexées audit registre.

AVIS DU MAIRE

AVIS DU SOUS-PRÉFET

MINISTÈRE
de
L'AGRICULTURE

DÉPARTEMENT
d

COMMUNE
d

RIVIÈRE
d

(Les mots et parties de mots indiqués en caractères romains doivent être reproduits dans la formule imprimée à la place même qu'ils occupent dans le présent modèle.

Les mots en italique, qui ne sont pas entre parenthèses, devront être écrits à la main toutes les fois qu'ils trouveront leur application.

Les mots ou phrases en italique et entre parenthèses ne doivent pas être reproduits.

Le format du présent modèle pourra être modifié.)

MODÈLE N° 3.

Annexé à la Circulaire du 26 décembre 1884

RÈGLEMENT D'EAU

le 18 .

Monsieur le Maire,

Chargé de procéder à l'instruction *de la demande du sieur tendant à obtenir l'autorisation de*

j'ai l'honneur de vous informer que je me rendrai le 18 , à , pour procéder à la visite des lieux.

Je vous prie de donner immédiatement à cet avis toute publicité, de faire connaître directement le jour, l'heure et l'objet de cette visite à toutes les personnes que cette affaire peut intéresser, soit comme riverains, soit comme arrosants, soit comme propriétaires d'usines, *et de prévenir spécialement*
M.

M.

Je vous prie également de vouloir bien vous trouver ou vous faire représenter sur les lieux au jour et à l'heure dite, pour m'assister dans cette opération.

Recevez, Monsieur le Maire, l'assurance de ma considération distinguée.

L'Ingénieur des Ponts et Chaussées,

(Il doit toujours s'écouler cinq jours au moins entre le jour où la lettre, dont le modèle est ci-joint, devra parvenir au maire de la commune et le jour de la visite des lieux. Ce délai doit même être prolongé, si quelque circonstance particulière fait juger qu'il soit insuffisant.

L'ingénieur devra, en outre, prévenir directement le pétitionnaire, en l'invitant à mettre la rivière en bon état de curage et en lui indiquant toutes les mesures à prendre pour que la visite des lieux produise un résultat utile.

Il convoquera directement les intéressés auxquels il jugerait que cet avis ne peut parvenir en temps utile par l'intermédiaire du maire de la commune.)

MINISTÈRE
de
L'AGRICULTURE

DÉPARTEMENT
d

COMMUNE
d

RIVIÈRE
d

USINE
du sieur

(Les mots et parties de mots indiqués en caractères romains doivent être reproduits dans les formules imprimées à la place même qu'ils occupent dans le présent modèle.

Les mots en italique, qui ne sont pas entre parenthèses, devront être écrits à la main toutes les fois qu'ils trouveront leur application.

Les mots ou phrases en italique et entre parenthèses ne doivent pas être reproduits.

On aura soin de numéroter les feuilles du procès-verbal, en ajoutant, s'il est nécessaire, des feuilles intercalaires, et de barrer les blancs.)

MODÈLE N° 4

Annexé à la Circulaire du 26 décembre 1884

RÈGLEMENT D'EAU

PROCÈS-VERBAL DE VISITE DES LIEUX

Le mil huit cent

Nous, soussigné, ingénieur des Ponts et Chaussées,

Vu *la pétition présentée par le sieur*
le 18 , *tendant à*

Vu les pièces de l'enquête à laquelle *cette pétition* a été soumise, conformément à l'arrêté de M. le Préfet, en date du

Vu le renvoi qui nous a été fait de ces diverses pièces par M. l'Ingénieur en chef, le

Nous sommes rendu pour procéder à la visite des lieux.

Par lettre en date du , nous avions fait connaître à M. le Maire de la commune d l'époque et l'objet de cette visite, en le priant de donner à cet avis toute publicité *et de prévenir notamment :*

M.

M.

Nous avions nous-même prévenu directement :

M.

M.

Étaient présents :

M. le Maire , qui nous a déclaré s'être conformé à l'invitation contenue dans notre lettre ;

M. *propriétaire de l'usine supérieure ;*

M. *propriétaire riverain.*

Et en présence des personnes sus-dénommées.

Nous avons fait connaître l'objet de notre visite et les circonstances qui l'ont précédée.

(***Indiquer ici si le pétitionnaire maintient ou modifie sa demande.***)

Repère provisoire. — Nous avons choisi pour repère provisoire auquel seraient rattachées nos opérations :

(*Indiquer ici par un croquis le détail des constructions sur lesquelles se trouve ce repère et la position qu'il occupe par rapport à d'autres points faciles à retrouver.*)

Et nous avons constaté ce qui suit :

Description des lieux. — (*Indiquer les usines entre lesquelles se trouve celle dont il s'agit.*

Faire connaître si elle est établie sur une dérivation de la rivière, et, dans ce cas, le point où les eaux sont détournées et celui où les eaux sont ramenées à leur cours naturel.

Désigner l'emplacement des ouvrages existants qui composent la retenue et indiquer s'ils sont appuyés sur les propriétés de l'usinier ou sur des terrains assujettis à supporter cette servitude.)

Niveau de la retenue. — (*Faire connaître si, le jour de l'opération, la rivière était convenablement curée et si le débit de la rivière était dans son état moyen.*

Faire tendre les eaux au niveau habituel de la retenue, rattacher au repère provisoire le niveau de ces eaux immédiatement en amont et en aval du barrage; expliquer comment elles se comportent par rapport aux gués, à l'usine supérieure et aux propriétés riveraines.

Si l'usinier demande une augmentation de chute, faire, s'il est possible, de nouvelles expériences en maintenant les eaux à la nouvelle hauteur.

Si les intéressés réclament, au contraire, un abaissement de la retenue sur un point déterminé, faire, s'il se peut, apprécier par une expérience directe quel devrait être l'abaissement correspondant près du barrage pour obtenir le résultat demandé.

Il sera souvent utile de faire connaître les variations qu'on observe dans la hauteur des eaux lorsque, les vannes de décharge étant complètement ouvertes, la rivière est rendue, autant que possible, à son écoulement naturel.)

Ouvrages existants. — (*Constater le débouché des ouvrages existants, tels que barrages, déversoirs, pertuis, vannes de décharge, vannes motrices.*)

Rapporter au repère provisoire la hauteur des seuils et le dessus des vannes, ainsi que la crête des déversoirs.)

Observations des parties. — Nous avons ensuite engagé les parties intéressées à présenter leurs observations.

(*Ici sont consignées les observations qui seraient produites. L'ingénieur les rédige, en les faisant signer par les parties, à moins que celles-ci n'expriment le désir de les rédiger elles-mêmes.*)

Et, après avoir déclaré qu'il serait procédé ultérieurement, s'il y a lieu, au complément des opérations, nous avons donné lecture du présent procès-verbal aux personnes présentes que nous avons invitées à le signer avec nous.

(*Mentionner ici les personnes qui n'auraient pas voulu signer ni déduire les motifs de leur refus.*)

Et nous avons clos le présent procès-verbal.

Date du jour de l'opération :

Signature du Maire, *Signature de l'Ingénieur.*

MINISTÈRE
de
L'AGRICULTURE

DÉPARTEMENT
d

COMMUNE
d

RIVIÈRE

USINE
du sieur

(Les mots et parties de mots indiqués en caractères romains doivent être reproduits dans la formule imprimée à la place même qu'ils occupent dans le présent modèle.

Les mots en italique, qui ne sont pas entre parenthèses, devront être écrits à la main toutes les fois qu'ils trouveront leur application.

Les mots ou phrases en italique et entre parenthèses ne doivent pas être reproduits.

Tous les nombres doivent être écrits en lettres et en chiffres.)

MODÈLE N° 3

Annexé à la Circulaire du 26 décembre 1884

RÈGLEMENT D'EAU

COURS D'EAU NON NAVIGABLE NI FLOTTABLE

PROJET DE RÈGLEMENT

ARTICLE PREMIER [1]

Est soumis aux conditions du présent règlement l'usage de la force motrice que le sieur est autorisé à emprunter à la rivière de pour la mise en jeu de dans la commune de département de

[1] (Dans le cas où il s'agira de réglementer une ancienne usine fondée en titre, on remplacera les mots, *est autorisé à emprunter*, par le mot : *emprunte*.)

PROPOSITIONS DE L'INGÉNIEUR ORDINAIRE	MODIFICATIONS PROPOSÉES PAR L'INGÉNIEUR EN CHEF

ART. 2

Le niveau légal de la retenue est fixé à
en contre-bas
point pris pour repère provisoire.

ART. 3

Le déversoir sera placé (indiquer ici l'emplacement du déversoir et spécifier s'il est formé d'une ou de plusieurs parties en laissant au permissionnaire autant de latitude que possible).

Il aura une longueur de

Sa crête sera dérasée à
en contre-bas du repère provisoire.

(S'il paraît inutile de spécifier l'emplacement du déversoir, ou s'il n'est pas possible de déterminer à l'avance la hauteur de son couronnement, on emploiera la formule suivante) :

Le déversoir aura une longueur totale de

Sa crête sera dérasée suivant le plan de pente de l'eau retenue au niveau légal, l'usine fonctionnant régulièrement et le bief étant convenablement curé.

ART. 4 [1]

Le vannage de décharge présentera une surface libre de
au-dessous du niveau de la retenue.

Pourront être conservées les vannes de décharges actuelles qui

---

[1] L'article 4 comprend un certain nombre de dispositions qui supposent la réglementation d'une usine déjà existante, et qui, dès lors, doivent être supprimées dans le cas de réglementation d'une usine nouvelle à établir.

PROPOSITIONS DE L'INGÉNIEUR ORDINAIRE	MODIFICATIONS PROPOSÉES PAR L'INGÉNIEUR EN CHEF
présentent ensemble une surface libre de savoir : *(indiquer ici l'emplacement, la largeur, la hauteur au-dessous du niveau de la retenue, la surface libre de chacune des vannes de décharge qui peuvent être conservées.)*	
Les vannes nouvelles qui seront construites, pour obtenir le débouché ci-dessus fixé, auront leur seuil à en contre-bas du repère provisoire, de telle sorte que, si le permissionnaire conserve toutes les vannes de décharge actuelles, le vannage neuf devra présenter une largeur libre totale de	
S'il veut, au contraire, modifier tout ou partie des vannes actuelles, il devra leur substituer un vannage de même surface et dont le seuil soit placé au niveau ci-dessus fixé.	
Le sommet de toutes les vannes sans exception sera dérasé, comme la crête du réservoir, dans le plan de la retenue.	
Elles seront disposées de manière à pouvoir être facilement manœuvrées et à se lever au-dessus du niveau des plus hautes eaux.	
ART. 5	
Les canaux de décharge seront disposés de manière à embrasser, à leur origine, les ouvrages auxquels ils font suite, et à écouler toutes les eaux que ces ouvrages peuvent débiter.	
ART. 6	
(Indiquer ici, s'il y a lieu, les dispositions accessoires.)	

Art. 7

Il sera posé, près de l'usine, aux frais du permissionnaire, en un point qui sera désigné par l'ingénieur chargé de dresser le procès-verbal de récolement, un repère définitif et invariable du modèle adopté dans le département.

Ce repère, dont le zéro indiquera seul le niveau légal de la retenue, devra toujours rester accessible aux agents de l'Administration qui ont qualité pour vérifier la hauteur des eaux, et visible aux tiers intéressés.

Le permissionnaire ou son fermier sera responsable de la conservation du repère définitif, ainsi que de celle des repères provisoires jusqu'à la pose du repère définitif.

Art. 8

Dès que les eaux dépasseront le niveau légal de la retenue, le permissionnaire ou son fermier sera tenu de lever les vannes de décharge pour maintenir les eaux à ce niveau. Il sera responsable de la surélévation des eaux, tant que les vannes ne seront pas levées à toute hauteur.

En cas de refus ou de négligence de sa part d'exécuter cette manœuvre en temps utile, il y sera pourvu d'office et à ses frais, à la diligence du maire de la commune, et ce, sans préjudice de l'application des dispositions pénales encourues et de toute action civile qui pourrait lui être intentée à raison des pertes et dommages résultant de ce refus ou de cette négligence.

Art. 9

Les eaux rendues à la rivière devront être dans un état de nature à ne pas apporter à la température ou à la pureté des eaux un trouble préjudiciable à la salubrité publique, à la santé des animaux qui s'abreuvent dans la rivière ou à la conservation du poisson.

Toute infraction à cette disposition, dûment constatée, pourra entraîner le retrait de l'autorisation, sans préjudice, s'il y a lieu, des pénalités encourues.

Art. 10

(Spécial au cas où il y aurait lieu de favoriser la migration du poisson par application de la loi du 31 mai 1866 sur la pêche.)

Le permissionnaire sera tenu d'établir et d'entretenir dans le barrage une échelle à poissons ; il devra, en outre, placer et entretenir des grillages à l'amont de la prise d'eau et à l'aval du canal de fuite.

L'échelle à poissons et les grillages seront exécutés sur les emplacements et d'après les dispositions que prescriront les ingénieurs du service hydraulique.

ART. 11

Le permissionnaire sera tenu de se conformer aux lois et règlements du service des forêts et du service des douanes.

ART. 12

Toutes les fois que la nécessité en sera reconnue et qu'il en sera requis par l'autorité administrative, le permissionnaire ou son fermier sera tenu d'effectuer le curage à vif fond et vieux bords du bief de la retenue dans toute l'amplitude du remous, sauf l'application des règlements ou usages locaux et sauf le concours qui pourrait être réclamé des riverains suivant l'intérêt que ceux-ci auraient à l'exécution de ce travail.

Lesdits riverains pourront, d'ailleurs, lorsque le bief ne sera pas la propriété exclusive du permissionnaire, opérer, s'ils le préfèrent, le curage eux-mêmes, et à leurs frais, chacun au droit de soi et dans la moitié du lit du cours d'eau.

ART. 13

Le permissionnaire sera tenu de se conformer à tous les règlements existants ou à intervenir sur la police, le mode de distribution et le partage des eaux.

ART. 14

Les droits des tiers sont et demeureront expressément réservés.

ART. 15

Les travaux ci-dessus prescrits seront exécutés sous la surveillance des ingénieurs : ils devront être terminés dans le délai de à dater de la notification du présent arrêté.

A l'expiration du délai ci-dessus fixé, l'ingénieur rédigera un procès-verbal de récolement, aux frais du permissionnaire en présence de l'autorité locale et des parties intéressées dûment convoquées.

Si les travaux sont exécutés conformément à l'arrêté d'autorisation, ce procès-verbal sera dressé en trois expéditions. L'une de ces expéditions sera déposée aux archives de la préfecture ; la seconde à la mairie du lieu ; la troisième sera transmise au Ministre de l'Agriculture.

Art. 16[1]

Faute par le permissionnaire de se conformer, dans le délai fixé, aux dispositions prescrites, l'Administration pourra, selon les circonstances, prononcer la déchéance du permissionnaire ou mettre son usine en chômage, et, dans tous les cas, elle prendra les mesures nécessaires pour faire disparaître, aux frais du permissionnaire tout dommage provenant de son fait, sans préjudice de l'application des dispositions pénales relatives aux contraventions en matière de cours d'eau.

Il en sera de même dans le cas où, après s'être conformé aux dispositions prescrites, le permissionnaire changerait ensuite l'état des lieux fixé par le présent règlement, sans y être préalablement autorisé.

Le permissionnaire pourra, d'ailleurs, sans autorisation nouvelle, changer la destination de son usine, ainsi que les dispositions des ouvrages utilisant la force motrice, sauf l'application des règlements spéciaux auxquels pourrait être soumise, en raison de sa nature, la nouvelle usine.

Art. 17

Le permissionnaire ou son fermier ne pourra prétendre à aucune indemnité ni dédommagement quelconque si, à quelque époque que ce soit, l'Administration reconnaît nécessaire de prendre, dans l'intérêt de la salubrité publique, de la police et de la répartition des eaux, des mesures qui le privent, d'une manière temporaire ou définitive, de tout ou partie des avantages résultant du présent règlement, tous droits antérieurs réservés.

Dressé par l'ingénieur ordinaire soussigné.

Vérifié et présenté par l'ingénieur en chef soussigné.

---

[1] S'il s'agit d'une ancienne usine fondée en titre, on supprimera au premier paragraphe les mots : « pourra, selon les circonstances, prononcer la déchéance du permissionnaire ou mettre son usine en chômage, et, dans tous les cas, elle ».

MINISTÈRE
de
L'AGRICULTURE

DÉPARTEMENT
d

COMMUNE
d

RIVIÈRE
d

USINE
d

(Les mots et parties de mots indiqués en caractères romains doivent être reproduits dans les formules imprimées, à la place même qu'ils occupent dans le présent modèle.

Les mots en italique qui ne sont pas entre parenthèses devront être écrits à la main toutes les fois qu'ils trouveront leur application.

Les mots en italique et entre parenthèses ne doivent pas être reproduits.)

MODÈLE N° 6

Annexé à la Circulaire du 26 décembre 1884

RÈGLEMENT D'EAU

PROCÈS-VERBAL DE RÉCOLEMENT

L mil huit cent
Nous, soussigné, ingénieur des Ponts et Chaussées,

Vu l'*arrêté du* *portant règlement de l'usine du sieur* *et notifié audit sieur* *le*

Vu notamment l'article portant que les travaux prescrits devront être terminés dans le délai de à dater de la notification;

Nous sommes rendu pour procéder au procès-verbal de récolement desdits travaux.

Par lettre en date du nous avions fait connaître à M. le Maire de la commune d l'époque et l'objet de cette visite, en le priant de donner à cet avis toute publicité et de prévenir spécialement :

M. *, propriétaire de l'usine ;*

M.

Nous avions nous-même prévenu directement :

M. *, propriétaire de l'usine supérieure :*

M. *, propriétaire riverain en amont de l'usine.*

Étaient présents :

M.

M.

Et en présence des personnes susdénommées, nous avons constaté ce qui suit :

DISPOSITIONS	
PRESCRITES	EXÉCUTÉES
(Mentionner ici, en suivant l'ordre des articles, les dispositions particulières de l'acte d'autorisation.)	*(Indiquer en regard de chaque article la manière dont il y a été satisfait.* *En faisant mention de la pose du repère définitif, on le rattachera à des points fixes servant de contre-repère, pour en définir la position.)*

Et après avoir donné lecture du procès-verbal aux personnes présentes, nous les avons invitées à le signer avec nous.

(Ici seront apposées, dans l'ordre indiqué en tête du procès-verbal, les signatures des personnes présentes.

Mention sera faite des personnes qui se sont retirées et de celles qui n'auraient pas voulu signer ni déduire les motifs de leur refus.)

Et nous avons clos le présent procès-verbal.

Date du jour de l'opération :

(Signature du Maire.) *(Signature de l'Ingénieur.)*

OBSERVATIONS ET AVIS

1° Si les travaux exécutés sont conformes aux dispositions prescrites, l'ingénieur en propose la réception sous la forme suivante :

« Et, ayant reconnu que les travaux exécutés sont conformes aux dispositions prescrites, nous en proposons la réception définitive.

« Le présent procès-verbal dressé en triple expédition. »

Et le préfet pourra alors prononcer l'homologation du procès-verbal, dont une expédition sera, en tout cas, transmise au Ministre de l'Agriculture.

2° Si les travaux, sans être conformes aux dispositions prescrites, n'en diffèrent que d'une manière insignifiante et qu'il paraisse inutile de prescrire la stricte exécution de l'arrêté, l'ingénieur pourra proposer la réception par un rapport motivé, mais le préfet ne pourra prononcer cette réception qu'après y avoir été autorisé par le Ministre de l'Agriculture.

3° Si les travaux diffèrent notablement des dispositions prescrites, les ingénieurs proposeront au préfet de mettre le permissionnaire en demeure de s'y conformer dans un délai déterminé.

Si le préfet adopte ces propositions, il prendra l'arrêté de mise en demeure sans qu'il soit besoin d'en référer à l'Administration supérieure, et, à l'expiration du délai, il pourra ordonner la mise en chômage des ouvrages dommageables. Si, au contraire, le préfet n'adopte pas les propositions des ingénieurs, il devra les transmettre, avec son avis particulier, au Ministre de l'Agriculture.

CHAPITRE II

DISPOSITIONS GÉNÉRALES DES PRISES D'EAU D'USINES

11. Dispositions générales des prises sur cours d'eau non navigables ni flottables. — Des trois circulaires dont nous venons de donner le texte, les deux dernières seules, qui sont d'une application courante dans le service hydraulique, demandent quelques développements.

Nous devons tout d'abord entrer dans certains détails au sujet des dispositions générales des prises sur cours d'eau non navigables.

Nous traiterons successivement la question des usines et celle des irrigations.

12. Prises d'eau d'usines. — En général, pour produire la force motrice nécessaire aux usines, il faut établir un barrage

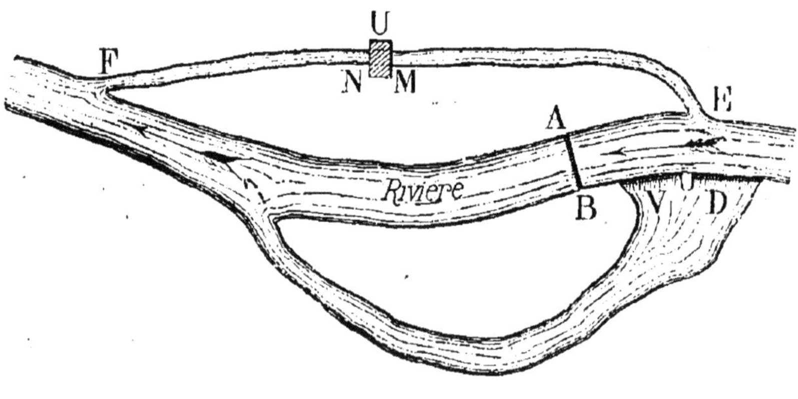

Fig. 1.

en rivière; il en résulte à l'amont un gonflement des eaux qu'on désigne sous le nom de remous. La différence entre les niveaux à l'amont et à l'aval constitue la chute qu'on utilise pour la mise en mouvement des engins moteurs.

Les dispositions des ouvrages varient à l'infini avec la nature des lieux; néanmoins, on peut représenter d'une manière schématique le plan des ouvrages composant une retenue pour la mise en jeu d'une usine, par un croquis analogue à la figure 1.

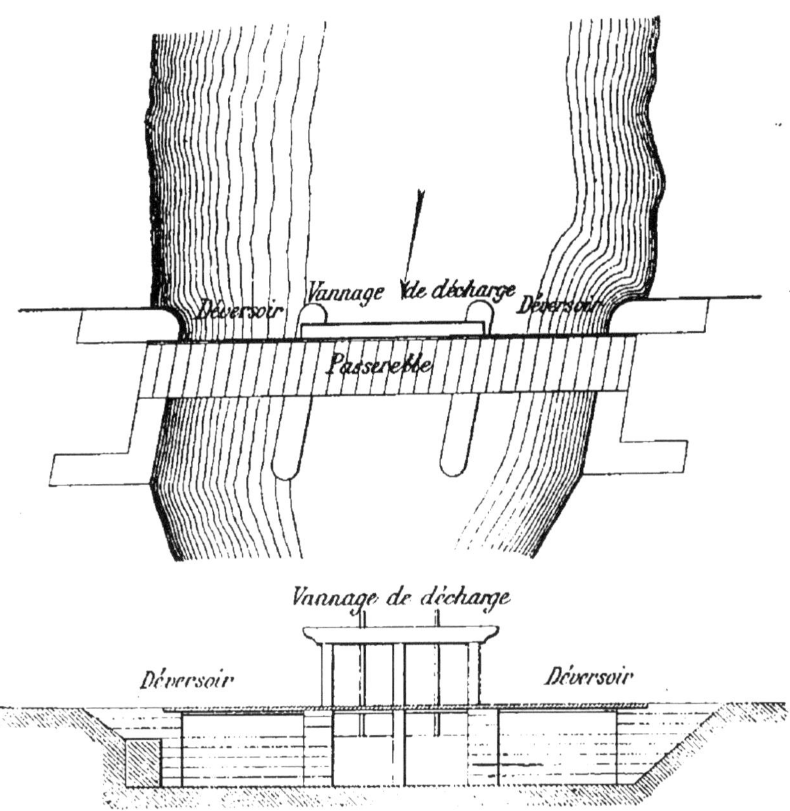

FIG. 2.

En AB, au droit ou à l'amont de l'usine U, se trouve le barrage de retenue. La prise d'eau de l'usine se fait au moyen d'une vanne placée en E; EM est le canal d'amenée qui, avec une pente très faible, conduit les eaux à l'usine U, où leur chute est utilisée; NF est le canal de fuite, ou sous-bief, qui ramène ces eaux au cours d'eau. En D, est placé le déversoir de superficie, dont la longueur est égale au moins à la largeur moyenne du cours d'eau, et dont la crête est dérasée dans le plan du niveau légal de manière à obtenir avec le barrage, qui fonctionne également comme déversoir, une crête de déversement double de la largeur de la rivière; en V se trouve le vannage de décharge qui reste fermé quand les eaux, à l'amont du barrage, sont en contre-bas du niveau de la retenue et qu'on lève dès que ce niveau est notablement dépassé.

La disposition qui a été parfois adoptée et qui consiste à établir le vannage de décharge en travers de la rivière en l'accolant au déversoir (*fig.* 2) est vicieuse et doit être évitée, parce que la manœuvre des vannes placées dans le cours d'eau devient plus difficile et risque de n'être plus faite régulièrement.

La réglementation des barrages d'usines s'applique uniquement aux ouvrages de dérivation et de décharge. Tout ce qui concerne l'utilisation de l'eau, y compris la vanne de prise, n'intéresse que l'usinier.

Toute usine bien réglementée, quelles que soient les dispositions de la dérivation, comporte, sauf exceptions, un déversoir de superficie fixe et un vannage mobile.

13. Fixation du niveau légal de la retenue. — L'instruction générale du 23 octobre 1851 définit ainsi le niveau légal

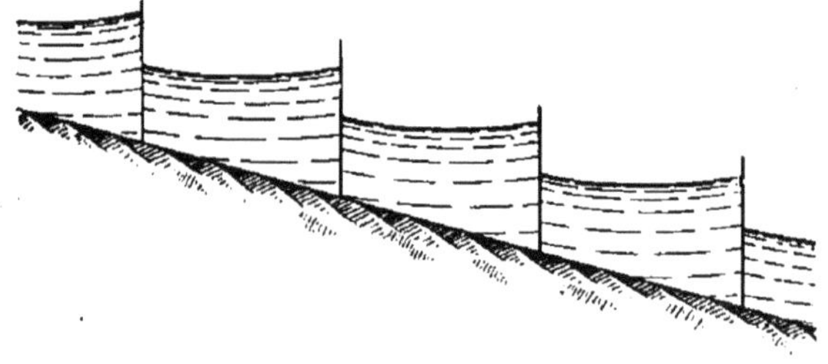

Fig. 3.

de la retenue : c'est « la hauteur à laquelle l'usinier doit, par « une manœuvre convenable des vannes de décharge, main- « tenir les eaux en temps ordinaire et les ramener, autant que « possible, en temps de crues ».

Lorsqu'un cours d'eau est utilisé successivement par plusieurs usagers, le profil en long primitif est remplacé par une sorte d'escalier, comme l'indique la figure 3.

A chaque retenue correspond un niveau légal qui doit être fixé de manière à ne porter aucune atteinte aux droits de l'usine supérieure et à ne causer aucun dommage aux propriétaires riverains. De cette fixation dépend la hauteur de chute et, par suite, la force motrice disponible; elle constitue donc l'un des éléments les plus importants d'un règlement d'eau.

Le débit des cours d'eau étant essentiellement variable, on peut se demander s'il suffit de déterminer le niveau de la retenue à l'amont du barrage, de manière à satisfaire aux deux conditions ci-dessus au cas où la rivière est à son niveau habituel. Par rapport aux terrains d'amont, et les cas de débordement exceptés, c'est bien en eaux ordinaires que la situation du plan de la retenue a le plus d'importance. Mais,

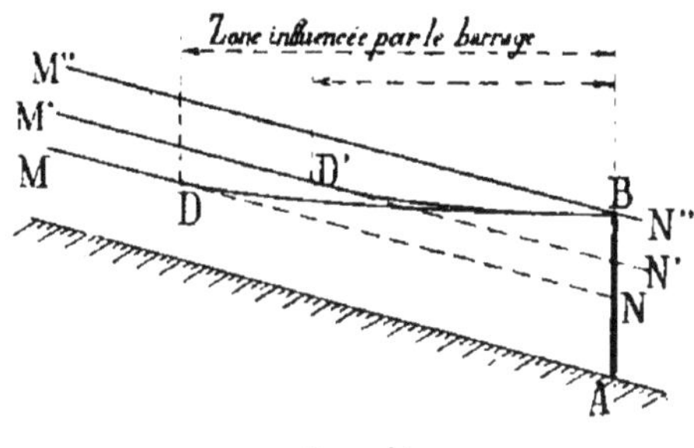

Fig. 4.

en ce qui concerne les usines, c'est en basses eaux que l'effet de la retenue se fait sentir le plus loin à l'amont et qu'il est nécessaire de s'assurer que celle-ci ne pourra nuire au fonctionnement de l'usine supérieure (*fig.* 4). Enfin, on ne doit pas négliger d'examiner le cas des crues de pleines rives, puisque les ouvrages régulateurs doivent avoir un débouché suffisant pour permettre l'écoulement de ces eaux comme si le barrage n'existait pas. Il faut donc chercher à se rendre compte des effets d'une retenue projetée dans chacun de ces divers cas.

L'instruction générale de 1851 stipule qu'à défaut d'usages locaux ou de circonstances particulières, la différence de niveau à maintenir entre les points les plus déprimés des terrains qui s'égouttent directement dans le bief et le plan d'eau doit être de $0^m,16$ au moins.

Au point de vue de l'influence de la retenue sur les terres riveraines à l'amont, il y a une grande différence, suivant que les points bas sont situés à proximité du bief ou en sont éloignés. Sur la figure 4 nous avons représenté en MN, M'N' et M"N" la ligne d'eau d'une rivière à pente uniforme correspondant aux eaux habituelles, aux crues moyennes et aux crues à partir desquelles une retenue projetée AB deviendra sans effet si le vannage de décharge a le même débouché que le cours d'eau. L'établissement de la retenue aura pour résultat de substituer les deux lignes MDB, M'D'B aux deux droites MN, M'N'.

Ceci montre que l'influence du barrage est d'autant moindre que les eaux sont plus hautes et que si les points les plus déprimés de la vallée sont à proximité de cet ouvrage il importera peu que la fixation du niveau de la retenue soit faite en eaux habituelles ou en crues. Au contraire, plus on s'éloigne de la retenue, plus l'influence de la crue se fait sentir; si les dépressions de terrain se trouvent loin du barrage, il ne suffira pas de s'assurer expérimentalement qu'elles ne sont pas submergées en eaux d'étiage pour pouvoir en conclure qu'il en sera encore de même en eaux moyennes. Par suite, en ce qui concerne ces terrains, la réglementation devrait se faire en eaux moyennes.

Néanmoins, comme ce cas est moins fréquent que le premier, c'est en définitive en basses eaux qu'il est préférable de faire les opérations de réglementation. Mais il est indispensable, pour vérifier si le niveau obtenu au droit du barrage n'est pas nuisible aux terres riveraines d'amont, de construire la courbe du remous des eaux de pleines rives et de vérifier sa position par rapport aux points les plus déprimés du terrain.

14. Construction de la courbe du remous. — On appelle *remous d'exhaussement* la courbe qu'affecte la pente de superficie d'un cours d'eau à l'amont d'une section rétrécie. Un barrage d'usine comportant un ouvrage fixe établi en lit de rivière forme obstacle à l'écoulement de ces eaux et provoque la création d'un remous dont la courbe peut se tracer approximativement par la méthode suivante (*fig.* 5) :

Soit FB la position du plan des eaux moyennes avant la construction du barrage AD et soit D le sommet de la crête du barrage. Le plan d'eau à l'amont se relèvera suivant une ligne FD.

Pour construire cette ligne, on admet souvent, dans la pratique, qu'elle affecte la forme d'un arc de cercle tangent en D à l'horizontale ED et tangent également à la ligne FB. Dans ce cas, on détermine la position du point F, où le remous cesse de se faire sentir, en traçant l'horizontale ED qui passe par le sommet du barrage et en prenant FE = ED. F est le point cherché.

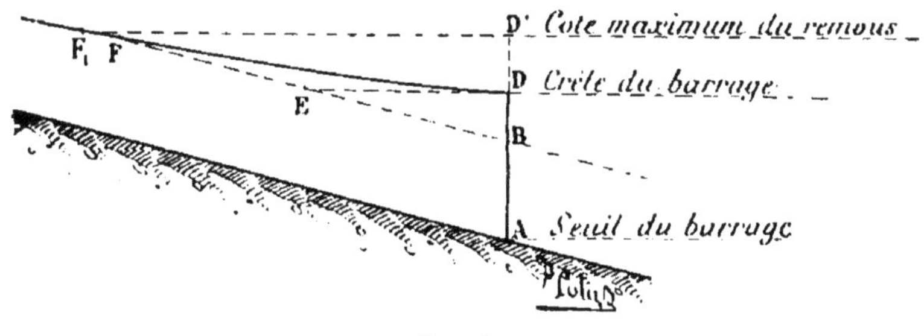

Fig. 5.

Mais toutes les observations faites sur les cours d'eau à pente modérée s'accordent pour reconnaître que le remous cesse d'être appréciable au-delà du point placé sur la même horizontale que le point D' du plan du barrage tel qu'on ait DD' = DB, c'est-à-dire que la hauteur verticale du remous total est double de la surélévation du plan d'eau au droit du barrage. Par suite, on trouve, dans ce cas, la position du point F_1 où le remous cesse de se faire subir en cherchant l'intersection de l'ancien plan d'eau F_1B avec l'horizontale menée par le point D', tel que BD' = 2BD.

Il est donc plus exact de substituer à l'arc de cercle dont il est parlé plus haut un arc de parabole tangent aux mêmes lignes ED et EF aux points D et F_1.

Cette courbe peut se construire par points à l'aide de la formule :

$$y = Y - is + \frac{i^2 s^2}{4Y},$$

dans laquelle Y désigne le remous total DF' ; y, le remous en un point quelconque ; s, la distance de ce point à l'axe AF' ; et i, la pente moyenne par mètre du fil de l'eau avant la construction du barrage.

Quelquefois on simplifie cette formule et, remarquant que Y diffère peu de is, on se contente de construire la courbe du remous au moyen de l'équation :

$$i^2s^2 = 4yY.$$

Dans l'hypothèse d'un arc de cercle, on construit directement la courbe du remous à l'aide du compas. La pente par mètre étant généralement très faible, les courbes obtenues en adoptant successivement les deux hypothèses diffèrent assez peu pour que l'une ou l'autre soit acceptable en pratique.

Ces formules approximatives ne tiennent compte ni de la profondeur ni du débit du cours d'eau, mais elles suffisent généralement, parce que c'est la pente qui a le plus d'influence sur le résultat.

Si l'on veut construire la courbe plus exactement, il faut recourir aux formules très compliquées que donnent les traités d'hydraulique, ou encore aux tables de Bresse, qui traduisent les calculs laborieux auxquels elles donnent lieu.

Mais, en général, on peut se contenter des tracés approximatifs que nous venons d'indiquer.

15. Des ouvrages régulateurs. — Nous avons déjà dit que les ouvrages régulateurs sont destinés, en temps ordinaire, à maintenir la retenue au niveau fixé. En temps de crues, leur débouché doit être tel que, la rivière coulant à pleins bords et étant prête à déborder, toutes les eaux s'écoulent comme si le barrage n'existait pas.

Quand on s'est assuré, par la construction de la courbe du remous, que la retenue n'est pas susceptible de nuire aux terres riveraines ou à l'usine d'amont lorsque les vannes de décharge sont fermées, et quand on a calculé les ouvrages régulateurs en vue de leur permettre l'écoulement intégral du débit des eaux de pleines rives, on a pris toutes les mesures nécessaires pour que l'établissement du barrage ne cause aucun préjudice aux tiers intéressés, ce qui doit être le but qu'on poursuit dans la réglementation.

16. Des rôles spéciaux du déversoir et du vannage de décharge. — Mais, avant de passer à la recherche de ce débit et au calcul du débouché des ouvrages régulateurs, il est nécessaire de bien spécifier les rôles distincts que jouent le déversoir de superficie et le vannage de décharge.

Comme le fait connaître l'instruction générale de 1851, le déversoir de superficie a pour objet d'assurer approximativement la permanence du niveau des eaux. Quant au vannage de décharge, il est destiné à livrer passage aux eaux de crues. En d'autres termes, le déversoir est le régulateur du *niveau*, et le vannage de décharge, le régulateur du *débit*. Ce vannage, dont l'ouverture libre doit être suffisante pour permettre l'écoulement des eaux de la rivière prête à déborder comme si la retenue n'existait pas, joue encore un autre rôle : il sert à maintenir la pente moyenne du fond du cours d'eau. On conçoit, en effet, que, sans lui, il se formerait à l'amont de la retenue des atterrissements qui diminueraient peu à peu la pente du fond et relèveraient, par suite, le plan d'eau d'une façon dommageable pour les propriétés riveraines.

Le déversoir doit avoir une longueur égale à la largeur moyenne du cours d'eau, au niveau de la pente naturelle de débordement. Il procure aux eaux un moyen d'écoulement immédiat lorsque, le vannage de décharge étant fermé, une variation dans le régime de la rivière fait accidentellement dépasser le niveau légal. A partir du moment où la rivière coule à pleins bords, son rôle devient accessoire. Dans ce cas, les usiniers sont tenus de lever les vannes de décharge pour ramener les eaux au niveau légal (art. 8 du modèle n° 5 joint à l'instruction générale du 26 décembre 1884).

Le déversoir est, en somme, destiné à parer, jusqu'à un certain point, aux négligences qu'apportent souvent les usiniers dans la manœuvre de leurs vannes de décharge. Aussi, l'instruction générale de 1851 et celle de 1884 recommandent-elles de ne dispenser les permissionnaires de la construction d'un déversoir que dans des cas très rares qui devront être motivés d'une manière spéciale,

Sur les cours d'eau importants, le déversoir peut servir, comme le stipule l'instruction générale de 1851, à l'écoulement des eaux ordinaires non utilisées par l'usine; dans ce cas, la crête est dérasée sur une partie de sa longueur à un niveau inférieur à celui de la retenue, afin de laisser écouler les eaux surabondantes.

Ordinairement, quand on prescrit une mesure de ce genre, c'est dans l'intérêt de l'usine d'amont dont les moteurs pourraient être noyés par la trop grande élévation de l'eau dans le bief d'aval. Mais il est nécessaire de limiter l'écoulement du déversoir, afin de ne pas affamer ce dernier bief en basses eaux.

Il peut arriver, dans le cas où le déversoir est disposé de manière à évacuer l'excédent du débit des eaux ordinaires, qu'à la suite de sécheresses exceptionnelles l'écoulement par-dessus celui-ci ne laisse plus à l'usine une quantité d'eau suffisante pour assurer sa marche dans des conditions normales. Quand cette éventualité se produit, l'usinier peut être autorisé à placer temporairement des hausses mobiles sur la crête du déversoir et du barrage. Toutefois, les autorisations de ce genre, susceptibles d'engendrer des abus fâcheux pour les tiers, ne doivent être accordées qu'avec réserve.

Dans les cas spéciaux où un déversoir d'usine sur cours d'eau important est disposé de manière à écouler en tout temps un certain volume d'eau, il peut débiter en temps de crue un volume d'eau assez grand sans que la lame déversante dépasse le niveau légal de la retenue. Comme le débouché du vannage de décharge se détermine de manière à permettre l'évacuation de la totalité des eaux de pleines rives, abstraction faite de la partie qui s'écoule par le déversoir, il en résulte, pour les dimensions de ce vannage, une diminution appréciable.

Nous verrons plus loin que dans le seul cas des cours d'eau torrentiels les vannes de décharge peuvent être entièrement supprimées.

On doit toujours prescrire d'établir le seuil des vannages au fond du lit, pour profiter de toute la hauteur possible. En effet, si le seuil des vannes se trouvait au-dessus du niveau de la pente moyenne de ce fond, on s'exposerait à provoquer l'exhaussement du lit sous l'influence des matériaux que les eaux déposeraient contre cet obstacle.

Cette prescription est d'ailleurs avantageuse pour l'usinier, puisque, pour un débouché donné, plus la hauteur libre des vannes est grande plus la largeur correspondante est faible.

Il est également indispensable que les vannes soient disposées de manière à se lever facilement au-dessus du niveau des plus hautes eaux. Quand la hauteur d'élévation est grande, ce résultat s'obtient en plaçant le chapeau qui relie les montants à une hauteur suffisante.

17. Détermination de la section des eaux de pleines rives. — Les ouvrages de décharge d'une usine devant avoir, comme nous l'avons dit, des dimensions suffisantes pour écouler la totalité du débit des eaux de pleines rives, la recherche de ce débit s'impose.

Il est donné par la formule :

$$Q = \Omega u,$$

dans laquelle Q désigne le débit en mètres cubes par seconde; Ω, la section en mètres carrés, et u, la vitesse moyenne. — Examinons, d'abord, comment l'on détermine la section.

Fig. 6.

Pour avoir la valeur de Ω, il faut commencer par rechercher le niveau MN des eaux de pleines rives (*fig.* 6), c'est-à-dire celui qui correspond au moment où la rivière coule à pleins bords, sans toutefois submerger les terres riveraines.

Sur un cours d'eau qui aurait une pente de fond et des berges régulières, la détermination de ce niveau ne présenterait aucune difficulté ; la pente des eaux de pleines rives serait parallèle à celle du fond et coïnciderait avec la crête des berges. Mais, en pratique, aucune de ces deux conditions n'est remplie. Le fond du lit est fort irrégulier, ce qui produit une succession alternative de bas-fonds et de hauts-fonds, qu'on désigne sous les noms de mouilles et de maigres. En temps de crues, il est vrai, ces inégalités de profondeur s'atténuent et il s'établit des pentes sensiblement constantes sur de grandes longueurs, mais leur inclinaison est inconnue. Sur les cours d'eau sans barrages ou avec barrages d'une faible hauteur, on peut quelquefois déterminer cette pente expérimentalement. Mais sur les cours d'eau inférieurs, qui desservent le plus grand nombre d'usines, l'élévation des barrages ne permet même plus aux pentes naturelles de s'établir pendant les crues. Il est donc impossible de les observer et on ne peut pas non plus déduire leurs déclivités de celles du fond dont les accidents sont plus accentués encore que dans le cas précédent.

Les berges ne suivent pas un profil plus régulier que le fond et ne se prêtent pas non plus à la détermination des pentes superficielles des eaux de pleines rives.

On pourrait croire qu'il suffit, pour connaître la position de la crête naturelle des berges, de réparer par la pensée les parties de rives dégradées. Il en serait ainsi si les deux flancs de la vallée présentaient des pentes continues vers le ruisseau et si celui-ci occupait toujours le thalweg de la vallée, ce qui, d'ailleurs, n'est pas la réalité. En rectifiant par la pensée les berges, et en admettant que l'eau en puisse atteindre la crête, on provoquerait la submersion de toutes les terres riveraines qui se trouvent en contre-bas de ce niveau, et qui peuvent occuper parfois une étendue assez considérable.

En somme, sauf dans certains cas particuliers où les terres basses riveraines sont protégées contre les envahissements de l'eau par de véritables digues, on doit admettre pour les eaux de pleines rives celles qui ne submergent aucun point de la vallée. Par suite, dans un profil en travers analogue à celui de la figure 7, la ligne des eaux de pleines rives doit occuper, non pas la position AB correspondant à la crête de la berge, mais bien la position CD, correspondant au point M, le plus déprimé du profil.

Le profil en long du plan d'eau s'obtiendra en joignant les uns aux autres les points tels que D.

La pente du fond est supposée parallèle à celle du plan d'eau, et l'on peut ordinairement la tracer parce qu'elle passe par le seuil des vannes des barrages existants.

Dans le cas, très fréquent en pratique, où l'on doit régle-

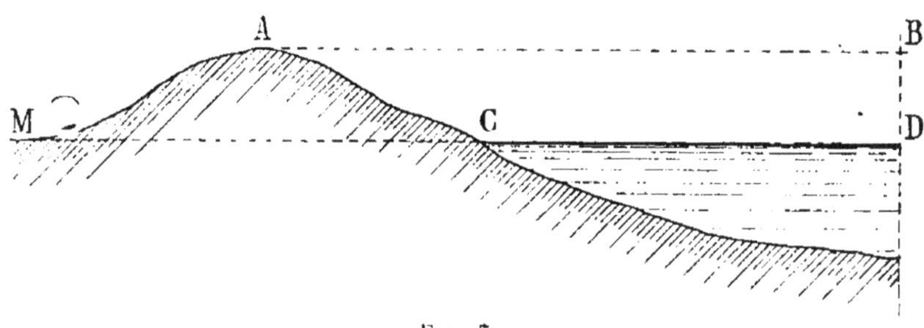

FIG. 7.

menter un barrage existant, mais non régulièrement autorisé, on calcule la surface Ω en relevant un certain nombre de profils en travers en amont du barrage et en prenant la moyenne des surfaces. Ce procédé est suffisamment exact quand la section ne présente pas de grandes variations dans l'ensemble de la partie considérée. Cependant l'existence d'un barrage a souvent pour effet, tantôt de provoquer le remplissage du lit primitif par suite de l'obstacle qu'il apporte aux courants de fond qui déposent alors les matières tenues en suspension, tantôt de produire des affouillements plus ou moins prononcés, suivant le degré de résistance du fond [1]. En calculant le débit à l'aide de semblables profils, on obtiendrait des résultats erronés. On doit, au contraire, s'efforcer de rétablir la section telle qu'elle était avant la construction du barrage.

Lorsque le cours d'eau présente un épanouissement dans la partie considérée (*fig.* 8), la méthode de la moyenne des profils n'est pas non plus admissible, et l'on doit calculer la

[1] Ce fait est attribué à l'existence de tourbillons analogues à ceux qu'on observe aux abords des piles de ponts, et qui produisent des effets bien connus d'affouillement à l'amont de ces obstacles.

surface comme si les rives suivaient le tracé pointillé. Dans ce cas, c'est la section minimum qu'on adopte dans le calcul du débit. D'ailleurs, la formule employée pour ce calcul n'est, en réalité, exacte que dans le cas d'un canal régulier à section constante ; pour les rivières naturelles, les sinuosités du tracé et les irrégularités du lit ont pour effet de diminuer la section vive et, par suite, le débit, en sorte qu'il n'y a que les sections minima, non situées dans les coudes, où la section entière de l'eau participe au mouvement d'une façon sensible.

Fig. 8.

Suivant les cas, on sera donc amené à prendre, pour la surface des eaux de pleines rives, soit la moyenne des surfaces, soit le minimum.

Il est essentiel d'avoir un moyen de contrôle des résultats obtenus dans chaque cas. On peut, comme le prévoit l'instruction générale de 1851, comparer ces résultats à ceux d'autres ouvrages existant sur le même cours d'eau. On peut également prendre comme point de comparaison les résultats obtenus avec d'autres cours d'eau placés dans des conditions analogues.

La connaissance des circonstances météorologiques, de la perméabilité des terrains et de l'étendue des bassins versants permettent aussi d'établir, pour chaque région, des formules empiriques, au moyen desquelles on peut calculer approximativement le débit des cours d'eau. Nous reviendrons sur cette question lorsque nous nous occuperons des curages (§ 99).

18. Détermination des vitesses. — Nous n'avons pas à nous occuper en détail de la mesure des vitesses. Nous rappellerons néanmoins qu'elle peut s'effectuer soit directement, soit indirectement.

Dans la méthode directe, on mesure la vitesse de l'eau à

la surface soit au moyen de flotteurs, soit au moyen d'appareils plus perfectionnés, tels que le tube de Pitot-Darcy, le moulinet de Woltmann, etc..., dont la description et le mode d'emploi sont donnés dans les traités d'hydraulique. Connaissant la vitesse u à la surface, on peut se contenter, pour obtenir la vitesse moyenne de la section V, de la formule :

$$V = 0{,}80u.$$

En ce qui concerne l'emploi des flotteurs, nous croyons devoir mentionner une observation intéressante faite par M. Léon Philippe, directeur de l'Hydraulique agricole au

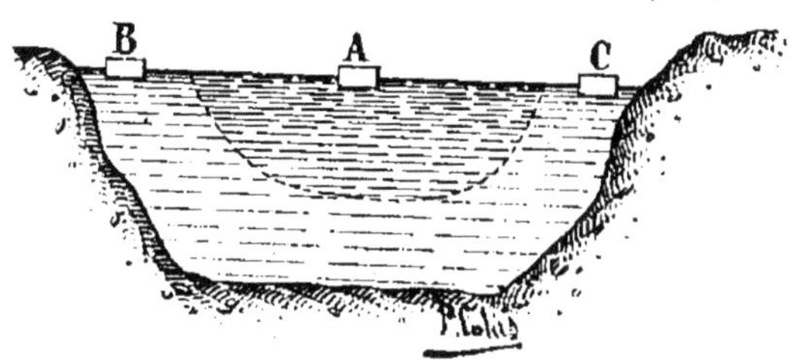

Fig. 9.

Ministère de l'Agriculture. Quand le fond et les talus d'un cours d'eau sont tapissés d'herbes ou de joncs, ou même simplement quand la pente et la vitesse de l'eau sont très faibles, il se forme vers le milieu une section par laquelle la presque totalité du débit s'écoule, tandis que, vers les bords et le fond, il existe une nappe liquide presque stagnante ; la section réelle d'écoulement n'est donc pas celle du lit. On peut constater ce fait en plaçant trois flotteurs, l'un vers le centre, en A (*fig.* 9), les deux autres près des bords en B et C. Le premier accusera une certaine vitesse, tandis que les deux autres indiqueront des vitesses presque nulles. Dans ce cas, aucun des résultats obtenus ne représente la véritable vitesse moyenne du cours d'eau à la surface, de sorte que toute observation faite avec un flotteur conduirait à des résultats erronés.

Sur les petits cours d'eau, on peut calculer directement le débit au moyen d'un déversoir. On obtient ainsi des résultats exacts et ce mode de mesurage est vraiment le meilleur, quand on peut l'employer.

Quant à la méthode indirecte de la mesure des vitesses, elle consiste à mesurer la pente du plan d'eau; connaissant la section transversale, on calcule la vitesse moyenne en fonction du rayon moyen et de la pente. Le rayon moyen R est donné par l'expression :

$$R = \frac{\Omega}{\chi},$$

Ω étant la surface du profil en travers, et χ son périmètre mouillé.

La vitesse moyenne u se déduit de la formule :

$$Ri = bu^2,$$

dans laquelle, pour le cas des parois en terre, on a :

$$b = 0{,}00028 \left(1 + \frac{1{,}25}{R}\right).$$

Enfin, on déduit Q de l'expression :

$$Q = \Omega u.$$

La valeur de b a été déterminée par Darcy et Bazin. Elle varie non seulement avec la nature des parois, mais encore avec le rayon moyen R. Les valeurs de ce coefficient, pour les diverses natures de terrain et les différentes valeurs de R, sont données sous forme de tableau dans les aide-mémoire [1].

Rappelons ici qu'en dehors du cas des parois en terre on distingue les trois catégories suivantes :

Parois peu unies (maçonnerie de moellons)... $b=0{,}00024\left(1+\frac{0{,}25}{R}\right)$,

Parois unies (pierres taillées, briques, planches). $b=0{,}00019\left(1+\frac{0{,}07}{R}\right)$,

Parois très unies (ciment lisse, bois raboté). $b=0{,}00015\left(1+\frac{0{,}03}{R}\right)$.

[1] CLAUDEL, t. I, p. 125) de la 9e édition).

Ces formules remplacent d'anciennes formules de Prony, Dupuit, etc..., qu'on doit bien se garder d'employer aujourd'hui, attendu qu'elles conduisent à des résultats inexacts et ont donné lieu à de nombreux mécomptes.

19. Fixation des dimensions des ouvrages régulateurs. — Calcul du débit des déversoirs. — Nous avons vu que le déversoir doit avoir, en général, une longueur égale à la largeur du cours d'eau aux abords de l'usine dans les parties où le lit a conservé son état normal. L'emplacement que doit occuper cet ouvrage est défini dans l'arrêté réglementaire, lequel se borne à fixer sa longueur et la position de sa crête. On doit laisser, autant que possible, à l'usinier la latitude de le diviser ou non en plusieurs parties.

On sait que, sur les rivières importantes dont les eaux ne sont pas utilisées en totalité par l'usine, le déversoir peut être disposé de manière à évacuer l'excédent du débit, même en eaux ordinaires et, par conséquent, être dérasé au-dessous de la retenue, sauf une partie qui doit être réglée dans le plan de pente de l'eau retenue au niveau légal, afin de permettre d'apprécier si ce niveau est observé.

En outre, il arrive quelquefois, principalement dans les ouvrages anciens, que les seuils des vannes de décharge, qui doivent être complètement levées lorsque la rivière coule à pleins bords, fassent saillie sur le lit d'aval et forment ainsi déversoir de fond.

Le débit par seconde de ces différents ouvrages formant déversoirs est donné par la formule unique des déversoirs en mince paroi :

$$Q = mLH\sqrt{2gH},$$

dans laquelle L désigne la largeur du déversoir ;

H, la charge ou hauteur d'eau en amont, au-dessus du seuil ;

$g = 9{,}8088$, si le mètre est pris pour unité ;

Et m, un coefficient de réduction qui varie de 0,40 à 0,50 suivant les charges et les hauteurs h du déversoir au-dessus du fond (*fig.* 10). Les valeurs de m pour les différentes valeurs de H et h ont été données par M. Bazin, sous forme de tableaux qui sont reproduits dans les traités d'hydraulique et les aide-mémoire[1]. L'expérience a prouvé que, pour des valeurs de H variant de $0^m,05$ à $0^m,30$, le coefficient est presque constant et égal à 0,40.

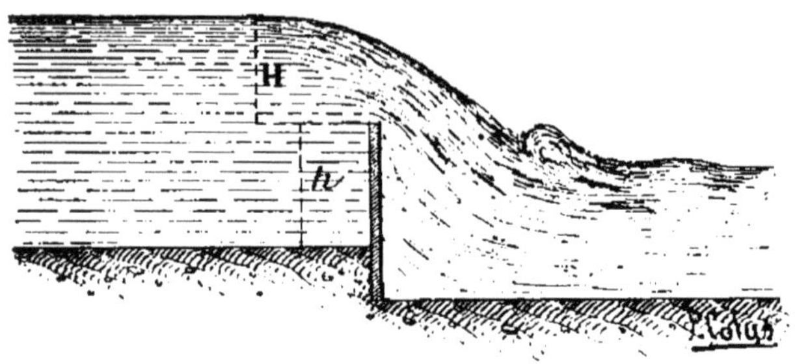

Fig. 10.

On admet souvent pour m cette valeur, quand on se trouve dans les conditions ci-dessus spécifiées. Dans ces conditions, si l'on effectue le produit $m\sqrt{2g}$, on arrive à la formule pratique :

$$Q = 1,77 LH. \sqrt{H}.$$

Il peut arriver que le niveau de l'eau à l'aval du déversoir s'élève au-dessus de la crête déversante. Dans ce cas, le

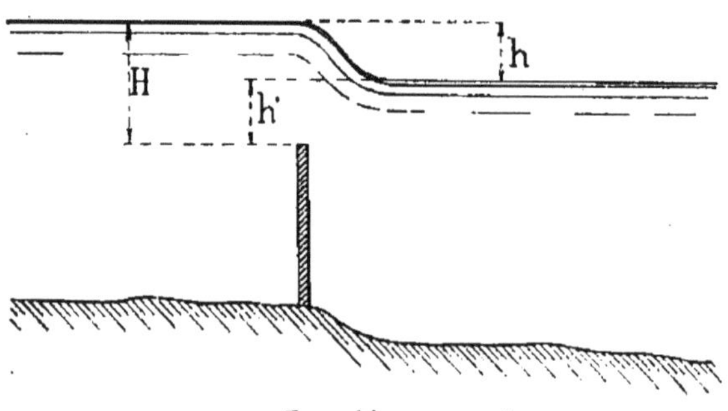

Fig. 11.

déversoir est dit noyé (*fig.* 11). On considère alors l'écoulement comme fourni par deux orifices distincts ; l'écoulement au-dessus du niveau d'aval ayant lieu par déversoir sous une

[1] *Aide-Mémoire* de Claudel, t. I, p. 108 (de la 9e édition).

charge h, on peut lui appliquer la formule ci-dessus; quant à la partie au-dessous de ce niveau, on la regarde comme s'écoulant sous la même charge d'eau h par une vanne de fond d'une hauteur h', dont on calcule le débit ainsi qu'il sera dit ci-après (§ 22).

On peut aussi employer la formule :

$$Q = mL\sqrt{2g(H - h)},$$

dans laquelle H désigne encore la charge, et h, la hauteur du niveau d'aval au-dessus du seuil. Dans ce cas, la valeur du coefficient m varie avec le rapport $\frac{h}{H}$. Les différentes valeurs de ce coefficient résultant des expériences de Lesbros sont données sous forme de tableau, dans le *Traité d'Hydraulique*, de Graeff, ainsi que dans l'*Aide-Mémoire* de Claudel.

20. Influence de l'orientation des déversoirs. — Si le déversoir, au lieu d'être perpendiculaire au fil de l'eau, est oblique, le débit se calcule en multipliant le débit que donnerait un déversoir normal de même longueur par un coefficient qu'indique le tableau suivant :

$\alpha =$	0°	15°	30°	45°	60°	90°
$f =$	0,80	0,86	0,91	0,94	0,96	1,000

$\alpha =$ angle d'obliquité du courant;
$f =$ coefficient de réduction de la dépense.

En conséquence, pour qu'un barrage oblique puisse remplacer un barrage droit, il faut que sa longueur soit égale à celle du barrage droit divisé par le coefficient correspondant du tableau ci-dessus.

Si le déversoir est parallèle au cours de l'eau, cas qui se présente fréquemment dans le service de l'hydraulique agricole et qui est même l'ordinaire pour les déversoirs régulateurs d'usines, le coefficient à adopter est celui qui correspond dans le tableau à $\alpha = o$, soit $f = 0,80$.

Pour les barrages à chevrons (*fig.* 12), Graeff donne, dans son *Traité d'Hydraulique*, la formule suivante (t. II, p. 70) : « Le débit d'un barrage à chevrons est le même que celui d'un déversoir droit, dont la largeur serait la somme des largeurs des ailes du chevron et à laquelle on ajouterait la moitié de la projection sur un plan perpendiculaire à l'axe du cours d'eau de la partie circulaire ou saillante. »

Il convient de remarquer que cette formule ne tient pas compte de la valeur de l'angle au sommet, laquelle influe

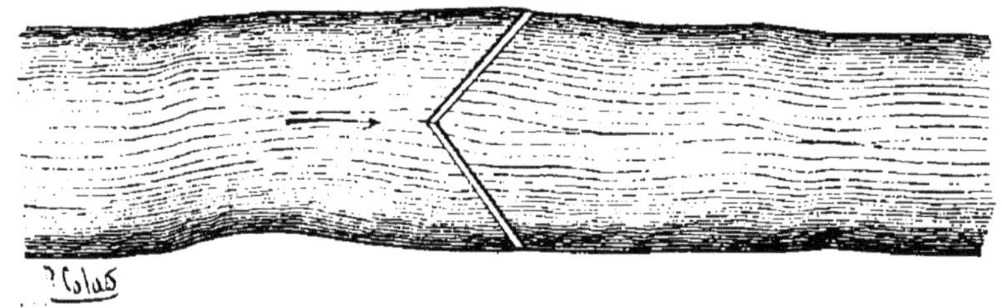

Fig. 12.

nécessairement sur le débit; nous ne la croyons pas exacte, et il est préférable de considérer le barrage à chevrons comme formé de deux barrages obliques. Ce procédé donnera un débit calculé un peu trop faible, lorsque l'angle au sommet sera aigu, mais nous saisirons cette occasion de remarquer que, en pareille matière, il vaut mieux que l'approximation, à défaut d'exactitude, se fasse par défaut, c'est-à-dire que le déversoir débite plus que le calcul n'a indiqué; c'est, en effet, l'erreur par excès qui aurait de graves inconvénients pratiques.

Si l'on suppose par la pensée que la flèche du barrage à chevrons diminue, en sorte que l'angle au sommet augmente en se rapprochant de 180°, on remarque qu'à la limite la formule que nous indiquons donnera le débit du barrage transversal ordinaire, ce qui doit être, tandis que la formule Graeff conduirait à un résultat inacceptable dont la fausseté est évidente. Nous croyons, par ce motif, qu'il est préférable d'employer celle que nous indiquons.

Du reste, le commandant Boileau, auquel était emprunté la première formule, n'avait pas commis l'erreur que nous signalons; il a évalué le débit d'un barrage en chevrons en l'égalant à celui d'un barrage rectiligne de même longueur et de *même obliquité*, ce qui revient à notre formule, mais il y a ajouté, pour le cas où la pointe du chevron est recoupée ou arrondie, un petit terme de correction que l'on peut négliger dans la pratique de l'hydraulique agricole, et dans le détail duquel nous croyons inutile d'entrer ici (Boileau, *Traité de la Mesure des Eaux courantes*, p. 146). On obtiendra une approximation suffisante pour les besoins du service, en considérant le barrage à chevrons comme formé de deux barrages inclinés.

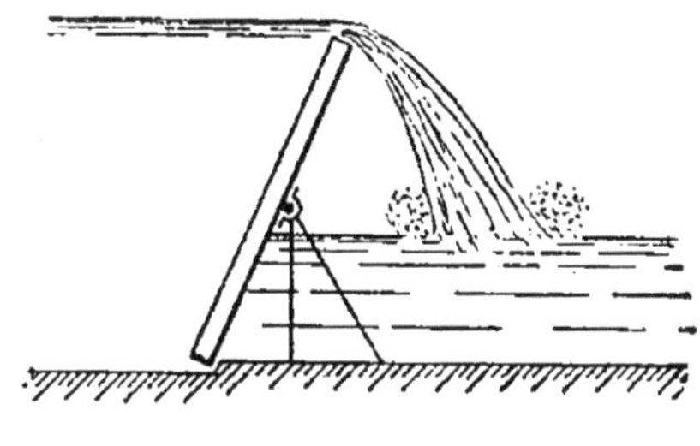

Fig. 13.

On rencontre quelquefois dans les vannages d'usines, dans les hausses mobiles de barrages, etc., des déversoirs dont la paroi postérieure est inclinée vers l'aval ou vers l'amont (*fig.* 13).

Dans ce cas, on doit multiplier la valeur de m de la formule des déversoirs en mince paroi par l'un des coefficients suivants[1] :

INCLINAISON VERS L'AMONT			DÉVERSOIR VERTICAL	INCLINAISON VERS L'AVAL				
$\frac{1}{2}$	$\frac{3}{2}$	$\frac{3}{1}$		$\frac{3}{1}$	$\frac{3}{2}$	$\frac{1}{1}$	$\frac{1}{2}$	$\frac{1}{4}$
0,93	0,94	0,96	1,00	1,04	1,07	1,10	1,12	1,09

21. Déversoirs à crête épaisse. — La largeur en crête du déversoir n'a pas d'influence appréciable sur la valeur du coefficient m de la dépense, tant que cette largeur n'est pas

[1] Flamant, *Traité d'Hydraulique*.

supérieure à $0^m,05$. Au-delà de cette valeur, le déversoir est dit à parois épaisses (*fig.* 14). Pour une largeur l variant de $0^m,05$ à $0^m,15$, on donne à m une valeur de 0,43 à 0,45 ; au-delà de $0,^m15$, on prend $m = 0,385$.

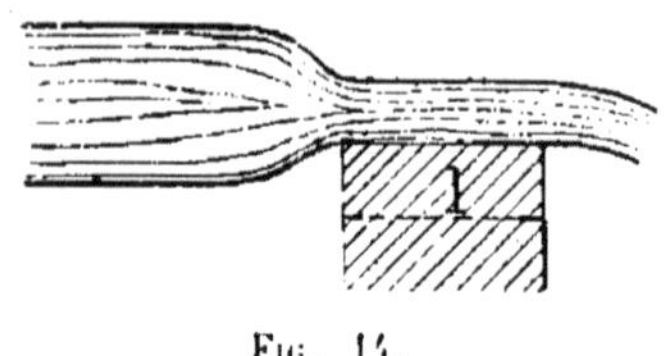

FIG. 14.

Du reste, ces coefficients sont regardés comme peu exacts ; mais les déversoirs à parois épaisses étant rares dans les barrages d'usine, il n'y a pas lieu d'insister sur ce sujet.

Il nous faut maintenant remarquer que jusqu'ici nous n'avons pas tenu compte de la vitesse acquise par l'eau avant d'arriver au seuil ; or, si le cours d'eau sur lequel est établi le barrage présente une pente longitudinale un peu forte, cette vitesse acquise n'est pas complètement négligeable. Pour en tenir compte, on remplace dans la formule ordinaire H par $H + \frac{\overline{u}_0^2}{2g}$, u_0 étant la vitesse moyenne dans une section de la rivière prise un peu en amont du point où commence la dénivellation de la surface libre.

L'application des formules ci-dessus est facilitée en pratique par l'emploi de tables. Si l'on veut connaître approximativement le débit d'un déversoir, on peut employer les formules empiriques suivantes extraites de l'*Aide-Mémoire* de Huguenin.

Pour le cas d'un déversoir complet (*fig.* 10) :

$$Q = \frac{2}{3} \mu LH \sqrt{2gH},$$

et pour le cas d'un déversoir incomplet (*fig.* 11) :

$$Q = \frac{2}{3} \mu LH \sqrt{2gH} + \mu_1 Lh' \sqrt{2gH},$$

dans laquelle $\frac{2}{3} \mu = 0,57$, et $\mu_1 = 0,62$.

22. Calcul du débit des vannes de décharge. — Le débit par seconde d'une vanne avec charge sur le sommet est donné par la formule :

$$Q = m\omega \sqrt{2gH},$$

dans laquelle ω représente la section de l'orifice et H la charge sur le milieu de la hauteur de cet orifice, s'il débouche librement à l'air (*fig.* 15), et la différence de niveau de l'amont à l'aval lorsqu'il est noyé à l'aval (*fig.* 17).

m est un coefficient de débit qui varie avec la forme de l'orifice et, dans une certaine mesure, avec la charge H. D'après les expériences de Poncelet et Lesbros, ses valeurs extrêmes ont été 0,57 et 0,70, et la moyenne 0,62. Lorsque l'orifice est circulaire, ce coefficient s'approche de 0,64, tandis qu'il n'est guère que de 0,61 pour un orifice rectangulaire.

Dans ce dernier cas, qui est celui qui se présente le plus souvent en pratique, les valeurs à donner à *m* pour des charges sur le sommet de l'orifice variant de $0^m,01$ à 3 mètres, et pour des hauteurs d'orifice variant de $0^m,01$ à $0^m,20$ sont fournies par des tables résultant des expériences de Poncelet et Lesbros et reproduites dans les traités d'hydraulique et les aide-mémoire [1]. A défaut de tables, on peut calculer approximativement le débit d'un orifice d'écoulement suivant qu'il est au-dessus du niveau du bief inférieur en totalité (*fig.* 15), ou en partie (*fig.* 16), ou qu'il se trouve en entier au-dessous de ce niveau (*fig.* 17), au moyen des formules suivantes :

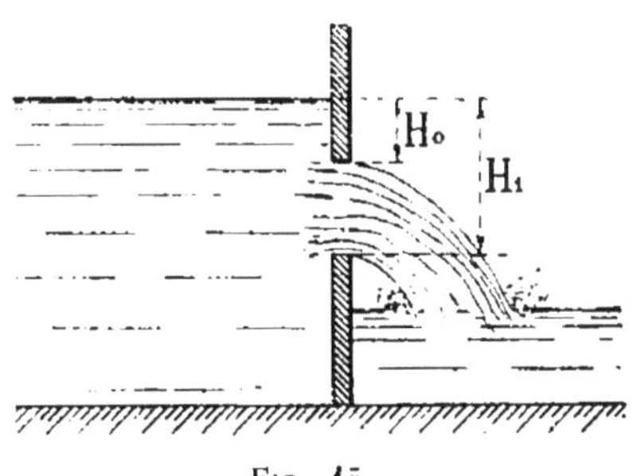

Fig. 15.

$$Q = \frac{2}{3} \mu L \sqrt{2g} \left[(H_1 + K)^{\frac{3}{2}} - (H_0 + K)^{\frac{3}{2}}\right],$$

$$Q = \frac{2}{3} \mu L \sqrt{2g} \left[(H_1 + K)^{\frac{3}{2}} - (H_0 + K)^{\frac{3}{2}}\right] + \mu L a \sqrt{2g} \sqrt{H_1 + K},$$

$$Q = \mu L a \sqrt{2g} \sqrt{H + K},$$

dans lesquelles : L représente la largeur de l'orifice ;

[1] Voir, en particulier, Claudel, t. I, p. 97.

$K = \frac{V^2}{2g}$, V étant la vitesse de l'eau immédiatement à l'amont, et $\mu = 0{,}60$ dans le cas où l'arête inférieure de l'ouverture

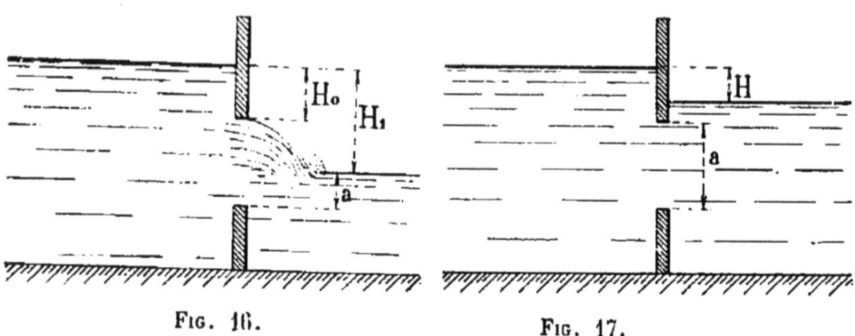

Fig. 16. Fig. 17.

se trouve haut placée par rapport au lit, et = 0,65 à 0,70, lorsqu'elle se trouve au niveau de celui-ci [1].

[1] Huguenin, *Aide-Mémoire de l'Ingénieur.*

CHAPITRE III

DISPOSITIONS PARTICULIÈRES DES OUVRAGES DE RETENUE ET DE DÉCHARGE

23. Utilité de faire connaître ces dispositions. — Les arrêtés préfectoraux réglementant les barrages de prises d'eau sont pris dans le seul but d'assurer la meilleure utilisation des eaux au point de vue général et d'éviter que ces barrages ne soient nuisibles aux riverains. Ils ne comportent aucune clause relative à leur construction ; ils se bornent à en fixer l'emplacement et le débouché. Néanmoins, les agents du service hydraulique pouvant être appelés à en dresser les projets, il n'est pas inutile de donner quelques indications relativement à la construction de ces ouvrages.

24. Des barrages de retenue. — Sur quelques cours d'eau de très peu d'importance ou à régime torrentiel, on relève le plan d'eau au moyen de barrages volants destinés à être enlevés par les crues. Ces barrages sont construits grossièrement et formés soit d'un enchevêtrement de pierres et fascines, soit de toute autre manière.

Mais, le plus habituellement, les barrages de prises d'eau d'usines sont établis d'une façon moins rudimentaire et ont des dimensions suffisantes pour pouvoir résister aux crues ordinaires.

Les barrages en rivière sont souvent construits en maçonnerie ; quelquefois on emploie la pierre sèche ou la terre avec revêtements en pierre sèche. Dans ces deux derniers cas, ils sont difficiles à maintenir, car ils sont rapidement détériorés par les crues ; les ouvrages en pierre sèche sont généralement défendus par un plancher supérieur, établi au plan d'eau normal et consolidés par des pieux (*fig.* 18).

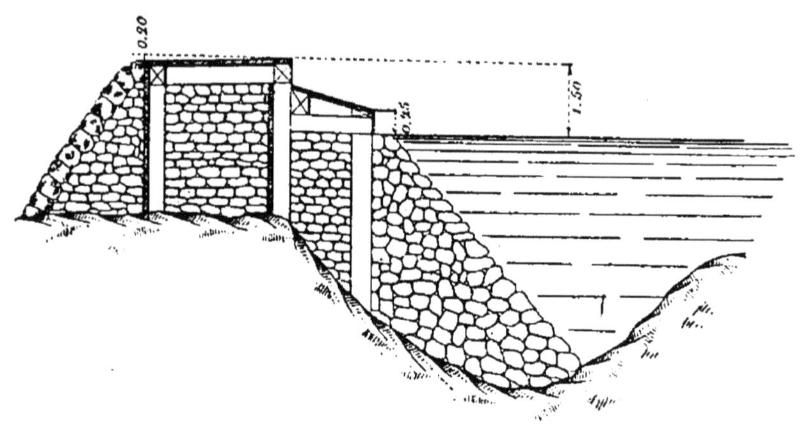

FIG. 18.

Les barrages en maçonnerie sont ordinairement disposés de manière à fonctionner comme déversoir en mince paroi, et leur profil se rapproche de celui qu'indique la figure 19.

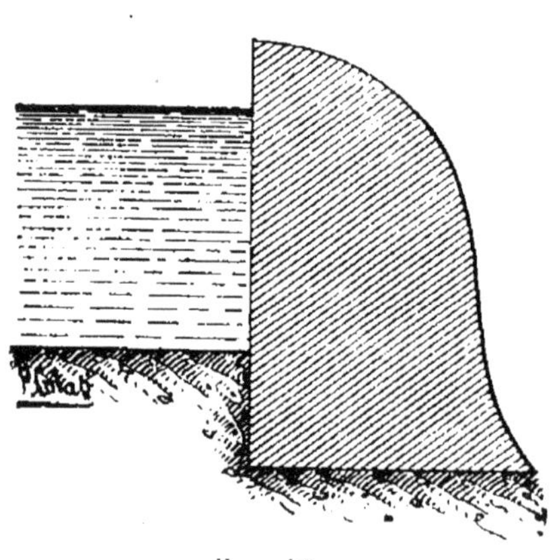

FIG. 19.

Quand les ouvrages sont plus importants, leur profil affecte souvent la forme d'une doucine (*fig.* 20), et leur couronnement est composé d'une assise en maçonnerie ou en pierre de taille. Il est ordinairement nécessaire de défendre ces ouvrages à l'amont contre les affouillements que provoque leur construction et à l'aval contre ceux que produit l'eau déversante, au moyen de radiers en enrochements maintenus eux-mêmes par des pieux disposés en quinconce.

L'emplacement des barrages-déversoirs est le plus souvent indiqué par les circonstances locales; quant à leur forme en plan, elle est des plus variables. La plupart d'entre eux sont rectilignes et normaux au fil de l'eau; néanmoins, il n'est pas rare de rencontrer des barrages rectilignes plus ou moins inclinés par rapport à l'axe du cours d'eau et des barrages en chevron; quelques-uns sont concaves ou même affectent la forme d'un S (*fig.* 21).

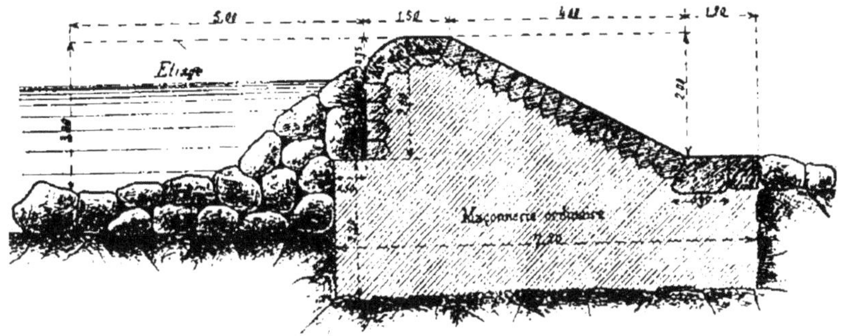

Fig. 20.

Dans les ouvrages dont il est question ici ne sont pas compris ceux, plus importants, qui servent par exemple, à dériver l'eau nécessaire à l'alimentation des grands canaux d'irrigation et qui sont établis par les agents du service hydraulique ou sous leur contrôle. Nous aurons occasion d'en parler ultérieurement.

Bien que le service hydraulique n'ait pas d'habitude à s'occuper des dimensions que donnent les usiniers à leurs barrages, il peut arriver que l'intérêt général exige une fixation de ces dimensions. Nous citerons comme exemple le cas suivant :

Un usinier avait demandé l'autorisation de barrer une rivière importante, non loin de sa source, par un déversoir atteignant jusqu'à 12 mètres de hauteur, de manière à emmagasiner un volume pouvant s'élever à 18.500 mètres cubes, l'ouvrage étant alors surmonté d'une lame déversante de $0^{m},34$ d'épaisseur. En cas de rupture, ce volume d'eau se serait précipité dans une vallée dont la pente moyenne est de $0^{m},037$ par mètre et aurait causé des ravages importants. Aussi a-t-on cru nécessaire d'imposer au permissionnaire, lors de la construction de cet ouvrage, des conditions de nature à offrir toute garantie de sécurité.

Plan du barrage.

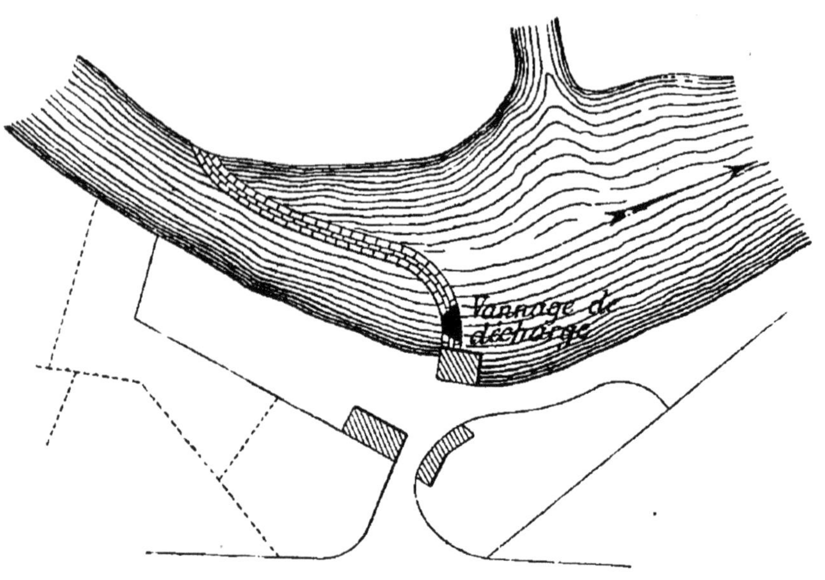

Élévation.

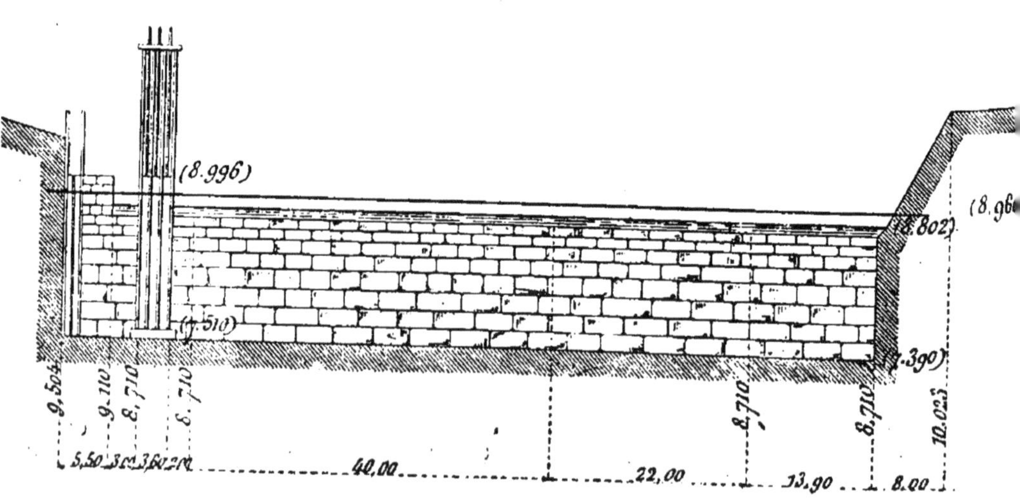

Fig. 21.

On a résolu de donner au profil du barrage la forme indiquée par la figure 22, c'est-à-dire qu'on a fixé *a priori* un fruit de 1/10e pour le parement d'amont et de 1/5e pour le parement d'aval. La hauteur de la lame déversante étant, comme nous l'avons dit, de $0^m,34$, la seule inconnue est l'épaisseur x au sommet, laquelle a été calculée de la manière suivante :

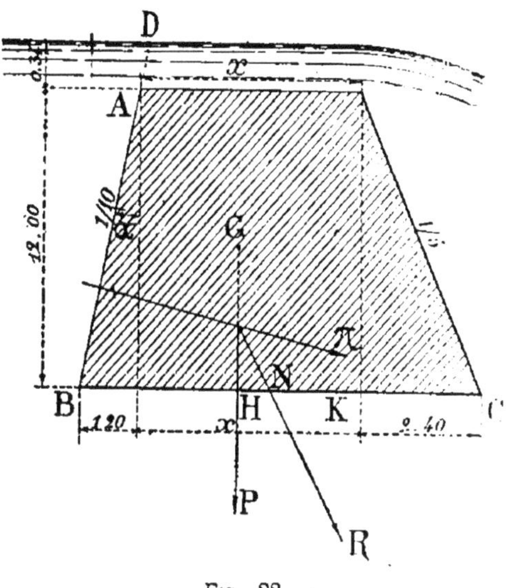

Fig. 22.

L'ouvrage est soumis, d'une part, à son poids dont la valeur par mètre courant est, en tonnes, et en prenant 2.000 kilogrammes pour le poids du mètre cube de maçonnerie :

$$P = \left(\frac{2x + 1,20 + 2,40}{2}\right) \times 12 \times 2 = 24x + 43,2.$$

Le moment par rapport à l'arête inférieure d'amont B est :

$$12\,(0,50x^2 + 2,40x + 2,88)\;2.$$

Il est soumis, d'autre part, à la pression de l'eau sur la face AB du mur dont la valeur en tonnes est :

$$\pi = \frac{\overline{12,34}^2 - \overline{0,34}^2}{2 \cos \alpha},$$

et qui a pour composante verticale :

$$\left(\overline{12,34}^2 - \overline{0,34}^2\right) 0,05 = 7,608,$$

et pour composante horizontale :

$$\frac{\overline{12,34}^2 - \overline{0,34}^2}{2} = 76,08.$$

Le moment de cette pression, par rapport à l'arête inférieure d'amont B, est :

$$\frac{\left(\overline{12,34}^2 - \overline{0,34}^2\right)(12 + 0,34)}{6 \cos^2 \alpha} = \frac{1,01}{6} \times 1877 = 316.$$

La résultante du poids P et de la pression π est donc une force R qui a pour composante verticale :

$$Q = 24x + 50,81 ;$$

pour composante horizontale :

$$H = 76,08 ;$$

et pour moment par rapport à B :

$$M = 12x^2 + 57,6x + 385,12.$$

Cette résultante R coupe la base BC en un point N, dont la distance au point B s'obtient en divisant le moment total par la composante verticale.

On a donc :

$$BN = \frac{12x^2 + 57,6x + 385,12}{24x + 50,81}.$$

et :

$$NC = 3,60 + x - \frac{12x^2 + 57,6x + 385,12}{24x + 50,81} = \frac{12x^2 + 79,61x - 202,21}{24x + 50,81}.$$

Si la résultante coupe la base à l'extérieur du noyau central[1], c'est-à-dire si $NC < \frac{BC}{3}$; la pression maximum p sur l'arête inférieure est donnée par la formule :

$$p = \frac{2}{3} \frac{Q}{NC},$$

et comme cette valeur de p ne doit pas dépasser 60 tonnes par mètre carré, on aura :

$$60 = \frac{2}{3} \frac{(24x + 50,81)^2}{12x^2 + 79,61x - 202,21},$$

ou :

$$504x^2 + 4.726x - 20.778 = 0,$$

d'où l'on tire :

$$x = 3^m,25.$$

Cette valeur, substituée dans les formules de NC et de BC, donne $1^m,43$ pour la première et $6^m,85$ pour la seconde.

La première étant inférieure au tiers de la seconde, la formule employée pour évaluer la valeur maximum p de la pression sur la base était donc convenable.

En résumé, le barrage doit présenter la section indiquée par le profil ci-contre (*fig.* 23), c'est-à-dire qu'il doit avoir $3^m,25$ de largeur en couronne avec un fruit intérieur de 1/10e et un fruit extérieur de 1/5e.

Comme mode de construction, on s'est contenté de prescrire que l'ouvrage serait exécuté en maçonnerie avec mortier de chaux hydraulique, sous la réserve cependant que le couronnement serait en pierre de taille sur une épaisseur de $0^m,50$ au moins, à cause du déversement possible de l'eau par-dessus la crête. Pour parer au danger éventuel d'un glissement sur la base, on a prévu un enracinement de $0^m,50$

[1] On appelle noyau central de la base BC du barrage l'espace compris entre le point H, milieu de cette base, et le point K, placé aux deux tiers, c'est-à-dire tel qu'on ait BK = 2KC.

de la maçonnerie dans le rocher bien compact du sol et des flancs de la vallée.

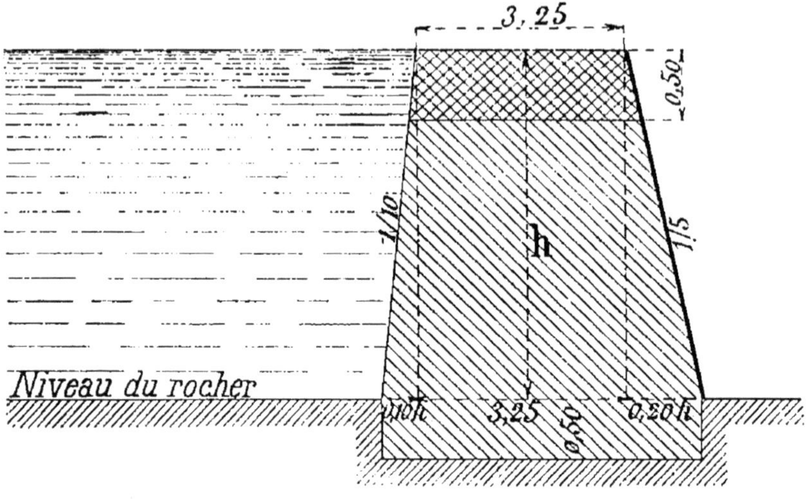

Fig. 23.

Ces diverses prescriptions ont été imposées au permissionnaire par l'arrêté préfectoral réglementant le barrage.

25. Des vannages de décharge. — Nous avons déjà eu l'occasion de nous occuper de ces ouvrages (§ 16), et nous avons dit que, les vannes devant pouvoir se lever au-dessus du niveau des plus hautes eaux, il était nécessaire d'établir le chapeau à un niveau suffisant, si l'on ne veut pas moiser.

Les vannes qu'on emploie le plus ordinairement sont en bois; elles sont munies de tiges levantes que de simples chevilles, passées dans des trous, servent à maintenir sur la traverse supérieure du cadre (*fig.* 24, 25 et 26). Parfois, quand les vannes ont des dimensions assez grandes, la manœuvre est facilitée par l'emploi de crics à crémaillères, de vis ou de treuils pourvus de chaînes. Les figures 27 et 28 représentent un système de vannes levantes dont la tige est mue par une manivelle qu'on manœuvre d'une plate-forme extérieure, boulonnée sur les montants du cadre.

On conçoit que les dispositions de ces ouvrages varient à l'infini, mais leurs dispositions s'écartent, en général, peu de

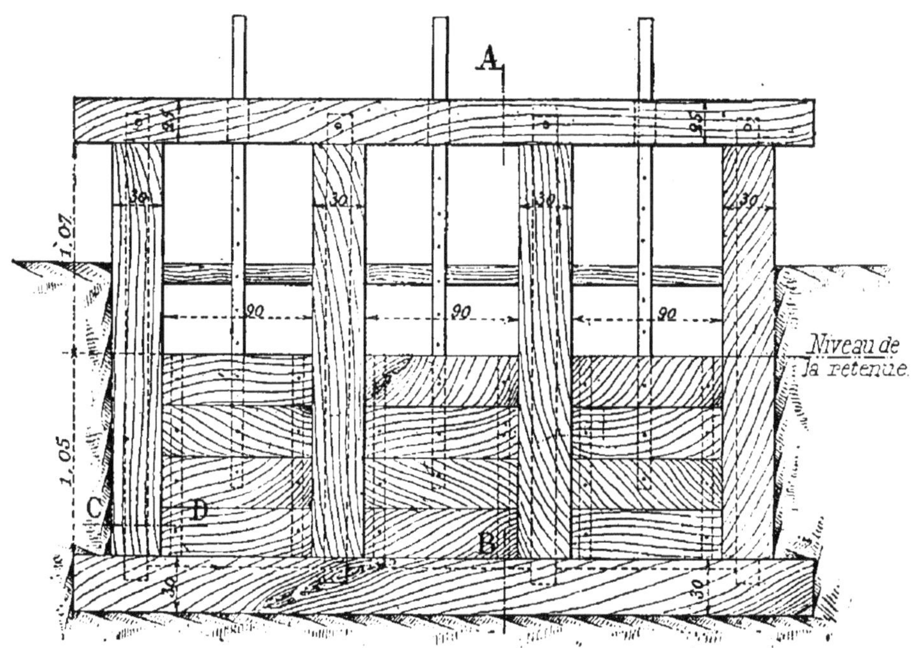

Fig. 24.

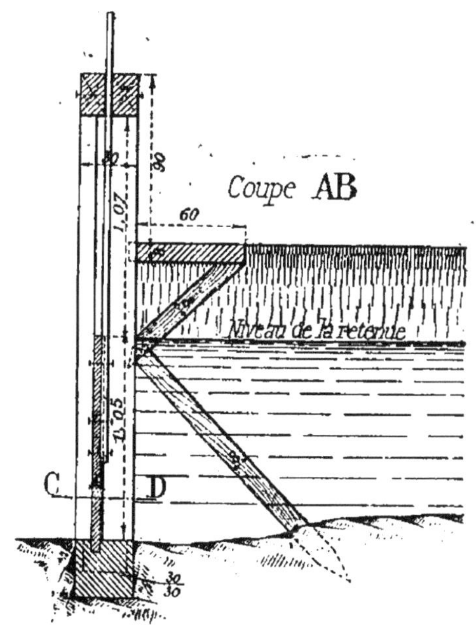

Fig. 25.

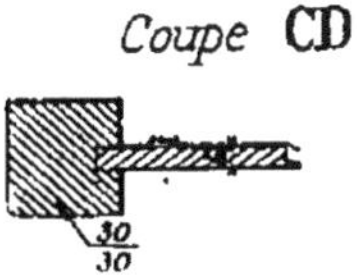

Fig. 26.

celles que représentent les figures 27 et 28. En cas de nécessité, une passerelle est établie au-dessus du niveau des plus hautes

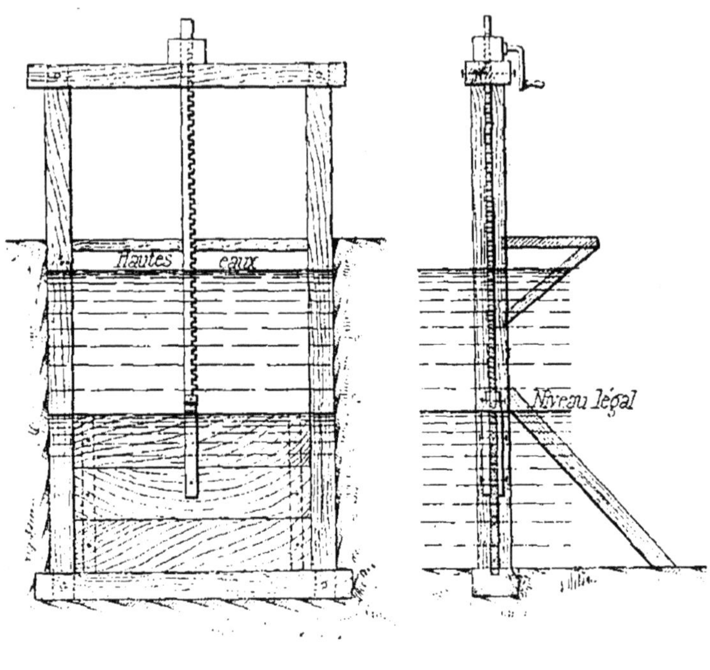

Fig. 27. Fig. 28.

eaux, le long du vannage de décharge, pour en rendre facile l'accès en tous temps.

26. Vannes automobiles. — L'instruction générale de 1851, rappelant que quelques propriétaires d'usines sur des cours d'eau dont les crues se produisent très rapidement ont substitué aux vannes ordinaires des vannes automobiles s'ouvrant sous la pression des eaux, stipule que l'autorisation d'employer ces appareils pourra être accordée aux usiniers, sur leur demande, à leurs risques et périls.

L'emploi des vannes automobiles a, pour les usiniers, l'avantage de rendre inutile la manœuvre à la main des appareils régulateurs, et pour les riverains il assure un écoulement rapide aux eaux de crues, en même temps qu'il les garantit contre toute tentative d'exhaussement de la retenue en temps de sécheresse, puisque, dans ce cas, les ventelles s'abaisseraient sur-le-champ.

Mais ce système n'est pas sans présenter de graves inconvénients. Les vannes automobiles exigent, pour bien fonctionner, un entretien très minutieux ; en outre, elles perdent beaucoup d'eau à la jonction de la vanne inférieure et du panneau supérieur automobile, ainsi que par le pourtour de ce panneau, qui ne ferme jamais très bien. Ledit panneau s'ouvre en effet très facilement, mais, une fois abattu, il ne se relève presque jamais de lui-même. Indépendamment des obstacles tels que branches, jones et autres herbes qui peuvent empêcher le panneau de venir bien plaquer sur son cadre, les alternatives de sécheresse et d'humidité auxquelles les ventelles automobiles sont soumises, en faisant gonfler le bois et rouiller les tourillons, arrivent à en empêcher le fonctionnement ou à le rendre au moins aléatoire. Aussi l'emploi de ces appareils tend-il de plus en plus à disparaître et ne saurait être recommandé.

27. Du repère. – Le repère définitif dont la pose est ordonnée par tous les règlements, et dont le zéro indique le niveau légal de la retenue, permet de vérifier si ce niveau est bien observé.

Il n'en existe pas de modèle général ; celui-ci varie avec les départements. Dans le département de l'Ain, que nous prendrons à titre d'exemple, le repère définitif est formé d'une barre de fer de 0m,50 de longueur totale, 0m,05 de hauteur et 0m,01 au moins d'épaisseur ; ses extrémités sont barbelées et recourbées d'équerre chacune sur 0m,10 de longueur, de façon que la portion du milieu n'ait plus que 0m,30 (*fig.* 29). Cette barre est scellée dans un endroit du bief désigné par l'ingénieur, et de telle manière que son arête inférieure indique le niveau légal de la retenue.

Si l'usinier préfère remplacer cette barre par un repère en fonte, celui-ci doit avoir une hauteur de 0m,40 au moins, et être gradué en centimètres, le zéro (correspondant à un talon saillant) étant placé au niveau de la retenue (*fig.* 30 et 31).

Ce dernier modèle de repère gradué est le seul bon. C'est celui que les conducteurs du service hydraulique doivent s'efforcer de faire choisir par les propriétaires de barrages D'ailleurs, les préfets auxquels il appartient de déterminer le modèle adopté dans leur département peuvent en imposer l'emploi.

C'est ainsi que, dans le département du Pas-de-Calais par exemple, les arrêtés préfectoraux réglementant les barrages d'usines comprennent un article ainsi conçu : « Le repère

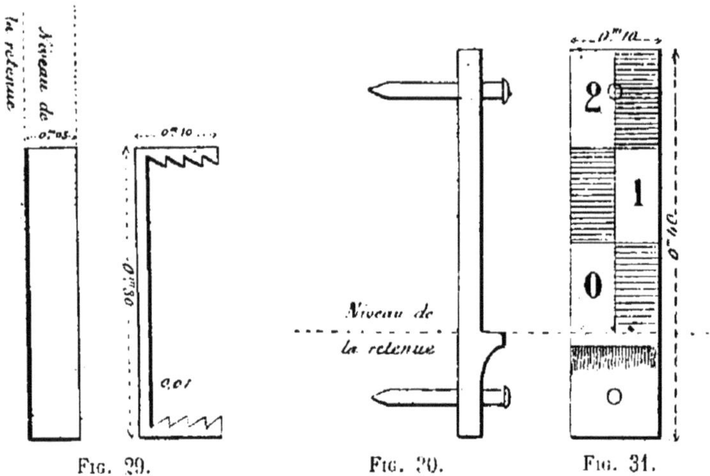

Fig. 29. Fig. 30. Fig. 31.

définitif sera composé d'une échelle double en métal, de $0^{m},50$ de longueur totale, dont les parties, de $0^{m},25$ de longueur, l'une ascendante, l'autre descendante, seront graduées de 2 en 2 centimètres à degrés et à chiffres saillants et auront leur zéro commun au niveau légal de la retenue. Elles seront peintes à l'huile ; les divisions et les chiffres seront indiqués en blanc sur fond noir. »

CHAPITRE IV

EXEMPLE DE LA RÉGLEMENTATION D'UN BARRAGE D'USINE

28. Application des formules. — Pour montrer la manière d'appliquer les formules que nous avons données, nous allons examiner en détail un exemple de réglementation de barrage. Nous prendrons un cas qui se présente souvent en pratique, celui de la réglementation d'un barrage existant, mais non pourvu d'un règlement administratif. Tout ce qui va suivre s'appliquerait facilement au cas où il s'agirait d'autoriser la construction d'un nouveau barrage.

29. Réglementation d'un barrage existant. — D'après les instructions générales de 1851 et de 1884, les ingénieurs doivent éviter de procéder d'office à la réglementation des ouvrages existants. Mais cette réglementation peut être demandée par l'usinier lui-même, soit dans le but de se mettre à l'abri d'une mise en demeure d'avoir à enlever du lit de la rivière des ouvrages établis sans autorisation, soit qu'il désire reconstruire ces ouvrages. Elle peut être demandée également par des tiers intéressés qui se croient lésés par la trop grande hauteur donnée à la retenue ou l'insuffisance du débouché des ouvrages régulateurs.

Dans ce cas, les ingénieurs procèdent à une réglementation complète du barrage ; toutefois, ils doivent s'attacher, autant que possible, à ne pas diminuer la force motrice dont jouit l'usinier et, s'il est nécessaire de lui imposer la construction de nouveaux ouvrages régulateurs, ils doivent chercher à réduire au strict nécessaire la dépense qui en résultera pour le permissionnaire.

Rappelons que l'Administration n'a [pas à *autoriser* les

Plan général du barrage de l'usine des Agasses

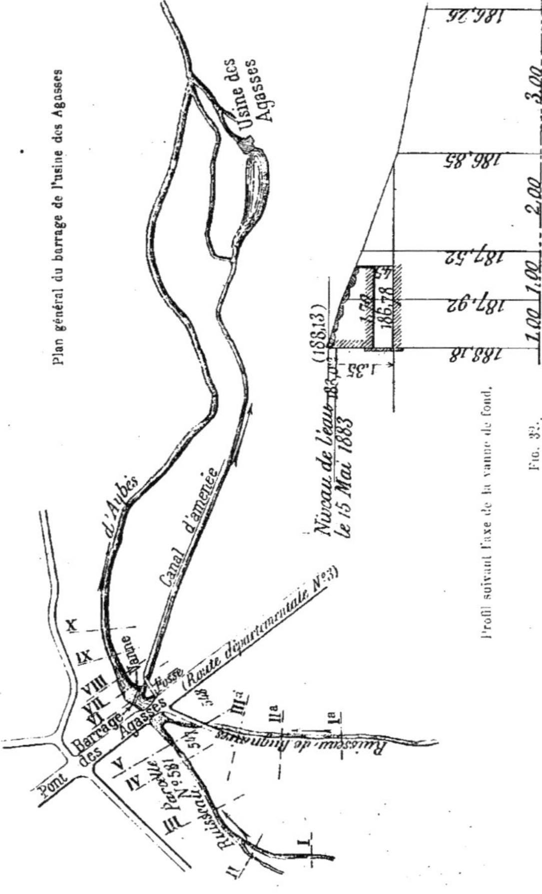

Profil suivant l'axe de la vanne de fond.

Fig. 32.

anciennes usines fondées en titre, c'est-à-dire construites antérieurement aux lois abolitives de la féodalité et à la loi des 12-20 août 1790, ou qui ont fait l'objet d'une vente nationale. Néanmoins, elle a le droit, aux termes des lois des 22 décembre 1789-janvier 1790, 12-20 août 1790, 28 septembre-6 octobre 1791 et de l'arrêté réglementaire du 19 ventôse an VI, de les réglementer [1].

Le barrage de l'usine des Agasses, situé sur le ruisseau d'Aybès (Tarn), existait depuis deux cents ans et n'avait jamais été réglementé, lorsqu'un propriétaire d'amont prétendit que la crête de ce barrage avait été surélevée de telle manière que, dès que le niveau des eaux ordinaires était dépassé, ses propriétés étaient inondées; il demanda qu'il fût mis un terme à cet état de choses, préjudiciable à ses droits et à ses intérêts.

Nous allons résumer ci-après les calculs qui ont abouti à la réglementation de l'usine.

30. *Description des lieux* (*fig.* 32, 33 et 34). — Le barrage des Agasses a 13^{m},65 de développement et forme déversoir sur toute cette longueur; il est oblique sur l'axe du cours d'eau et affecte en plan la forme d'une ligne courbe dont la convexité est tournée vers l'aval. Sa crête, assez irrégulière, est arasée moyennement à la cote 188^{m},13. Une vanne de fond, très ancienne, et n'ayant pas fonctionné depuis de longues années, existe dans le corps de ce barrage au point V du plan (*fig.* 33); elle a 0^{m},45 $\times$ 0^{m},45 de surface, et son seuil est établi à 1^{m},35 en contre-bas de la crête du déversoir, soit à la cote 186,78.

L'obliquité du barrage dirige les eaux vers une vanne établie à l'entrée du canal BD de l'usine et vers une autre vanne A qui sert à l'irrigation des prairies; le seuil de la vanne A est à la cote 187,67, et celui de la vanne B à la cote 187,62, ce qui, avec la levée possible, permet le passage d'une lame d'eau de 0^{m},51 vers l'usine. La largeur de la vanne

[1] Arrêts du Conseil d'État. 3 juin 1881. — PISSEVIN, 16 décembre 1881. — BERNARD DE LA VERNETTE SAINT-MAURICE.

d'irrigation A est de 0m,60 ; celle de la vanne d'usine B, de 0m,85. A 50 mètres au-delà, la cote du fond du lit du canal

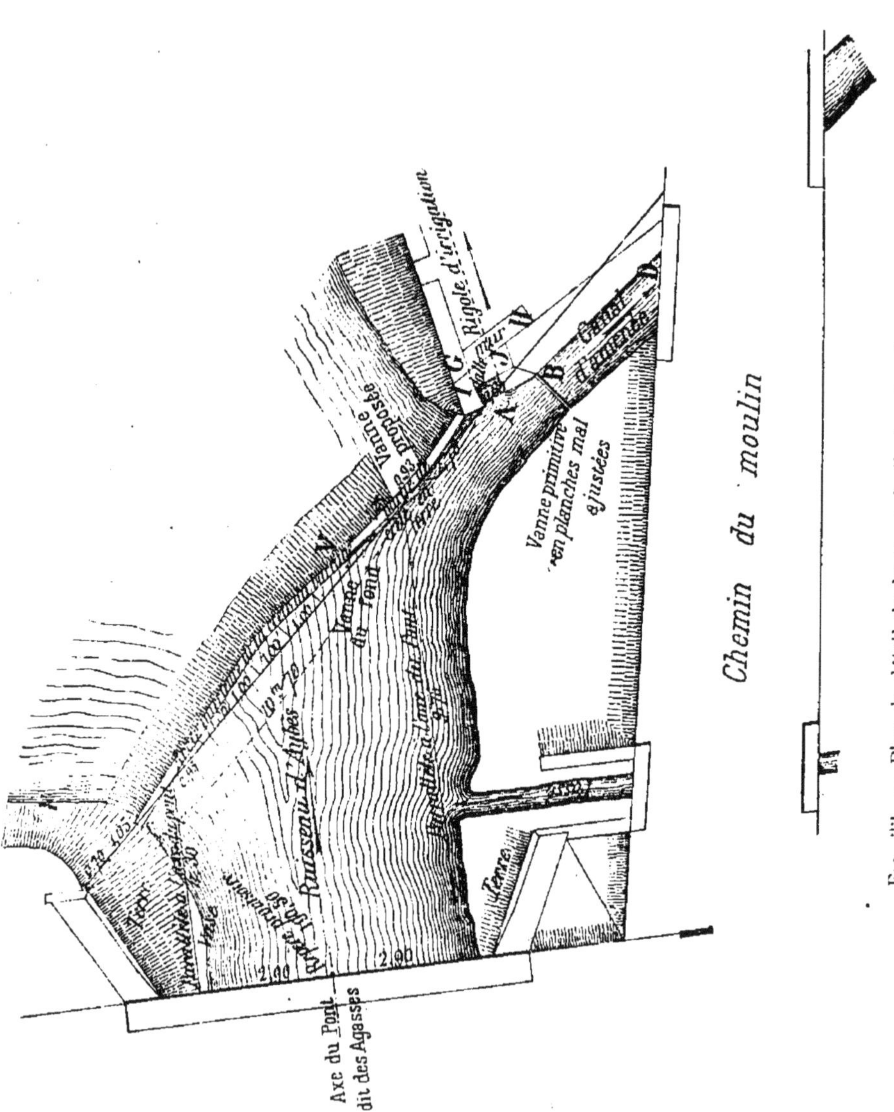

Fig. 33. — Plan de détail du barrage de l'usine des Agasses.

d'amenée de l'usine est 187,54, ce qui donne une pente de $\frac{0,08}{50} = 0^m,0016$; la section de ce canal est un trapèze ayant 0m,75 de largeur au plafond, avec berges inclinées à 1 de base pour 5 de hauteur ; il assure, avec une tranche d'eau de 0m,50 environ, un débit de 0mc,181 par seconde.

A l'amont du barrage, le lit a été successivement relevé par des dépôts de vase et de sable qui en réduisent la section sur toute l'étendue du remous. A 25 mètres en amont de cet ouvrage, le ruisseau d'Aybès reçoit, sur la rive droite, le ruisseau de Bugnaires.

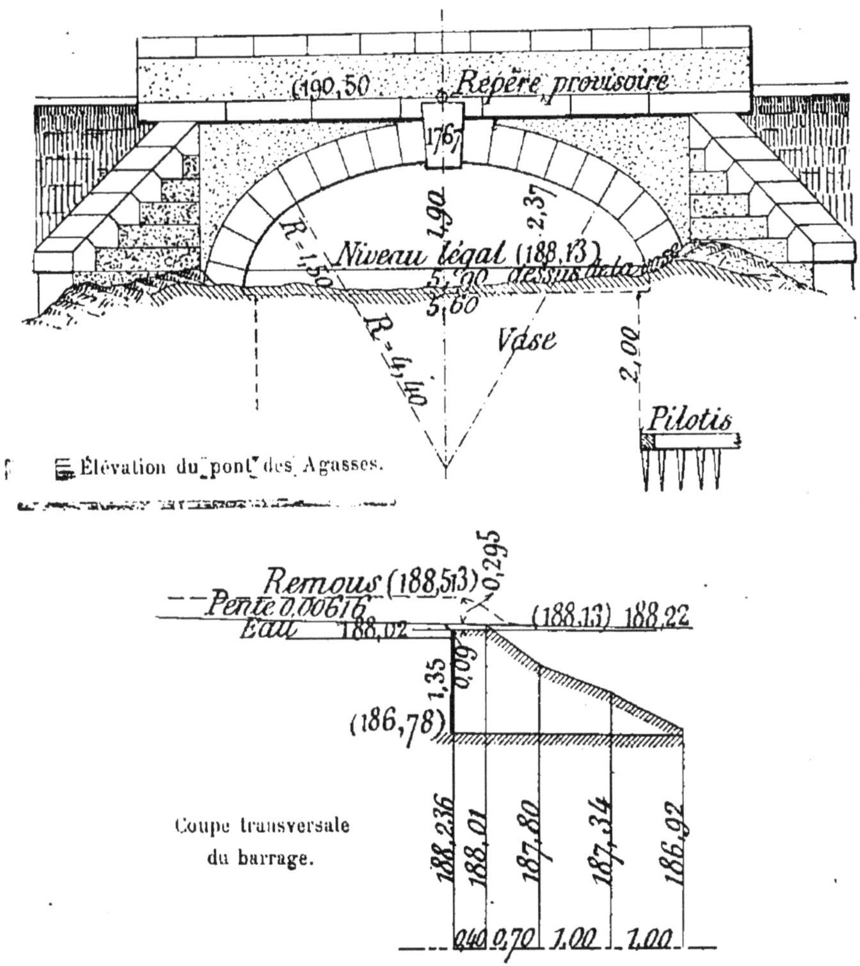

Élévation du pont des Agasses.

Coupe transversale du barrage.

Fig. 34.

Lors des expériences faites en vue de la réglementation du barrage, on n'a pu tendre les eaux des deux ruisseaux qu'à la cote 188,02, soit 0m,11 en contre-bas de la crête du barrage actuel. On a constaté que, dans ces conditions, le remous ne se faisait sentir sur le ruisseau de Bugnaires que sur une longueur de 107 mètres (*fig.* 42 *bis*) ; mais on a pu s'assurer que, vu l'escarpement des berges, après le relèvement de 0m,11 nécessaire pour atteindre la crête du barrage, la revanche minimum du point le plus déprimé de celles-ci sur le plan d'eau serait encore de 0m,47 (profil III*a*, *fig.* 42). — Sur le ruisseau d'Aybès, le remous du même plan d'eau s'est fait sentir jusqu'à 205 mètres à l'amont du barrage ; après relèvement de 0m,11, il resterait encore une revanche minimum de 0m,67 (profil V, *fig.* 36).

En ce qui concerne la situation des terres riveraines n'appartenant pas à l'usinier et, en particulier, de la parcelle nº 581 dont le propriétaire est l'auteur de la plainte que nous avons mentionnée, on constate qu'au point le plus bas du rivage (profil V, *fig.* 36) la berge est à 0m,70 en contre-haut de la retenue du barrage actuel. Le pré est en contre-bas de cette berge, mais les points les plus déprimés ont encore une revanche de 0m,46 sur le plan de la retenue. Il est certain qu'en cas de débordement les eaux déversées dans cette sorte de cuvette y séjournent faute d'issue à travers la berge ; mais cet état de choses n'est pas imputable à l'existence du barrage, qui se trouvera dans les conditions réglementaires s'il permet l'écoulement des eaux de pleines rives sans remous dommageable.

Il y a donc lieu d'examiner si ces conditions sont remplies.

31. *Calcul du débit des eaux de pleines rives.* — Pour calculer le débit des eaux de pleines rives, on a relevé, en amont du barrage, sept profils en travers, dont cinq sur le ruisseau principal et deux sur son affluent. Les sondages ont révélé la présence, au fond du lit de l'Aybès, d'une couche de vase et de sable ayant des épaisseurs respectives de 0m,80, 0m,60 et 0m,29 aux profils V, IV et III (*fig.* 35 et 36) ; le fond du lit est à découvert dans les deux profils supérieurs. L'examen du profil en long (*fig.* 42 *ter*) montre que la pente du lit supposé débarrassé de ces ensablements passe sensiblement par le seuil de la vanne de fond qui existe dans le barrage. Si l'on prend pour points extrêmes le seuil de cette vanne (cote

I
Rigole d'irrig.
Fossé
188,13
Fond correspondant à la ligne de pente générale (187,70)
Fond actuel du lit (187,87)
II
Rigole
Rigole 1,40
188,13
Fond correspondant à la ligne de pente générale (187,62)
(187,70)
Fond actuel du lit
Fossé
III
188,81
188,13
Fond correspondant à la ligne de pente générale (187,37)
Fond actuel du lit (187,67)
Couche de vase et sable
Fond naturel après curage supposé (187,38)

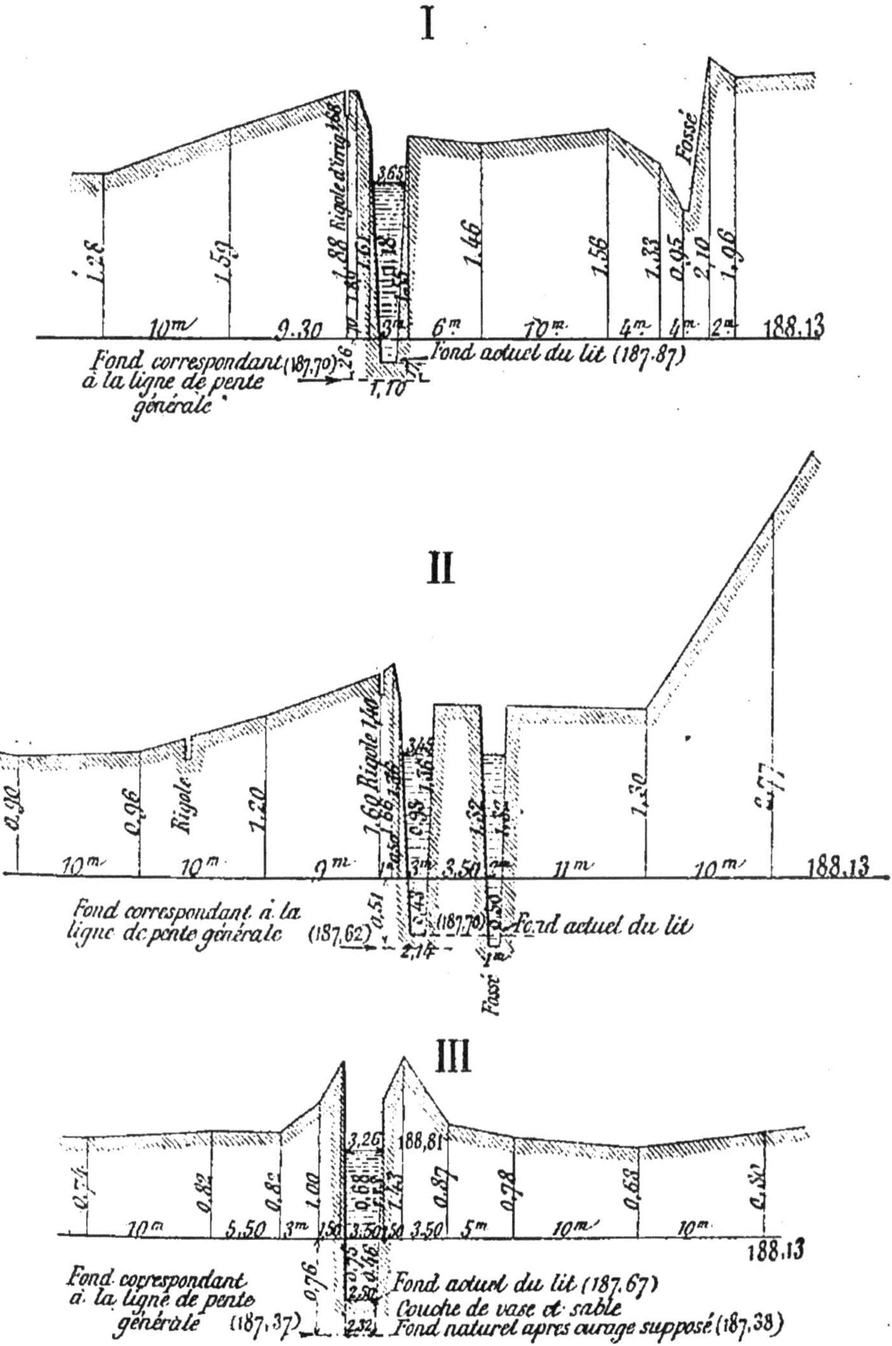

Fig. 35.

IV

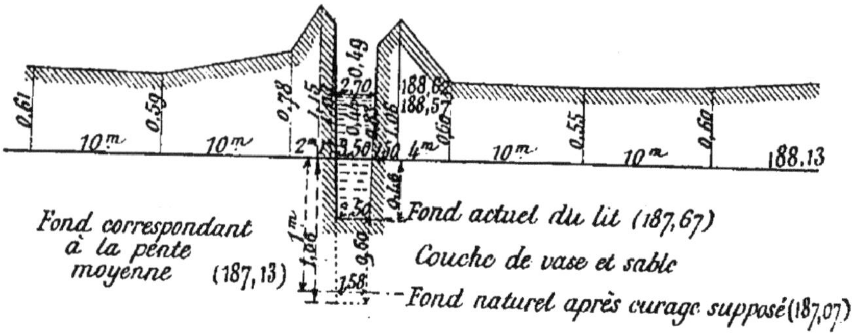

10m
10m
2m
4m
10m
10m
188.13
188,68
188,57
Fond correspondant à la pente moyenne (187,13)
Fond actuel du lit (187,67)
Couche de vase et sable
Fond naturel après curage supposé (187,07)

V

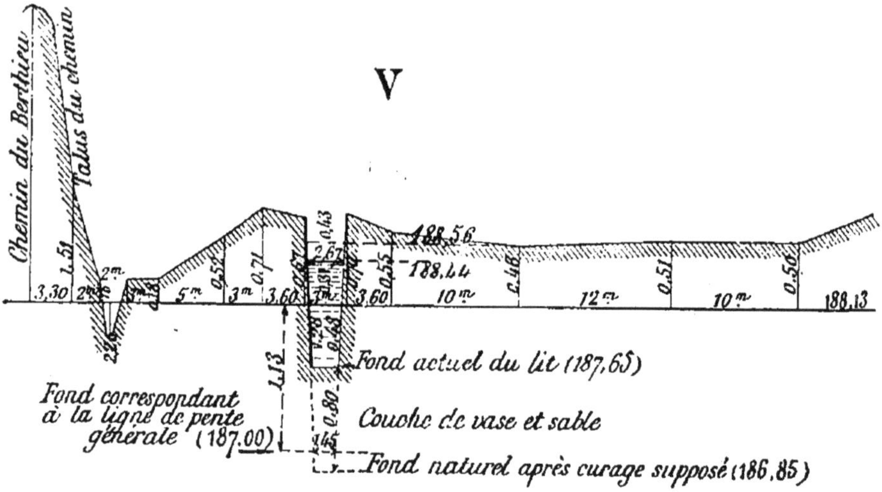

Chemin du Berthieu
Talus du chemin
188,56
188,44
3,30
5m
3m
3,60
3,60
10m
12m
10m
188,13
Fond actuel du lit (187,65)
Couche de vase et sable
Fond correspondant à la ligne de pente générale (187,00)
Fond naturel après curage supposé (186,85)

VI

Amont
188,515
Amont du barrage
Aval du barrage
188,22
4m
4m
4m
10m
188,13
Aval
187,722
Barrage
Seuil de la vanne (186,78)

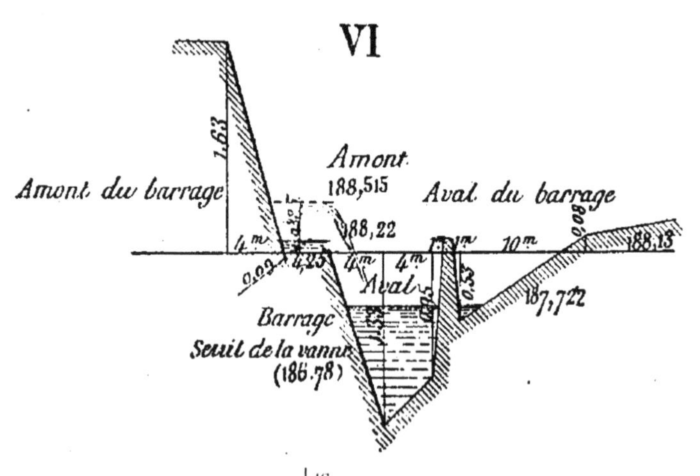

186,78) et le fond non ensablé du lit en un point situé à 206 mètres à l'amont, vers la limite supérieure du bief de retenue (cote 188,05), la pente uniforme régulière du lit serait de :

$$\frac{188,05 - 186,78}{206} = 0^{m},00616 \text{ par mètre.}$$

La section du lit, après un curage supposé, étant assez régulière, on adoptera la même valeur pour la pente superficielle des crues de pleines rives. On voit, à l'inspection des

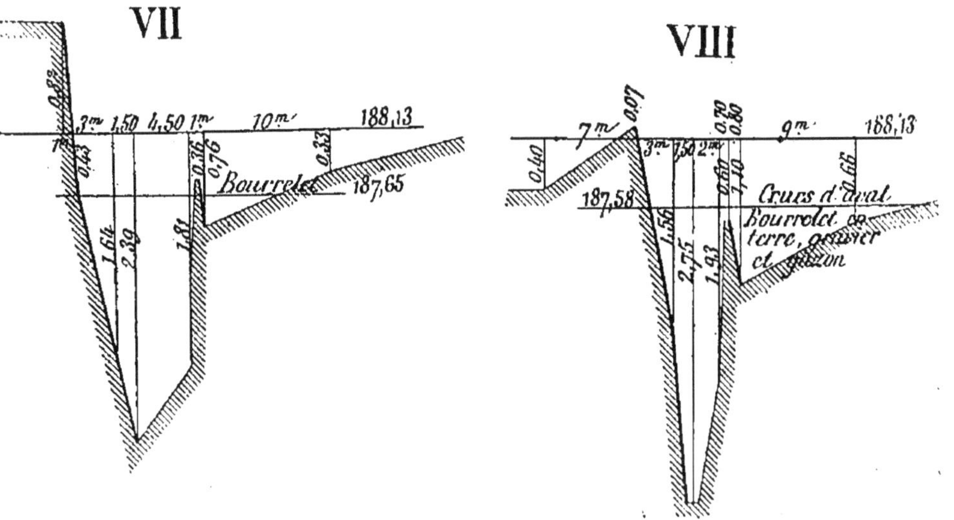

FIG. 37.

profils en travers, que le débordement commencera, abstraction faite des digues, lorsque les eaux atteindront au profil III la cote 188,13 + 0,68 = 188,81 du point le plus déprimé de la rive gauche sur la prairie de l'opposant. Il est facile, dès lors, de calculer aux différents profils en travers la cote de ces eaux, et on trouve que les largeurs au plan d'eau, en remontant du profil V au profil I, sont respectivement de $2^{m},67$, $2^{m},70$, $3^{m},26$, $3^{m},45$ et $3^{m},65$. Quant aux largeurs au plafond, on doit supposer que, la couche de vase et de sable étant enlevée, le fond coïncide avec la ligne de pente générale dont nous avons parlé, et qui passe par le seuil de la vanne de fond. On trouve que ces largeurs au plafond, au niveau de la ligne de pente générale, seront respectivement de $1^m,45$, $1^m,58$, $2^m,32$, $2^m,11$ et $2^m,10$, et les largeurs moyennes de $2^m,06$, $2^m,14$, $2^m,79$, $2^m,28$ et $2^m,37$.

D'après ce que nous avons dit plus haut (§ 17) au sujet du calcul du débit des eaux de pleines rives, et étant donnés les changements de section du cours d'eau dans la partie considérée, il y a lieu de chercher le débit correspondant au profil en travers de moindre section. Nous prendrons ici le

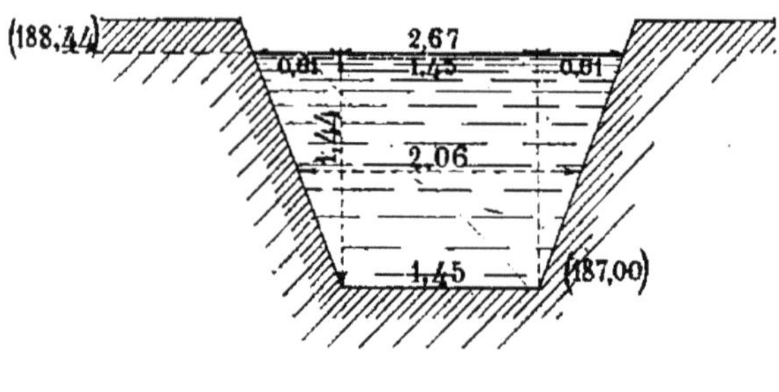

Fig. 38.

profil III (*fig.* 38) qui donne, pour le lit supposé curé et régularisé, une largeur moyenne de $2^m,06$; par suite de l'hypothèse du parallélisme entre les pentes du plan d'eau et du fond du lit, la profondeur sera constante et de :

$$0^m,68 + 0,76 = 1^m,44.$$

La surface de la section est dès lors :

$$\Omega = 2,06 \times 1,44 = 2^{mq},966,$$

et l'on a :

$$\chi = 1,45 + 2\sqrt{\overline{0,61}^2 + \overline{1,44}^2} = 4^m,58.$$

Pour calculer le débit, nous emploierons les formules connues (§ 18) qui nous donneront :

$$R = \frac{\Omega}{\chi} = \frac{2,966}{4,58} = 0,648.$$

Le coefficient b de la formule $Ri = bu^2$ est, pour le cas des parois en terre,

$$0{,}000820 = \frac{Ri}{u^2}, \qquad \text{d'où :} \qquad u^2 = \frac{Ri}{0{,}000820}.$$

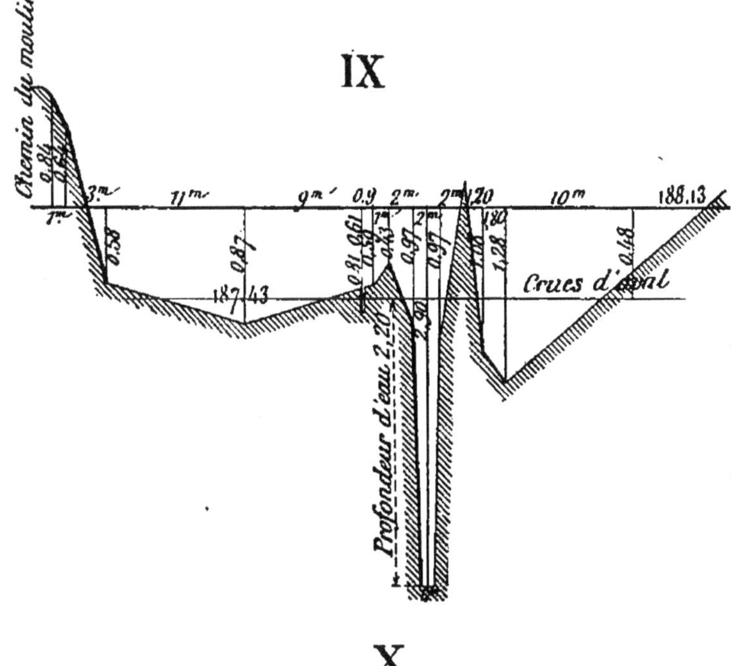

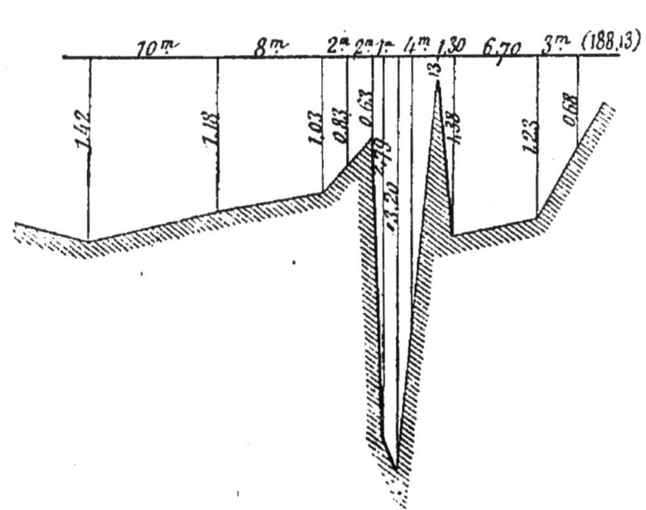

Fig. 39.

Mais i (la pente moyenne par mètre) $= 0{,}00616$:

$$Ri = 0{,}648 \times 0{,}00616 = 0{,}00399168.$$

On a donc :

$$u^2 = \frac{0{,}00399168}{0{,}000820} = 4{,}864, \qquad \text{d'où :} \qquad u = 2^{m},205,$$

et :

$$Q = \Omega u = 2{,}966 \times 2{,}205 = 6^{mc},540.$$

Au débit ci-dessus, il y a lieu d'ajouter celui des eaux de

II^a

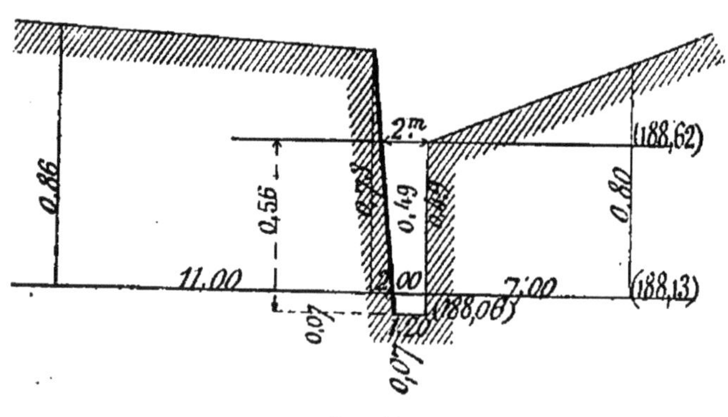

FIG. 40.

pleines rives de l'affluent, ou plutôt de la partie de ce ruisseau située à l'amont du ponceau du chemin de desserte des parcelles 547 et 548 aboutissant à la route départementale n° 3. Ce débit se calcule comme le précédent ; la pente du lit est sensiblement uniforme entre les profils V et I^a, sur 107 mètres, et égale à :

$$\frac{188{,}22 - 187{,}91}{107} = 0^{m},0029.$$

Pour déterminer la section minimum des eaux de pleines

rives, supposons encore que la pente du plan d'eau soit parallèle à celle du lit. Considérons les deux profils II^a et III^a, distants l'un de l'autre de 30 mètres, et supposons d'abord que le plan d'eau passe par le point où l'altitude de la rive est la moindre, c'est-à-dire par le point le plus déprimé du profil II^a (*fig.* 40), soit à 0^m,49 au-dessus de la retenue actuelle (188,13 + 0,49 = 188,62). Le point de passage dudit plan d'eau profil III^a sera à la cote 188,62 — 0,0029 × 30 = 188^m,533, et se trouvera à 0^m,067 en contre-bas du point le plus bas de ce profil.

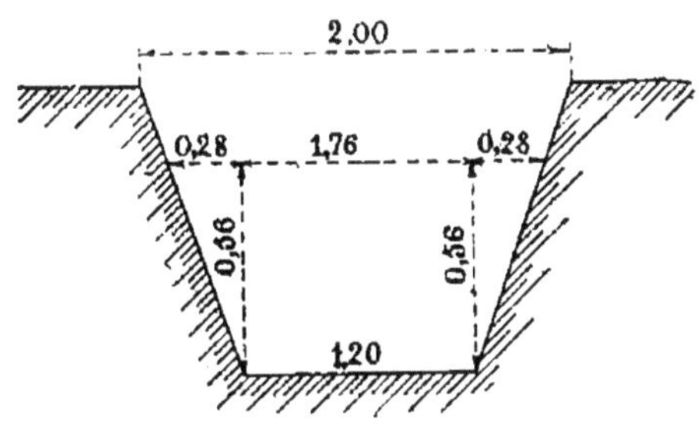

Fig. 41.

C'est donc au profil II^a et à la cote 188,62 que sera le point le plus déprimé par rapport à la pente générale. Ce profil se trouve à 67 mètres du profil V au droit duquel le fond du lit de l'affluent est à la cote 187,91 ; par suite, au profil II^a, le fond du lit supposé régularisé s'y trouvera à la cote 187,91 + 0,0029 × 67,00 = 188,06, et la profondeur de l'eau y sera de 188,62 — 188,06 = 0^m,56. Cette profondeur sera la même pour les eaux de pleines rives du ruisseau de Bugnaires, le plafond du lit étant régularisé. Au profil III^a, la cote du fond sera portée à 187,91 + 0,0029 × 37 = 187,99 (*fig.* 42), ce qui comporte un approfondissement de 0^m,03 par rapport au fond actuel. Les profondeurs d'eau étant uniformes, et les largeurs du lit étant moindres au profil II^a qu'au profil III^a, c'est le profil II^a qui présente la moindre section et qui servira pour le calcul du débit des eaux de pleines rives. La section étant donnée par la figure 41, on calcule le débit au moyen des mêmes formules que ci-dessus :

$$\Omega = 0,56 \times \frac{1,76 + 1,20}{2} = 0,83,$$

$$\chi = 1,20 + \sqrt{\overline{0,56}^2 + \overline{0,28}^2} = 2,40, \qquad R = \frac{0,83}{2,40} = 0,346,$$

$$b = 0,001286 = \frac{Ri}{u^2}, \quad u^2 = \frac{0,0029 \times 0,346}{0,001286} = 0,613, \quad u = 0,783,$$

$$Q = 0,83 \times 0,783 = 0^{m^3},650.$$

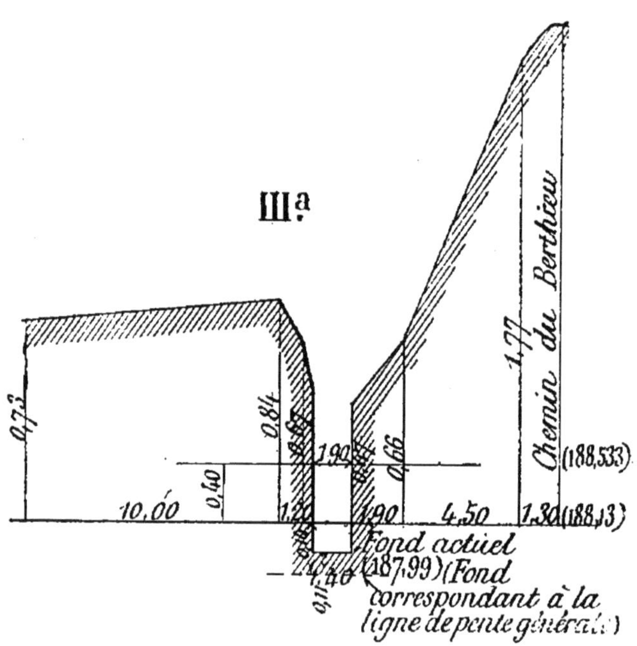

Fig. 42.

En supposant, ce qui est l'hypothèse la plus défavorable, que les deux ruisseaux soient simultanément en crue, on devra assurer au droit du barrage l'écoulement d'un volume de 6,540 + 0,650 = 7^{m^3},190.

Enfin, pour tenir compte des eaux que peuvent déverser, en amont du barrage, les fossés de la route départementale

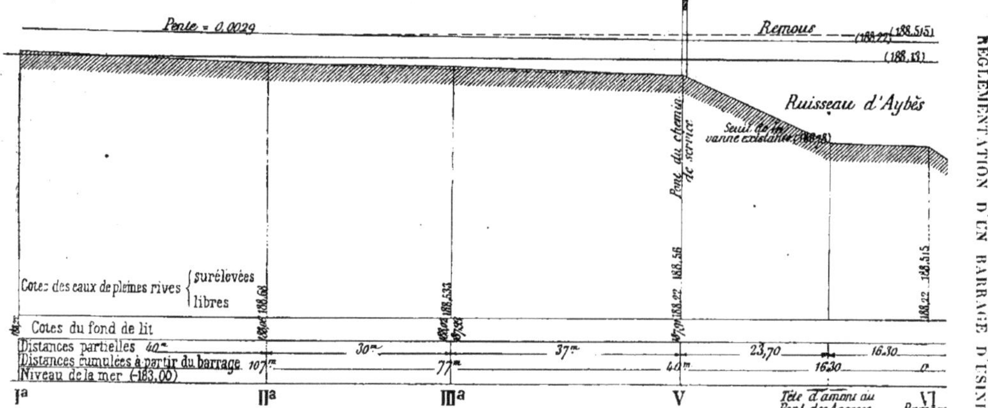

Fig. 42 *bis*. — Profil en long suivant l'axe du ruisseau de Bugnaires.

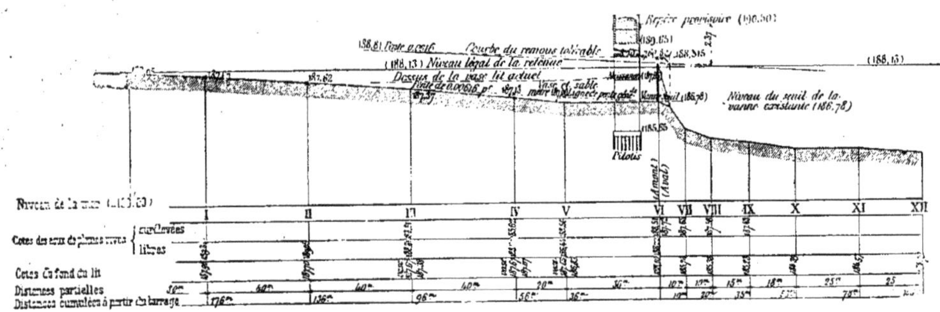

Fig. 42 *ter*. — Profil en long suivant l'axe du ruisseau d'Aybès.

n° 3, dont la section est le tiers environ de celle du ruisseau de Bugnaires, on peut admettre que le cube ci-dessus peut être porté à $7^{mc},400$.

32. *Calcul du remous.* — Nous allons maintenant examiner l'effet du remous qui se produit sur la pente générale des eaux, au droit de l'obstacle que présente à leur cours le bar-

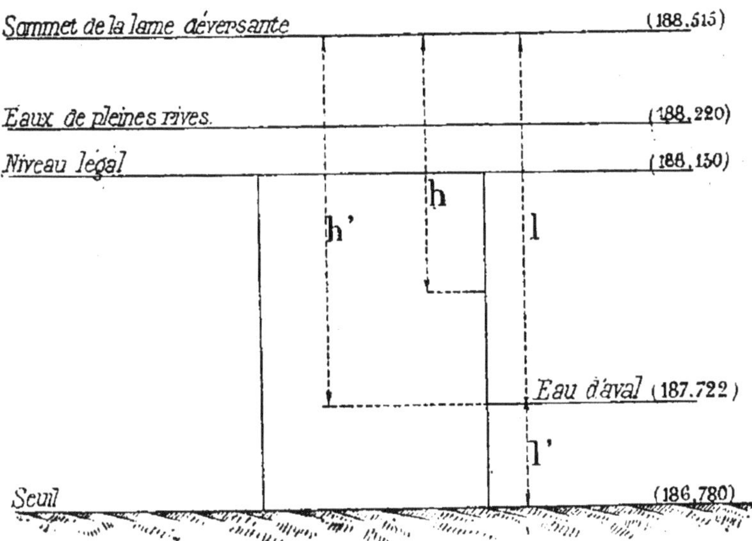

Fig. 43.

rage établi en travers du ruisseau. Il est d'abord évident que la courbe du remous tolérable doit avoir son point de tangence avec la pente générale superficielle, c'est-à-dire son origine, au profil le plus déprimé (profil III), car, en ce point, l'existence d'un remous causerait la submersion de la propriété voisine. La cote de pleines rives au droit de ce profil étant 188,81, la valeur de la pente au droit du barrage sera $188{,}81 - 0{,}00616 \times 96 = 188^{m},22$, d'où une différence de niveau de $0^{m},59$ entre ces deux points.

Reportons-nous à la figure 5 ; nous voyons que cette différence représente BD', qui est, nous le savons, le double de la différence BD entre le dessus de la lame déversante et le niveau des eaux de pleines rives avant la construction du barrage ; nous avons, par suite,

$$BD = \frac{0,59}{2} = 0,295.$$

Le point B étant à la cote 188,220, le point D sera à la cote 188,220 + 0,295 = 188,515, et la lame d'eau au-dessus de la crête actuelle du barrage aura une épaisseur de 188,515 — 188,130 = 0^{m},385 (*fig.* 43). On voit, de même, que les cotes d'eau aux profils IV et V (*fig.* 36) seront 188^{m},620 et 188,560, et que, nulle part, elles n'atteindront la surface de la parcelle riveraine.

33. *Niveau légal de la retenue.* — La cote 188,13 de la crête actuelle du barrage n'est donc pas trop élevée, puisqu'elle permet, sans submersion de la propriété riveraine, le passage d'une lame d'eau de 0^{m},385 par les crues de pleines rives ; il convient, par suite, de l'adopter comme niveau légal de la retenue au droit du barrage. Nous avons vu, d'ailleurs, que, par les eaux ordinaires, le plan d'eau de cette retenue se tenait bien au-dessous de la limite de 0^{m},16 admise en pareil cas pour la revanche des berges.

D'un autre côté, cette hauteur est celle que réclame le permissionnaire et qui lui est nécessaire pour la marche régulière de son usine. On ne peut donc que maintenir le niveau légal à ladite cote de 188,13.

34. *Ouvrages régulateurs.* — 1° *Déversoir.* — Aux termes des instructions générales du 23 octobre 1851 et du 26 décembre 1884, toute retenue doit être accompagnée d'un déversoir de superficie et d'un vannage de décharge suffisants pour livrer passage aux eaux des crues.

Le barrage existant, dont la longueur est de 13^{m},65, est établi en biais et dans un épanouissement du ruisseau, de sorte que sa longueur est de beaucoup supérieure à la largeur moyenne du lit tant à l'amont qu'à l'aval. De plus, la chute brusque du lit qui existe immédiatement à l'aval du barrage (voir le profil en long) occasionne une telle dénivellation du plan d'eau qu'il y a, sans nul doute, déversoir complet par-dessus la crête du barrage.

Le débit par mètre courant de déversoir est donné par la formule :

$$Q = mh\sqrt{2gh} = 0,40 \times 0,385 \times \sqrt{2g \times 0,385} = 0^{mc},4157.$$

Mais le barrage est oblique par rapport à l'axe du cours d'eau, et l'inclinaison est un peu supérieure à 45°. — On sait que, dans ce cas, la longueur utile est de :

$$13^{m},65 \times 0,94 = 12^{m},83,$$

chiffre que nous ramènerons à $12^{m},50$ pour tenir compte de la correction à faire subir au coefficient de réduction par suite de l'augmentation par rapport à 45° de l'angle d'inclinaison.

Son débit total est donc :

$$0,4157 \times 12,50 = 5^{mc},200.$$

35. 2° *Vannage de décharge.* — Par suite de la disposition des lieux, le déversoir a une longueur bien plus grande que celle que lui assigne l'instruction générale de 1851. Conformément aux stipulations de cette circulaire, on a calculé le débouché du vannage de décharge en tenant compte du débit du déversoir, et on a cherché les dimensions à donner à ce vannage en vue d'un débit de $7^{mc},400 - 5^{mc},200 = 2^{mc},200$.

La vanne de fond V ne peut être utilisée, car, aux termes de la même instruction générale, le sommet de cette vanne doit être dérasé, comme la crête du barrage, dans le plan du niveau légal. D'ailleurs, vu la longueur du déversoir, et bien qu'une telle disposition soit sujette à critique, on a cru pouvoir autoriser l'usinier à ouvrir le vannage de décharge dans le corps même du barrage, au lieu de l'obliger à construire un vannage indépendant. En plaçant le seuil de cette vanne au même niveau que celui de la vanne V, soit à la cote 186,78, elle aura une hauteur de $1^{m},35$ au-dessous de la crête du barrage (*fig. 44*).

Calculons maintenant le débit par mètre courant de vanne. Celle-ci étant noyée en partie à l'aval (*fig.* 44), on considère

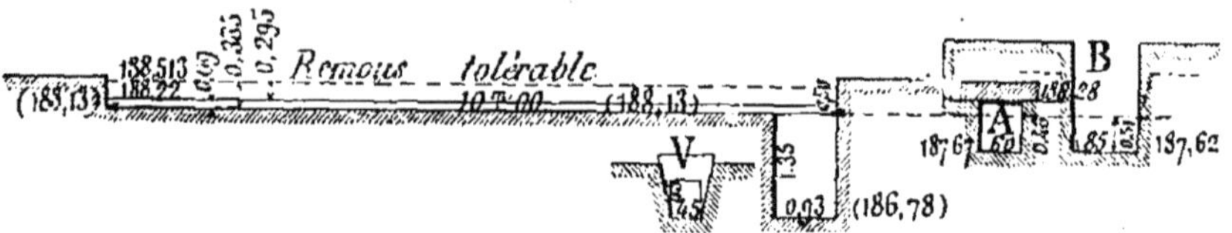

Fig. 44.

séparément les deux parties au-dessus et au-dessous de la cote 187,722, et l'on a :

$$Q = m\,(l\sqrt{2gh} + l'\sqrt{2gh'}), \qquad \text{ou} \qquad Q = m\sqrt{2g}\,[l\sqrt{h} + l'\sqrt{h'}];$$

$$h = 188{,}515 - \frac{188{,}130 + 187{,}722}{2} = 0{,}589\,;$$

$$h' = 188{,}515 - 187{,}722 = 0{,}793\,;$$

$l = h' = 0{,}793$ (la vanne devant se lever au-dessus des plus hautes eaux) ;

$$l' = 187{,}722 - 186{,}780 = 0{,}942\,;$$

$$Q = 0{,}625\sqrt{2g}\,[0{,}793\sqrt{0{,}589} + 0{,}942\sqrt{0{,}793}] = 2^{\text{mc}},552.$$

La somme des débits du déversoir et du vannage de décharge étant connue, la largeur x à donner à ce dernier se déduira de l'équation :

$$0{,}4157\,(12{,}50 - x) + 2{,}552x = 7{,}40,$$

d'où :

$$x = 0^{\text{m}},93.$$

La surface libre au-dessous du niveau de la retenue sera $0{,}93 \times 1{,}35 = 1^{\text{mq}},26$.

L'emplacement à donner à la vanne a été choisi de manière à maintenir, autant que possible, le courant dans l'axe du ruisseau et, par suite, à éviter les corrosions de la rive et l'affouillement des fondations du pont en amont (*fig.* 33 et 34).

36. *Conclusions.* — L'instruction à laquelle a donné lieu la plainte d'un riverain a permis de reconnaître que le barrage existant pouvait être maintenu à la seule condition d'exiger que la crête en fût dérasée, sur toute la longueur, à la cote 188,13, ainsi qu'on l'a supposé dans les calculs qui précèdent. Le débit des eaux de pleines rives sera, d'ailleurs, complètement assuré par l'établissement du vannage de décharge prescrit.

Il y a cependant lieu de remarquer que cette réglementation donne prise à quelques observations critiques. C'est ainsi qu'on aurait dû stipuler qu'une partie du déversoir de superficie, égale au double de la largeur de la rivière, serait dérasée dans le plan de la retenue du niveau légal, afin de permettre de s'assurer en tout temps si ce niveau n'est pas dépassé. De plus, au lieu de donner au vannage de décharge une surface strictement suffisante pour débiter la partie des eaux de pleines rives qui ne sera pas écoulée par le déversoir, il eût été plus rationnel de profiter de l'établissement de ce vannage pour diminuer l'épaisseur de la lame, afin de se rapprocher, autant que possible, en ce qui concerne l'utilisation du déversoir, du rôle spécial de niveau qui doit lui être dévolu. Enfin, nous rappellerons que la disposition qui consiste à ouvrir la vanne de décharge dans le corps du barrage a été antérieurement critiquée (§ 12).

CHAPITRE V

RÉGLEMENTATION DES BARRAGES DANS DES CONDITIONS SPÉCIALES

37. Principaux cas particuliers. — L'exemple qui précède s'applique à un barrage construit sur un ruisseau tranquille, à faible pente. Dans certains cas, les conditions qu'on rencontre sont tout autres, par exemple lorsque l'usine est située sur un cours d'eau torrentiel, qu'elle marche par éclusées ou qu'elle est alimentée par un étang. La réglementation subit alors certaines modifications.

Nous allons examiner ces trois cas particuliers ; ce sont ceux qui se présentent le plus souvent en pratique.

38. Barrages sur cours d'eau torrentiels. — Exemple de la réglementation d'un de ces barrages. — L'instruction générale du 23 octobre 1851 spécifie que, lorsqu'il s'agit d'établir un barrage dans le lit d'une rivière torrentielle et fortement encaissée, le permissionnaire peut, dans certains cas, être dispensé de l'établissement d'ouvrages régulateurs. On conçoit en effet que, lorsqu'un cours d'eau coule entre deux berges escarpées très élevées, malgré les grandes hauteurs auxquelles l'eau peut monter au moment des crues, les terres riveraines ne courent aucunement le risque d'être submergées ; d'ailleurs, l'obstacle à l'écoulement causé par la présence d'un barrage fixe à travers le cours d'eau est négligeable devant les grandes différences dont nous venons de parler et ne saurait en rien nuire aux riverains d'amont.

Dans le cas où le barrage ne comporte pas d'ouvrages régulateurs, il n'existe plus de niveau légal de la retenue ; on doit se borner à régler le niveau de la crête du barrage formant déversoir, comme le stipule la circulaire ministérielle du 4 octobre 1892 [1].

[1] *Circulaire ministérielle du 4 octobre* 1892. — Monsieur le Préfet, l'instruction générale organique du 23 décembre 1851 a spécifié que, lorsqu'il s'agit d'établir un barrage dans le lit d'une rivière torrentielle et fortement encaissée, MM. les ingénieurs peuvent, dans certains cas, proposer de dispenser le permissionnaire de l'établissement des ouvrages régulateurs, et que dans cette circonstance où il n'existe plus de niveau légal de la retenue, on doit se borner à régler le niveau de la crête du déversoir.

Les modifications que comporte dans ce cas spécial le libellé du modèle de règlement n° 5, annexé à l'instruction organique complémentaire du 26 décembre 1884, ayant provoqué chez plusieurs chefs de service des hésitations dont ils m'ont fait part, j'ai jugé utile de fixer le type du dispositif de ces modifications.

Après avoir consulté à ce sujet la Commission de l'Hydraulique agricole dont j'ai adopté l'avis, je vous prie d'inviter MM. les ingénieurs à inscrire sur les exemplaires du modèle n° 5 annexé à l'instruction générale du 26 décembre 1884 une note manuscrite ainsi conçue :

Sur les rivières torrentielles et encaissées, lorsqu'il y a lieu de dispenser le permissionnaire d'établir des ouvrages régulateurs, les articles 2, 4, 7, 8, doivent être supprimés, et l'article 3 doit être rédigé dans les termes suivants :

Art. 3. — Le barrage formant déversoir sera placé............

Il aura une longueur de....................

La crête sera dérasée à...................... en contre-bas d .... point pris pour repère.

Ce repère devra toujours rester accessible aux agents de l'Administration qui ont qualité pour vérifier la hauteur des eaux.

J'appelle, d'ailleurs, votre attention, Monsieur le Préfet, sur le caractère particulier de ce repère qui remplit un rôle différent de celui du repère accolé aux ouvrages régulateurs.

Dans ce dernier cas, en effet, le repère doit invariablement avoir son zéro au niveau légal de la retenue et permettre la vérification de la tenue des eaux par les tiers intéressés sans aucune opération de nivellement, tandis que, dans le cas spécial qui fait l'objet de la présente instruction, le repère ne servant plus qu'à retrouver le niveau de la crête du barrage dans le cas assez fréquent où cet ouvrage est emporté par une crue, doit au contraire être placé au-dessus des plus hautes eaux, et il suffit qu'il soit accessible aux agents de l'Administration.

Je vous prie de vouloir bien m'accuser réception de la présente, dont j'adresse directement ampliation à M. l'ingénieur en chef.

Recevez, Monsieur le Préfet, l'assurance de ma considération la plus distinguée.

Le Ministre de l'Agriculture,
J. Develle.

L'instruction des demandes de réglementation de barrages sur cours d'eau torrentiels se fait de la même manière que dans les cas précédents. Nous allons en donner un exemple.

39. *Description des lieux (fig. 45 et Pl. I).* — La commune de Marnhagues-et-Latour (Aveyron) a établi sur la rivière de Sorgues un barrage destiné à rendre plus facile le passage à gué du chemin vicinal ordinaire n° 2, lequel emprunte provisoirement sur la rive gauche un vieux chemin public servant en même temps de lit au ruisseau de Cabrol sur une longueur de 75 mètres. Le ruisseau de Cabrol débouche à 12 mètres à l'aval du barrage de la commune.

Celui-ci est normal à l'axe de la rivière ; il a une longueur de $14^m,75$; il se compose de deux poutres transversales placées bout à bout et fixées par des piquets en bois au fond du lit. Sa crête est dérasée sur toute sa longueur à la cote 400,03. Il s'appuie, à ses deux extrémités, sur des terrains communaux. Il est situé à 5 mètres à l'aval du canal de fuite de l'usine du sieur C..., située sur la rive gauche, et à 86 mètres à l'aval du canal de fuite de l'usine du sieur R..., située sur la rive droite.

Le sieur R... s'est plaint de la présence de ce barrage, lequel lui causerait un grand préjudice, parce que le remous qu'il produit diminuerait sensiblement la vitesse de l'eau dans son canal de fuite et que, au moment des grandes crues, il pourrait se produire des atterrissements qui finiraient par obstruer ledit canal. En conséquence, le sieur R... a demandé la démolition du barrage communal, ou subsidiairement son maintien à la condition que la commune consentirait à prolonger son canal de fuite en souterrain jusqu'à l'aval du barrage.

Le barrage de la commune ayant été établi sans autorisation, il a été procédé à sa réglementation administrative en même temps qu'à l'instruction de la réclamation du sieur R...

La prétention de ce dernier de vouloir exiger que la commune prolonge à ses frais le canal de fuite de l'usine jusqu'à l'aval du barrage, au cas où celui-ci serait maintenu, a tout d'abord été écartée comme non recevable. Il est évident, en effet, que la commune a le droit d'améliorer la situation du

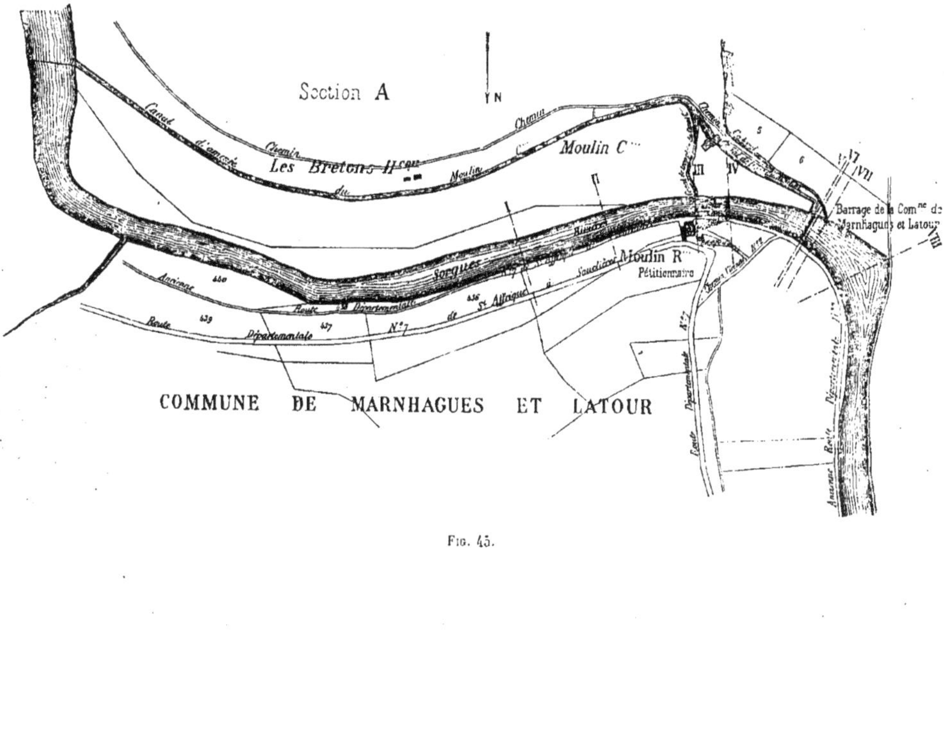
Section A
N
Les Bretons
Moulin C
Moulin R
Pétitionnaire
Sorgues
Barrage de la Comne de Marnhagues et Latour
Route Départementale N° 7 de St Affrique
COMMUNE DE MARNHAGUES ET LATOUR

Fig. 45.

gué qui forme une dépendance d'un chemin public et qu'il suffit que le barrage établi dans ce but ne porte point obstacle à l'écoulement des eaux. Son droit peut être d'autant moins contesté dans l'espèce que le gué est de création beaucoup plus ancienne que l'usine du sieur R..., et que celui-ci est tenu de subir les inconvénients que peut procurer son voisinage. Enfin, si le sieur R... se croit lésé dans ses intérêts, il peut faire valoir ses droits devant les tribunaux compétents.

Aussi s'est-on borné à rechercher si le barrage existant apportait ou non un trouble appréciable dans le régime des eaux du ruisseau. Dans ce dernier cas, son maintien tel quel s'imposait ; dans le premier cas, on aurait à rechercher à quelles conditions on pouvait en autoriser l'existence.

40. *Niveau de la crête du barrage.* — Nous savons déjà que les instructions générales prescrivent de calculer le débouché des ouvrages régulateurs de telle sorte que, la rivière coulant à pleins bords et étant prête à déborder, toutes les eaux s'écoulent comme si le barrage n'existait pas, et que la différence à maintenir entre le niveau de la retenue et les points les plus déprimés des terrains qui s'égouttent directement dans le bief doit être de $0^m,16$ au moins.

Ici toutefois, l'établissement d'un vannage de décharge est inutile ; en effet la Sorgues à Latour a un régime torrentiel, une forte pente longitudinale ($4^m,71$ par kilomètre), et les profils en travers montrent qu'elle est fortement encaissée. On se trouve donc dans le cas où l'instruction générale de 1851 autorise la suppression des ouvrages régulateurs.

Il suffit alors de chercher si, malgré la présence du barrage supposé conservé avec sa hauteur actuelle, les eaux de pleines rives peuvent s'écouler comme si cet ouvrage n'existait pas.

Cherchons d'abord le débit des eaux de pleines rives, ou de la rivière coulant à pleins bords antérieurement à la construction du barrage. A cet effet, nous admettrons une pente uniforme pour le fond du lit de la rivière entre les profils I et VIII, et nous prendrons, comme section et comme périmètre mouillé moyens, une moyenne entre les profils I, II et III (*fig.* 46 et 49), qui représentent à peu près la section

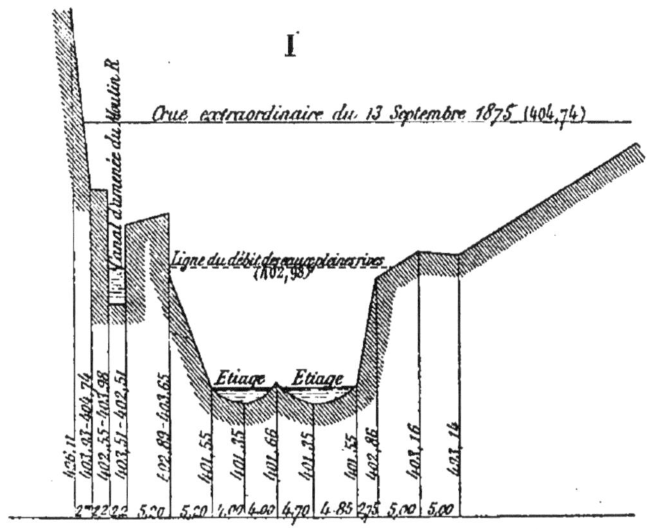

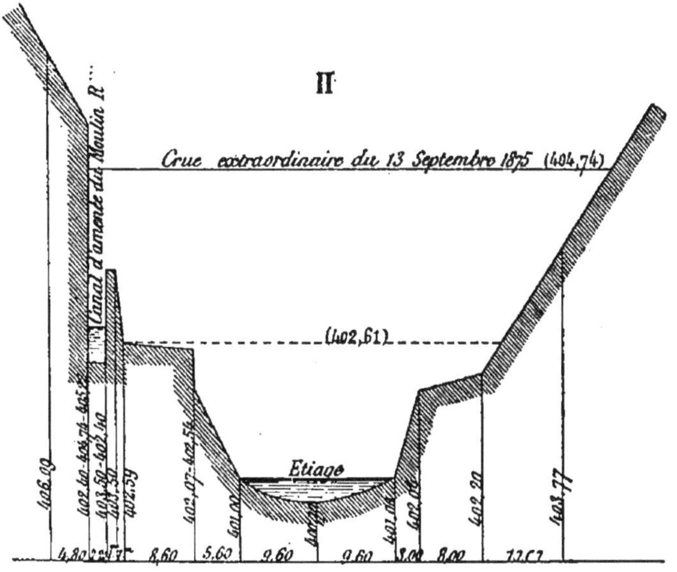

Fig. 46.

ordinaire de la Sorgues aux abords du barrage. Le débit sera donné par les formules : $q = \Omega u$ et $Ri = bu^2$, dans lesquelles on a :

$$\Omega = \frac{29,37 + 27,32 + 40,78}{3} = 32^{mq},49\,[1],$$

i est la pente moyenne du lit entre les profils I et VIII :

$$i = \frac{401,35 - 399,26}{371,10} = 0,00563,$$

$$\chi = \frac{26,10 + 28,00 + 31,40}{3} = 28,50\,;$$

$$R = \frac{\Omega}{\chi} = \frac{32,49}{28,50} = 1,14,$$

$$u = \sqrt{\frac{Ri}{0,00028\left(1 + \frac{1,25}{R}\right)}} = 3^{m},31.$$

[1] Pour montrer comment se calcule la section des eaux de pleines rives avant la construction du barrage, considérons, par exemple,

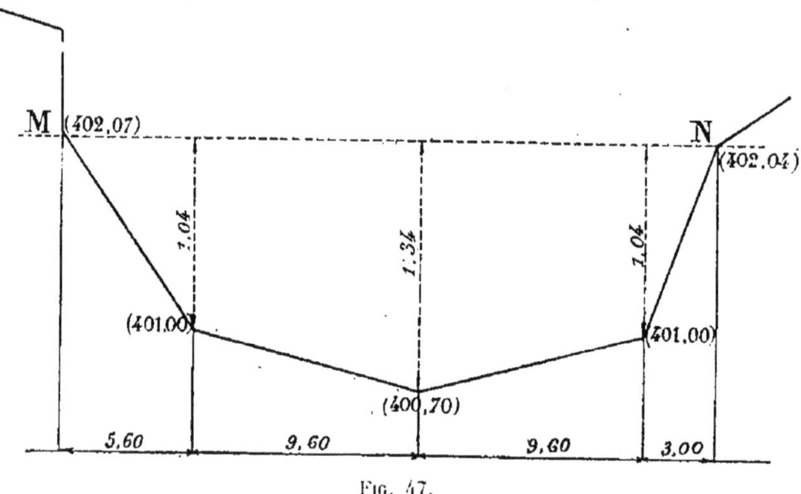

Fig. 47.

le profil II (*fig.* 47). Le débordement commence quand l'eau atteint le niveau MN. On a donc (en négligeant la faible différence entre les hauteurs des points M et N) :

$$\Omega = \frac{5,60 \times 1,04}{2} + \frac{1,04 + 1,34}{2} \times 9,60 + \frac{1,04 + 1,34}{2} \times 9,60 + 1,04 \times \frac{3,00}{2} = 27^{mq},32.$$

Le périmètre mouillé se détermine d'une manière analogue.

On trouve pour la valeur du débit : $32{,}49 \times 3{,}31 = 107^{mc},54$.

C'est là le débit moyen ; il permet de trouver à quelle hauteur les eaux doivent s'élever dans chaque profil en travers pour qu'il soit atteint. Considérons, par exemple, le profil I (*fig.* 45 et 48). Il s'agit de déterminer une position du plan d'eau MN telle que la surface du profil soit de $32^{mq},49$.

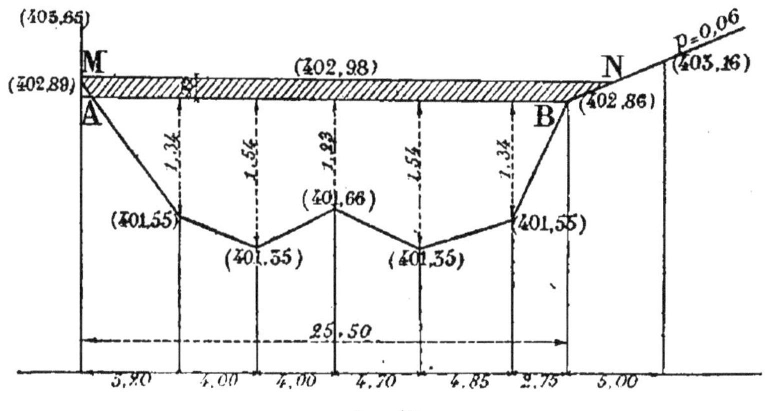

Fig. 48.

Calculons, d'abord, la surface au-dessous de AB, en négligeant la petite différence de niveau ($0^m,03$) sur les ordonnées extrêmes. La surface au-dessous de AB sera :

$$\frac{1{,}34 \times 5{,}20}{2} + \frac{1{,}34+1{,}54}{2} \times 4{,}00 + \frac{1{,}54+1{,}23}{2} \times 4{,}00 + \frac{1{,}54+1{,}23}{2} \times 4{,}70$$
$$+ \frac{1{,}54 + 1{,}34}{2} \times 4{,}85 + \frac{1{,}34 \times 2{,}75}{2} = 30^{mq},12.$$

Appelons x la hauteur de la ligne cherchée MN au-dessus de AB ; nous aurons : surface MNAB $= 32{,}49 - 30{,}12 = 2{,}37$.

Or :

$$\text{Surface MNAB} = \frac{\text{MN} + \text{AB}}{2} \times x = \left(\frac{25{,}50 + 25{,}50 + \frac{x}{0{,}06}}{2} \right) \times x$$
$$= 25{,}50x + \frac{x^2}{2 \times 0{,}06} = 2{,}37,$$

ou encore :

$$x^2 + 3{,}06x - 0{,}28 = 0.$$

D'où l'on tire :

$$x = 0,09.$$

Le plan d'eau MN est, par suite, à la cote :

$$402,89 + 0,09 = 402,98.$$

Un calcul analogue conduit pour les autres profils aux cotes inscrites sur les dessins. En réunissant sur le profil en long les points ainsi obtenus, on trace la ligne du débit moyen des eaux de pleines rives avant la construction du barrage (Pl. I, *fig.* 1).

Cherchons maintenant le relèvement du plan d'eau produit par la présence du barrage, quand le débit atteint le même volume que ci-dessus ($107^{mc},54$). Considérons le profil en travers V (*fig.* 50) levé au droit du barrage et calculons la cote du plan d'eau telle que la surface au-dessus de la crête (400,03) soit de $32^{mq},49$.

Nous trouvons, par un procédé analogue au précédent, $401^{m},15$ pour ce niveau, ce qui, par rapport à celui que nous avons trouvé et correspondant à la situation, à l'établissement du barrage, donne seulement une surélévation de :

$$401,15 - 401,01 = 0^{m},14.$$

Reste à constater l'effet du remous. Nous supposons comme précédemment que la courbe du remous affecte la forme d'une parabole à axe vertical et se fait sentir à une distance double de la hauteur du remous hydrostatique.

Puisque la ligne du débit moyen des eaux de pleines rives avant la construction du barrage était au droit de cet ouvrage à la cote 401,01, et que l'effet de l'établissement du barrage a été de relever le niveau de l'eau de $0^{m},14$, le remous s'étendra jusqu'au point où l'horizontale $401,01 + 2 \times 0,14 = 401^{m},29$ rencontre la ligne du débit des eaux de pleines rives avant la construction du barrage. Ce point se trouve à $60^{m},80$ à l'amont du barrage de la commune, et à $133^{m},62$ à l'aval des rouets moteurs de l'usine R... (Pl. I, *fig.* 2).

Mais nous savons que c'est en basses eaux que l'effet du remous se fait sentir le plus loin, et que le barrage de la commune de Marnhagues-et-Latour est le plus susceptible de nuire à l'usine R... (§ 13). Si nous cherchons la courbe du

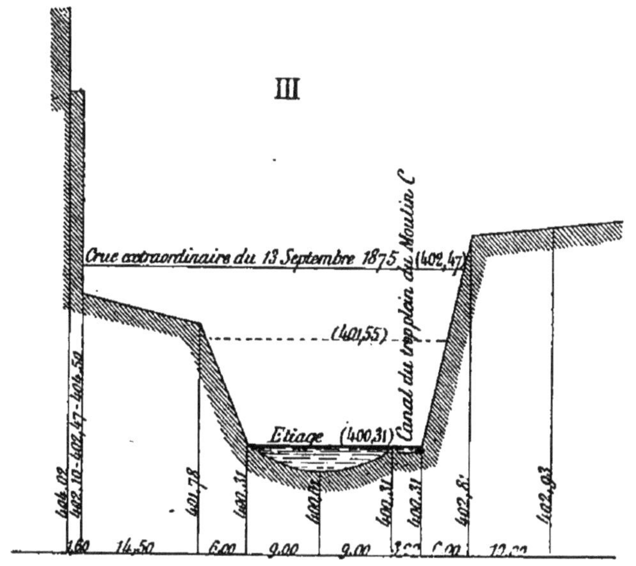

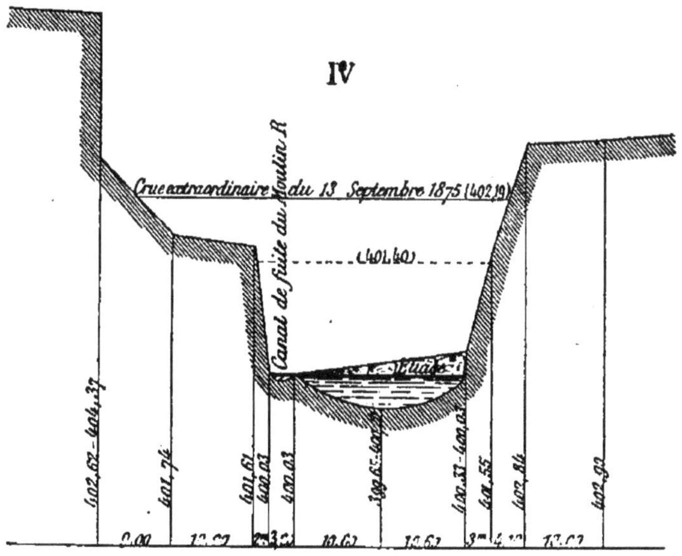

Fig. 49.

remous produit par ce barrage, les eaux affleurant sa crête, ce qui correspond sensiblement au niveau d'étiage de la

Sorgues, nous trouvons que le remous se fait sentir dans ce cas jusqu'à la cote 400,11, c'est-à-dire jusqu'à 43^{m},44 à l'aval des rouets de l'usine R...

V

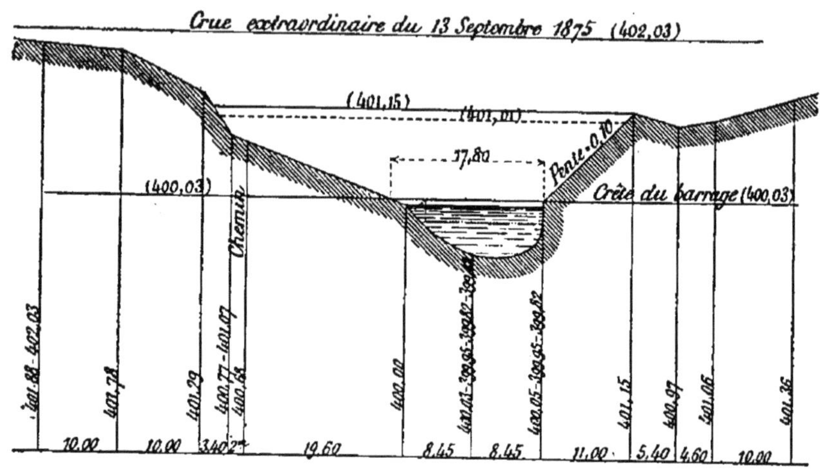

VI

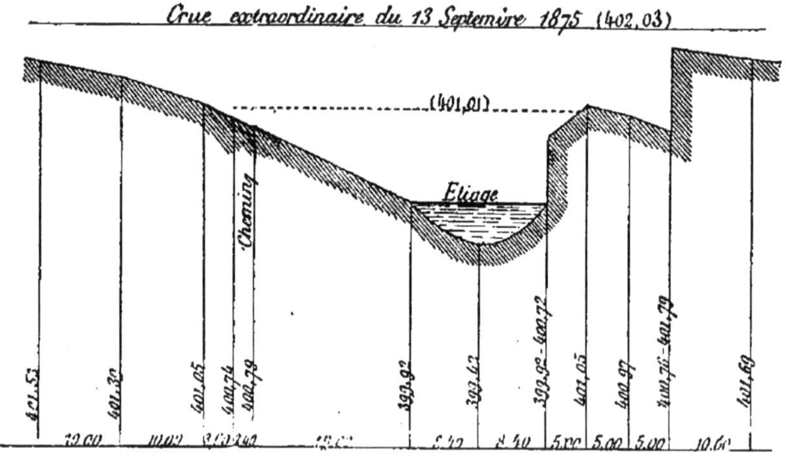

Fig. 50.

De ce qui précède, il résulte que le barrage de la commune de Marnhagues-et-Latour tel qu'il existe ne peut, en aucun cas, nuire au fonctionnement de l'usine supérieure, et son maintien sans modification a été autorisé.

VII

Crue extraordinaire du 13 Septembre 1875 (402,03)

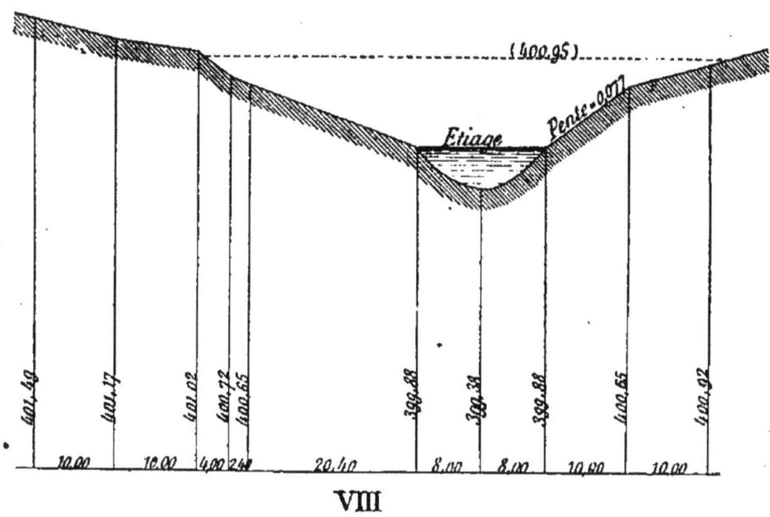

VIII

Crue extraordinaire du 13 Septembre 1875 (401,89)

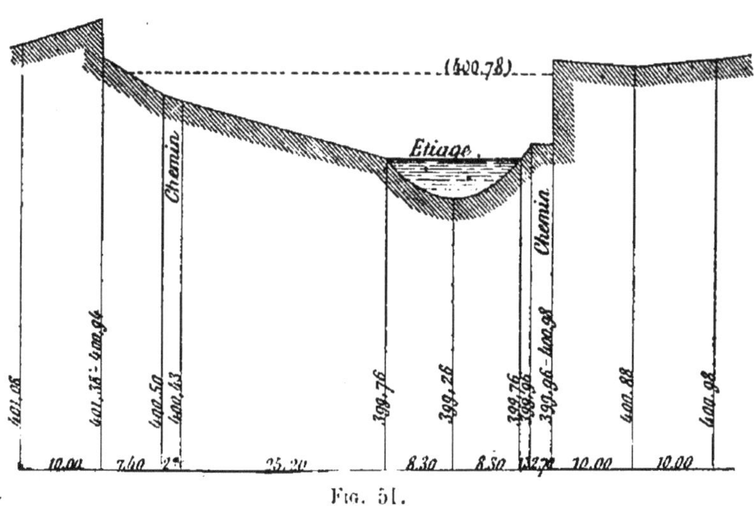

Fig. 51.

41. Vannes de fond. — Dans les cours d'eau torrentiels, qui charrient des matières provenant de la désagrégation des roches de la partie supérieure du bassin, la présence d'un ouvrage barrant complètement le cours d'eau peut provoquer à la longue un amoncellement et relever peu à peu le lit à l'amont. Pour éviter les inconvénients qui résultent de cet état de choses, il suffit, en général, de prescrire l'établissement d'une vanne de fond que le permissionnaire est tenu de lever en temps de crues. On provoque ainsi de véritables chasses, d'autant plus puissantes que le courant est plus fort, et les matières accumulées sont entraînées à l'aval de la retenue.

Le seuil de ces vannes doit être placé au fond du lit, et leur largeur et leur hauteur, fixées par l'arrêté réglementaire, sont déterminées, dans chaque cas, suivant l'importance des dépôts dont on peut avoir à provoquer l'enlèvement.

42. Des usines marchant par éclusées. — Lorsque le débit du cours d'eau alimentaire est trop faible pour fournir en tout temps la force motrice nécessaire au fonctionnement normal d'une usine, on y pourvoit, en cas de besoin, en adoptant la marche par éclusées. Si, par exemple, le débit ne représente que la moitié de ce qui est indispensable pour la mise en marche des moteurs, l'usinier établit une alternative par périodes égales pendant l'une desquelles ses moteurs fonctionnent, tandis que, pendant l'autre, il ferme ses vannes motrices et procède au remplissage de son bief.

Au point de vue du fonctionnement des usines échelonnées sur le cours d'eau, la marche par intermittences ne soulève pas de difficultés ; les diverses usines ayant des besoins similaires, le même régime leur convient et l'alternance de leur marche se règle d'un commun accord ou d'après d'anciens usages.

Mais cette manière d'opérer, utilisée surtout aux époques de fortes chaleurs, n'est pas sans présenter des inconvénients. En ce qui concerne le bief de chaque usine, elle peut avoir pour résultat de découvrir parfois les vases des rives et du fond et de provoquer des émanations dangereuses pour la santé publique ; quant à la partie aval, elle peut se trouver complètement à sec pendant toute la période de remplissage et empêcher les populations riveraines de jouir de l'eau à laquelle elles ont droit.

Pour remédier à ces inconvénients, l'instruction générale du 23 octobre 1851 stipule que dans le cas où, pour assurer la transmission régulière des eaux, il serait nécessaire de réglementer l'usage des éclusées, les ingénieurs auront à fixer soit le niveau au-dessous duquel les eaux ne doivent pas être abaissées, soit la durée des intermittences.

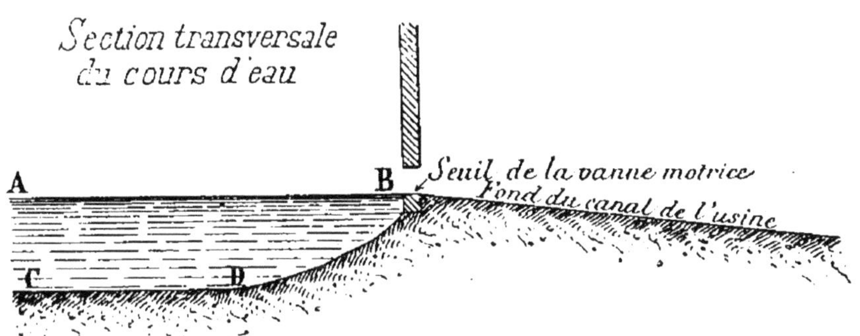

Fig. 52.

La mesure par laquelle on oblige les propriétaires d'usines marchant par éclusées à maintenir toujours dans le bief une tranche d'eau d'une certaine hauteur est parfois assez mal accueillie par les intéressés qui se croient lésés. Il est facile de comprendre qu'une semblable disposition, dictée d'ailleurs par l'intérêt général, ne cause, en réalité, aucun préjudice sérieux aux usiniers. Elle n'est pas de nature à diminuer sensiblement ni la force motrice dont ils disposent, ni le rendement de leur chute.

En effet, dans presque tous les cas, il est possible d'emmagasiner la réserve d'eau imposée, sans modifier la marche de l'usine, en creusant le fond du bief en contre-bas du seuil de la vanne motrice d'une quantité suffisante pour que le dessous AB de la tranche d'eau ABCD conservée constamment soit en contre-bas du seuil de la vanne motrice (*fig.* 52).

Si la nature des lieux rend impossible cette manière de procéder, il est certain que l'usinier devant fermer sa vanne motrice dès que l'eau, dans le bief, descend au-dessous d'un certain niveau GH (*fig.* 53), le volume de chaque éclusée sera diminué de la quantité correspondant à la tranche GHEF. Par contre, le temps nécessaire pour que le bief se remplisse de nouveau jusqu'au niveau supérieur de la retenue MN sera moindre, de sorte que, l'intervalle de temps qui sépare deux éclusées diminuant, le nombre des éclusées augmentera et le dommage causé sera toujours très faible.

En ce qui concerne la nécessité de laisser toujours couler à l'aval de la retenue l'eau destinée aux besoins domestiques

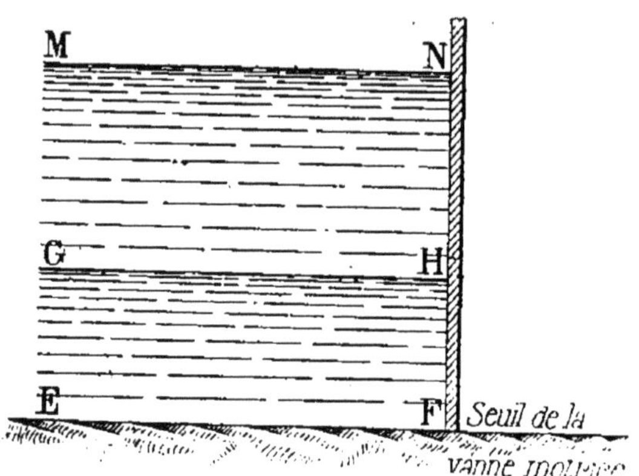

Fig. 53.

des riverains, le préfet a le droit, quand l'intérêt général est en jeu, de fixer un volume minimum que l'usinier est tenu de laisser passer soit par déversement au-dessus d'une partie du déversoir écrêtée dans ce but, soit par une bonde de fond pratiquée au travers du barrage, soit en levant les vannes de décharge à des époques déterminées.

43. Des usines alimentées par des étangs. — Quelquefois le barrage de retenue, au lieu d'être établi simplement dans le lit du ruisseau, afin de relever le plan d'eau à l'amont et de permettre la création d'une chute utilisée comme force motrice, a une longueur supérieure à la largeur du cours d'eau et barre transversalement une partie de la vallée. L'eau qui s'épanouit à l'amont peut couvrir une surface plus ou moins grande de terrain ; elle forme alors un étang artificiel.

Les étangs établis sur les cours d'eau sont des dépendances de ces cours d'eau eux-mêmes ; l'Administration a le droit de fixer le niveau maximum que les eaux ne peuvent dépasser, et, par suite, de déterminer les dimensions des ouvrages régulateurs.

En cas de contestation entre les riverains, au sujet de la délimitation des terrains susceptibles d'être transformés en étangs, c'est aux tribunaux civils qu'il appartient de prononcer.

Nous savons qu'aux termes de l'instruction générale du 23 octobre 1851 les ouvrages régulateurs des usines sur cours d'eau non navigables ni flottables sont déterminés de manière à écouler seulement le débit des eaux de pleines rives, ce qui est rationnel, puisque, pour des débits supérieurs, les terrains riverains sont naturellement submersibles et que la présence de la retenue n'aggrave pas leur situation. Cette condition devient insuffisante dans le cas d'un étang dont la digue barre la vallée et relève le plan d'eau jusqu'au niveau de terrains qui, par leur position, seraient hors de l'atteinte des plus grandes crues, si le cours du ruisseau était libre.

Dans de semblables conditions, les ouvrages doivent être établis de manière à écouler la totalité du débit des plus grandes crues du ruisseau alimentaire.

44. *Des digues.* — Les barrages formant étangs s'appellent *digues* ou *chaussées*. Ils sont, le plus souvent, construits en terre. Dans la chaussée sont ménagés les ouvrages régulateurs, qui consistent en un déversoir et un vannage de décharge ayant leur crête dérasée dans le plan du niveau légal. De plus, on se ménage ordinairement la possibilité de mettre l'étang à sec, en cas de besoin ; dans ce but, on pratique à travers la chaussée des bondes de fond fermées par des vannes ou des clapets qu'on manœuvre du sommet de la digue. Ces appareils échappent à tout contrôle et ne sont pas disposés pour une manœuvre rapide ; de plus, leur sommet n'est pas dérasé dans le plan de la retenue. Ils ne doivent pas être regardés comme ouvrages régulateurs et les dimensions à leur donner ne sont pas fixées par les arrêtés réglementaires.

En ce qui concerne la chaussée elle-même, l'arrêté doit imposer au permissionnaire les conditions jugées nécessaires pour éviter les dommages qui pourraient résulter pour les tiers de sa rupture, au cas où elle serait surmontée par l'eau. C'est ainsi qu'on est parfois amené à fixer une épaisseur minimum en couronne et la revanche du couronnement sur le plan d'eau normale (§ 24, *in fine*). Le déversoir est souvent formé par une brèche dans la digue; si celle-ci donne passage à un chemin public, le permissionnaire est tenu d'assurer la continuité de la circulation en établissant un pont ou une passerelle par-dessus le déversoir. Quant au mode de construction de la digue, il est laissé au choix du permissionnaire.

45. *Des ouvrages régulateurs.* — Ce que nous avons dit, en parlant des usines marchant par éclusées (§ 42), au sujet de la nécessité de laisser toujours couler une certaine quantité d'eau en aval, dans un but d'intérêt général, s'applique également aux retenues formant étangs.

Pour assurer la salubrité du cours d'eau ou l'alimentation des riverains d'aval, on peut être amené à prescrire le dérasement du déversoir, en totalité ou en partie, à un niveau inférieur à celui de la retenue, de manière à écouler en tout temps le volume d'eau nécessaire. Le même résultat peut être obtenu en ménageant dans la digue une buse ou ouverture en tuyau.

La longueur du déversoir doit être au moins égale à la largeur moyenne du cours d'eau qui alimente l'étang; s'il y a plusieurs ruisseaux qui y apportent leurs eaux, le déversoir aura une longueur égale à la somme des largeurs de ces ruisseaux.

Le vannage de décharge doit, nous le savons, pouvoir écouler le débit des plus fortes crues.

Si la valeur de ce débit est inconnue, on peut la déterminer approximativement, connaissant la hauteur maximum de pluie fournie par les orages, le temps nécessaire pour son écoulement (lequel est facile à connaître, puisque c'est celui qui sépare le moment où un orage éclate dans la partie supérieure de la vallée de celui où le flot arrive à la digue) et la fraction de l'eau tombée qui se rend au cours d'eau. Cette fraction dépend de la nature du sol, des pentes, etc. ; elle se détermine par expérience [1].

Supposons, par exemple, que la hauteur maximum de pluie fournie par les orages soit de 0m,03, qu'elle s'écoule en quatre heures environ à la surface d'une vallée de 10 kilomètres d'étendue, et que la fraction dont il est question ci-dessus soit égale à 1/3, le volume maximum des crues par seconde

[1] D'une façon générale, le rapport entre le débit d'un ruisseau pendant une période donnée et la quantité d'eau pluviale tombée pendant le même temps dans le bassin correspondant, ainsi que la valeur annuelle moyenne de ce rapport constitue ce qu'on appelle le *module* du cours d'eau. La détermination de ce module est d'une grande importance ; elle nécessite des opérations de jaugeage et des observations pluviométriques ; nous en citerons un exemple.

Depuis plusieurs années, les ingénieurs du service de l'hydraulique agricole du département de Lot-et-Garonne ont entrepris la recherche du module d'un cours d'eau assez important, la Lémance, affluent de la rive droite du Lot. La superficie totale du bassin de la Lémance est de 23.700 hectares (dont 11.760 dans le Lot-et-Garonne et 11.940 dans la Dordogne et le Lot) ; la longueur du cours d'eau dans le département est de 21.350 mètres, et la pente par mètre de 0m,0035. On a calculé le volume d'eau de pluie tombée dans le bassin de la rivière en prenant les observations faites aux pluviomètres de Fumel et de Saint-Front, établis respectivement près de l'embouchure du cours d'eau et vers le centre du bassin ; on a multiplié la moyenne des chiffres par la superficie du bassin. Quant au débit, il a été déterminé par des jaugeages effectués à l'aide des ouvrages de retenue d'une usine située à peu de distance de l'embouchure ; on a fait en une année trente-quatre observations d'une durée de douze heures chacune. De plus, on a observé quotidiennement les crues. Le rapport entre les volumes d'eau débités et tombés a été trouvé :

	En 1892	En 1893
Hiver	0,481	0,427
Printemps	0,383	0,124
Été	0,114	0,068
Automne	0,213	0,204
Moyennes	0,281	0,189

Ces chiffres donnent des valeurs approchées du module trimestriel. Le module annuel, dont le calcul exigerait des observations suivies pendant un grand nombre d'années, est probablement compris entre les deux moyennes ;

sera

$$Q = \frac{10.000.000 \times \frac{1}{3} \times 0,03}{4 \times 60 \times 60} = 69^{mc},44.$$

Le déversoir qui doit assurer l'écoulement des eaux de crues si l'usinier néglige de manœuvrer ses vannes de décharge, joue ici un rôle très important. Les étangs sont ordinairement situés dans des régions à terrains imperméables, où les crues sont soudaines et de peu de durée. Si l'une d'elles arrive la nuit, au moment où l'étang est plein, le niveau de l'eau pourra monter suffisamment pour déverser par-dessus la digue ; si l'usinier ouvre ses vannes avec rapidité, il pourra faire écouler assez d'eau pour causer des dommages sérieux à l'aval. Aussi a-t-on signalé quelquefois la nécessité de donner au déversoir une longueur supérieure à la largeur du cours d'eau.

Dans la Brenne, région du département de l'Indre où de nombreux étangs ont été réglementés il y a une trentaine d'années, on a donné, d'une façon générale aux vannages de décharge la même largeur que le cours d'eau et une hauteur de 1 mètre au-dessus de la crête du déversoir. Quant aux déversoirs, leur longueur utile est égale au double de la largeur du cours d'eau. C'est, du reste, ce qui existe sur toutes les usines normalement réglées, car le barrage y forme déversoir et il y a, en outre, un déversoir de longueur égale.

Les calculs du débit de ces ouvrages se font au moyen des formules connues (§ 19 et 22).

A titre d'exemple, nous donnons le plan et le profil d'une digue d'étang (*fig.* 54 et 55). Elle est construite en terre et sert de passage à un chemin vicinal. Son sommet est à $1^m,90$ environ en contre-haut du niveau légal de la retenue. Le déversoir est constitué par le radier d'un pont en maçonnerie à trois arches B, de $4^m,66$ d'ouverture libre chacune ; il est situé à $0^m,14$ en contre-bas de la retenue. Les ouvrages de décharge se composent de deux couples de vannes, les premières C, dites des grands coursiers, ont une largeur totale de $2^m,51$, une hauteur de 2 mètres, et fonctionnent comme vannes de

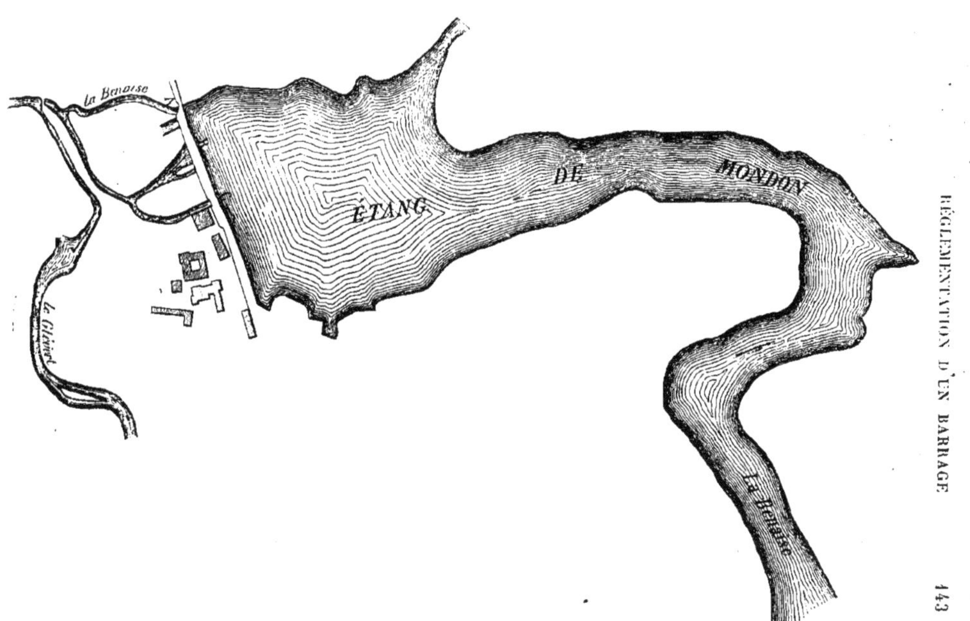

Fig. 54. — Plan général de la retenue de l'étang de Mondon.

fond sous une charge de 10 — 5,34 = 4m,66; les autres A, dites des petits coursiers, ont une largeur libre de 2m,27 une hauteur sous la retenue de 1m,091 et fonctionnent comme vannes de fond sous une charge de :

$$\frac{10 - 8,909}{2} = 0,545.$$

Le débit de ces ouvrages est le suivant :

Déversoir :	$Q=1.77LH\sqrt{H}=1.77\times3\times4,66\times0.14\sqrt{0,14}$	=	1mc,295
1er groupe de vannes :	$Q=0,70LH\sqrt{2gH}=0,70\times2,15\times2,00\sqrt{2g\times4,66}$	=	28 780
2e groupe de vannes :	$Q=0,70\times2,87\times1.091\times\sqrt{2g\times0,545}$	=	7 161
	Soit un débit total de....................		37mc,243

46. *Des égrilloirs.* — Les étangs sont un milieu très favorable à la reproduction du poisson ; souvent même la formation d'étangs artificiels est uniquement destinée à l'industrie de la pêche. Aussi, la plupart du temps, les permissionnaires demandent-ils l'autorisation d'établir des égrilloirs pour la conservation du poisson.

Les autorisations de ce genre peuvent être accordées, mais les dimensions des grilles ou, plutôt, le rapport du vide au plein doit être déterminé de manière à satisfaire aux prescriptions de la loi du 15 avril 1829 et du décret du 10 août 1875 sur la pêche, aux termes desquels la surface des engins fixes doit être au plus égale aux 2/3 de la largeur mouillée du ruisseau, qui est ici l'émissaire d'écoulement, les égrilloirs étant ordinairement placés à la queue de l'étang.

En outre, ces appareils ne doivent pas être un obstacle à l'écoulement des eaux ; aussi peut-il arriver qu'on soit amené à prescrire un élargissement du ruisseau, tant à l'amont qu'à l'aval, pour obtenir au droit de la grille un débouché égal au débouché normal du ruisseau.

C'est ainsi qu'un usinier avait demandé l'autorisation d'établir à l'origine du ruisseau servant d'émissaire aux eaux de son étang un égrilloir formé de barreaux de 0m,02 d'épaisseur séparés par des vides de 0m,04. La surface des engins était bien inférieure aux 2/3 de la largeur libre du ruisseau,

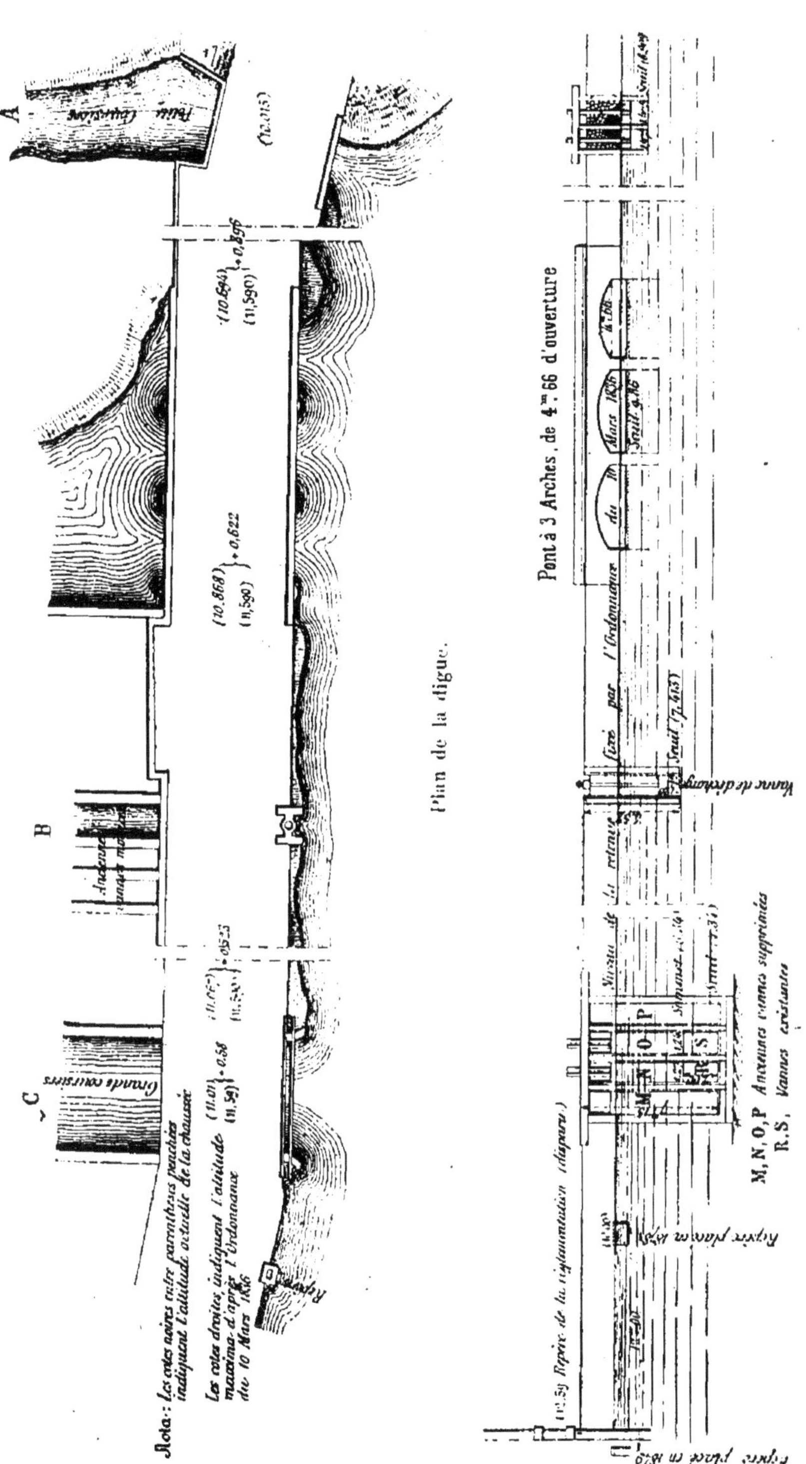

Plan de la digue.

Fig. 55. — Élévation de la digue.

mais celui-ci se trouvait rétréci, de telle sorte que l'écoulement des eaux n'était plus assuré. Dans ces conditions, l'autorisation demandée n'a été accordée que sous la réserve que la largeur du ruisseau, qui était normalement de 2m,80, serait portée à 3/2 × 2,80 = 4m,20, tant en amont qu'en aval, de manière à laisser aux eaux le même débouché que celui qu'elles avaient avant la construction de l'égrilloir.

Le propriétaire d'un égrilloir est tenu de débarrasser en tout temps les barreaux des grillages des herbes, feuilles, immondices, etc., qui feraient obstacle à l'écoulement des eaux.

Les grilles doivent être mobiles ; on doit les manœuvrer de la même manière et en même temps que les vannes de décharge.

Les conditions imposées pour l'établissement des égrilloirs peuvent être insérées dans les arrêtés réglementant la retenue, ou faire l'objet d'arrêtés spéciaux.

L'article 46 du décret précité du 10 août 1875 interdit d'accoler des engins de pêche, tels que nasses, paniers et filets à demeure aux écluses, barrages, chutes naturelles, pertuis, vannages, coursiers d'usines et échelles à poissons.

CHAPITRE VI

OPÉRATIONS ET ÉTUDES NÉCESSITÉES PAR LA RÉGLEMENTATION DES USINES

47. Opérations sur le terrain. — Reprenons maintenant l'examen du mode d'instruction des demandes en autorisation de prises d'eau d'usines. Le programme pour la rédaction des pièces nécessaires, tracé à la suite de l'instruction générale du 23 octobre 1851 est toujours en vigueur, et l'expérience a montré la nécessité de s'y conformer d'une façon absolue. Il est utile d'ajouter à ce programme quelques indications pratiques.

Les opérations à faire sur le terrain pour le règlement des usines demandent beaucoup de soins et d'exactitude. On doit les entreprendre, autant que possible, en basses eaux, mais non pas à une époque d'étiage exceptionnel.

Il faut que le bief à étudier ait été au préalable curé ou au moins convenablement faucardé.

Les opérations à entreprendre doivent s'étendre à l'amont jusqu'à la limite du remous de la retenue à étudier. Il est souvent impossible de déterminer directement sur place cette limite. Tel est le cas notamment lorsque le volume des eaux de la rivière, au moment des opérations, est supérieur à celui des basses eaux. Si l'on ne peut reconnaître sur place l'effet de la retenue et le point où le remous cessera de se faire sentir, on doit avoir recours aux formules empiriques données ci-dessus (14).

L'usine supérieure, lorsqu'elle sera peu éloignée, limitera, bien entendu, les opérations. A l'aval, elles s'étendront au moins jusqu'au point où, le canal de fuite rejoignant le cours d'eau, l'influence de la retenue cesse entièrement de se faire sentir.

Plan. — Le plan des lieux, extrait du cadastre, comprendra tous les terrains de la vallée entre les limites amont et aval, et fera connaître d'une manière spéciale ceux appartenant à l'usinier avec leur limite exacte.

Profil en long. — Le profil en long se dresse suivant la ligne de plus grande profondeur et doit indiquer la position du fond. En ce qui concerne le relevé du plan d'eau, il faut s'assurer que, pendant l'opération, le niveau de la retenue est exactement maintenu à chacune des usines entre lesquelles on opère, et que le débit ne varie pas dans de grandes proportions. S'il s'agit de la réglementation d'une usine existante, ou si l'on peut établir un barrage provisoire sans trop de frais, on tend les eaux à la tête de la dérivation, à deux hauteurs voisines du niveau probable à fixer pour la retenue, On construit les courbes de remous correspondantes et on en déduit aisément et par tâtonnement le niveau qui donnera une courbe de remous submergeant les terres riveraines. Pour se rendre compte de l'effet produit sur l'usine supérieure, il est bon d'interrompre momentanément sa marche et de faire écouler les eaux par les vannes de décharge.

Profils en travers. — Les profils en travers doivent être relevés sur toute l'étendue du plan à des intervalles assez rapprochés pour donner le relief général de la vallée. Les sections du cours d'eau doivent donner un nombre de cotes suffisant pour permettre d'apprécier l'état du lit.

Détails. — Il y a souvent intérêt à relever les dimensions des ouvrages régulateurs de l'usine supérieure qui sont employés comme terme de comparaison ; il peut être également utile de relever avec détail le plan et la coupe des ouvrages moteurs de la même usine.

On ne doit pas négliger de choisir un repère provisoire fixe facile à retrouver et d'un niveau bien déterminé. Si l'on est obligé de prendre le repère provisoire sur un arbre, on doit avoir soin de ne le tracer que sur une partie bien verticale du tronc ; on doit, enfin, s'efforcer de rattacher le niveau de la retenue à un contre-repère d'une durée assurée ou, à défaut, à un contre-repère pris sur un autre arbre.

Même lorsque le repère provisoire présente toutes les conditions de fixité voulues, il peut être utile de choisir néanmoins un contre-repère. Tel est le cas où le repère est situé à une distance de l'ouvrage telle que la vérification du niveau légal de la retenue exige un véritable nivellement. On choisit alors un contre-repère à proximité du barrage et on n'utilise le repère éloigné que si le contre-repère a disparu, ou si l'on a quelque raison de croire qu'il ait été faussé.

48. Rédaction des arrêtés. — Une fois les opérations sur le terrain terminées, on détermine facilement les dispositions du projet de règlement, en appliquant les principes exposés aux chapitres précédents. Ce projet est alors soumis à la seconde enquête dont la durée est de quinze jours et, s'il ne donne lieu à aucune observation, le préfet le transforme en un arrêté réglementaire définitif, dont il adresse ampliation au Ministre, ainsi que le recommande expressément la circulaire ministérielle du 27 juillet 1852.

Les types réglementaires varient à l'infini avec les espèces ; il serait difficile de fournir des exemples pour les différents cas qui peuvent se rencontrer. Néanmoins, nous allons donner ci-dessous quelques indications qui pourront être utiles à la rédaction des arrêtés.

Ces documents doivent être conformes au modèle n° 5 des annexes de l'instruction générale du 26 décembre 1884. Le préambule doit viser les dates des diverses phases de l'instruction de l'affaire. Il doit notamment donner les dates d'ouverture et de fermeture des deux enquêtes auxquelles a été soumise la demande en établissement des barrages. En effet, la jurisprudence a établi que l'indication de la durée des enquêtes sans dates est insuffisante, et compromet la validité de l'arrêté au point de vue légal, et, d'autre part, cette indication des dates peut seule rendre effectif le contrôle de l'Administration supérieure sur la régularité des enquêtes.

Tout arrêté doit être rédigé de manière à être intelligible et applicable par lui-même, sans qu'il soit nécessaire d'avoir recours au dossier de l'instruction qui a précédé son émission. Il peut arriver, dans certains cas, que ce résultat ne puisse être obtenu sans explications qu'on introduit, sous forme de considérants, en tête de l'arrêté à la suite des visas des lois et décrets [1].

Il résulte de là que, en particulier, l'emplacement des ouvrages formant barrage doit être indiqué d'une manière explicite par rapport à un ouvrage d'art existant (tel qu'un pont) ou à la distance de l'usine d'amont ou d'aval, ou encore, à défaut, par rapport à une limite de parcelles ; mais il est inadmissible qu'on se borne à stipuler que le barrage sera placé au profil IV du plan, par exemple. En cas d'impossibilité absolue de supprimer une semblable mention, copie du plan doit être annexée à l'arrêté.

La réglementation de tout établissement situé sur un cours d'eau doit faire l'objet d'un dossier distinct et d'un titre spécial ; le fait de comprendre dans un même arrêté plusieurs barrages soulève la question d'excès de pouvoirs, parce qu'il confine à la réglementation générale du régime des eaux d'une vallée qui ne peut être faite que par un décret rendu en Conseil d'État.

La même règle subsiste au cas où deux ou plusieurs barrages situés sur un même ruisseau appartiennent à la même personne, car ils peuvent se trouver un jour en des mains différentes.

Ainsi que le recommandent les instructions générales de 1851 et de 1884, on doit laisser à la disposition des permissionnaires les dimensions des vannes motrices et ne régler en aucun cas, ni la chute de l'usine, ni les dispositions du coursier et de la roue hydraulique. Leur réglementation cons-

[1] L'insertion de considérants n'étant nécessaire que pour un nombre assez restreint d'arrêtés, le modèle réglementaire n'en fait pas mention, mais rien dans les instructions générales ne s'oppose à ce que les préambules de ces documents fournissent toutes les explications jugées utiles pour leur compréhension. On remarquera, d'ailleurs, que l'instruction générale du 26 décembre 1884 prescrit que l'absence de vannes de décharge devra toujours faire l'objet d'un considérant spécial. Le libellé de ces considérants, quand il y a lieu d'en insérer, peut être indiqué dans les rapports des ingénieurs, sauf aux préfets à les modifier ou à les supprimer sous leur propre responsabilité.

tituerait un excès de pouvoir, et elle est inutile, puisque les ouvrages de décharge suffisent pour écouler la totalité du débit ordinaire du cours d'eau.

Il existe cependant des cas où les préfets ont le droit de limiter le volume de l'eau à dériver ; lorsque, par exemple, cette limitation est nécessaire dans le but de laisser dans le ruisseau, à l'aval de la prise, une certaine quantité d'eau pour éviter la production d'exhalations malsaines ou de miasmes, ou bien encore quand il y a lieu de laisser couler l'eau nécessaire à l'alimentation en eau potable et aux besoins domestiques de toute une population. Dans ces différents cas, un considérant doit spécifier que la limitation du volume est commandée par un intérêt général.

Dans la réglementation d'une usine existante, lorsque l'instruction a révélé la nécessité de prescrire une augmentation dans le débouché des ouvrages régulateurs, on doit autant que possible laisser à l'usinier la latitude de conserver les vannes existantes en les modifiant et fixer les dimensions nouvelles à leur donner ; mais on doit aussi prévoir le cas où l'usinier préférerait supprimer les anciennes vannes et indiquer l'emplacement et les dimensions à donner dans ce dernier cas aux nouveaux ouvrages, en lui laissant le choix entre les deux solutions.

Les arrêtés préfectoraux ne doivent contenir aucune clause impérative vis-à-vis des tiers. Aussi l'instruction générale du 26 décembre 1884 rappelle-t-elle que, dans le cas où, le bief étant ouvert à mi-côte, il est nécessaire de protéger les terrains inférieurs par des digues artificielles, ces digues ne doivent être prescrites que sur les terrains appartenant à l'usinier. Sur les terrains appartenant à des tiers, elles ne peuvent être établies qu'avec le consentement formel et écrit de ceux-ci.

Les mêmes arrêtés ne doivent pas renfermer des clauses étrangères à l'écoulement des eaux.

En ce qui concerne les canaux de décharge destinés à restituer l'eau après utilisation au ruisseau alimentaire, il n'y a pas lieu d'en fixer les dimensions. On se contente ordinairement d'un article ainsi conçu :

Les canaux de décharge seront disposés de manière à em-

brasser les ouvrages auxquels ils font suite et à écouler toutes les eaux que ces ouvrages peuvent débiter.

Au nombre des clauses qui ont été parfois insérées à tort dans des arrêtés, on peut citer celle qui stipule que les clefs de manœuvre des prises d'eau seront confiées au maire de la commune qui aura le droit d'en interrompre le fonctionnement quand il le jugera nécessaire. De même, on ne doit pas prescrire au permissionnaire l'imposition d'une redevance annuelle, pas même au cas où la prise, au lieu de s'effectuer dans un cours d'eau ordinaire, s'effectue, par exemple, dans un canal écoulant des eaux de dessèchement, et dont l'entretien est à la charge d'un syndicat. Ce syndicat reste, d'ailleurs, libre d'exiger une redevance ou une indemnité par un traité particulier dont l'arrêté préfectoral n'a pas à connaître. En cas de désaccord entre les intéressés, le règlement d'une telle question est du ressort de la juridiction compétente.

Lorsqu'il s'agit de l'établissement d'une scierie, l'autorité préfectorale doit, dans tous les cas, prendre l'avis du Conservateur des forêts, qui a seul qualité pour décider si l'établissement projeté n'est pas soumis aux prohibitions du Code forestier. L'avis de ce fonctionnaire doit être mentionné dans les visas de l'arrêté.

Quand on réglemente un barrage existant, s'il s'agit d'un ouvrage déjà antérieurement réglementé, on procède alors à une revision, et l'instruction y relative ne doit pas être entamée sans l'autorisation préalable du Ministre de l'Agriculture (§ 54). S'il s'agit, au contraire, d'un ouvrage non réglementé, mention en doit être faite par un considérant de l'arrêté.

L'instruction générale du 23 octobre 1851 recommande aux préfets de n'ordonner qu'avec une très grande réserve le règlement d'office d'usines existantes. C'est le préfet, sur la proposition des ingénieurs du service hydraulique, qui apprécie souverainement la mesure dans laquelle il doit s'inspirer de cette recommandation.

Le modèle n° 5 des annexes de l'instruction générale du 26 décembre 1884 renferme toutes les clauses de style qu'il peut y avoir lieu d'insérer dans les arrêtés ordinaires; celles qui ne trouvent pas leur application doivent être biffées purement et simplement. On doit s'abstenir de modifier la rédaction de celles que l'on conserve, à moins d'une nécessité absolue, qui doit être justifiée dans les considérants ou dans un rapport spécial.

49. Modèle d'arrêté réglementaire. — Pour terminer les explications relatives à la rédaction des arrêtés, nous donnons ci-après un modèle d'arrêté préfectoral relatif à la réglementation du barrage de la commune de Marnhagues-et-Latour, sur le ruisseau de la Sorgues, que nous avons choisi comme exemple d'un barrage sur cours d'eau torrentiel (voir ci-dessus § 38)[1]. Dans la rédaction de ce document nous avons tenu compte des prescriptions de la circulaire ministérielle du 4 octobre 1892, et fait disparaître tout ce qui, dans le modèle-type, était relatif au niveau légal et aux ouvrages régulateurs.

[1] Le modèle diffère de l'arrêté par lequel l'administration locale avait réglementé ce barrage, et dont les considérants pouvaient soulever quelques objections.

MINISTÈRE
de
L'AGRICULTURE

RIVIÈRE
de
SORGUES
non navigable
ni flottable

COMMUNE
de
MARNHAGUES-
et-LATOUR

BARRAGE
de la
COMMUNE

MODÈLE D'ARRÊTÉ

Nous, Préfet du département de...

Sur le rapport de l'ingénieur en chef des Ponts et Chaussées ;

Vu la pétition en date du 2 novembre 18..., par laquelle le sieur R..., propriétaire à Marnhagues-et-Latour, se plaint du préjudice porté à son usine par un barrage nouvellement construit par la commune sur la rivière de Sorgues et demande la destruction de cet ouvrage ;

Vu les pièces de l'instruction régulière à laquelle l'affaire a été soumise, conformément aux circulaires des 19 thermidor an VI, 16 novembre 1834, 23 octobre 1851, 26 décembre 1884, et notamment :

Les procès-verbaux de deux enquêtes ouvertes dans la commune de Marnhagues-et-Latour, l'une pendant vingt jours, du 23 décembre 18... au 11 janvier 18..., et l'autre pendant quinze jours, du 13 au 27 juin 18...

Les certificats de M. le maire de Marnhagues-et-Latour constatant que les arrêtés prescrivant lesdites enquêtes ont été publiés et affichés dans la commune ;

Les observations et réclamations écrites formulées par divers intéressés sur les registres de ces mêmes enquêtes ;

Les avis favorables de M. le maire de Marnhagues-et-Latour, en date du..., et de M. le sous-préfet de N..., en date du... ;

Le procès-verbal de visite des lieux et les rapports dressés par les ingénieurs des Ponts et Chaussées, les... :

Le plan des lieux et les profils y annexés

Vu les lois des 12-20 août 1790, 6 octobre 1791 et l'arrêté du Gouvernement du 19 ventôse an VI ;

Vu le décret du 25 mars 1852 ;

Considérant que le cours d'eau ayant un régime torrentiel et des berges encaissées, il n'y a pas lieu de prescrire l'établissement d'ouvrages régulateurs, et que l'épaisseur de la lame déversant par-dessus le barrage sera trop faible pour que l'établissement de cet ouvrage puisse être nuisible aux propriétés riveraines d'amont ;

Considérant que la plainte du sieur R... et les oppositions présentées lors de la première enquête soulèvent des questions d'intérêt privé qui sont du ressort exclusif des tribunaux judiciaires et ne sauraient faire obstacle au droit à l'usage des eaux que la commune de Latour, en sa qualité de riveraine, tient de l'article 644 du Code civil ;

Considérant que le barrage de l'usine de Marnhagues-et-Latour n'a jamais été réglementé,

ARRÊTONS :

ARTICLE PREMIER. — Est soumise aux conditions du présent règlement l'autorisation qui est accordée à la commune de Marnhagues-et-Latour d'établir un barrage sur la rivière de Sorgues, dans ladite commune, pour rendre plus facile le gué du chemin vicinal ordinaire n° 2.

ART. 2. — Le barrage aura une longueur de dix-sept mètres quatre-vingts (17ᵉ,80).

La crête sera dérasée horizontalement à un mètre soixante-dix-neuf centimètres (1ᵐ,79) en contre-bas du seuil de la porte d'entrée sur la façade ouest de la scierie dépendant de l'usine du sieur R..., point pris pour repère.

Ce repère devra toujours rester accessible aux agents de l'Administration qui ont qualité pour vérifier la hauteur des eaux.

ART. 3. — Toutes les fois que la nécessité en sera reconnue et qu'il en sera requis par l'autorité administrative, le permissionnaire, ou son fermier, sera tenu d'effectuer le curage à vif fond et à vieux bords du bief de la retenue, dans toute l'amplitude du remous, sauf l'application des règlements ou des usages locaux, et sauf le concours qui pourrait être réclamé des riverains, suivant l'intérêt que ceux-ci auraient à l'exécution de ce travail.

Lesdits riverains pourront, d'ailleurs, lorsque le bief ne sera pas la propriété exclusive du permissionnaire, opérer, s'ils le préfèrent, le curage eux-mêmes et à leurs frais, chacun au droit de soi et dans la moitié du lit du cours d'eau.

ART. 4. — Le permissionnaire sera tenu de se conformer à tous les règlements existants ou à intervenir sur la police, le mode de distribution et le partage des eaux.

Art. 5. — Les droits des tiers sont et demeureront expressément réservés.

Art. 6. — Les travaux ci-dessus prescrits seront exécutés sous la surveillance des ingénieurs; ils devront être terminés dans le délai d'un an à dater de la notification du présent arrêté.

A l'expiration du délai ci-dessus fixé, l'ingénieur rédigera un procès-verbal de récolement, aux frais du permissionnaire, en présence de l'autorité locale et des parties intéressées dûment convoquées.

Si les travaux sont exécutés conformément à l'arrêté d'autorisation, ce procès-verbal sera dressé en trois expéditions. L'une de ces expéditions sera déposée aux archives de la préfecture; la seconde, à la mairie du lieu; la troisième sera transmise au Ministre de l'Agriculture ;

Art. 7. — Faute par le permissionnaire de se conformer, dans le délai fixé, aux dispositions prescrites, l'Administration pourra, selon les circonstances, prononcer la déchéance du permissionnaire et, dans tous les cas, elle prendra les mesures nécessaires pour faire disparaître, aux frais du permissionnaire, tout dommage provenant de son fait, sans préjudice de l'application des dispositions pénales relatives aux contraventions en matière de cours d'eau.

Il en sera de même dans le cas où, après s'être conformé aux dispositions prescrites, le permissionnaire changerait ensuite l'état des lieux fixé par le présent règlement, sans y être préalablement autorisé.

Art. 8. — Le permissionnaire, ou son fermier, ne pourra prétendre à aucune indemnité ni dédommagement quelconque, si, à quelque époque que ce soit, l'Administration reconnait nécessaire de prendre, dans l'intérêt de la salubrité publique, de la police et de la répartition des eaux, des mesures qui le privent, d'une manière temporaire ou définitive, de tout ou partie des avantages résultant du présent règlement, tous droits antérieurs réservés.

Art. 9. — Expéditions du présent arrêté seront adressées : 1° à M. le sous-préfet de N..., chargé d'en faire la notification au maire de la commune permissionnaire; 2° à M. l'ingénieur en chef du service hydraulique du département, chargé d'en assurer l'exécution.

Ampliation du présent arrêté sera également adressée à M. le Ministre de l'Agriculture, en exécution des prescriptions de la circulaire ministérielle du 27 juillet 1852.

Fait à..., le...

Le Préfet,

CHAPITRE VII

RÉCOLEMENT DES OUVRAGES

50. Divers cas qui peuvent se présenter. — Lorsque les délais impartis par l'arrêté réglementaire pour la construction des ouvrages de retenue sont écoulés, l'ingénieur du service hydraulique procède au récolement, qui doit être soumis à l'homologation préfectorale.

Si les travaux prescrits ne sont pas commencés, le récolement constate le fait et déclare que le permissionnaire a perdu le bénéfice de son autorisation. Le permissionnaire peut éviter cette déchéance en adressant immédiatement au préfet une demande de reconduction sur papier timbré ; toutefois cette prolongation de délai ne peut être accordée que pour un an. Si, au contraire, les travaux ont reçu un commencement d'exécution, mais paraissent abandonnés sans esprit de reprise immédiate, le préfet, sur la proposition des ingénieurs, prend un arrêté mettant le permissionnaire en demeure d'avoir à achever ces travaux dans un délai fixé. A l'expiration de ce nouveau délai, si aucun changement n'est constaté dans l'état d'avancement des travaux, le permissionnaire est déclaré définitivement déchu du bénéfice de son autorisation, et il est tenu de faire disparaître tous les ouvrages déjà établis ; faute de quoi, il est avisé que le déblaiement aura lieu d'office et à ses frais (§ 51).

Lors du récolement définitif, lequel se rédige sur un imprimé conforme au modèle n° 6 annexé à l'instruction générale du 26 décembre 1884, deux cas peuvent se présenter :

1° Ou bien les travaux sont *entièrement* conformes aux dispositions prescrites ; alors les ingénieurs en proposent la réception pure et simple, et le préfet homologue le procès-verbal de récolement[1];

2° Ou bien, il existe une dérogation quelconque aux prescriptions réglementaires. Dans ce cas, quelles que soient les différences constatées, c'est au Ministre seul qu'il appartient, aux termes de l'instruction générale du 23 octobre 1851, de décider s'il y a lieu, ou non, de recevoir les travaux exécutés; les ingénieurs se bornent à présenter à ce sujet des propositions motivées. Toutefois, cette instruction générale de 1851 n'impose la consultation du Ministre que si les différences sont légères. Si elles sont importantes et si la suppression des dérogations s'impose évidemment, le préfet peut l'ordonner de sa propre autorité.

Les dérogations constatées peuvent toujours être rapportées à l'une des trois catégories suivantes :

a) Les différences constatées sont favorables à l'écoulement des eaux, ou elles sont trop peu importantes pour qu'il soit nécessaire d'exiger la stricte exécution des prescriptions de l'arrêté. Dans ce cas, il arrive souvent que le Ministre autorise le préfet à passer condamnation et à prononcer l'homologation pure et simple du récolement ;

b) Les travaux exécutés diffèrent notablement des prescriptions réglementaires et sont de nature à nuire à l'intérêt général de l'écoulement des eaux. Le permissionnaire est alors mis en demeure de se conformer aux stipulations de l'arrêté d'autorisation, si mieux il n'aime demander la revision du règlement. S'il prend ce dernier parti, il peut arriver que l'instruction de la nouvelle demande conduise à modifier les conditions de la réglementation, cette instruction devant être faite en vue de concilier, autant que possible,

[1] La formule juridique à employer par le préfet est : « Vu pour homologation. » La mention : « Vu et approuvé, » inscrite à la suite des propositions des ingénieurs tendant à prononcer la réception doit être absolument évitée, attendu que les travaux étant complètement terminés, ceux-ci n'ont plus à être approuvés, mais seulement à être reçus. Cette distinction, sans portée technique, est importante au point de vue juridique.

l'intérêt général avec l'intérêt privé du permissionnaire, et de chercher à réduire au strict nécessaire les dépenses à lui imposer par suite de la modification des ouvrages déjà établis.

Il y a lieu, dans ce cas, de recommencer toutes les formalités prescrites par les instructions pour un règlement d'usine;

c) Les travaux exécutés diffèrent assez notablement des dispositions prescrites pour qu'ils ne puissent être reçus sans qu'il soit procédé aux formalités d'une procédure en revision. Mais alors, si l'état de choses constaté par le procès-verbal de récolement paraît ne pas présenter d'inconvénients sérieux et ne soulève pas d'objections de la part des tiers, on le tolère, et le Ministre se contente de prescrire au préfet de ne pas homologuer le procès-verbal de récolement. Dans ces conditions, le permissionnaire ne jouit que d'une tolérance précaire et révocable et reste dans l'obligation de se conformer à l'arrêté réglementaire, s'il devient nécessaire de l'en requérir.

L'homologation d'un procès-verbal peut être refusée, ajournée ou prononcée; mais, dans ce dernier cas, elle doit l'être sans réserves ni restrictions. L'homologation pure et simple a seule valeur juridique; l'insertion de réserves qui ne lient pas les tiers a donné lieu à de graves difficultés qu'il est bon d'éviter. On ne saurait donc admettre, par exemple, qu'un récolement soit homologué sous la réserve que le permissionnaire exécutera ultérieurement certains travaux. Il faut qu'il les exécute d'abord.

Au nombre des dérogations aux prescriptions réglementaires qui ne sauraient être tolérées, même provisoirement, il faut placer en première ligne la surélévation du niveau des ouvrages de retenue. Si une surélévation est constatée, on doit mettre le permissionnaire en demeure de se conformer à l'arrêté et, faute de ce faire, exécuter le dérasement d'office et à ses frais.

Il en est de même de la suppression ou de l'insuffisance des ouvrages de décharge et de la pose du repère définitif.

D'après ce que nous avons dit ci-dessus touchant les rôles distincts des déversoirs de superficie et des vannages de décharge, il n'est pas admissible de regarder un excédent dans le débouché d'un de ces deux ouvrages comme pouvant compenser une diminution dans le débouché de l'autre. Il faut donc, quand ce cas se présente, examiner les effets possibles de la réduction de débit correspondante et prendre telles mesures que cet état de choses peut rendre nécessaires.

Nous donnons ci-après un cas où les différences constatées entre les travaux exécutés et les prescriptions n'ont pas permis de prononcer la réception des travaux.

DISPOSITIONS	
PRESCRITES	EXÉCUTÉES
Déversoir. — Le déversoir aura une longueur de 70m,41 ; sa crête sera dérasée au niveau de la retenue, c'est-à-dire à 0m,73 en contre-bas du repère provisoire.	Conformes.
Vannage de décharge. — Le vannage de décharge présentera une surface libre de 18mq,80 au-dessous du niveau de la retenue. Pourront être conservées les vannes de décharge actuelles qui présentent ensemble une surface libre de 5mq,20. Les vannes nouvelles qui seront construites pour obtenir le débouché ci-dessus fixé auront leur seuil à 2m,43 en contre-bas du repère provisoire, de telle sorte que, si le permissionnaire conserve toutes les vannes de décharge actuelles, le vannage neuf devra présenter une largeur libre totale de 8 mètres. S'il veut, au contraire, modifier tout ou partie des vannes actuelles, il devra leur substituer un vannage de même surface et dont le seuil sera placé au niveau ci-dessus fixé. Le sommet de toutes les vannes sans exception sera dérasé, comme la crête du déversoir, au niveau légal de la retenue. Elles seront disposées de manière à pouvoir être facilement manœuvrées et à se lever au-dessus du niveau des plus hautes eaux. Elles seront rendues aisément accessibles à l'aide d'une passerelle.	Les vannes de décharge anciennes ont été conservées telles quelles, sauf que leur crête a été dérasée au niveau légal. — On a ajouté huit nouvelles vannes, quatre percées dans l'ancien déversoir et quatre placées auprès de l'usine : dans chaque groupe, trois vannes ont 1m,01 de débouché linéaire, et la quatrième 1 mètre : l'ensemble donne donc un débouché linéaire de 8m,06. Les quatre premières vannes (percées dans le déversoir) ont leur seuil à 2m,52, et les quatre autres (près de l'usine) à 2m,44 en contre-bas du repère provisoire. La crête des anciennes vannes est dérasée au niveau légal de la retenue, ainsi que les quatre nouvelles vannes placées près de l'usine ; les quatre autres nouvelles vannes (percées dans l'ancien déversoir) ont leur crête à 0m,03 au-dessous du niveau légal. Toutes les vannes peuvent être levées avec une facilité suffisante et sont rendues aisément accessibles à l'aide d'une passerelle : les nouvelles vannes peuvent se lever sensiblement au niveau légal de la retenue : les anciennes peuvent se lever à 0m,97 au-dessus de leur seuil.

Ici, les différences constatées sont de deux sortes. Dans un sens favorable à l'écoulement des eaux, on remarque que :

1° la largeur libre des vannes nouvelles est de $8^{m},06$, au lieu de 8 mètres ; 2° le seuil de quatre des vannes est à $2^{m},44$, et celui des quatre autres à $2^{m},52$ en contre-bas du repère provisoire, au lieu de $2^{m},43$. Dans le sens contraire, on doit remarquer qu'aucune des vannes, tant nouvelles qu'anciennes, ne peut se lever au-dessus des plus hautes eaux ; les nouvelles peuvent monter à la cote du niveau légal de la retenue ; les anciennes ne peuvent être levées qu'à $0^{m},97$ au-dessus du seuil.

Or, la question se pose de savoir si ces différences sont assez notables pour nuire au libre écoulement des eaux ; pour la résoudre, il faut chercher si le vannage tel qu'il existe est susceptible d'écouler la totalité du débit de la rivière sans causer la submersion des terrains d'amont.

Dans ce but, on a commencé par calculer le débit des eaux de pleines rives ; on a trouvé $53^{mc},130$. On a ensuite cherché le débit des ouvrages régulateurs prescrits, toutes vannes levées, au moment où la rivière coule à pleins bords. On s'est assuré (par l'examen des profils du projet) qu'à ce moment il peut passer sur le déversoir une lame de $0^{m},09$ sans qu'il en résulte d'inondation en amont. Alors, l'eau au-dessus du niveau légal de la retenue s'écoule comme par un déversoir, tandis qu'au dessous elle s'écoule comme par une vanne. On a dans ce cas le débit suivant pour les ouvrages prescrits par l'arrêté (*fig.* 56) :

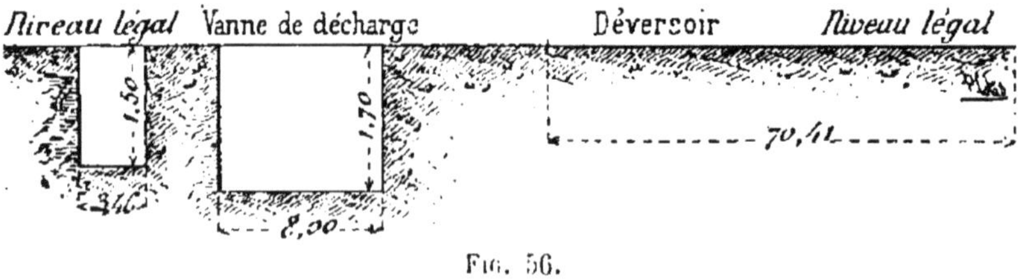

Fig. 56.

Déversoir............ $0,40 \times 70,41 \times 0,09 \sqrt{2g \times 0,09} = 3^{mc},370$

Anciennes vannes. $0,62 \times 3,46 \times 1,50 \times \sqrt{2g\left(\frac{1,50}{2} + 0,09\right)} = 13\ ,060$

Nouvelles vannes. $0,62 \times 8,00 \times 1,70 \sqrt{2g\left(\frac{1,70}{2} + 0,09\right)} = 36\ ,200$

TOTAL................ $52^{mc},630$

Le débouché prescrit était donc déjà insuffisant.

On a ensuite calculé le débit approximatif du vannage exécuté dans les mêmes conditions, c'est-à-dire la rivière coulant à pleins bords. Nous savons qu'ici quatre des nouvelles vannes ont été prises sur le déversoir, ce qui réduit la longueur utile de cet ouvrage de $4^m,03$ et, par suite, la ramène à $66^m,38$. D'autre part, les anciennes vannes, ne se levant qu'à $0^m,97$, donnent, au-dessous du niveau légal de la retenue, un débouché superficiel de $0^m,97 \times 3^m,46$, au lieu de $1^m,50 \times 3^m,46$.

Par contre, des constatations faites lors du récolement il résulte que quatre des nouvelles vannes présentent au-dessous du niveau légal un débouché superficiel de $4^m,03 \times 1^m,71$, au lieu de $4^m,00 \times 1^m,70$, et les quatre autres un débouché superficiel de $4^m,03 \times 1^m,79$, au lieu de $4^m,00 \times 1^m,70$.

On est ainsi arrivé au débouché suivant :

Déversoir.................... $0,40 \times 66,38 \times 0,09 \times \sqrt{2g \times 0,09} = 3^{mc},778$

Anciennes vannes. $0,62 \times 3,46 \times 0,97 \times \sqrt{2g\left(1,50 + 0,09 - \frac{0,97}{2}\right)} = 9\ ,680$

Nouvelles vannes...
$$\begin{cases} 0,62 \times 4,03 \times 1,71 \times \sqrt{2g\left(\frac{1,71}{2} + 0,09\right)} = 18\ ,390 \\ 0,62 \times 4,03 \times 1,79 \times \sqrt{2g\left(\frac{1,79}{2} + 0,09\right)} = 19\ ,660 \end{cases}$$

TOTAL............................ $51^{mc},498$

Pour se rendre compte de l'effet produit sur les terrains d'amont par la construction du barrage, on a cherché l'épaisseur de la lame d'eau devant passer sur le déversoir pour que le débit devienne égal à $53^{mc},130$. On a pris les quatre formules ci-dessus, et on a remplacé successivement l'épaisseur $0^m,09$ de la lame déversante par $0^m,10$, $0^m,11$, $0^m,12$, etc...

Pour $0^m,10$ et $0^m,11$, le débit correspondant a été trouvé inférieur à 53 mètres cubes, tandis qu'avec une lame de $0^m,12$ on a trouvé un débit de $53^{mc},315$.

On en conclut, d'après l'examen des profils, qu'avec les ouvrages existants, lorsque la rivière écoulera un volume égal à celui du débit des eaux de pleines rives, il en résultera une submersion en amont; mais, d'après l'état des lieux, celle-ci se produira sur un seul point spécialement déprimé, sur une largeur de 50 mètres au maximum. Comme les crues de la rivière sont rares, l'aggravation de l'effet des inondations est très faible; comme, d'un autre côté, l'usinier a dû s'imposer des dépenses importantes pour l'établissement de huit nouvelles vannes, on n'a pas pensé qu'un intérêt majeur commandât d'exiger la stricte exécution des prescriptions réglementaires. Mais il n'a pas non plus paru possible de prononcer la réception des ouvrages exécutés. On s'est trouvé, par suite, dans la troisième des catégories indiquées ci-dessus, et le procès-verbal de récolement n'a pas été homologué, mais on n'a pas prescrit la rectification immédiate des ouvrages.

51. De la déchéance et de la mise en chômage. — Les arrêtés réglementaires de barrages d'usines contiennent tous un article stipulant que, « faute par le permissionnaire de se « conformer dans le délai fixé aux dispositions prescrites, « l'Administration pourra, selon les circonstances, pronon- « cer la déchéance du permissionnaire ou mettre son usine « en chômage .... Il en sera de même dans le cas où, après « s'être conformé aux dispositions prescrites, le permis- « sionnaire changerait ensuite l'état des lieux fixé par le « règlement, sans y être préalablement autorisé. »

La déchéance, c'est-à-dire le retrait pur et simple d'autorisation, n'est pas applicable au cas où il s'agit de la réglementation d'un établissement « fondé en titre [1] », et dont la légalité d'existence n'est pas subordonnée à la production d'un titre d'autorisation. Mais l'Administration possède le droit de le régler et d'ordonner la modification des ouvrages, s'ils compromettent le libre écoulement des eaux ou la salubrité publique.

Nous avons vu ci-dessus (§ 50) que la déchéance peut être prononcée par le préfet, quand il est constaté que les travaux ne sont pas commencés, ou, après mise en demeure

[1] Voir dans l'instruction générale du 26 décembre 1884 la définition des usines fondée en titre.

préalable, s'ils n'ont reçu qu'un commencement d'exécution. Dans ce dernier cas, l'arrêté de déchéance enjoint au permissionnaire d'avoir à enlever les ouvrages déjà construits et de rétablir le libre cours des eaux ; si l'usinier n'obéit pas à cette injonction, l'Administration fait procéder à ce travail d'office, en vertu des pouvoirs qu'elle tient de la loi des 12-20 août 1790. Les dépenses sont à la charge de l'usinier, et le recouvrement des frais peut être poursuivi contre lui, comme en matière de contributions directes, en vertu des états joints aux lois de finance [1].

Si, lors du récolement, on constate que les ouvrages exécutés ne sont pas conformes aux prescriptions réglementaires et que les différences sont à tel point nuisibles au libre écoulement des eaux que ces ouvrages ne sauraient être laissés en l'état ; si, après la réception définitive, le permissionnaire les modifie d'une manière dommageable aux intérêts des tiers, l'Administration peut être amenée à mettre l'usine en chômage ou même à ordonner la démolition d'office du barrage. Mais c'est là une mesure de rigueur à laquelle on ne doit se résigner qu'après avoir épuisé tous les moyens de conciliation.

Supposons, pour fixer les idées, que le propriétaire du barrage placé immédiatement à l'amont se plaigne que les ouvrages régulateurs du barrage d'aval aient été modifiés sans autorisation, de telle manière que le bon fonctionnement de son usine soit compromis. La plainte étant reconnue fondée, le préfet, sur la proposition des ingénieurs du service hydraulique, prend un arrêté aux termes duquel le propriétaire du barrage d'aval est mis en demeure de se conformer, dans un délai déterminé, aux prescriptions de l'arrêté réglementaire. Cette mise en demeure est notifiée à l'intéressé par le maire de la commune ou tout autre officier de police judiciaire, lequel, à l'expiration du délai imparti, constate l'état des lieux.

En cas de non-exécution des travaux, le préfet prend un arrêté de mise en chômage qui pourra, par exemple, être rédigé comme suit, après les visas réglementaires :

[1] Voir la *note* A insérée à la fin du volume.

« ARTICLE PREMIER. — L'usine que le sieur..... possède sur le territoire de la commune d......, sur le ruisseau d....., sera mise en chômage jusqu'à l'entière exécution des dispositions prescrites par l'arrêté du....., portant règlement du régime hydraulique de cette usine.

« ART. 2. — A cet effet, toutes les vannes de décharge du barrage de prise d'eau seront levées entièrement et cadenassées à leurs montants ou chapeaux, et toutes les vannes motrices seront exactement fermées et cadenassées dans cette position, de manière à interdire tout roulement.

« Les clefs de tous les cadenas resteront confiées à la garde du maire de la commune.

« ART. 3. — Cette opération de mise en chômage sera exécutée aux frais du propriétaire, à la diligence et par les soins du maire, en présence d'un conducteur des Ponts et Chaussées attaché au service de l'hydraulique agricole, lequel en dressera procès-verbal en quintuple expédition, dont l'une sera remise au propriétaire ou à son fermier, une deuxième au maire de la commune, et les trois autres seront respectivement déposées à la préfecture et dans les bureaux de l'ingénieur en chef et de l'ingénieur ordinaire du service de l'hydraulique agricole.

« ART. 4. — Le présent arrêté ne pourra recevoir son exécution que (dix) jours après la notification faite au sieur....., par les soins de l'autorité municipale, et dûment constatée par procès-verbal, dont une expédition sera immédiatement transmise à la préfecture.

« Cette notification devra être faite dans les (cinq) jours qui suivront la réception du présent arrêté par le maire de la commune.

« ART. 5. — L'ingénieur en chef du service de l'hydraulique agricole, le sous-préfet de l'arrondissement d..... et le maire de la commune d..... sont chargés, chacun en ce qui le concerne, de l'exécution du présent arrêté. »

Si la levée complète des vannes de décharge est insuffisante pour assurer dans des conditions convenables l'écoulement des eaux, l'arrêté peut prescrire la démolition, sur une hauteur fixée, de la totalité ou d'une partie de la longueur du déversoir fixe.

A l'expiration du délai ci-dessus, le service des Ponts et Chaussées procède, avec l'assistance du maire, à l'exécution des travaux de mise en chômage.

Il est arrivé quelquefois que l'intéressé s'est opposé par la force à cette mesure, ou encore qu'après le cadenassage des vannes il a brisé les entraves et remis son usine en activité.

Dans ce cas, l'Administration s'est décidée, en présence d'une opposition aussi systématique et de la résistance opposée à la mise en chômage, à poursuivre la déchéance du permissionnaire, et, avec elle, la démolition du barrage, ou, tout au moins, d'une partie de barrage suffisante pour assurer le libre écoulement des eaux.

Mais elle a pensé qu'il y avait lieu de faire précéder l'exécution d'office d'une décision judiciaire condamnant l'usinier pour refus de se conformer aux prescriptions de l'arrêté réglementaire. Dans ces conditions, elle le fait mettre une dernière fois en demeure de se conformer dans un certain délai aux prescriptions de cet arrêté, faute de quoi la déchéance serait prononcée. Le nouveau délai expiré sans que le permissionnaire ait obtempéré à cette injonction, le préfet prend un arrêté de déchéance sommant l'usinier de démolir les ouvrages de la retenue et de rétablir le libre cours des eaux. Si ce dernier n'a pas obéi à cet arrêté, le fait est constaté par un procès-verbal de contravention, lequel est déféré au tribunal compétent. A moins qu'il n'y ait urgence, ce n'est qu'après le jugement du tribunal prononçant l'amende, et quelquefois la prison [1], que la démolition du barrage doit au besoin être poursuivie *etiam manu militari*.

L'intervention préalable du tribunal n'est pas légalement indispensable, le préfet n'ayant pas à faire homologuer par les tribunaux les mesures qu'il édicte. Mais la procédure que nous indiquons a l'avantage d'éviter le péril d'une contradiction ultérieure entre les décisions de l'Administration et les arrêts de la Justice.

[1] On peut citer plusieurs cas de condamnations de trois à cinq jours de prison pour ce fait.

52. De la destruction d'office des barrages. — Il est très rare qu'on soit amené à poursuivre jusqu'au bout la destruction d'un barrage d'usine. Si les dommages causés semblent pouvoir disparaître au moyen de certaines modifications telles qu'allongement du déversoir ou construction de nouvelles vannes de décharge l'usinier peut demander la revision du règlement et, sauf en cas d'impossibilité absolue, l'exécution des mesures de coercition doit être différée jusqu'après l'examen de cette demande.

Si un propriétaire supprime sans autorisation une partie des ouvrages régulateurs de son barrage et qu'après mise en demeure régulière il se refuse à les rétablir dans leur état primitif, l'Administration peut être amenée à exécuter ce travail d'office. Le fait s'est présenté dans les circonstances suivantes :

. Sur la rivière de la Briande (Vienne), il existait depuis un temps immémorial un barrage d'usine non réglementé lorsque, en 1853, divers riverains du cours d'eau en demandèrent la réglementation.

On constata que le barrage ne comportait d'autre ouvrage de décharge qu'une vanne ne pouvant laisser passer qu'un volume de $0^{m},659$, alors que le débit des crues de pleines rives du ruisseau était de $4^{m},370$.

Un arrêté préfectoral intervint et prescrivit à l'usinier d'établir un déversoir de 5 mètres de longueur à 350 mètres de l'usine et de porter la largeur libre du vannage de $0^{m},64$ à $3^{m},41$. Un procès-verbal de récolement, dressé en 1861, constata l'exécution des travaux prescrits, lesquels furent reçus définitivement.

Mais, en 1883, à la suite d'une nouvelle plainte émanant de divers riverains, on reconnut que le déversoir avait été détruit, que le canal par lequel s'écoulaient autrefois les eaux passant par-dessus ce déversoir, ainsi que le canal d'amenée de l'usine et le canal de fuite avaient été en partie comblés.

Dans ces conditions, comme le vannage, seul ouvrage régulateur restant, était insuffisant pour assurer l'écoulement des crues de pleines rives, un arrêté préfectoral du 18 juin 1884 mit le permissionnaire en demeure d'avoir, dans le délai d'un mois, à partir de la notification, à rétablir le déversoir et le canal à la suite dans l'état constaté par le procès-verbal de récolement de 1861.

Le 23 août 1884 il fut procédé au récolement des travaux; on constata que rien n'avait été fait. Les ingénieurs proposèrent alors de faire procéder à l'exécution d'office des travaux prescrits par l'arrêté du 18 juin 1884. Toutefois, dans le but de réduire au minimum les dépenses à faire d'office, ils proposèrent de substituer au déversoir en maçonnerie une coupure de même longueur que le déversoir, et arasée au niveau de l'ancien ouvrage.

Ces propositions ayant été adoptées par le préfet, les travaux furent exécutés d'office, et leur réception prononcée en présence du propriétaire. Mais ce dernier refusa de payer le montant des travaux et introduisit une demande en décharge de ces frais successivement devant le conseil de préfecture, qui se déclara incompétent et devant le Conseil d'État, qui, annulant la décision du conseil de préfecture et statuant au fond, rejeta cette réclamation.

53. Tarif des frais d'instruction et de récolement. — La réglementation d'un barrage nécessite une visite des lieux de la part d'un ingénieur, assisté d'un ou de plusieurs conducteurs ou commis; ces derniers agents doivent, en outre, procéder à diverses opérations de nivellement pour le levé des profils en long et en travers. C'est également l'ingénieur ordinaire assisté d'un conducteur qui procède au récolement.

Aux termes du décret du 10 mai 1854, les ingénieurs et les agents sous leurs ordres ont droit à l'allocation de frais de voyage et de séjour, lorsqu'ils procèdent, en dehors des limites de la commune de leur résidence, à ces diverses opérations.

Donnent également lieu à l'allocation de frais de voyage et de séjour les vérifications, postérieurement au récolement, des points d'eau et des ouvrages régulateurs, mais seulement dans le cas où cette vérification a lieu sur la demande d'un intéressé.

Lorsque cette vérification a lieu sur la demande du propriétaire de l'usine, les frais sont à sa charge. Mais, lorsque l'Administration intervient à la requête d'un tiers, la question est plus délicate et n'a pas été bien nettement résolue par la jurisprudence, parce que les jugements qui déchargent un réclamant du paiement de ces frais n'indiquent jamais à qui l'on aurait dû s'adresser pour obtenir ce paiement.

Ainsi, par exemple, un riverain d'amont se plaint de ce que le repère a été relevé clandestinement et demande la vérification, qui exige quelquefois un nivellement assez étendu. Si ce nivellement fait reconnaître qu'en effet il y a eu un déplacement clandestin du repère, les frais sont à la charge de l'usinier ; si, au contraire, le repère est à sa place, c'est le plaignant qui a témérairement déplacé les agents de l'Administration qui doit payer.

Mais, invariablement, dans ce cas, celui-ci prétend n'y être pas tenu et se dérobe. Aussi, à défaut d'une jurisprudence bien établie, est-il prudent de ne commencer les opérations que si le plaignant consent à signer un engagement sur papier timbré de payer à première réquisition les frais réglementaires, sauf à lui à exercer ultérieurement tel recours que de droit contre l'usinier.

Les états de frais sont réglés par le préfet et recouvrés comme en matière de contributions directes ; toutefois, pour éviter que les ingénieurs et les agents sous leurs ordres soient obligés d'attendre le recouvrement des mandats délivrés contre les particuliers, ce qui entraîne parfois de longs délais, le montant de ces états est ordinairement avancé par le département, pour le compte duquel le recouvrement est ensuite opéré.

Il est expressément interdit aux agents de l'Administration de recevoir directement le remboursement de leurs débours de la main des particuliers.

CHAPITRE VIII

REVISION DES RÈGLEMENTS

54. **Présentation des demandes en revision.** — Aux termes de l'instruction générale du 23 octobre 1851 et de la circulaire ministérielle du 7 août 1857, c'est au Ministre seul qu'il appartient de statuer sur l'opportunité de reviser les règlements.

Les demandes peuvent émaner du permissionnaire ou des tiers intéressés. Nous avons vu ci-dessus (§ 50) que, si lors du récolement on constate des différences importantes entre les travaux exécutés et les prescriptions, l'usinier peut être mis en demeure de démolir ses ouvrages ou demander la revision du règlement. Le permissionnaire est parfois conduit à solliciter une nouvelle réglementation soit dans le but d'obtenir une augmentation de force motrice, soit dans le but de faire sanctionner un changement apporté par lui à ses ouvrages régulateurs, soit, enfin, parce que, devenu propriétaire des deux rives en amont, il désire obtenir une surélévation du plan d'eau devenue possible, la submersion des terres riveraines n'étant plus nuisible qu'à lui-même.

Les tiers peuvent intervenir quand leurs intérêts sont lésés, sauf à l'Administration à n'admettre cette intervention que si elle est motivée par un intérêt général, les questions d'intérêts privés étant du ressort exclusif des tribunaux judiciaires.

Quand une demande en revision de règlement est régulièrement introduite, elle est instruite par les ingénieurs du service hydraulique, qui doivent toujours joindre à leur rapport un plan et des profils de toute la partie du cours d'eau influencée par la retenue, ainsi que le texte de l'acte administratif dont la revision est demandée, afin que l'Administration supérieure possède tous les éléments de la question.

Si les demandes en revision lui paraissent fondées et ne semblent pas présenter d'inconvénients au point de vue de l'intérêt général, l'Administration supérieure autorise les préfets à procéder, dans les conditions prévues par les instructions générales de 1851 et de 1884, aux formalités nécessaires pour reviser, s'il y a lieu, l'arrêté préfectoral réglementant la retenue. Cette autorisation ne préjuge, d'ailleurs, en rien la décision définitive qu'il appartiendra au préfet de prendre sur le fond, une fois l'instruction terminée.

On procède alors à cette instruction comme s'il s'agissait d'un ouvrage non réglementé, et, suivant les résultats obtenus, le préfet repousse la demande ou réglemente à nouveau le barrage par un arrêté qui remplace et annule l'arrêté antérieur.

Les frais de l'instruction sont à la charge du demandeur; mais, quand ce dernier n'est pas l'usinier lui-même, il est prudent de faire signer au tiers réclamant, avant toute instruction, un engagement écrit de solder ces frais.

Nous allons maintenant examiner, à titre d'exemple, diverses demandes en revision dont les unes ont été accueillies et les autres repoussées par l'Administration.

55. Demandes en revision accueillies favorablement. — Dans cette catégorie, nous citerons d'abord le cas suivant : Il s'agissait d'une usine réglementée depuis vingt ans, dont les ouvrages régulateurs se composaient d'un déversoir de 25 mètres de longueur et de cinq vannes de décharge d'une largeur de 14m,80. Le permissionnaire, alléguant que l'un des vannages était hors d'usage, en demanda la suppression. Les ingénieurs, dans leur rapport à l'appui de cette demande, firent connaître que, lors de la réglementation du barrage, il n'existait qu'un seul vannage présentant une largeur libre de 2m,70; l'arrêté avait prescrit l'établissement de quatre nouveaux vannages portant cette largeur à 14m,80. Ils ajoutaient qu'il n'avait jamais été nécessaire d'ouvrir plus de trois des cinq vannages. Le débouché des ouvrages régulateurs leur paraissant exagéré, ils concluaient à la prise en considération de la demande en revision.

L'Administration supérieure approuva ces conclusions et, à la suite d'une nouvelle instruction, est intervenu un arrêté autorisant la suppression du vannage hors de service et réduisant le débouché total à 12^{m},80.

Une autre demande en revision se présentait dans les circonstances suivantes : Le barrage d'une usine alimentée par un étang avait été réglementé, sans que les dispositions prescrites eussent été observées. A la suite d'une plainte, formulée par les habitants d'un village situé à proximité de la rivière servant d'exutoire à l'étang et signalant les dommages que causaient à leurs propriétés les inondations périodiques de ce ruisseau, le préfet mit en demeure l'usinier d'avoir à établir les ouvrages régulateurs de manière à satisfaire aux conditions de l'arrêté réglementaire. Celui-ci fit remarquer que la stricte exécution des conditions premières était presque impossible ; que, d'accord avec le service hydraulique, il avait exécuté d'autres travaux en vue de faire disparaître les fièvres paludéennes qui régnaient dans le pays à l'état endémique, travaux consistant dans l'établissement d'une digue étanche à l'amont de l'étang et dans l'exécution d'un fossé d'assainissement destiné à recueillir et à évacuer dans le ruisseau les eaux des terrains supérieurs en amont de la digue. L'usinier ajoutait que le niveau de l'étang avait été relevé de manière à ne laisser aucune partie à sec à l'intérieur de la digue, et il demandait que ce niveau fût maintenu.

Bien que le conseil municipal se fût déclaré favorable à cette demande, les pétitionnaires insistèrent pour qu'il fût donné suite à la mise en demeure.

Dans cette situation, les ingénieurs procédèrent à une visite des lieux, en présence des intéressés et constatèrent que la tenue de l'étang variait habituellement entre 0^{m},40 et 0^{m},60 au-dessus du niveau légal et que le fonctionnement de l'usine commençait à être entravé dès que la surélévation descendait au-dessous de 0^{m},40. Mais, en même temps, ils constatèrent qu'à ce moment une partie de la vase était mise à découvert vers l'extrémité amont de l'étang et qu'il en résultait des dangers pour la salubrité publique.

Les ingénieurs émirent en conséquence l'avis qu'il convenait, autant dans l'intérêt de l'hygiène que dans celui du bon fonctionnement de l'usine, que le niveau légal de la retenue fût relevé de $0^m,40$ au moins, et que le vannage à établir, en conformité de l'arrêté primitif, eût sa crête dérasée à ce niveau pour régulariser le débit de l'étang.

Cette solution n'était pas celle qu'avaient demandée les réclamants ; mais les ingénieurs firent remarquer que, les propriétés de ceux-ci étant situées à l'aval de l'étang, ils étaient, en réalité, désintéressés dans la fixation du niveau de la retenue. Les dommages dont ils se plaignaient résultaient des évacuations faites par les vannes de décharge à la veille des chômages de l'usine, dans le but de suppléer à l'absence de déversoir par une vidange partielle de l'étang, afin de n'avoir pas à craindre d'accident en cas de crue. Il arrivait alors souvent dans la vallée un volume trop fort qui occasionnait parfois des inondations dommageables pour les propriétaires riverains. Or, ces évacuations exceptionnelles ne devaient plus avoir de raison d'être lorsqu'un ouvrage de décharge d'un débouché suffisant aurait été établi et que les écoulements se feraient comme si l'usine n'existait pas.

En conséquence, les ingénieurs proposèrent, afin d'arriver à concilier, autant que possible, les intérêts en présence, de procéder à une instruction en vue de la revision de l'arrêté réglementaire.

L'utilité d'une semblable mesure paraissant démontrée, l'autorisation demandée fut accordée.

56. Demandes en revision non susceptibles d'être accueillies. — Le conseil municipal d'une commune sur le territoire de laquelle se trouvait un moulin, réglementé en 1867, établi sur un ruisseau traversant un marais communal, demanda, en 1872, la revision du règlement, alléguant que, par suite d'une erreur commise lors de l'instruction de l'affaire, le plan d'eau n'était, en certains points, qu'à $0^m,03$ en contre-bas des points les plus déprimés des propriétés riveraines et que la retenue submergeait le marais pour le dessèchement duquel la commune avait exécuté des travaux. Bien que ces faits eussent été reconnus exacts, aucune suite ne fut donnée à la demande de la commune; toutefois, l'usinier consentit de lui-même à tenir constamment la retenue au-dessous du niveau légal.

Mais, la question ayant été soulevée de nouveau par le conseil municipal en 1890, les ingénieurs émirent l'avis que, puisqu'il était reconnu qu'il y avait eu erreur matérielle dans l'établissement du règlement, la revision s'imposait.

Par suite de circonstances particulières à l'espèce, et dont le détail serait ici sans intérêt, l'Administration supérieure a estimé que, sous la demande, s'agitait une contestation d'intérêt privé dans laquelle elle n'avait pas à intervenir, le marais pouvant, d'ailleurs, être assaini sans modifier le règlement de l'usine, et elle a refusé l'autorisation.

L'Administration n'a pas non plus accueilli une demande en revision présentée par un usinier qui, ne s'étant pas conformé aux prescriptions de l'arrêté réglementaire, demandait à être dispensé d'établir un déversoir dont la construction, en raison de la nature du terrain, aurait nécessité une dépense hors de proportion avec l'importance de l'usine. Il ajoutait que les vannes de décharge seraient amplement suffisantes pour assurer le débit normal des eaux du ruisseau alimentaire.

Il n'a pas paru possible d'autoriser l'instruction en vue de la revision du règlement, attendu que la dépense, quelque grande qu'elle fût, ne saurait être un motif suffisant pour supprimer un ouvrage régulateur dont la nécessité a été reconnue.

Il est inutile de citer d'autres exemples pour faire comprendre que les revisions de règlement, qui ne doivent être entreprises qu'avec une certaine réserve, ne sauraient être autorisées, si leur utilité n'en était clairement démontrée. Il est, d'ailleurs, essentiel qu'elles ne lèsent aucun droit acquis et ne causent pas de préjudices à des tiers.

CHAPITRE IX

RÉGLEMENTATION DES BARRAGES D'IRRIGATION ET DE SUBMERSION

57. Diverses sortes d'irrigations. — Dans la réglementation des barrages d'irrigation, il y a lieu de distinguer deux catégories : 1° les irrigations individuelles ; 2° les irrigations collectives, qui comportent la répartition des eaux d'une partie du ruisseau entre les riverains. Nous les examinerons successivement.

58. Irrigations individuelles. — L'instruction générale du 26 décembre 1884 stipule qu'il y a lieu, pour les barrages d'irrigation, de considérer deux cas : celui où les eaux doivent être tendues au niveau légal d'une manière continue et permanente, et celui où les eaux ne doivent être relevées au niveau légal que d'une manière discontinue et intermittente, *par périodes de quarante-huit heures au plus par semaine*.

C'est au riverain qui demande l'autorisation d'établir un barrage d'irrigation qu'il appartient de faire connaître le genre de retenue qu'il désire établir.

Pour les barrages de la première catégorie, la revanche des points les plus déprimés des terrains qui s'égouttent directement dans le bief doit être fixée à $0^m,16$ au moins. Ces retenues ne diffèrent en rien des retenues d'usines et doivent, comme elles, comporter normalement un déversoir de superficie et un vannage de décharge. Les principes que nous avons exposés ci-dessus, en traitant la question des barrages d'usines, leur sont applicables.

Dans le cas des barrages de la seconde catégorie, la revanche peut être ramenée de 0m,16 à 0m,08, si cela est nécessaire pour assurer l'irrigation.

De plus, l'Administration doit rechercher tous les moyens de faciliter et de développer les irrigations et, par suite, simplifier autant que possible les installations et les dépenses imposées au permissionnaire. C'est dans ce but que l'instruction générale de 1884 admet que, dans certains cas, ces barrages peuvent ne pas comporter de déversoir et être formés d'un simple vannage de décharge dont le débouché libre doit être égal à la largeur moyenne de la rivière. Le règlement stipule alors que, en dehors des heures d'irrigation, les appareils de fermeture du vannage (aiguilles, poutrelles, vannes) doivent être complètement enlevés ou levés au-dessus des plus hautes eaux, de telle sorte que la retenue soit complètement effacée. Cette précaution est nécessaire pour assurer le libre écoulement des eaux pendant les périodes de suspension des arrosages et prévenir les accidents qui pourraient résulter d'un défaut de surveillance. Il en résulte que les meilleurs barrages destinés aux irrigations intermittentes sont ceux qui sont formés de hausses mobiles s'abattant facilement ou d'autres appareils analogues ne nécessitant pas l'intervention d'un engrenage pour être manœuvrés.

59. Réglementation du débit des prises d'eau et des périodes d'arrosage. — Le permissionnaire reste ordinairement libre de fixer à son gré les dimensions de ses vannes de prise d'eau, ainsi que la section et la pente de la dérivation commandée par ces vannes. L'instruction générale de 1884 prescrit seulement de stipuler qu'en dehors des périodes d'arrosage les vannes de prise d'eau seront hermétiquement fermées. L'objet de cette stipulation est tout à la fois d'éviter le gaspillage et de prévenir les dommages que pourrait causer l'introduction des hautes eaux dans les rigoles de dérivation.

On doit s'abstenir de fixer la quantité d'eau à prendre ; le riverain use, en effet, à cet égard, du droit qu'il tient de l'article 644 du Code civil. S'il abuse et prend plus d'eau qu'il n'est nécessaire, c'est aux tribunaux qu'il appartient de statuer, sur la plainte des intéressés. C'est uniquement l'établissement d'ouvrages en rivière qui nécessite l'intervention de l'Administration.

Il est nécessaire, en général, d'imposer aux irrigants la construction de vannes de prises d'eau. Dans certaines régions pourtant, le département de Meurthe-et-Moselle par exemple, on ne place pas de vannes en tête des rigoles d'arrosage. Le plafond des canaux d'irrigation est au niveau des eaux ordinaires du ruisseau, et celles-ci sont amenées sur les parcelles en ouvrant les talus à l'aide de quelques coups de bêche. Lorsque les vannages formant barrage sont levés, il ne pénètre plus d'eau dans les canaux d'irrigation.

Mais ce sont là des exceptions, et, lorsqu'elles se présentent, la dispense d'établissement des vannes de prise d'eau doit être justifiée par un considérant de l'arrêté.

D'une façon générale, les autorisations de pratiquer des prises d'eau d'arrosage laissent au permissionnaire la libre jouissance de l'eau, quant aux époques et à la durée des irrigations, quand le barrage est accompagné de tous les ouvrages régulateurs réglementaires : déversoir latéral, vannage de décharge, et canaux à la suite.

Toutefois, l'arrosage absorbant tout ou partie des eaux empruntées à la rivière, l'intérêt général peut exiger que l'arrêté réglementaire édicte des prescriptions relatives à la fixation d'un débit maximum des ouvrages de prise d'eau, ou à la détermination de la durée et des époques des arrosages, afin de laisser un débit minimum à la rivière.

Bien que, comme le rappelle l'instruction générale du 26 décembre 1884, la jurisprudence ne soit pas bien encore fixée sur le mode de jouissance et de répartition des eaux, il est possible de poser en principe les trois règles suivantes :

1° Les préfets peuvent intervenir directement et à titre définitif pour régler le mode de jouissance et le partage des eaux d'un cours d'eau non navigable ni flottable, lorsqu'il s'agit d'appliquer d'anciens règlements ou des usages locaux (§ 60), en exécution des décrets de décentralisation du 25 mars 1852 et du 13 avril 1861. Il en est de même quand il s'agit de répartir les eaux d'une section de cours d'eau entre les divers arrosants, sur la demande des intéressés, sanctionnée par un accord lors de la visite des lieux, ou encore d'assurer, dans un but d'utilité générale, la salubrité du cours d'eau, aux termes des lois des 12-20 août 1790 et 22 septembre-6 octobre 1791. Dans ces divers cas, les autorisations doivent toujours réserver les droits des tiers;

2° Si les préfets croient utile, en dehors de ces cas spéciaux, que l'Administration use de son droit de répartir les eaux entre les arrosants agricoles, ils adressent au Ministre des propositions tendant à l'émission d'un règlement d'administration publique. C'est ce qu'ils doivent toujours faire en l'absence d'anciens règlements ou d'usages locaux;

3° Lorsque quelques intérêts privés seulement sont en jeu, et que la répartition à faire ne présente pas un intérêt général suffisant pour justifier l'émission d'un décret délibéré en Conseil d'État, c'est à l'autorité judiciaire qu'appartient le soin de régler les différends.

Le partage des eaux entre l'agriculture et l'industrie n'est en aucun cas de la compétence des préfets et ne peut être fait que par un règlement d'administration publique.

60. Exemples d'anciens règlements et d'usages locaux. — On entend par anciens règlements, en matière d'usines, les actes émanés, en vue de la police des eaux, des arrêts du Conseil du Roi, des Parlements ou des maîtrises, les ordonnances des Assemblées d'État ou des intendants, les ordonnances royales, enfin les décrets et même les arrêtés des intendants antérieurs à l'abolition de la féodalité. Quant aux usages locaux en matière d'usines, ils constituent des modes de jouissance résultant ou de documents authentiques ou d'actes matériels suffisamment anciens et nombreux pour créer une coutume bien établie[1].

Dans le département de l'Eure, où les irrigations sont très nombreuses, l'usage est établi de calculer les dimensions à donner aux vannes de prise d'eau d'irrigation, à raison d'un

[1] L'Administration a jugé qu'une coutume remontant seulement à une vingtaine d'années et résultant d'une série de règlements individuels n'avait pas le caractère d'un usage local dans le sens legal du mot.

carré de $0^{m},33$ de côté, par hectare de prairie à desservir, dans le but d'éviter un gaspillage de l'eau et de prévenir les inconvénients que présenterait pour l'hygiène publique et la conservation du poisson l'assèchement complet des rivières, tout en accordant aux riverains une quantité d'eau suffisante pour l'irrigation.

En cas d'impossibilité de satisfaire à toutes les demandes, un règlement particulier à chaque rivière établit un roulement entre les arrosants et fixe à la fois la durée des arrosages et l'intervalle qui sépare deux arrosages successifs. Cet usage a été sanctionné par l'arrêté préfectoral du 25 germinal an IX.

Dans le département d'Eure-et-Loir, un arrêté du 15 thermidor an VIII stipule que les irrigations auront lieu une fois par semaine, pendant trente-deux heures, du samedi soir à sept heures au lundi à trois heures du matin, à deux époques : 1° du 15 mars au 31 mai ; 2° du 1er novembre au 1er février. Le reste du temps est réservé aux usines.

Dans la Sarthe, les irrigations d'été ne peuvent être pratiquées que dans la période du 20 mars au 20 juin et dans celle du 20 juillet au 22 septembre de chaque année, et seulement une fois par semaine, depuis le samedi à sept heures du soir jusqu'au lundi suivant à trois heures du matin, conformément aux dispositions de l'arrêté préfectoral du 15 fructidor an XIII. Il y a là un véritable partage d'eau entre l'agriculture et l'industrie et, en prenant cet arrêté, le préfet a excédé ses pouvoirs. Mais, en raison de son ancienneté, l'arrêté, non attaqué, a la force d'un usage local. Dans le même ordre d'idées, les arrêtés réglementant les barrages d'usines stipulent que l'observation du niveau légal de la retenue ne sera pas obligatoire pendant l'hiver, c'est-à-dire depuis le 1er décembre jusqu'au 1er mars suivant. Cette disposition, motivée par le fait que les débordements d'hiver sont aussi favorables aux prairies que les crues d'été sont nuisibles à la qualité des foins, est prescrite depuis un temps immémorial. Toutefois, la faculté laissée aux usiniers de relever, pendant l'hiver, le plan d'eau au-dessus du niveau légal ne leur est accordée que sous la réserve des droits des tiers, et ils restent tenus d'obtempérer à l'ordre qui peut leur être donné d'ouvrir, pendant les crues, tout ou partie des vannes de décharge. La légalité de cette autorisation de relever les eaux au-dessus du niveau légal, acceptée par l'usage du passé, est néanmoins très contestable.

Une partie du département de la Haute-Saône a conservé un ancien usage local, d'après lequel, en temps de pénurie, les usiniers ne peuvent utiliser les eaux pour la mise en marche de leurs moteurs que de quatre heures du matin à sept heures du soir; le reste du temps, ils ferment non seulement leurs vannes motrices, mais encore leurs vannes de décharge, de manière à provoquer le remplissage de leur bief. Les irrigants usent des eaux pendant la nuit, de sept heures du soir à quatre heures du matin, et chacun d'eux ne peut dériver qu'un volume de 10 litres au plus par seconde et par hectare. C'est une disposition excellente et à imiter.

Dans ces divers cas, et dans tous ceux qui leur sont analogues, les arrêtés d'autorisation obligent les irrigants à se soumettre à ces prescriptions, dont l'application ne donne, d'ailleurs, presque jamais lieu à des difficultés entre les divers usagers.

61. De la servitude d'appui des barrages d'irrigation. — Pour chercher à faciliter l'extension des arrosages et, en particulier, pour permettre, à celui dont une eau courante borde l'héritage sans le traverser, d'établir un barrage relevant le plan d'eau de manière à permettre l'irrigation, une loi du 11 juillet 1847 a décidé que tout propriétaire qui voudra se servir, pour cet usage, des eaux dont il a le droit de disposer, pourra obtenir la faculté d'appuyer sur la propriété du riverain opposé les ouvrages d'art nécessaires à sa prise d'eau, à la charge d'une juste et préalable indemnité.

Par suite, il n'est pas nécessaire, pour autoriser la création de barrages d'irrigation, d'exiger du pétitionnaire, qu'il justifie qu'il est propriétaire des deux rives dans l'emplacement du barrage comme le prescrit l'instruction générale du 23 octobre 1851, dans le cas de l'établissement de barrages d'usines.

D'ailleurs, la servitude d'appui ne peut être réclamée comme un droit absolu ; en cas de contestations, ce sont les tribunaux judiciaires qui décident s'il y a lieu de l'accorder ou de la refuser. L'Administration a été consultée sur la question de savoir si le droit d'appui doit être réglé avant tout commencement d'instruction d'une demande d'établissement de barrage, ou si, au contraire, ce droit ne peut être réglé qu'après l'autorisation administrative. Elle a pensé que le droit d'appui ne pouvait être invoqué qu'à l'égard des eaux dont on a le droit de disposer et qu'en conséquence le règlement, par les tribunaux, du droit d'attache, concédé par la loi du 11 juillet 1847 en matière d'irrigation, ne pouvait venir utilement qu'après l'autorisation administrative[1].

62. Réglementation des barrages d'irrigation. — Nous n'avons pas à insister longuement sur la question de la réglementation des barrages d'irrigation. L'instruction des demandes ne diffère en rien de celle de la réglementation des barrages d'usines.

S'il s'agit d'une retenue permanente, ce que nous avons dit ci-dessus touchant la fixation du niveau légal et le calcul des ouvrages régulateurs s'applique sans modification aux barrages d'irrigation.

Dans le cas d'une retenue intermittente par périodes de quarante-huit heures au plus par semaine, nous avons vu que la retenue peut être simplement formée d'un vannage mobile coulissant entre deux montants, ou mieux de hausses mobiles. Le seuil du vannage doit être placé au fond du lit, supposé convenablement curé, et sa largeur libre est égale à la largeur moyenne du cours d'eau. Le niveau légal de la retenue est alors remplacé dans l'arrêté par celui de la crête du barrage, c'est-à-dire des hausses relevées ; mais si le barrage est formé de poutrelles, il y a alors un niveau légal de la retenue qu'on peut observer en enlevant un

[1] Avis du Conseil général des Ponts et Chaussées, en date du 12 juin 1872 et du 27 décembre 1873.

nombre suffisant de poutrelles; il doit être déterminé de telle manière que, les eaux étant tendues au niveau légal, la revanche des points les plus déprimés des terrains s'égouttant dans le bief sur ce niveau ne soit jamais inférieure à 0m,08. Les vannes doivent être disposées, comme celles des barrages d'usines, de manière à pouvoir se lever au-dessus du niveau des plus hautes eaux.

63. Rédaction des arrêtés. — Les indications que nous avons données ci-dessus (§§ 29 et suivants), relativement à la rédaction des arrêtés réglementant les barrages de prises d'eau d'usines, s'appliquent également, en général, aux barrages d'irrigation. Il en est de même en ce qui concerne les récolements et la revision des règlements. Nous remarquerons, toutefois, que les motifs de demande en revision ne sont plus, ordinairement, les mêmes. C'est ainsi que l'Administration a plusieurs fois accueilli des demandes tendant à surélever le niveau de la retenue d'un barrage d'irrigation par les motifs que les prairies existant autrefois en amont du barrage avaient été transformées en vignes, et que les propriétaires avaient intérêt à jouir du bénéfice de la submersion hivernale de ces vignes. Mais les principes généraux exposés ci-dessus, en ce qui concerne l'acceptation ou la non-acceptation des demandes en revision, restent entiers.

Les observations suivantes s'appliquent uniquement aux barrages d'irrigation.

Tout arrêté réglementant un de ces barrages doit stipuler qu'en dehors des périodes d'arrosage les vannes de décharge seront levées au-dessus des plus hautes eaux, ou les poutrelles formant barrages complètement enlevées. S'il existe des vannes de prise d'eau, on doit spécifier que, en dehors des mêmes périodes, ces vannes seront hermétiquement fermées. Si l'arrosage se fait librement, le niveau de la retenue permettant à l'eau de pénétrer d'elle-même dans les rigoles d'arrosage, mention doit en être faite dans les considérants de l'arrêté.

S'il s'agit de la réglementation d'un barrage intermittent formé d'une vanne fermée seulement en temps d'arrosage, l'absence d'un déversoir doit être justifiée par un considérant pouvant être rédigé comme suit : *Considérant que le barrage ne doit fonctionner que d'une manière discontinue et intermittente, par période de quarante-huit heures au plus par semaine et que, en dehors de ces périodes, la retenue doit être complètement effacée; que, par suite, il est inutile de prescrire l'établissement d'un déversoir de superficie.*

Quand l'arrêté limite soit les dimensions de la prise d'eau, soit les époques et la durée des arrosages, il est nécessaire de justifier les restrictions ainsi apportées à la jouissance des eaux. Par suite, les considérants doivent mentionner les anciens règlements ou usages locaux en vertu desquels la limitation est prescrite, ou faire connaître si l'intérêt général est en jeu.

Si le permissionnaire a manifesté son intention de limiter, dans certaines conditions, l'usage des eaux auxquelles il a droit, ou encore si, au cours de l'instruction, une entente est intervenue à ce sujet entre l'irrigant et ses co-usagers, l'arrêté peut prendre acte de cette intention ou de cette entente, par l'insertion d'un article ainsi conçu, par exemple :

« ART.... — Il est pris acte de la déclaration par laquelle le sieur... a fait connaître à la visite des lieux qu'il n'avait besoin d'arroser que trois fois par an : vingt-quatre heures dans la dernière semaine de mai, vingt-quatre heures vers le 15 juin, et vingt-quatre heures vers le 15 juillet. »

En ce qui concerne le reversement au ruisseau des eaux non absorbées, il suffit d'introduire dans l'arrêté un article ainsi conçu : *Le lit du cours d'eau aux abords du barrage sera disposé et entretenu de manière à embrasser l'ouvrage auquel il fait suite et à écouler toutes les eaux qu'il pourra débiter.*

Il y a lieu aussi de prescrire que les eaux de colature seront rendues au ruisseau, au plus bas, à la limite aval de la propriété du permissionnaire.

64. Barrages de submersion. — Les barrages destinés à fournir l'eau nécessaire à la submersion hivernale des vignes phylloxerées ne diffèrent en rien de ceux qui servent à l'irrigation. Il arrive, d'ailleurs, souvent, qu'un même barrage est utilisé pour l'irrigation pendant l'été et pour la submersion pendant l'hiver; dans ce cas, il suffit de remplacer, dans l'arrêté réglementaire, les mots: barrages d'irrigation, par: barrages d'irrigation et de submersion.

Quant aux barrages établis seulement pour la submersion des vignes, ils sont, en général, utilisés d'une manière continue pendant une période de six semaines à trois mois, comprise entre le 1er novembre et le 1er mars, mais les arrêtés réglementaires ne doivent pas faire mention de ces époques de submersion, et ils se bornent à stipuler qu'aux autres moments les vannes de décharge seront levées au-dessus des plus hautes eaux, et les appareils de prise d'eau hermétiquement fermés.

65. Exemple de réglementation d'un barrage d'irrigation. — Comme nous l'avons déjà fait pour les barrages d'usine, nous allons donner un exemple de réglementation d'un barrage d'irrigation. Nous prendrons le cas d'une retenue intermittente (*fig.* 57 et 58).

Le riverain qui a demandé à se servir des eaux du ruisseau du Pas-du-Sac, pour l'arrosage de sa parcelle, ayant déclaré qu'il avait l'intention d'utiliser ces eaux par périodes de quarante-huit heures au plus par semaine, il suffisait de maintenir une revanche minimum de 0^m,08 sur les points les plus déprimés du bief. Mais l'examen des profils en travers montre que le ruisseau, en ce point, n'occupe pas tout à fait le thalweg de la vallée. Dans ce cas, quelle que soit la pente entre le bief et le thalweg véritable, les instructions générales du 23 octobre 1851 et du 26 décembre 1884 exigent, pour la protection des terrains riverains inférieurs au bief, l'établissement de digues artificielles ayant au moins 0^m,30 au-dessus de la retenue. Cette stipulation est formelle. La présence de cette digue obligera le permissionnaire à établir un vannage de prise d'eau; il conviendra dans l'espèce de lui laisser le choix de l'emplacement de cet ouvrage et de ne pas en fixer les dimensions.

Quant au barrage de prise d'eau, il se composera simple-

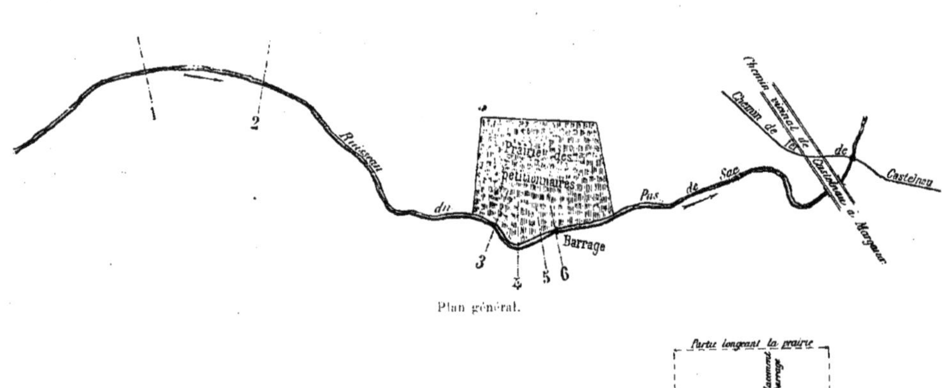

Plan général.

Fig. 57. — Profil en long suivant l'axe du ruisseau.

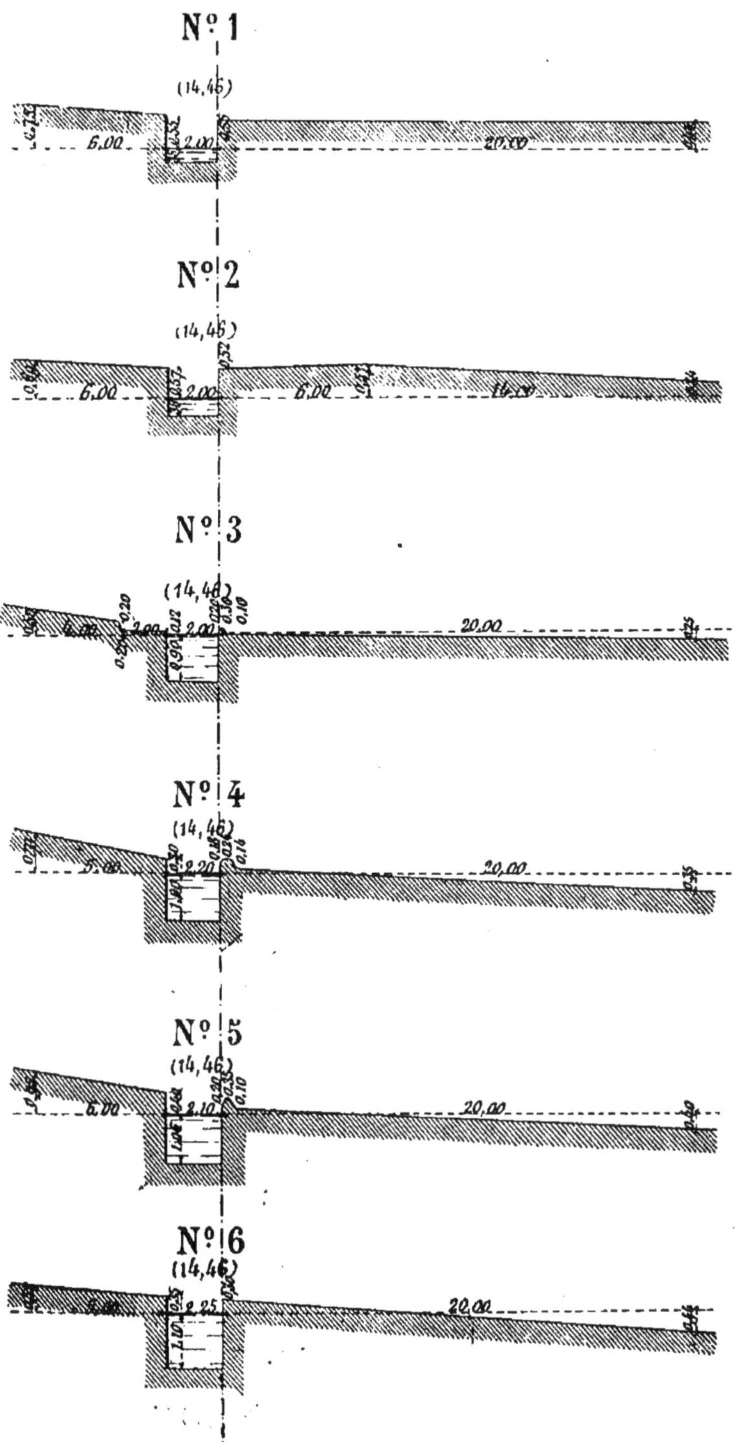

Fig. 58. — Profils en travers.

ment d'une vanne coulissant entre deux parties fixes formant culées. La largeur libre de cette vanne sera égale à la largeur moyenne du cours d'eau aux abords de l'ouvrage, soit $2^m,25$. Son seuil sera placé au fond du lit, et sa crête sera arasée au niveau légal de la retenue fixé à la cote ($14^m,46$), nécessaire pour permettre d'irriguer convenablement la prairie du pétitionnaire.

Dans ces conditions, le modèle de l'arrêté préfectoral autorisant l'établissement du barrage d'irrigation sera rédigé ainsi qu'il suit :

MINISTÈRE
de
L'AGRICULTURE

RIVIÈRE
du
PAS-DU-SAC
non navigable
ni flottable

COMMUNE
de
N..........

BARRAGE
D'IRRIGATION
du
Sr C........

MODÈLE D'ARRÊTÉ[1]

Nous, Préfet du département d...;

Sur le rapport de l'ingénieur en chef des Ponts et Chaussées;

Vu la pétition en date du... par laquelle le sieur C..., demeurant à N..., demande l'autorisation d'établir sur le ruisseau du Pas-du-Sac un barrage destiné à retenir les eaux pour l'arrosage de sa propriété riveraine dudit cours d'eau;

Vu les pièces de l'instruction régulière à laquelle l'affaire a été soumise, conformément aux circulaires des 19 thermidor an VI, 16 novembre 1834, 23 octobre 1851 et 26 décembre 1884, et notamment :

Les procès-verbaux des deux enquêtes auxquelles cette demande a été soumise dans la commune de N... du 10 au 30 août 18 , et du 27 janvier au 10 février 18... ;

Vu les avis de M. le maire de N... en date du... et du... ;

Le procès-verbal de visite des lieux et les rapports dressés par les ingénieurs des Ponts et Chaussées les 31 octobre, 5 novembre 18... et 22, 28 mars 18... ;

Le plan des lieux et les profils y annexés ;

Vu les lois des 12-20 août 1790, 6 octobre 1791 et l'arrêté du Gouvernement du 19 ventôse an VI ;

Vu le décret du 25 mars 1852;

Considérant que le barrage ne doit fonctionner que d'une manière

[1] Ce modèle diffère de l'arrêté par lequel le préfet a réglementé ce barrage, et dont la rédaction donnait lieu à quelques critiques.

discontinue et intermittente, par périodes de quarante-huit heures au plus par semaine et que, en dehors de ces périodes, la retenue doit être complètement effacée : que, par suite, il est inutile de prescrire l'établissement d'un déversoir de superficie ;

Considérant qu'aucune observation n'a été présentée au cours des enquêtes auxquelles ont été soumis la demande et le projet dressé par MM. les ingénieurs du service hydraulique ; qu'il y a lieu, en conséquence, de rendre ledit projet exécutoire ;

Arrêtons :

Article premier. — Le sieur C..... est autorisé à établir, aux conditions du présent règlement, sur le ruisseau du Pas-du-Sac (ou de la Dehesse), un barrage destiné à retenir les eaux nécessaires à l'irrigation de sa propriété.

Art. 2. — Le niveau de la crête du barrage fermé est fixé à un mètre trente-huit centimètres (1m,38) en contre-bas du dessus du rail (côté amont) du pont du chemin de fer de Castelnau, construit sur le ruisseau du Pas-du-Sac, point pris pour repère provisoire.

Art. 3. — Le barrage sera situé à 300 mètres en amont dudit chemin de fer de Castelnau ; il s'appuiera, à ses deux extrémités, contre les parcelles nos 12 et 624 du plan cadastral, appartenant toutes deux au permissionnaire. Il sera disposé normalement aux deux rives du cours d'eau et se composera de deux parties fixes et d'une vanne mobile dont la largeur libre sera de 2m,25. — Le seuil de cette vanne sera placé au fond du lit, soit à 2m,48 en contre-bas du repère provisoire. Le sommet sera arasé au niveau ci-dessus fixé.

La vanne sera disposée de manière à être manœuvrée facilement et à se lever au-dessus des plus hautes eaux.

Art. 4. — Sur toute l'étendue de sa propriété, le permissionnaire établira, le long et sur la berge rive gauche du ruisseau, une digue en terre dont la crête dépassera d'au moins 0m,30 le plan de la retenue. La largeur de la digue en couronne sera d'au moins 0m,40 et les talus en seront réglés à 3 de base pour 2 de hauteur.

Art. 5. — En dehors des périodes d'arrosage, la vanne formant barrage sera enlevée ou levée au-dessus des plus hautes eaux, et les vannes de prise d'eau hermétiquement fermées.

Art. 6. — Les eaux de colature seront rendues, au plus bas, à la limite aval de la propriété du permissionnaire.

Art. 7. — Le lit du cours d'eau, aux abords du barrage, sera disposé de manière à embrasser l'ouvrage auquel il fait suite et à écouler toutes les eaux qu'il pourra débiter.

Art. 8. — Il sera posé près du barrage, et aux frais du permissionnaire, en un point qui sera désigné par l'ingénieur chargé de dresser le procès-verbal de récolement, un repère définitif et invariable, du modèle adopté dans le département.

Ce repère, dont le zéro indiquera seul le niveau légal de la retenue, devra toujours rester accessible aux agents de l'Administration qui ont qualité pour vérifier la hauteur des eaux et visible aux tiers intéressés.

Le permissionnaire, ou son fermier, sera responsable de la conservation du repère définitif, ainsi que de celle des repères provisoires jusqu'à la pose du repère définitif.

Art. 9. — Dès que les eaux dépasseront le niveau légal de la retenue, le permissionnaire ou son fermier sera tenu de lever la vanne pour maintenir les eaux à ce niveau. Il sera responsable de la surélévation des eaux, tant que la vanne ne sera pas levée à toute hauteur.

En cas de refus ou de négligence de sa part d'exécuter cette manœuvre en temps utile, il y sera procédé d'office et à ses frais, à la diligence du maire de la commune, et ce, sans préjudice de l'application des dispositions pénales encourues et de toute action civile qui pourrait lui être intentée, à raison des pertes et dommages résultant de ce refus ou de cette négligence.

Art. 10. — Les eaux rendues à la rivière devront être dans un état de nature à ne pas apporter à la température ou à la pureté des eaux un trouble préjudiciable à la salubrité publique, à la santé des animaux qui s'abreuvent dans la rivière, ou à la conservation du poisson.

Toute infraction à cette disposition, dûment constatée, pourra entraîner le retrait de l'autorisation, sans préjudice, s'il y a lieu, des pénalités encourues.

Art. 11. — Toutes les fois que la nécessité en sera reconnue et qu'il en sera requis par l'autorité administrative, le permissionnaire, ou son fermier, sera tenu d'effectuer le curage à vif fond et à vieux bords du bief de la retenue, dans toute l'amplitude du remous, sauf l'application des règlements ou des usages locaux, et sauf le concours qui pourrait être réclamé des riverains, suivant l'intérêt que ceux-ci auraient à l'exécution de ce travail.

Lesdits riverains pourront, d'ailleurs, lorsque le bief ne sera pas la propriété exclusive du permissionnaire, opérer, s'ils le préfèrent, le curage eux-mêmes et à leurs frais, chacun au droit de soi et dans la moitié du lit du cours d'eau.

Art. 12. — Le permissionnaire sera tenu de se conformer à tous les règlements existants ou à intervenir sur la police, le mode de distribution et le partage des eaux.

Art. 13. — Les droits des tiers sont et demeureront expressément réservés.

Art. 14. — Les travaux ci-dessus prescrits seront exécutés sous la surveillance des ingénieurs ; ils devront être terminés dans le délai d'un an à dater de la notification du présent arrêté.

A l'expiration du délai ci-dessus fixé l'ingénieur rédigera un procès-verbal de récolement aux frais du permissionnaire, en présence de l'autorité locale et des parties intéressées dûment convoquées.

Si les travaux sont exécutés conformément à l'arrêté d'autorisation, ce procès-verbal sera dressé en trois expéditions. L'une de ces expéditions sera déposée aux archives de la préfecture ; la seconde, à la mairie du lieu ; la troisième sera transmise au Ministre de l'Agriculture.

Art. 15. — Faute par le permissionnaire de se conformer, dans le délai fixé, aux dispositions prescrites, l'Administration pourra, selon les circonstances, prononcer la déchéance du permissionnaire ou mettre son usine en chômage, et, dans tous les cas, elle prendra les mesures nécessaires pour faire disparaître, aux frais du permissionnaire, tout dommage provenant de son fait, sans préjudice de l'application des dispositions pénales relatives aux contraventions en matière de cours d'eau.

Il en sera de même dans le cas où, après s'être conformé aux dispositions prescrites, le permissionnaire changerait ensuite l'état des lieux fixé par le présent règlement, sans y être préalablement autorisé.

Art. 16. — Le permissionnaire ou son fermier ne pourra prétendre à aucune indemnité ni dédommagement quelconque, si, à quelque époque que ce soit, l'Administration reconnait nécessaire de prendre, dans l'intérêt de la salubrité publique, de la police et de la répartition des eaux, des mesures qui le privent, d'une manière temporaire ou définitive, de tout ou partie des avantages résultant du présent règlement, tous droits antérieurs réservés.

Art. 17. — Expéditions du présent arrêté seront adressées : 1° à M. le maire de N..., chargé d'en faire la notification au sieur C... ; 2° à M. l'ingénieur en chef du service hydraulique du département, chargé d'en assurer l'exécution.

Ampliation du présent arrêté sera également adressée à M. le Ministre de l'Agriculture, en exécution des prescriptions de la circulaire ministérielle du 27 juillet 1852.

Fait à . . . le . . .

Le Préfet,

66. Irrigations collectives. — Par les mots : irrigations collectives, nous n'entendons pas parler ici de la répartition entre divers propriétaires des eaux dérivées par une seule et même prise d'eau. Cette question sera traitée ultérieurement.

Nous voulons examiner le cas où l'intérêt général exige que des mesures soient prises pour éviter le gaspillage des eaux et assurer leur partage équitable entre les riverains. Dans ce cas, en effet, les préfets sont compétents, à la condition toutefois de prendre, pour chaque barrage, un arrêté réglementaire spécial et non de statuer par un seul règlement, et ils peuvent limiter le volume des eaux dont chaque usager aura la jouissance, ainsi que la durée des arrosages.

C'est aux ingénieurs du service hydraulique qu'il appartient d'étudier les conditions auxquelles doivent être subordonnées les autorisations de prises d'eau d'arrosage à pratiquer par les riverains. Une semblable étude, dans laquelle on doit chercher à concilier les divers intérêts en présence, offre souvent de grandes difficultés.

Il est impossible d'indiquer les règles à suivre, vu la diversité infinie des cas qui peuvent se rencontrer. Nous nous contenterons de donner un exemple pour montrer quels sont les principes généraux qui doivent guider dans leur travail les agents chargés d'étudier un projet de partage des eaux entre irrigants.

67. Exemple d'un partage d'eau entre irrigants (*fig.* 59). — La partie inférieure du ruisseau de Cognières (Haute-Saône), comprise entre le débouché du canal de fuite de la dernière usine et l'embouchure du ruisseau dans la rivière de l'Ognon, dont il est tributaire, sert à l'arrosage d'un nombre relativement considérable de parcelles d'une surface totale de 25 hectares environ : en basses eaux, le débit du ruisseau est trop faible pour permettre d'irriguer successivement tous les groupes de parcelles qui la composent. Avant la réglementation, les propriétaires d'amont accaparaient souvent l'eau au détriment de ceux d'aval, et pratiquaient l'irrigation sans règle, ni mesure. Plusieurs de ces derniers ayant demandé la fixation du mode de jouissance des eaux, et l'intérêt général de cette mesure n'étant pas douteux, un projet de partage a été mis à l'étude.

La première question à résoudre était la suivante : Y a-t-il lieu de limiter l'arrosage à certaines époques de l'année ? Il a semblé qu'il n'y avait que des avantages à étendre largement la période d'arrosage. Les terrains qui constituent le bassin du ruisseau de Cognières appartenant à l'oolithe supérieur, les eaux, riches en calcaire, sont aptes à y favoriser la végétation des légumineuses et des bonnes espèces de graminées. D'autre part, la partie basse de la prairie, c'est-à-dire celle qui avoisine le confluent avec l'Ognon, est formée

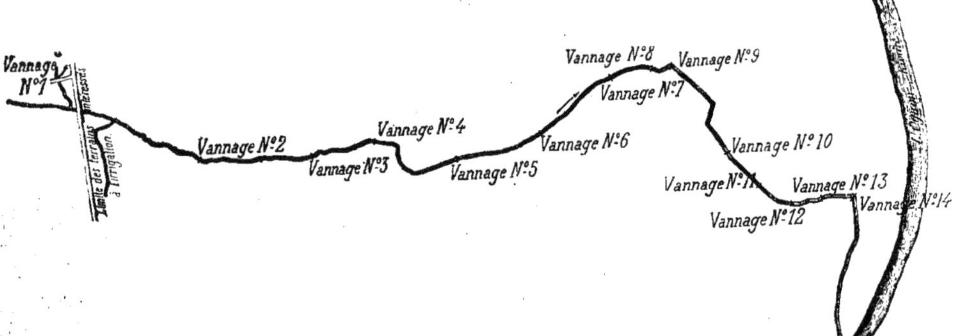

Fig. 59. — Plan de la partie inférieure du ruisseau de Cognières.

des alluvions anciennes et modernes de la rivière ; on n'y trouve qu'un sol très maigre, composé de sable et de gravier reposant sur des cailloux roulés. Cette partie de la prairie est donc très perméable et, par suite, susceptible d'être arrosée par tous les temps où la température n'est pas trop basse. Enfin, les seuls intérêts en jeu sont ceux des arrosants; il n'existe, le long de cette partie du ruisseau, ni établissement industriel, ni lavoir, ni abreuvoir. Dans ces conditions, il n'y aurait eu aucune raison de limiter la durée de la jouissance des eaux.

Ce premier point acquis, il a fallu déterminer l'espacement entre deux arrosages.

La détermination de cet espacement constitue l'une des plus grosses difficultés d'un partage d'eau. L'intervalle compris entre deux arrosages consécutifs doit être d'autant plus long que le sol est plus compact : il faut, en effet, que celui-ci ait le temps de s'égoutter dans l'intervalle. Or, le sol de la prairie est ici loin d'être homogène ; très perméable vers l'aval, il devient de plus en plus compact au fur et à mesure qu'on remonte vers l'amont : la partie supérieure de la prairie est argilo-calcaire et a été formée par la désagrégation des roches de l'oolithe supérieur.

Théoriquement, la période d'arrosage devrait donc varier avec le lieu et aussi changer avec les saisons, attendu que plus la végétation progresse et plus le temps de l'irrigation doit être réduit.

D'autre part, il existe dans le cas présent une raison qui tend à faire diminuer l'espacement généralement admis. Il faut observer, en effet, que les eaux sont particulièrement favorables à l'agriculture au moment des crues, car elles sont chargées de limons et de matières organiques provenant du délavage par les pluies des fumiers qui, suivant l'usage du pays, sont déposés non loin de ses bords ; il importe, toutefois, que la végétation ne soit pas encore trop développée, car le limon forme autour des tiges un enduit qui peut faire refuser le fourrage frais par les bestiaux ; chaque irrigant tient à utiliser à leur passage les principes fertilisants de ces eaux. Or, en raison de la faible étendue du bassin versant, les crues s'écoulent rapidement. Il est donc nécessaire de réduire l'espacement des arrosages, si l'on veut que chaque propriétaire profite des eaux limoneuses de chaque crue.

En tenant compte de ces diverses considérations, on a fixé cet espacement à sept jours.

Le nombre des vannes de prise actuellement existantes ou dont la construction est réclamée par les intéressés s'élève à quatorze (*fig.* 59). Plusieurs vannages successifs appartiennent au même propriétaire ; on a réuni en un seul groupe les parcelles correspondantes. D'autre part, il arrive que les parcelles relevant de certains vannages présentent une superficie très faible donnant droit à un arrosage de quelques heures seulement ; force est donc, si l'on veut éviter les manœuvres de nuit, de réunir également en un même groupe les parcelles dépendant de vannages appartenant à des propriétaires différents. On a ainsi partagé les quatorze prises en sept groupes, dont chacun est desservi par un barrage de retenue unique, et réparti entre ces groupes la durée de sept jours, ou cent soixante-huit heures, qui s'écoule entre deux arrosages respectifs, au prorata des surfaces desservies. La répartition est indiquée dans le tableau ci-dessous :

NUMÉROS des GROUPES	NUMÉROS des VANNAGES DE PRISE compris dans chaque groupe	SURFACE DESSERVIE	DURÉE de JOUISSANCE DES EAUX par groupe et par semaine
1	1	306a,15c	20 heures
2	2, 3	306 ,03	20
3	4, 5	394 ,50	27
4	6, 7	311 ,00	21
5	8, 9, 10[1]	299 ,02	16
6	11, 12[1]	615 ,32	42
7	13, 14	324 ,22	22

[1] Ces vannages appartiennent à un même propriétaire.

Le tableau ci-dessus montre qu'on a pu faire en sorte que la période d'irrigation ne descende pas au-dessous de seize heures; les manœuvres des barrages peuvent se faire toutes de jour.

Chacun des sept groupes est desservi par un seul barrage de retenue, ayant sa crête dérasée dans le plan du niveau légal; pour le second groupe, par exemple, c'est le barrage n° 3 qui tend les eaux au niveau nécessaire pour l'arrosage des parcelles desservies par les vannes n°s 2 et 3. Le partage de l'eau entre ces deux sous-groupes s'effectue à l'aide du barrage intermédiaire n° 2, dont la crête est dérasée sur une partie de sa largeur au niveau du seuil de la prise correspondante et qui, lorsqu'il est fermé, retient les eaux destinées au sous-groupe n° 2 et laisse passer par-dessus sa crête celles qui sont destinées au sous-groupe n° 3.

On a dû déterminer les dimensions de ces barrages et celles des prises d'eau, de manière à partager le débit disponible entre les sous-groupes proportionnellement aux surfaces à irriguer. Dans cette détermination, on a pris pour la valeur du débit du ruisseau le chiffre de 100 litres par seconde, qui représente son débit moyen et correspond à un volume de 4 litres environ à la seconde et par hectare. En conséquence, les arrêtés réglementaires déterminent les dimensions des prises d'eau des divers groupes, de manière qu'elles écoulent, dans ce cas, des quantités d'eau proportionnelles aux surfaces desservies.

Bien que les ouvrages de retenue et de prises d'eau diffèrent les uns des autres, ils ont néanmoins certains points communs.

Le niveau de chaque retenue est déterminé par la condition que la revanche des points les plus déprimés soit de $0^m,08$ au moins.

Les barrages de retenue sont constitués par une ou deux vannes ayant ensemble une largeur égale au débouché linéaire de la rivière. Les seuils de ces vannes sont arasés au niveau du fond du lit supposé convenablement curé. Leurs sommets sont dérasés dans le plan du niveau légal de la retenue, lorsqu'ils appartiennent au dernier vannage d'un groupe. Les barrages intermédiaires sont échancrés sur une partie de leur largeur à un niveau tel qu'ils retiennent l'eau nécessaire au sous-groupe et que la lame d'eau passant au dessus, quand la rivière a son débit moyen, ait l'épaisseur voulue pour débiter la quantité d'eau nécessaire aux besoins des sous-groupes d'aval.

Enfin, les ouvrages de prise d'eau sont des canaux rectangulaires en bois ou en maçonnerie dont le plafond doit avoir une pente invariable de $0^m,01$ sur 1 mètre ou moins de longueur, de manière à en limiter le débit.

Il serait sans intérêt de montrer comment on a calculé les dimensions des ouvrages de chaque groupe. Nous nous contenterons de choisir comme exemples les ouvrages du barrage n° 2 appartenant au deuxième groupe.

Le niveau légal de la retenue du barrage n° 2 a dû être déterminé de manière à ne pas noyer les roues d'un moulin situé à 711 mètres en amont. Pour calculer ce niveau, on a utilisé les résultats d'une expérience faite à l'occasion d'une demande d'un riverain tendant à établir un barrage à 555 mètres en aval dudit moulin. La cote du dessous de ses roues est $256^m,00$. En cherchant à quelle hauteur on aurait pu relever le plan au moyen d'un barrage placé à 555 mètres en aval, de manière que la courbe du remous vienne affleurer les roues sans les noyer, on a trouvé que l'ouvrage aurait dû avoir sa crête arasée à la cote $255^m,33$; c'est là le niveau maximum qu'il est possible de lui donner pour ne pas nuire à l'usine d'amont.

Or, nous savons que la courbe du remous affecte la forme d'une parabole à axe vertical dont le sommet se trouve sur la crête du vannage, les tangentes à l'extrémité du remous se confondant avec la ligne figurant la pente naturelle des eaux en ce point. Supposons différents barrages établis de telle façon que les remous qu'ils provoquent soient limités au même point ; ceux-ci dessineront des arcs de parabole ayant une direction d'axe commune (*fig.* 60).

On a la relation :

$$\frac{z}{l} = \frac{z'}{l'}.$$

On sait qu'on a :

$$l = 555 \text{ mètres}, \qquad l' = 711 \text{ mètres},$$

et que pour :

$$l = 555, \qquad z = 0^m,67,$$

Par suite, on aura :

$$z = \frac{0{,}67 \times 711}{555} = 0^{m}{,}85.$$

Ce qui fixera le niveau légal du barrage à établir en B à la cote 256,00 — 0,85 = $255^{m}{,}15$.

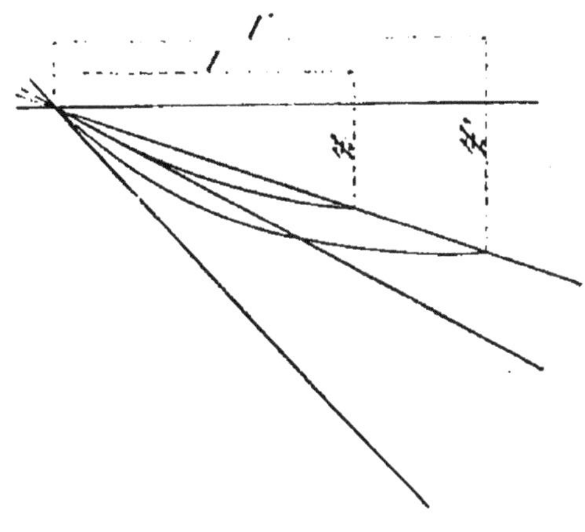

Fig. 60.

A ce niveau on constate, à l'examen des profils, que la revanche ne sera nulle part inférieure à $0^{m}{,}20$.

Le barrage n° 2 forme avec le n° 3 le second groupe. Les surfaces totales des parcelles irriguées, tant sur la rive droite que sur la rive gauche du ruisseau, sont :

Pour le barrage n° 2.....	$196^{a}{,}42$	ou	65 0/0
— — n° 3.....	109 ,61		35 0/0
	$306^{a}{,}03$		100 0/0

Le déversoir doit écouler vers l'aval 35 litres, pendant que les prises d'eau correspondantes au barrage n° 2 absorbent 65 litres.

La longueur du déversoir est égale à $0^{m}{,}73$; l'épaisseur h de la lame déversante est donnée par l'équation connue (§ 19):

$$1{,}77 \times l \times h^{\frac{3}{2}} = 0{,}035,$$

On en tire :

$$h = 0^{m},092.$$

Cherchons maintenant quelle largeur L devrait avoir une prise d'eau pour écouler la totalité du débit de 65 litres qui forme la dotation du sous-groupe n° 2. On a, pour déterminer cette inconnue, les équations suivantes :

$$L \times 0,092 \times u = 0,065,$$

$$\frac{Ri}{u^2} = 0,00019 \left(1 + \frac{0,07}{R}\right) = A,$$

dans lesquelles

$$R = \frac{L \times 0,092}{L + (2 \times 0,092)},$$

$$i = 0,01 \qquad \text{et} \qquad u = \text{vitesse moyenne.}$$

En éliminant u, il vient :

$$RL^2 = 4,98A,$$

ou :

$$\frac{L \times 0,092}{L + (2 \times 0,092)} L^2 = 4,98 \times \left[1 + \frac{0,07 (L + 2 \times 0,092)}{L \times 0,092}\right] \times 0,00019.$$

C'est une équation du troisième degré en L. En la résolvant par tâtonnements, on trouve :

$$L = 0^{m},55.$$

Mais ici ce débit est partagé entre deux prises situées respectivement sur chacune des deux rives.

Il reste donc maintenant à déterminer la largeur x de la prise d'eau de rive gauche et celle de la prise de rive droite y.

La surface à arroser sur la rive gauche est	31ª,97 ou	16 0/0
» sur la rive droite est	164 ,45	84 0/0
	196ª,42	100 0/0

Les débits à affecter à chaque rive étant proportionnels aux surfaces desservies, les valeurs de x et de y sont déterminées par les équations suivantes :

$$\frac{\omega u}{\omega' u'} = \frac{16}{84}, \qquad \omega u + \omega' u' = 0{,}065$$

$$\frac{Ri}{u^2} = 0{,}00019\left(1 + \frac{0{,}07}{R}\right) \qquad \frac{R'i}{u'^2} = 0{,}00019\left(1 + \frac{0{,}07}{R'}\right)$$

$$R = \frac{xz}{x + 2z}; \qquad R' = \frac{yz}{y + 2z};$$

ω et ω' représentent les sections d'écoulement pour une lame d'eau d'épaisseur z.

Pour $z = 0^{m},092$ on a :

$$\frac{0{,}092ux}{0{,}092u'y} = \frac{16}{84} = \frac{4}{21};$$

$$0{,}092\,(ux + u'y) = 0{,}065;$$

$$ux + u'y = \frac{65}{92};$$

$$u'y = \frac{65}{92} - ux; \qquad \frac{ux}{\frac{65}{92} - ux} = \frac{4}{21}; \qquad ux = \frac{4 \times 65}{92 \times 25};$$

$$ux = 0{,}113;$$

$$u'y = \frac{65}{92} - 0{,}113 = 0{,}693.$$

En reprenant les formules :

$$\frac{Ri}{u^2} = 0{,}00019\left(1 + \frac{0{,}07}{R}\right).$$

$$\frac{R'i}{u'^2} = 0{,}00019\left(1 + \frac{0{,}07}{R'}\right);$$

et remarquant qu'on a $i = 0{,}01$, il vient :

$$\frac{R \times 0{,}01 \times x^2}{0{,}113^2} = 0{,}00019\left(1 + \frac{0{,}007}{R}\right).$$

d'où :

$$Rx^2 = 1{,}277 \times 0{,}00019\left(1 + \frac{0{,}07}{R}\right)$$

et :

$$\frac{R' \times 0{,}01 y^2}{0{,}693^2} = 0{,}00019 \left(1 + \frac{0{,}07}{R'}\right);$$

d'où :

$$R' y^2 = 48 \times 0{,}00019 \left(1 + \frac{0{,}07}{R'}\right);$$

donc :

$$R x^2 = 1{,}277 \times 0{,}000919 \left(1 + \frac{0{,}07}{R}\right);$$

et :

$$R' y^2 = 48 \times 0{,}00019 \left(1 + \frac{0{,}07}{R'}\right).$$

Nous avons d'ailleurs :

$$R = \frac{x \times 0{,}092}{x + 2 \times 0{,}092} \qquad R' = \frac{y \times 0{,}092}{y + 2 \times 0{,}092}$$

et par suite :

$$\frac{x \times 0{,}092}{x + 2 \times 0{,}092} \times x^2 = 1{,}277 \times 0{,}00019 \left[1 + \frac{0{,}07(x + 2 \times 0{,}092)}{x \times 0{,}092}\right]$$

$$\frac{y \times 0{,}092}{y + 2 \times 0{,}092} \times y^2 = 48 \times 0{,}00019 \left[1 + \frac{0{,}07(y + 2 \times 0{,}092)}{y \times 0{,}092}\right].$$

On arrive ainsi à deux équations du quatrième degré. En les résolvant par tâtonnements, on trouve :

$$x = 0^{m},135 ; \qquad y = 0^{m},52.$$

68. Arrêté réglementaire. — Les calculs qui précèdent

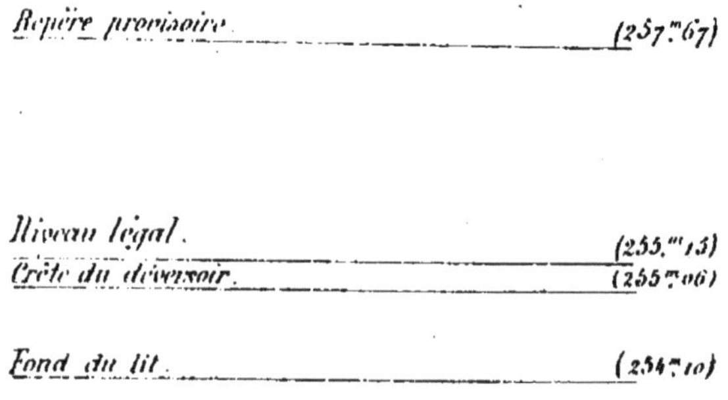

Repère provisoire (257m67)

Niveau légal (255m13)
Crête du déversoir (255m06)

Fond du lit (254m10)

Fig. 61.

permettent de rédiger l'arrêté réglementant le barrage de prise d'eau n° 2.

Après avoir rappelé dans ses considérants que la limitation du volume des eaux à dériver et la fixation des périodes d'arrosage sont nécessitées par l'intérêt général des riverains du ruisseau, les clauses spéciales de l'arrêté seront les suivantes :

« ARTICLE PREMIER. — Est soumis aux conditions du présent règlement l'emploi des eaux que le sieur X... est autorisé à dériver du ruisseau de Cognières, au moyen d'un barrage établi à l'origine amont de la parcelle n° 561 du cadastre de la commune de... sur ledit ruisseau, pour l'irrigation des prés qu'il possède sur les deux rives.

« ART. 2. — Le niveau légal de la retenue est fixé à 2m,52 en contre-bas du dessus de la plinthe aval du pont construit sur le ruisseau de Cognières pour le passage du chemin départemental, point pris pour repère provisoire et situé à la cote de nivellement 257m,67 (*fig.* 61).

« ART. 3. — Le vannage de retenue sera composé de hausses mobiles. Ces hausses auront une largeur totale de 0m,73. Lorsqu'elles seront en place, leur seuil sera établi au niveau du fond du ruisseau, à la cote 254m,10, soit à 3m,57 en contre-bas du repère provisoire ; leur sommet sera dérasé sur toute sa longueur à 0m,09 en contre-bas du niveau de la retenue ; elles auront, par conséquent, 0m,96 de hauteur.

« ART. 4. — La vanne de prise d'eau établie sur la rive droite aura une largeur libre de 0m,135 ; celle de la rive gauche aura une largeur libre de 0m,52. Le radier de chacune de ces deux vannes sera placé à la cote 255,06, soit à 0m,09 en contre-bas du niveau légal de la retenue, ou encore à la cote de la crête du vannage de prise d'eau.

« A chacune de ces prises d'eau fera suite un canal qui, sur une longueur de 1m,00 au moins, aura la même section que la prise correspondante et dont le radier, qui sera, à l'origine, à la cote du seuil de ladite prise, aura, sur toute sa longueur, une pente de 0m,01 par mètre vers la prairie. Les parois verticales seront dérasées au niveau des berges.

« Ces canaux seront construits en bois ou en maçonnerie et solidement établis, de manière que l'invariabilité de la pente du radier et de la largeur de la section soit assurée.

« ART. 5. — La vanne de retenue sera baissée une seule

fois par semaine, du samedi à trois heures du soir au dimanche à trois heures du matin, soit pendant vingt heures [1]. En dehors de cette période de temps, les hausses mobiles seront complètement effacées et les vannes de prise d'eau seront hermétiquement fermées. »

Les autres stipulations de l'arrêté ne feront que reproduire les clauses habituelles.

68 *bis*. Exemple d'un partage d'eau entre l'agriculture et l'industrie. — Ainsi que nous l'avons fait remarquer ci-dessus (§ 59), le partage des eaux d'un ruisseau entre l'agriculture et l'industrie ne peut se faire que par décret.

Ce genre de répartition soulève souvent des difficultés, attendu qu'il s'agit de chercher à concilier dans la mesure du possible des intérêts opposés. Les ingénieurs chargés d'une semblable étude doivent rechercher la solution la plus avantageuse au point de vue de l'intérêt général. Nous croyons utile de citer, à titre d'exemple, les instructions données à ce sujet par l'Administration supérieure dans une circonstance récente.

Il s'agissait d'étudier, sur la demande d'un usinier, un projet de décret portant répartition entre l'agriculture et l'industrie des eaux du ruisseau de l'Oizenotte (Cher), lequel, sur un parcours total de 16 kilomètres environ, alimente deux usines placées respectivement à 6 kilomètres et 11 kilomètres de la source, et dix barrages d'irrigation.

Les ingénieurs du service de l'hydraulique agricole ont proposé de répartir les eaux entre les prises d'arrosage et les usines d'après les données suivantes :

Ils ont admis qu'on pourrait fixer la période des arrosages du 15 mars au 15 septembre, avec interruption du 1er juin au 1er juillet à cause de la récolte des foins. Pendant la saison des irrigations, le débit du ruisseau permet d'arroser environ 100 hectares, et la superficie actuellement irriguée ou sur le point de l'être est également de 100 hectares dont 15 hectares

[1] Il est entendu que cette période de vingt heures comprend l'arrosage successif de plusieurs parcelles.

à l'amont du moulin supérieur, 60 entre les deux usines et 25 hectares à l'aval du moulin inférieur.

Eu égard à la nature du sous-sol, l'irrigation de ces superficies laissera le moulin supérieur utiliser les 90/100e environ du débit de l'Oizenotte. Entre les deux moulins, le sous-sol est très perméable, et la dernière usine ne disposera guère que des 36/100e du débit du ruisseau.

Dans de telles conditions, la perte de force motrice subie annuellement par les usines du fait des irrigations équivaudra à des chômages représentant pour l'usine supérieure 1/10e de la période de cinq mois, soit un demi-mois, et pour l'usine inférieure les 64/100e de la même période soit 3 mois 2/10e. Cette perte de force motrice a été évaluée en espèces à 627 francs pour le moulin supérieur, et à 4.079 francs pour le moulin inférieur, soit 4.706 francs pour les deux usines réunies.

D'autre part, estimant à 5.625 francs, soit à 75 francs par hectare, la plus-value procurée par l'arrosage aux 75 hectares de prairies situées en amont du moulin inférieur, les ingénieurs ont proposé de partager les 168 heures de la semaine en parties proportionnelles aux nombres précités 4.706 et 5.625 et, par suite, d'attribuer les eaux pendant 92 heures à l'agriculture et pendant 76 heures aux usines.

Cette proposition repose sur un raisonnement dont la valeur technique donne lieu à des réserves ; il en est de même de l'exactitude des données qui lui ont servi de point de départ. Par suite, elle n'a pas paru susceptible d'être accueillie.

Remarquons, en effet, tout d'abord, que l'évaluation du débit moyen du ruisseau à 100 litres par seconde n'est pas justifié et qu'on aurait dû prendre pour base de l'étendue des surfaces irrigables le débit du ruisseau au droit du moulin d'aval. D'ailleurs, en admettant même un débit de 100 litres et une période de 92 heures par semaine, la surface irrigable ne sera pas de 100 hectares, si les arrosants ne disposent de l'eau que pendant les 92/168e de la semaine ; elle sera réduite dans la même proportion et ramenée à 60 hectares seulement.

D'un autre côté, en évaluant à 627 francs pour un demi-mois et à 4.079 francs pour 3 mois 2/10e la perte pour chômage éprouvée par les moulins, ceci correspond à un rendement de

3.750 francs par cheval-vapeur et par an, chiffre qui paraît exagéré.

Rappelons, en outre, que, dans le règlement des questions de l'espèce, l'objectif de l'Administration doit être, conformément aux principes posés par la loi du 12-20 août 1790, la recherche d'une formule de répartition permettant d'obtenir de l'emploi des eaux la plus grande somme possible d'utilité publique.

Dans ces conditions, l'Administration supérieure a déterminé comme il suit les principes de la méthode de répartition qui lui ont paru devoir être admis :

Sous le climat du Cher, on peut supposer qu'il est possible d'obtenir des irrigations suffisantes avec un débit continu de $0^{lit},60$. Si l'agriculture disposait d'un débit de 100 litres par seconde, on pourrait irriguer $\frac{100}{0,60} = 167$ hectares, ce qui procurerait une plus-value de $167 \times 75 = 12.500$ francs, savoir 75/100e ou 9.375 francs applicables aux terrains situés à l'amont du moulin inférieur et 3.125 francs applicables à ceux placés à l'aval.

Si les irrigations fonctionnaient pendant une fraction x du temps, l'utilité agricole produite ne serait plus que de :

$$12.500x. \qquad (1)$$

D'autre part, pendant que les irrigations fonctionnent, les usines peuvent encore utiliser une fraction du débit évaluée à 90/100e pour le moulin supérieur et à 36/100e pour le moulin inférieur, soit en moyenne 63/100 pour les deux usines, dont les forces motrices sont à peu près les mêmes. En prenant comme ci-dessus 627 francs pour la valeur de la production de chaque usine pendant un demi-mois, leur production totale pendant cinq mois serait de $2 \times 627 \times 10$, soit environ 12.500 francs.

La production des usines sera donc de :

$12.500 \times 0,63x$, pendant que les irrigations fonctionneront ;

et : $12.500 \times (1 - x)$, pendant que les irrigations ne fonctionneront pas.

Total..... $12.500\,[1 - (1 - 0,63)\,x] = 12.500 - 4.625x \qquad (2)$

L'utilité publique produite tant par les irrigations que par les usines est ainsi de (1) + (2), soit

$$12.500 + (12.500 - 4.625)\,x = 12.500 + 7.875x.$$

Elle est d'autant plus grande que la fraction x est elle-même plus grande, ou que le temps accordé aux irrigations est plus long.

Par suite, au point de vue de l'utilité publique, il y a intérêt à accorder aux irrigations la période entière de cinq mois. Il ne faut pas oublier, d'ailleurs, que l'industrie jouirait encore des sept mois les plus favorables de l'année au point de vue du débit du ruisseau.

En tenant compte de ce fait, on voit que la fraction du débit utilisée par les usiniers pendant l'année serait égale à

$$\frac{7}{12} + \frac{5}{12} \times 0{,}63 = \frac{10{,}15}{12}, \text{ soit environ } 85\ 0/0.$$

Les irrigations ne causeraient donc aux deux usines qu'une perte de 15 0/0.

Il y a dès lors avantage, au point de vue de l'intérêt général, et selon les intentions du législateur de 1790, à augmenter autant que possible la période consacrée aux irrigations, et cette conclusion est d'autant plus justifiée que l'agriculture n'a pas, comme l'industrie, la possibilité de suppléer l'utilisation de l'eau, quand elle lui fait défaut, par la vapeur.

En conséquence, l'Administration a prescrit de réserver entièrement aux irrigations la période du 15 mars au 15 septembre, déduction faite de l'intervalle compris entre le 1er juin et le 1er juillet, qui correspond à la récolte des foins, pendant laquelle les irrigations seraient interrompues. Toutefois, pour éviter qu'une répartition ainsi faite ne paraisse sacrifier les intérêts industriels, la part hebdomadaire des irrigations sera restreinte à six jours, et un jour sera accordé aux usines.

C'est sur ces bases que sera établi le projet de décret à intervenir pour la répartition entre l'agriculture et l'industrie des eaux de l'Oizenotte.

69. Des barrages mixtes. — Il arrive quelquefois que les barrages d'usine sont utilisés, en outre, pour l'irrigation des terres riveraines du bief. Dans ce cas, on doit réglementer le barrage en vue de l'utilisation industrielle, c'est-à-dire fixer le niveau de la retenue à $0^{m},16$ au moins en contre-bas des terres les plus déprimées. Si l'arrosage se pratique par périodes de quarante-huit heures au plus par semaine, on peut autoriser le permissionnaire à placer des hausses sur le barrage en temps d'irrigation seulement, de manière à relever le niveau des eaux jusqu'à ce que la revanche ne soit plus que de $0^{m},08$. Il est, d'ailleurs, inutile de fixer un niveau légal supérieur; il suffira de stipuler dans l'arrêté qu'en dehors des périodes d'arrosage les hausses mobiles seront enlevées; pendant les mêmes époques, les vannes de prise d'eau devront être hermétiquement fermées.

Enfin, dans ce cas, l'arrêté ne doit contenir aucune stipulation relative au mode de jouissance des eaux, leur répartition entre l'agriculture et l'industrie ne pouvant être fixée que par un règlement d'administration publique (§ 59).

DEUXIÈME PARTIE

ENTRETIEN ET AMÉLIORATION

DES COURS D'EAU NON NAVIGABLES NI FLOTTABLES

CHAPITRE PREMIER

CONSIDÉRATIONS GÉNÉRALES SUR LES COURS D'EAU

70. Formation des cours d'eau. — Les eaux qui coulent à la surface de la terre, ou eaux courantes, proviennent de la condensation de la vapeur d'eau de l'atmosphère, constamment renouvelée sous l'action des rayons solaires, grâce à l'immense réservoir que forme la mer. La vapeur se répand dans l'air qui s'en sature plus ou moins; quand elle parvient dans les régions froides, elle se condense pour donner naissance aux nuages, qui, à leur tour, produisent la pluie, la neige ou la grêle.

La partie de cette eau qui ne retombe pas directement dans la mer arrive au sol sous forme de pluie ou se condense en neige au sommet des montagnes.

Une portion de l'eau reçue par le sol ruisselle à la surface, et se rend directement aux ruisseaux et rivières. Le reste s'infiltre lentement à travers les terrains perméables et descend jusqu'à la rencontre d'une couche imperméable au-dessus de laquelle l'eau s'accumule en formant une nappe souterraine ; quand celle-ci vient se déverser à la surface du sol par un orifice naturel, elle donne naissance à une source.

71. Des diverses natures de cours d'eau. — Les eaux courantes nous apparaissent, dans leur parcours depuis le sommet des plus hautes montagnes jusqu'à la mer, sous différents aspects successifs. A l'origine, ce sont les torrents, qui deviennent ensuite des rivières torrentielles ou non, lesquelles par leur réunion deviennent des fleuves. Ces diverses natures de cours d'eau se distinguent les unes des autres par des caractères distinctifs.

72. Des torrents. — Dans la partie supérieure des vallées, les eaux courantes produisent un phénomène d'érosion ; elles détachent des flancs des montagnes des matériaux qu'elles entraînent et vont déposer dans les parties basses sous forme d'alluvions.

La force d'érosion des torrents dépend principalement de la nature du sol ; elle varie aussi avec l'inclinaison des versants, l'altitude, l'état plus ou moins aride de la surface, etc...

Si les versants des montagnes sont formés de roches inaffouillables ou de gros blocs offrant une grande résistance à l'action des eaux, les torrents roulent des eaux ordinairement limpides et à peine troubles en temps de crues. Ce cas se présente dans les Pyrénées notamment.

Dans les Alpes, au contraire, le sol est composé d'argiles, de schistes et de calcaires disloqués, facilement affouillables ; les revers des montagnes présentent des pentes excessives ; enfin, le climat y est caractérisé par une sécheresse habituelle, interrompue de temps à autre par des pluies diluviennes qui désagrègent le sol peu résistant par lui-même. Dans ces régions, le concours de ces diverses circonstances a pour résultat la formation des véritables torrents, dont les effets sont connus.

« Ces torrents, a dit Surell dans son *Étude sur les Torrents des Hautes-Alpes*, coulent dans des vallées très courtes, parfois même dans de simples dépressions ; leurs crues sont courtes et presque toujours subites ; leur pente excède 6 centimètres par mètre sur la plus grande longueur de leur cours ; elle varie très vite et ne s'abaisse pas au-dessous de 2 centimètres par mètre ; ils ont une propriété tout à fait spécifique : ils affouillent dans la montagne, ils déposent dans la vallée, et ils divaguent ensuite par suite de ces dépôts. »

Les torrents, dont la longueur n'excède jamais 20 kilomètres, présentent dans leur cours trois parties bien distinctes : 1° le bassin de réception, vaste entonnoir dans lequel les flancs des montagnes qui le composent amènent les éboulements provoqués par les pluies ; 2° la gorge, sorte de goulot resserré entre des berges abruptes par lequel s'écoule la masse de boues et de détritus de rochers appelée lave, formée dans le bassin de réception ; 3° le cône de déjection, épanouissement en forme d'éventail, composé par le dépôt des matériaux entraînés dans les eaux du torrent. Ces cônes de déjection présentent parfois des dimensions assez considérables pour que leur existence échappe à une observation superficielle. Ainsi, la plaine, généralement stérile, connue sous le nom de la Crau, et qui n'occupe pas moins de 25.000 hectares dans le département des Bouches-du-Rhône, présente la forme d'un quart de cône dont la base est au niveau de la mer et le sommet près d'Eyguières, à la cote 80. Or, la Crau n'est autre chose que le cône de déjection de la Durance, qui se jetait autrefois dans la mer, et que les matériaux accumulés par elle à son embouchure ont rejetée à l'ouest, vers le Rhône.

A leur origine, ces torrents n'ont qu'un débit très faible ; mais, par leur réunion, ils finissent souvent par former des rivières importantes qui, aux époques des fontes de neige ou de pluies violentes, sont sujettes à des inondations quelquefois terribles.

Les torrents sont, d'ailleurs, la cause initiale de nombreux désastres. Les amoncellements de matériaux qui forment le cône de déjection sont d'autant plus développés que le terrain est plus plat. Non seulement ils rendent improductif le sol qu'ils recouvrent, mais encore ils menacent les terrains avoisinants, la moindre crue pouvant déplacer latéralement ces matériaux sans cohésion. Parfois, les crues entraînent jusque dans la rivière principale un cube de débris suffisant pour la barrer entièrement et provoquer une inondation. Dans la montagne même, les eaux ravinent les berges du bassin de réception et détruisent toute culture ; si les terrains sont argileux, les alternatives d'imbibition et de dessiccation provoquent des désagrégations et, par la suite, des éboulements.

On a depuis longtemps cherché à lutter contre ce fléau au moyen des travaux destinés à éteindre les torrents. Nous reviendrons sur cette question en traitant des endiguements (§ 132).

73. Des cours d'eau torrentiels. — Les cours d'eau torrentiels sont des canaux d'écoulement alimentés, à leur partie supérieure, par de véritables torrents auxquels ils font suite. Ils sont caractérisés par l'exagération de la pente du profil en long surtout à l'amont ; il en résulte des vitesses d'écoulement considérables, de telle sorte que l'eau corrode les rives et transporte les débris vers l'aval. Ces cours d'eau reçoivent, en général, le produit du ruissellement des eaux zénithales tombées sur un bassin étendu formé ordinairement de terrains imperméables ; dès lors, les crues y sont soudaines, importantes et de peu de durée.

Les rivières torrentielles suivent des vallées dont le fond, habituellement très plat, est formé par les apports du courant. Ces apports se composent de gros blocs éboulés des berges, recouverts de vase, de sable et d'un lit de graviers essentiellement affouillables et sans cesse en mouvement. Dans la partie supérieure de leur cours, elles roulent souvent des blocs énormes qui s'arrêtent au pied des grandes pentes. A partir de ce point, le mouvement de ces blocs ne s'effectue plus que par étapes successives, soit qu'ils soient entraînés dans le mouvement général de descente, soit qu'un bouleversement du lit les emporte. A mesure que les pentes s'atténuent, le volume des matériaux va en diminuant, et, à leur extrémité inférieure, les rivières torrentielles coulent dans une plaine d'alluvions provenant des anciens apports analogues aux matières que les eaux continuent à charrier.

On peut citer, comme type de cours d'eau torrentiel, la Durance. Cette rivière est formée de trois parties distinctes. La Haute-Durance se termine au confluent du Buech ; c'est un véritable torrent qui coule dans une vallée très étroite ; la pente y varie de 9 mètres à $3^{m},50$ par kilomètre. La Moyenne-Durance prend fin au pont de Mirabeau ; dans cette partie du cours de la rivière, la vallée s'élargit déjà ; quant à la pente, elle descend jusqu'à $2^{m},30$. La Basse-Durance traverse la magnifique plaine de Pertuis et Cavaillon ; nulle part, la pente n'est inférieure à $1^{m},93$, de sorte que la vitesse d'écoulement y est encore considérable et dépasse, dans la partie inférieure, 3 mètres en crue moyenne.

Le débit d'étiage est de 72 mètres cubes par seconde au

pont de Bonpas, dans la Basse-Durance ; au même point, lors de la crue exceptionnelle de novembre 1886, on a constaté un débit de 5.800 mètres cubes par seconde [1]. Le rapport des débits à l'étiage et en crue y varie de 1/80 à 1/90, tandis que, pour la Somme, il est de 1/4 et, pour la Seine, de 1/27. La Durance est donc une rivière éminemment torrentielle.

74. Des cours d'eau tranquilles. — Les cours d'eau qui ne présentent pas les caractères que nous venons d'énumérer sont dits tranquilles. Dans la partie supérieure des vallées, ils forment des ruisseaux, lesquels, suivant la définition qu'en a donnée Surell, ont un petit volume d'eau, un parcours peu prolongé, soit qu'ils coulent sur des pentes douces, soit que leurs berges et leurs lits soient solides ; ils n'affouillent pas, ne charrient pas de matériaux et dès lors ne déposent pas. Nous verrons plus loin que ces cours d'eau se rencontrent principalement dans les régions à terrains imperméables. A l'aval, ils se transforment en rivières ayant des pentes faibles, des vitesses d'écoulement réduites, un lit fixe et un débit peu variable. La Seine est un cours d'eau de cette catégorie. Sa pente est de 4 mètres par kilomètre dans la partie supérieure de son cours ; elle n'est plus que de $0^m,80$ à Troyes et varie de $0^m,17$ à $0^m,08$ au-dessous de Paris.

Le débit d'étiage à Paris est de 50 mètres cubes ; il s'est élevé jusqu'à 1.660 mètres cubes lors de la crue exceptionnelle de mars 1876.

75. Des cours d'eau mixtes. — Certains cours d'eau, ne pouvant rentrer dans aucune des catégories ci-dessus, sont classés comme mixtes. La Loire, par exemple, est un cours d'eau mixte, d'abord torrentiel, puis tranquille vers la fin de son cours. A l'amont, dans la traversée du département de l'Ardèche, la pente moyenne du lit est de 12 mètres par kilomètre ; au-delà du bec d'Allier, les pentes deviennent très faibles et descendent jusqu'à $0^m,11$ par kilomètre. Les crues

[1] *Étude du régime de la Durance*, par M. Imbeaux, ingénieur des Ponts et Chaussées (*Annales des Ponts et Chaussées*, 1892, 1er semestre).

y présentent les mêmes caractères que sur les cours d'eau torrentiels ; elles sont rapides et considérables, tandis que le débit d'étiage est des plus faibles. A Orléans, où ce dernier débit est de 35 mètres cubes à la seconde, il s'est élevé jusqu'à 8.035 mètres cubes lors des crues exceptionnelles de 1856 et de 1866. Dans la partie basse, du bec d'Allier à la mer, le lit majeur a une largeur moyenne de 1 kilomètre, partiellement à sec en temps ordinaire, et au milieu duquel serpente un lit mineur d'une largeur de 100 mètres à 150 mètres seulement.

76. Des rivières à fond mobile. — On désigne sous le nom de rivières à fond mobile celles pour lesquelles la force d'entraînement des eaux de crues est supérieure à la résistance des matériaux qui forment le lit. En général, elles coulent sur un sol constitué par des alluvions anciennes dont l'épaisseur est généralement considérable ; à l'état naturel, elles divaguent dans toute l'étendue de la plaine submersible, transportant leur lit principal d'une rive à l'autre de la vallée. Chaque crue importante amène des matériaux de la partie supérieure du cours ; elle en arrache aux rives mêmes du cours d'eau et en modifie la forme et la position. Quand les eaux baissent, la plaine submersible se découvre, coupée par une série de bras entre lesquels le débit se partage et qui sont séparés par de vastes espaces formés de graviers et de sables ; les crues ultérieures viendront encore modifier cet état de choses et transporter ailleurs ces dépôts. C'est principalement sur les rivières à régime torrentiel qu'on observe ces phénomènes.

Il est bon, toutefois, de faire observer que les rivières tranquilles sont le siège de phénomènes analogues, quoique très atténués ; elles arrachent également des matériaux à leurs bassins, les entraînent en temps de crues, pour les déposer en aval en décrue, les reprennent plus tard pour les conduire par étapes successives jusqu'au point où, les pentes s'atténuant, les matériaux vont s'arrêter. Ils s'avancent ainsi progressivement et finissent par atteindre la mer, où ils forment à l'embouchure du fleuve un véritable cône de déjection qui n'est autre que la barre.

77. Forme générale des vallées et direction du lit des cours d'eau. — Les vallées des cours d'eau sont formées, en général, d'une série de gorges étroites alternant avec des plaines plus ou moins larges. Les gorges sont très étroites et très longues dans le haut du cours de la rivière; cet état de choses se modifie peu à peu vers l'aval; la largeur des défilés va en augmentant, tandis que leur longueur diminue. Quant aux plaines, elles croissent à la fois en longueur et en largeur.

En plan, le lit n'est pas rectiligne; son axe présente une série de courbes et de contre-courbes qui se succèdent en sens inverse et sont réunies par des raccordements plus ou moins brusques. Si l'on concevait un cours d'eau dans lequel les eaux couleraient avec une profondeur et une pente telles que la force d'entraînement dont nous venons de parler fût insuffisante pour déplacer les matériaux qui constituent le fond et les rives, l'écoulement pourrait se continuer indéfiniment sans amener aucun changement de forme en plan ou en profil. Ce cas se présente notamment dans les canaux artificiels maçonnés.

Pour les cours d'eau naturels, les choses se passent différemment. Voici ce qu'a dit à ce sujet M. l'ingénieur en chef Girardon, dans un très intéressant mémoire sur l'amélioration des rivières en basses eaux :

« Si le fond n'est pas absolument résistant, quand le débit et la profondeur augmenteront, la force d'entraînement deviendra supérieure à la résistance du fond, et le transport des matériaux commencera. La masse des eaux trouvant devant elle des matériaux de résistance très variable, le courant s'ouvrira son passage et s'établira suivant la ligne de moindre résistance. Celui-ci se trouvera donc dévié de sa direction primitive parallèle aux berges et lancé contre l'une d'elles. Si cette rive est inattaquable, la force vive se consommera en tourbillons qui creuseront le lit, et le courant se trouvera réfléchi sur la rive opposée; il passera de l'une à l'autre en suivant un chemin plus ou moins sinueux. Si la rive est attaquable, elle sera emportée, la déviation du courant s'accentuera à cet effet, et se continuera jusqu'à ce qu'une résistance suffisante produise la réflexion du courant; les choses se passeront donc de la même manière dans les deux cas, la raideur de la courbe suivie par la nouvelle rive étant seulement plus accentuée dans le second cas que dans le premier. Une première réflexion sera suivie d'une seconde, puis d'une troisième, de telle sorte que, soit entre des rives inattaquables, soit entre des rives affouillables, le courant suivra une ligne sinueuse et passera continuellement d'une rive à l'autre. »

La forme sinueuse qu'affectent les rivières est donc un fait nécessaire qui résulte de la constitution hétérogène de leur lit. Aussi, lorsqu'on veut rectifier une partie courbe d'une rivière, celle-ci tend-elle sans cesse à revenir à sa forme primitive, et finit par la reconquérir à moins que le nouveau tracé ne soit défendu énergiquement par des travaux rendant les rives inattaquables. Par suite, on doit s'abstenir d'exécuter des travaux de redressement ayant pour unique objet d'avoir un tracé plus régulier; et lorsqu'un intérêt spécial rend le redressement nécessaire, on doit prévoir des travaux de défense contre la tendance du cours d'eau à rétablir son ancien lit.

A l'appui de ce qui précède nous citerons le fait suivant : Sur le Mississipi, des travaux ayant été exécutés de manière à réduire de 180 kilomètres environ le parcours total du fleuve, celui-ci n'a pas tardé à reprendre exactement sa longueur primitive, par suite de nouvelles sinuosités qui se sont formées dans des parties où les berges étaient insuffisamment résistantes et n'ont pu être consolidées d'une manière efficace.

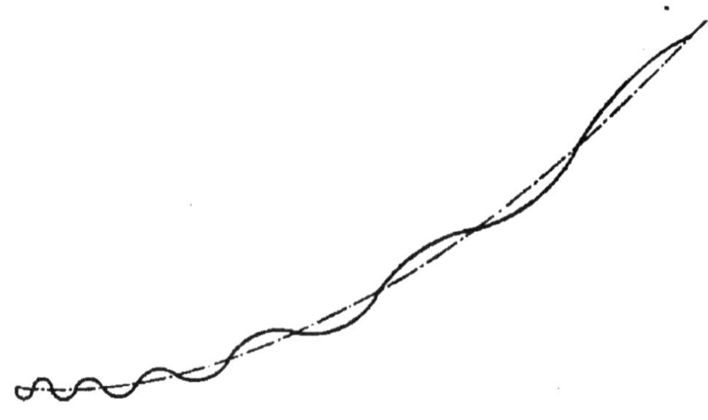

FIG. 62.

78. Forme du profil en long. — La forme parabolique à pentes graduellement décroissantes qu'on emploie souvent pour la représentation du profil en long n'est l'expression à peu près exacte de la vérité que pour les cours d'eau qui n'ont pas d'affluents ou, en ce qui concerne les autres, pour la partie située à l'aval du confluent de la dernière rivière tributaire. Les gorges présentant ordinairement des pentes très fortes et les plaines des pentes beaucoup plus faibles, il en résulte que le profil en long du thalweg d'une rivière se compose, en réalité, d'une succession de pentes et de contre-pentes oscillant autour de la pente moyenne du cours d'eau (*fig.* 62).

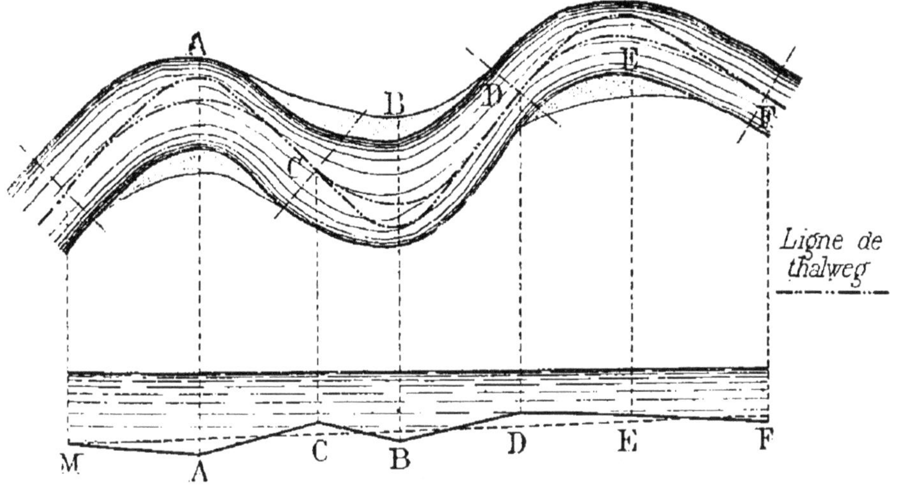

Fig. 63.

Par suite de la forme sinueuse du cours d'eau en plan, le thalweg, en vertu de la force centrifuge, tend toujours à s'établir contre la rive concave (*fig.* 63); il existe une grève convexe B qui s'est formée aux dépens de la rive de l'anse par les érosions que le courant y a causées. Le thalweg s'approfondit dans cette anse A qu'il corrode, pour s'exhausser vers la grève convexe de la même rive B que les apports de ces corrosions développent. Il se forme toujours un haut fond dans la région C, où, la courbure du thalweg changeant de sens, celui-ci se porte sur la rive opposée. Les graviers charriés par la rivière subissent là un temps d'arrêt et contribuent à exhausser le lit, de sorte que le profil en long présente une série de hauts et bas-fonds correspondant respectivement aux points d'inflexion C, D... et aux sommets des bourrelets concaves A, B... On retrouve ainsi, pour le profil en long, une courbe de la forme indiquée sur la figure 63.

79. Forme du profil en travers. — Dans les gorges, le profil en travers du lit présente une section trapézoïdale (*fig.* 64).

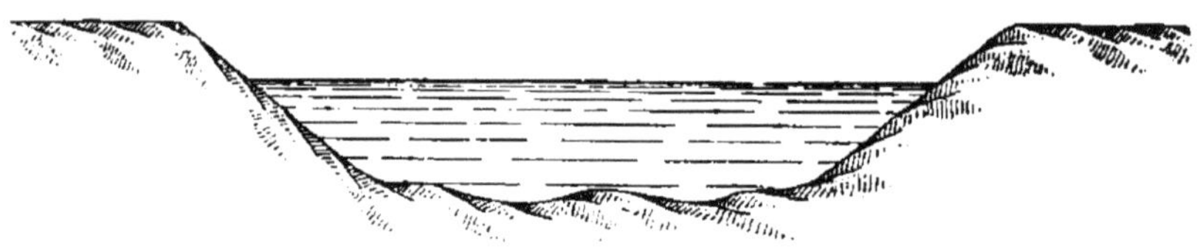

Fig. 64.

Le lit est limité de chaque côté par les versants de la gorge. En plaine, le profil comporte un lit mineur, ouvert dans les terrains d'alluvions de la plaine, et un lit majeur, dans lequel s'épanouissent les eaux débordées (*fig.* 65).

Le plafond n'est pas horizontal ; il tend à s'approfondir sur les points où le sol présente la moindre résistance, et la position du thalweg dépend à la fois de la résistance du lit et des diverses circonstances qui font varier la force d'entraînement des matériaux charriés.

Dans les parties rectilignes du cours d'eau, l'action du cou-

Fig. 65.

rant sur les rives, parallèles à la direction générale des filets liquides, provient seulement des irrégularités qui peuvent en certains points dévier un peu obliquement le courant et le porter vers les berges ; elle est, par suite, relativement très faible.

Il n'en est plus de même dans les courbes. A l'origine d'une courbe succédant à un alignement droit, les eaux sont poussées par la force centrifuge vers la rive concave ; si la courbure est très raide, ce courant transversal sera animé d'une très grande énergie et creusera profondément le lit sur cette rive, tandis que sur la rive convexe il se formera des dépôts considérables qui se maintiendront sur un talus très doux. Dans ce cas, le profil transversal affectera une forme s'approchant d'un triangle dont le plan d'eau AB formera la base et qui aura son sommet sur la ligne de thalweg. Ce sommet C (*fig.* 66), placé au milieu du profil dans les parties rectilignes, se rapprochera progressivement de l'une des rives dans les courbes jusqu'à ce qu'il atteigne le pied de la berge, en C_1 ou C_2, près du sommet des courbes concaves.

Quand les rivières torrentielles coulent au milieu de vastes plaines d'alluvions, le courant, dans les basses eaux, divague

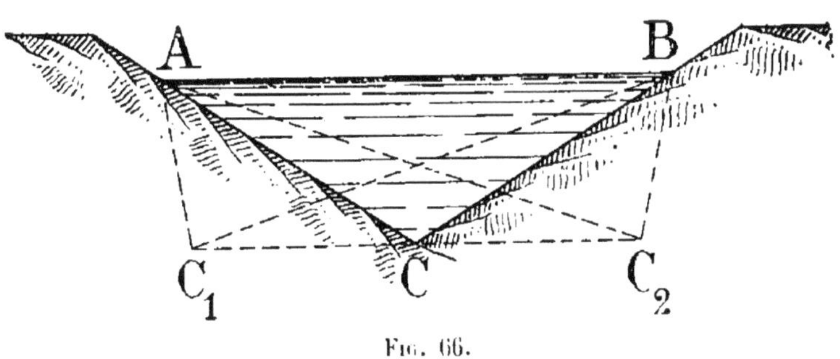

Fig. 66.

perpétuellement dans le lit trop large, couvrant et découvrant successivement de vastes étendues de terre qui, mises à l'abri des incursions de ce courant, seraient susceptibles d'être cultivées. En temps de crues, l'écoulement ne peut se faire d'une façon normale ; les courants se contrarient, déterminent dans les parties rétrécies des surélévations considérables qui ont comme conséquence des ruptures d'ouvrages de défense et des ravinements de terrains. Pour la défense et l'aménagement des terrains conquis, on doit chercher à fixer le lit et à lui donner une forme analogue à celle de la figure 63, ce qui s'obtient au moyen de travaux d'endiguements (§ 131).

La largeur du lit va nécessairement en augmentant de la source vers l'embouchure, mais l'accroissement ne varie pas exactement comme la surface du bassin versant ; elle croît plus vite dans les régions inférieures, où les terrains sont beaucoup moins résistants. Les eaux de crues s'y étalent plus facilement.

80. Influence de la nature du sol sur le régime des cours d'eau. — Le régime des cours d'eau dépend essentiellement de la nature géologique des terrains qui forment leur bassin. A ce point de vue, on distingue deux catégories de cours d'eau, ceux qui coulent dans une région à sol imperméable et ceux dont le bassin est composé de terrains perméables.

Dans un pays à sol imperméable, en temps de pluie, l'eau ruisselle de toutes parts ; s'écoulant à la surface, elle forme de nombreux ruisseaux qui ravinent les terres et qui, réunissant leurs eaux, donnent naissance à des rivières d'allure torrentielle. Les eaux pluviales arrivent rapidement et à peu près simultanément dans les vallées et produisent des crues violentes, mais dont la durée n'excède guère celle de la pluie. En cas de sécheresse, tous ces cours d'eau ne tardent pas à tarir complètement.

Si le terrain est un peu accidenté, les eaux s'accumulent à la surface et, ne trouvant pas d'écoulement, forment de nombreux étangs. Chaque pli de terrain se remplissant d'eau stagnante ou vive, le pays est sillonné de nombreux cours d'eau peu importants.

Avec un sol perméable, les choses se passent tout différemment. Les eaux pluviales, au lieu de ruisseler à la surface, sont absorbées et descendent dans le sous-sol, jusqu'à ce qu'elles soient arrêtées par une couche imperméable. Les cours d'eau sont rares à la surface et les eaux météoriques s'accumulent à l'intérieur sous forme de nappes dont le niveau varie suivant l'importance des pluies.

S'il se rencontre un pli de terrain dont le fond soit au-dessous de la nappe souterraine, celle-ci apparaît à l'air libre et donne naissance à une rivière aux eaux claires et limpides. Ces cours d'eau ne sont pas sujets à des crues rapides et violentes; la vitesse de circulation dans le sol étant toujours très faible, la nappe d'eau met beaucoup de temps à se mouvoir et ne donne lieu qu'à des crues de faible hauteur, mais de longue durée.

L'examen d'une carte géographique suffit pour reconnaître si le sol d'une contrée est perméable ou imperméable. Si les cours d'eau sont nombreux, le terrain est imperméable, et l'on peut être certain que tous ces ruisseaux ont un régime torrentiel; leurs crues sont violentes et de peu de durée; ils tarissent rapidement pendant les sécheresses, mais reprennent un débit considérable dès le retour des pluies.

Si les cours d'eau sont rares, le terrain est perméable. L'alimentation de ces ruisseaux se fait par des sources, leurs crues sont progressives et lentes, et leur débit, qui ne diminue que peu à peu lors des sécheresses, ne s'accroît que très lentement lorsqu'une longue période sèche l'a fait baisser d'une quantité notable.

Le rapport entre la quantité de pluie tombée sur une région pendant une période déterminée et le volume débité par les cours d'eau durant le même laps de temps s'appelle *le coefficient d'écoulement*, ou *module*; il caractérise le degré de perméabilité des terrains et se rapproche de l'unité pour les terrains très imperméables.

81. Alimentation des cours d'eau dans les terrains imperméables. — L'alimentation des cours d'eau dans les terrains imperméables est à peu près uniquement superficielle, vu la rareté des sources, lesquelles ne peuvent être alimentées que par de l'eau pluviale ayant pénétré par infiltration dans le sol.

Toutefois, il n'existe pas de terrain absolument imperméable; il y a toujours des crevasses, des fissures, qui recueillent une certaine quantité d'eau; les assises calcaires ou sableuses que l'on trouve associées à beaucoup de terrains ne sont jamais tout à fait imperméables; elles s'imprègnent d'humidité et, lorsqu'elles affleurent, sur le flanc d'un coteau par exemple, elles donnent naissance à des suintements qui se réunissent pour former de petites sources.

On peut donc rencontrer des sources dans les terrains imperméables; elles peuvent être nombreuses, elles ont bien rarement une grande importance; enfin, elles sont toujours irrégulièrement distribuées et se rencontrent aussi bien à flanc de coteau et dans le voisinage des sommets que dans une ondulation quelconque.

Elles ne sont guère qu'un accessoire dans l'alimentation des rivières; celles-ci recueillent surtout les eaux superficielles amenées au thalweg principal par un grand nombre de ruisseaux, lesquels ne prennent pas naissance dans une source.

82. Alimentation des cours d'eau dans les terrains perméables. — Quand les terrains sont suffisamment perméables, les eaux s'infiltrent par toute la surface du sol pour alimenter la nappe souterraine ; celle-ci, drainée par les vallées, s'y épanche quand le fond des vallées est au-dessous du niveau de la source. La nappe souterraine est en communication avec la rivière par tous les points où l'eau trouve un débouché facile. Ces points constituent autant de sources. Dans les terrains perméables, ces sources se rencontrent donc exclusivement au fond des vallées, c'est-à-dire sur le cours d'eau lui-même ou dans son voisinage ; on n'en trouve jamais sur les plateaux et les versants.

Si le terrain est uniformément perméable et présente à peu près partout la même facilité au passage des eaux, les sources existent tout le long du lit et des berges de la rivière ; elles sont nombreuses et d'un faible débit. Mais ce cas est rare ; en général, il existe des portions de sol moins résistantes, où le passage des eaux est plus facile ; c'est là que se rencontrent les sources les plus abondantes et qui donnent naissance à un cours d'eau.

Dans les parties hautes des vallées et dans beaucoup de vallées secondaires, la nappe d'eau n'affleure pas le fond : celles-ci sont dites sèches.

Le niveau de la nappe souterraine s'élevant ou s'abaissant suivant que les saisons sont plus ou moins humides, le débit des sources est soumis aux mêmes variations. A la suite d'une sécheresse prolongée, des vallées que parcourt un cours d'eau peuvent se transformer momentanément en vallées sèches ; les sources des parties hautes peuvent tarir, et le point à partir duquel l'eau coule d'une manière continue descend de plus en plus à mesure que la sécheresse se prolonge.

83. Signes caractéristiques des deux natures de terrains. — Les prairies naturelles ne peuvent exister dans les terrains perméables, où les vallées sont trop imprégnées d'humidité et ne donnent que des joncs ou des mauvaises herbes. Dans les terrains imperméables, au contraire, l'humidité constante du sol entretient la végétation des pâturages qui font la richesse de certaines régions, la Normandie par exemple. Là, l'espèce bovine trouve à se nourrir sur le sol, alors que dans les régions perméables on doit la nourrir à l'étable. Les prairies y sont, par suite, cultivées, non seulement au bord des cours d'eau, mais encore à flanc de coteau et jusqu'au sommet des montagnes.

La présence de la tourbe dans une vallée indique que le sol est perméable. Celle-ci ne peut se développer que dans une eau tranquille et limpide ; une eau trouble dépose sa vase sur les plantes et en arrête la végétation.

Dans les terrains imperméables, les eaux sont généralement encaissées dans un lit étroit au-delà duquel l'humidité ne se propage guère ; elles sont, en outre, rapides et limoneuses. La tourbe n'existe donc que dans les vallées perméables ; encore faut-il que ces vallées soient larges et à faible pente, sans quoi la vitesse d'écoulement de l'eau serait trop forte et la limpidité demeurerait imparfaite.

Enfin, un dernier fait d'observation permet de distinguer facilement les deux natures de terrains. Dans les vallées imperméables, les ponts sur les cours d'eau sont très nombreux, et leur section mouillée très grande. Au contraire, les ponts des régions de terrains perméables sont rares ; lorsqu'ils ne sont pas près de sources permanentes, leurs débouchés sont très petits par rapport aux bassins versants d'amont.

84. Causes diverses qui influent sur le régime des rivières. — En dehors des crues extraordinaires causées soit par une série de violents orages, soit par suite de pluies exceptionnelles, les cours d'eau subissent, en général, une série de périodes de basses eaux alternant avec des crues dont la périodicité, en outre de la nature du sol, dépend de la répartition des pluies sur les divers points du bassin, de l'altitude des montagnes qui forment les versants du bassin, etc.

En ce qui concerne la répartition des pluies, Belgrand a montré que la quantité moyenne de pluie qui tombe annuellement varie beaucoup d'un point à l'autre d'un même bassin, mais qu'elle augmente avec l'altitude des lieux et aussi avec le voisinage de la mer et dépend, en outre, de l'orientation des vallées. Ces phénomènes sont, d'ailleurs, faciles à expliquer. Un lieu est d'autant moins pluvieux qu'il est plus éloigné de la mer, attendu que plus les vents auront eu à traverser des espaces considérables avant de l'atteindre, plus ils seront desséchés. L'influence de l'altitude se comprend aisément, puisque, par suite de l'abaissement de la température, les montagnes sont des condenseurs d'eaux météoriques. Enfin, l'orientation des vallées influe sur la répartition des pluies ; en effet, quand les vents s'engouffrent avec force dans une vallée parallèle à leur direction, ils déversent beaucoup plus d'eau sur les versants que si les vallées étaient protégées contre ces vents par des chaînes de montagnes.

Si les cours d'eau proviennent de montagnes moyennement élevées, ou situées dans des régions relativement chaudes, leur régime dépend surtout de celui des pluies qui tombent sur le bassin ; leurs basses eaux ont lieu dans la saison sèche, c'est-à-dire généralement en été.

Tel est le cas pour le bassin de la Seine. Les trois quarts environ de ses terrains sont perméables ; les pluies d'été qui, dans la partie haute du bassin, sont beaucoup plus abondantes que celles de la saison froide, s'évaporent ou s'infiltrent dans le sous-sol et ne profitent guère aux cours d'eau, lesquels sont, à cette époque, alimentés presque exclusivement par les sources des terrains perméables ; les fortes pluies d'été ne déterminent que des variations de niveau peu importantes. Au contraire, pendant la saison froide, la moindre pluie produit une crue sur tous les cours d'eau : aussi, à très peu d'exceptions près, les crues ont-elles lieu dans la période comprise entre les mois de décembre et de mars, tandis que les basses eaux s'observent ordinairement pendant les mois d'août et de septembre.

Quand les cours d'eau descendent de bassins dominés par des neiges permanentes et des glaciers, leur régime dépend surtout de la température, qui accélère ou ralentit la fonte des neiges ; ils ont d'habitude leurs basses eaux en hiver et leurs eaux moyennes en été. C'est le cas du bassin du Rhône et aussi de celui de la Durance. L'imperméabilité des bassins et l'élévation des montagnes où les cours d'eau prennent leur source donnent à ceux-ci une allure torrentielle. D'un autre côté, l'énorme quantité de neige qui se forme l'hiver leur soustrait, dans cette saison, une notable quantité d'eau, pour la leur rendre au printemps et en été. L'étiage a lieu pendant la saison froide, et les hautes eaux se constatent du mois d'avril au mois de juillet.

Ce fait est commun à toutes les rivières alimentées par les glaciers des Alpes, et c'est grâce à lui qu'on peut assurer, pendant l'été, le fonctionnement régulier des nombreux canaux d'irrigation qui portent la fertilité dans toute la Provence.

Le degré de perméabilité d'un sol n'est pas constant à toute époque ; il varie avec les circonstances météorologiques antérieures. Les terrains imperméables laisseront toujours ruisseler l'eau qu'ils recevront, même après une longue période de sécheresse ; d'autres, très perméables, absorberont les eaux de pluie qu'ils recevront après une longue période d'humidité. Entre ces deux extrêmes, on constate une infinité de cas intermédiaires ; c'est ainsi que, dans le bassin de la Seine, certains terrains imperméables épuisent pendant l'été leur approvisionnement d'eau ; au début de la saison froide, ils absorbent l'eau aussi complètement que s'ils étaient perméables ; mais peu à peu ils se saturent et reprennent leurs qualités de terrains imperméables. Tous ces phénomènes agissent naturellement sur le régime des ruisseaux de la vallée.

85. **Influence des forêts et de la culture.** — Les forêts exercent sur la marche des crues une action régulatrice importante. Le feuillage des arbres est le siège d'une évaporation considérable, de sorte que ceux-ci tendent à augmenter la sécheresse des terrains perméables ; en terrain perméable, ils ont un effet contraire et y augmentent l'humidité, parce qu'ils s'opposent à un ruissellement trop rapide. Le déboisement des versants a donc pour résultat d'aggraver les ravages des inondations, l'eau pluviale se rendant d'autant plus rapidement au thalweg qu'elle rencontre moins d'obstacles sur sa route.

Les cultures ont aussi une certaine influence sur la perméabilité des terres. Elles les ameublissent, en augmentant leur porosité, et y retiennent l'eau qui s'y imbibe comme dans une éponge. Dans les terrains imperméables, par suite des progrès de la culture, les étangs qu'on rencontrait autrefois dans les dépressions du sol disparaissent peu à peu, et les eaux trouvant partout un écoulement facile rejoignent rapidement le thalweg, au lieu de séjourner dans les replis de terrain.

86. Utilité des travaux d'entretien. — La nécessité d'entretenir les cours d'eau en état de curage et de mettre les prairies à l'abri des dommages qui peuvent résulter de l'encombrement du lit est de jour en jour plus appréciée par les cultivateurs. Si ces cours d'eau sont abandonnés à eux-mêmes, l'eau, qui peut rendre tant de services à l'agriculture, devient un de ses plus terribles ennemis. Les nappes stagnantes, qui submergent de grandes étendues de terrains, les stérilisent et dégagent des miasmes délétères. En dehors de la nappe apparente, il faut encore compter avec la nappe souterraine qui, lorsqu'elle est trop rapprochée du sol, rend toute culture impossible. Pour que l'écoulement des eaux sauvages dans les cours d'eau soit assuré, il importe que le lit présente une section libre de tout obstacle; il importe, en outre, que les récoltes sur pied soient mises à l'abri des petites crues limoneuses; enfin, il n'est pas moins nécessaire de mettre les rives à l'abri de la corrosion.

Le curage est l'opération qui a pour objet de débarrasser le lit des vases qui l'encombrent. Il est surtout fréquemment nécessaire dans la partie basse des cours d'eau où la pente est faible et la vitesse de l'eau modérée.

Le faucardement, qui est, pour ainsi dire, le complément du curage, a pour objet d'enlever la végétation aquatique qui constitue un obstacle considérable au cours des eaux.

Les récoltes sur pied sont mises à l'abri des petites crues au moyen d'endiguements qui restent submersibles par les crues exceptionnelles d'hiver.

Enfin, dans les parties hautes et moyennes des cours d'eau où la pente est forte et l'écoulement des eaux rapide, les berges sont mises à l'abri des corrosions par les travaux de défense de rives et de correction des torrents.

Nous étudierons successivement ces divers travaux.

CHAPITRE II

CURAGES

87. Utilité des travaux de curage. — Au premier rang des travaux d'entretien nécessaires pour assurer le libre écoulement des eaux, on doit placer le curage.

Quand les cours d'eau sont abandonnés à eux-mêmes, le lit tend à s'encombrer progressivement par les matières qu'y déversent les eaux pluviales, les terres qui tombent des berges corrodées, les plantes aquatiques qui s'y développent, etc. La présence des barrages, en diminuant la vitesse d'écoulement, augmente encore l'état d'envahissement du lit.

Sous l'influence de la diminution de la section libre, le plan d'eau s'élève peu à peu et stérilise une grande partie de la surface des prairies et des champs qui occupent le fond de la vallée. Dès que la nappe souterraine se trouve en permanence à moins de $0^m,30$ à $0^m,35$ du sol, toute culture rémunératrice devient impossible.

Comme l'effet du relèvement du plan d'eau sur l'état des cultures met un certain temps à se manifester, les propriétaires intéressés ne s'en rendent pas toujours compte, et négligent d'autant plus aisément l'opération du curage que celle-ci ne peut être que le résultat d'un effort collectif, dont chacun d'eux n'a généralement pas le temps ou la capacité de prendre l'initiative.

Le relèvement progressif du plan d'eau a encore pour résultat de rendre plus fréquents les débordements; il nuit à la marche régulière des usines; enfin, la stagnation des eaux peut compromettre la santé publique.

88. Législation des travaux de curage. — Les travaux de curage des cours d'eau non navigables ni flottables sont régis par la loi déjà citée des 12-20 août 1790 (§ 9) et par celle du 14 floréal an XI.

Les dispositions de cette dernière loi relatives aux curages sont ainsi conçues :

« ARTICLE PREMIER. — Il sera pourvu au curage des cours d'eau et rivières non navigables ni flottables et à l'entretien des digues et ouvrages d'art qui y correspondent, de la manière prescrite par les anciens règlements ou d'après les usages locaux.

« ART. 2. — Lorsque l'application des règlements ou du mode consacré par l'usage éprouvera des difficultés, ou lorsque des changements survenus exigeront des dispositions nouvelles, il y sera pourvu par le Gouvernement, dans un règlement d'administration publique, rendu sur la proposition du préfet du département, de manière que la contribution de chaque imposé soit toujours relative au degré d'intérêt qu'il aura aux travaux qui devront s'effectuer.

« ART. 3. — Les rôles de répartition des sommes nécessaires au paiement des travaux d'entretien, de réparation ou de reconstruction seront dressés sous la surveillance du préfet, rendus exécutoires par lui, et le recouvrement s'en opérera de la même manière que celui des contributions publiques. »

Par application de la loi de 1790, le préfet est compétent pour ordonner d'urgence les travaux nécessaires en vue de rétablir le libre cours des eaux. Il peut donc prescrire l'exécution d'un curage destiné à prévenir les inondations ou à satisfaire aux besoins sanitaires d'une localité. Mais il ne peut statuer que par un arrêté spécial dans chaque cas, et jamais par un arrêté général ou permanent. D'ailleurs, cette voie n'est plus suivie que très rarement, à cause des difficultés qu'on éprouve pour le recouvrement des taxes, depuis que le préfet a le droit d'appliquer, dans certains cas, la loi du 14 floréal an XI, sans recourir à un règlement d'administration publique.

Il peut, en effet, par application de l'article 1er de cette loi, prendre un arrêté permanent pour régler le curage périodique, *s'il existe des anciens règlements ou des usages locaux sur la matière*, mais les dispositions prescrites pour assurer ce curage doivent être conformes auxdits anciens règlements ou usages locaux [1]. Dans ce cas, la compétence du préfet est reconnue par les décrets de décentralisation du 25 mars 1852 et du 13 avril 1861 (tableau D, § 3.)

En tout cas, un curage prescrit par le préfet ne doit être fait qu'à « vif fond et vieux bords[2] », c'est-à-dire qu'il ne comporte que le rétablissement du lit naturel, sans élargissement de ce lit, ni redressement des sinuosités du cours.

S'il n'existe ni anciens règlements ni usages locaux, si l'application des anciens règlements ou usages existants présente des difficultés, ou si des circonstances particulières réclament leur modification, le préfet n'est plus compétent pour prescrire d'une manière permanente l'exécution du curage. Il faut alors un décret délibéré en Conseil d'État, et l'on tombe sous l'application de l'article 2 de la loi du 14 floréal an XI.

C'est encore à un décret délibéré en Conseil d'État qu'il faut recourir, en principe, lorsqu'il s'agit de procéder à des élargissements, redressements et approfondissements du lit. Il n'y a d'exception à cette règle que lorsque tous les propriétaires intéressés donnent leur consentement par écrit aux mesures projetées. Dans ce cas, un simple arrêté préfectoral suffit pour autoriser le travail.

La loi des 21 juin 1865-22 décembre 1888, sur les associations syndicales, permet de constituer en association syndicale, soit libre, soit autorisée, les propriétaires intéressés au curage d'un cours d'eau.

Si la constitution de l'association est reconnue impossible, le Gouvernement peut agir d'office pour réglementer le curage, au moyen d'un décret délibéré en Conseil d'État, par application de l'article 2 de la loi du 14 floréal an XI.

On ne doit, toutefois, recourir à cette mesure qu'autant

[1] Ainsi que nous le mentionnons plus loin (§ 90), on doit entendre ici par « anciens règlements » les actes de l'autorité, quelle que soit leur nature, qui sont antérieurs à la loi du 14 floréal an XI.

[2] Le Conseil d'État a critiqué l'emploi de cette expression consacrée par l'usage, mais qui a donné lieu à des difficultés d'interprétation. — On pourrait peut-être dire plus exactement : « vieux fonds et bords naturels ».

qu'un intérêt général bien constaté justifie l'action coercitive de l'Administration (§ 92).

Par suite, la législation des travaux de curage peut se résumer comme suit :

1° Il existe des anciens règlements ou des usages locaux. Dans ce cas, les préfets sont compétents pour ordonner l'exécution des travaux par simple arrêté préfectoral ;

2° Il n'existe ni anciens règlements ni usages locaux. Alors on doit tenter la formation d'une association syndicale entre les intéressés. En cas d'impossibilité de former ce syndicat, il faut avoir recours à la coercition, et un règlement d'administration publique est nécessaire pour prescrire le curage.

89. Des intéressés aux travaux de curage. — Les intéressés au bon entretien des cours d'eau forment trois catégories :

1° Les riverains immédiats, propriétaires des rives, qui sont exposés aux dangers des crues, des érosions de ces rives, ainsi qu'aux infiltrations et à la formation de marécages ;

2° Les propriétaires des terrains non riverains, mais qui s'égouttent dans le ruisseau. Ils ont à souffrir d'un excès d'humidité provoqué par le relèvement de la nappe souterraine ; ils peuvent même plus souffrir des inondations que les riverains immédiats par l'effet des infiltrations souterraines [1];

1 Il peut arriver que certains points de la vallée aient à souffrir en eaux ordinaires d'un excès d'humidité. Prenons un profil en travers de la vallée (*fig.* 66) et supposons que, par suite d'un défaut de

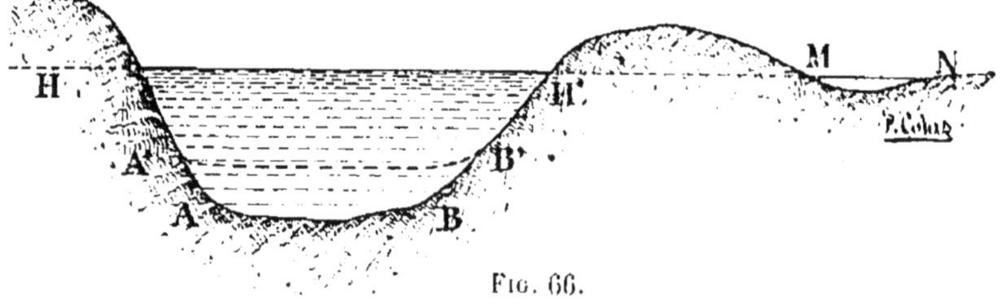

Fig. 66.

curage le fond du ruisseau se soit relevé de AB en A'B' ; la nappe souterraine subira un mouvement ascendant, et le plan d'eau, en eaux ordinaires, prendra une position HH' ; des étendues plus ou moins grandes de terrain telles que MN seront alors transformées en marécages, sans que les parties riveraines aient à redouter un excès d'humidité.

3° Enfin, les usiniers et autres propriétaires de barrages qui sont tous intéressés au maintien du profil primitif de la rivière.

90. Cas où il existe des anciens règlements ou des usages locaux. — Nous avons défini, dans la première partie (§ 60), ce qu'on entend par anciens règlements ou usages locaux en matière d'usines. Relativement aux curages, les anciens règlements, quelle que soit leur nature, ne sont réputés tels que s'ils sont antérieurs à la loi du 14 floréal an XI. En ce qui concerne les travaux d'entretien des rivières, ces règlements et usages sont nombreux. Ils portent soit sur le mode d'exécution des travaux, soit sur le mode de répartition des dépenses.

Nous citerons comme exemples, en ce qui concerne le premier cas :

Le département du Nord, où les curages sont exécutés en vertu de l'ordonnance du Parlement des Flandres, du 14 août 1780, laquelle oblige les riverains à effectuer le curage des cours d'eau, à péril d'exécution d'office à leurs frais;

Le département du Jura, où, d'après l'ancien édit du Parlement de Dôle, du 8 mai 1651, confirmé par délibération de la Cour souveraine de l'ancienne province de Franche-Comté, du 20 décembre 1662, les travaux sont exécutés par les intéressés et, à leur défaut, par les communes, sauf recours contre ceux-ci ;

Le département de la Seine-Inférieure, où il n'existe pas d'anciens règlements, et où l'usage local est de laisser l'initiative de l'exécution des travaux aux conseils municipaux, lesquels adressent aux intéressés une mise en demeure individuelle d'avoir à exécuter le curage ; en cas de non-exécution ou d'exécution imparfaite, les travaux restant à faire sont mis en adjudication par les soins du maire.

Comme modes spéciaux de répartition des dépenses, conformément aux usages locaux, nous citerons les suivants :

Dans la Sologne (Loir-et-Cher), il existe un certain nombre de rivières, le Cosson notamment, dont la vallée est submergée par les grandes crues de la Loire. Sont regardés comme intéressés aux travaux de curage de la rivière les propriétaires de tous les terrains situés dans le champ d'inondation du fleuve. Mais comme les risques de submersion sont plus grands pour les terrains susceptibles d'être inondés par le Cosson que pour ceux qui ne sont recouverts que par les crues de la Loire, ces terrains ont été partagés en deux zones : 1° les propriétés soumises aux inondations du Cosson qui supportent les deux tiers des dépenses ; 2° celles qui sont couvertes par les eaux de crue de la Loire et qui ne supportent que l'autre tiers. Quant à la répartition entre les imposés, elle est faite au prorata de la surface. Les propriétaires d'usines sont taxés pour une contenance de 10 hectares.

Il arrive souvent que la surface intéressée est partagée en un certain nombre de zones suivant les risques de submersion courus ; chaque zone est affectée d'un coefficient d'autant plus faible que les chances d'inondation qu'elle court sont moindres.

Pour la rivière d'Emboulas (Tarn-et-Garonne), ces zones sont au nombre de trois ; les propriétaires sont imposés au prorata de la surface qu'ils possèdent multipliée respectivement par 1, 1,5 et 2. Ce mode de répartition est analogue à celui qu'on emploie couramment pour la fixation des dépenses d'endiguement (§ 150).

91. Cas où les anciens usages cessent d'être applicables. — Le Conseil d'État a décidé à plusieurs reprises que le propriétaire d'un barrage d'usine cesse d'être tenu de participer en cette qualité aux dépenses de curage lorsque, l'usine étant détruite ou en chômage, les ouvrages destinés à l'utilisation de la force motrice ont été enlevés. Alors, il n'est plus imposable qu'à titre de riverain.

Le cas s'est présenté dans l'espèce suivante : La rivière de la Briande (Vienne), affluent de la Dive, traverse, dans la partie inférieure de son cours, trois communes sur le territoire desquelles sont situées dix usines qui, par suite sans doute des changements apportés à leur profit au lit du cours d'eau, et aussi de l'intérêt qu'elles avaient à son bon entretien, ont assumé la charge, devenue un ancien usage, d'en supporter les frais de curage dans toutes les parties influencées par les retenues de ces usines.

En 1883, divers riverains ayant dénoncé la nécessité d'un curage, et cette nécessité ayant été démontrée par une enquête, un arrêté préfectoral prescrivit l'opération aux frais des usiniers, chacun devant participer aux dépenses dans la proportion fixée par les anciens usages.

L'un d'entre ces derniers, le sieur N..., propriétaire du moulin de Saint-Cassien, situé le plus en aval, se refusa à exécuter les travaux pour les raisons suivantes :

Ce moulin, réglementé par un arrêté préfectoral du 21 avril 1856, était alimenté par une dérivation ABF de la rivière s'écartant en B du thalweg ou de l'ancien lit naturel (*fig.* 67). Cet ancien lit ADC subsiste toujours ; mais, abandonné par la presque totalité des eaux, il n'a plus que les dimensions d'un fossé servant de décharge aux eaux qui

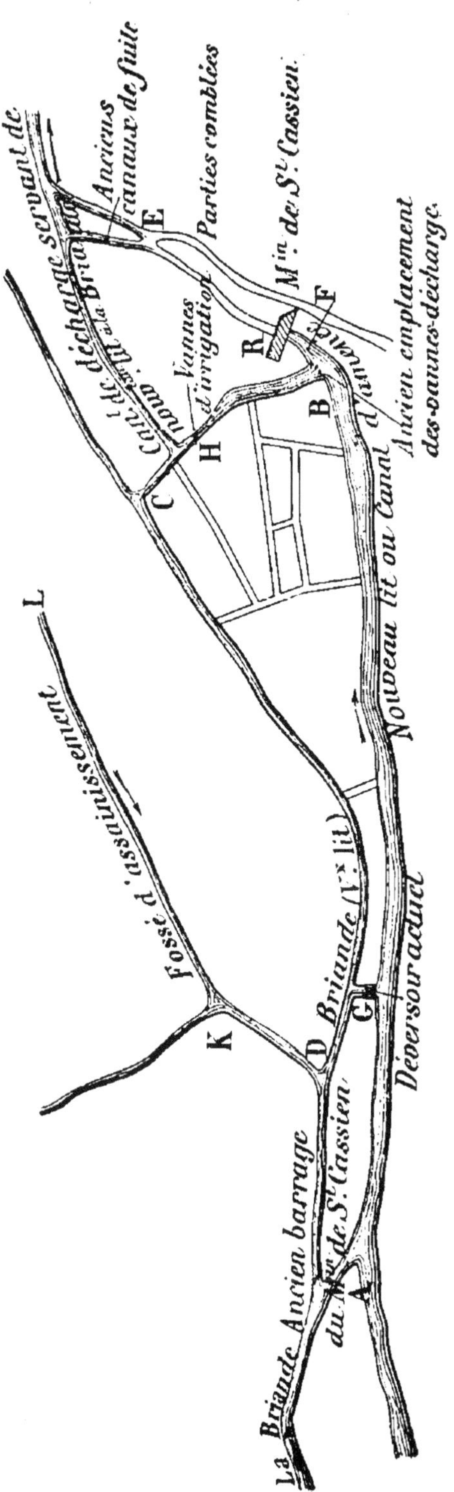

Fig. 67. — Plan des ouvrages de retenue et de décharge du moulin de Saint-Cassien.

passent par-dessus le barrage A. Le caractère artificiel de la dérivation AB résulte, d'ailleurs, de la situation des lieux, c'est-à-dire de son niveau en contre-haut du thalweg. Au sortir du moulin, après avoir franchi la chute, les eaux s'écoulaient par le canal de fuite FE. En B se trouvait le vannage de décharge qui écoulait les eaux non utilisées par l'usine, en suivant le canal BC à peu près perpendiculaire à la vallée, et les rendait au lit naturel par le déversoir G. Tel était l'état des choses lorsque M. N..., ayant acquis l'usine en 1870, transforma les bâtiments de l'usine en corps de ferme, supprima le barrage A et la vanne motrice de l'usine; de plus, il remblaya le canal de fuite RE qui passait dans la cour du bâtiment. Quant au vannage de décharge B, il fut détruit, mais rétabli ensuite en H dans le nouveau canal de décharge BC et fut utilisé depuis lors pour élever les eaux à une hauteur assez grande pour permettre l'arrosage des terres riveraines.

M. N... estima que, son usine n'étant plus utilisée comme telle, il ne pouvait être imposé d'aucune redevance à raison de l'existence de ladite usine; il demanda, par suite, décharge de la taxe qui lui avait été imposée pour exécution d'office des travaux.

Après une longue instruction et des péripéties dont la narration serait ici sans intérêt, le Conseil d'État, par décision du 9 novembre 1889, accorda la décharge de taxe réclamée, par les motifs suivants: « *Considérant qu'il résulte* « *de l'instruction que le moulin du requérant n'existe plus; que,* « *les ouvrages destinés à utiliser la force motrice n'ayant pas* « *été conservés, cette force motrice n'est plus susceptible d'être* « *utilisée; que, dans ces circonstances, le sieur N... est fondé à* « *demander décharge des taxes auxquelles il a été imposé,* « *en 1885, pour le curage d'office du nouveau lit de la Briande.* »

Cet arrêt, qui constituait en quelque sorte une nouvelle jurisprudence, rejetait en fait les conclusions de l'Administration supérieure. Celle-ci avait soutenu devant le Conseil d'État que la prétention de M. N... n'était pas fondée. Ses motifs étaient les suivants :

Au point de vue du régime de la rivière et du curage, ce qui motive l'intervention de la police des eaux, c'est le barrage qui crée la chute, diminue la vitesse d'écoulement des eaux, et facilite la formation des dépôts. L'Administration ne réglemente pas la prise d'eau ni les appareils moteurs et ne s'ingère en rien dans la disposition intérieure de l'usine. Peu importe donc que, par des motifs de convenance personnelle, le propriétaire cesse de faire fonctionner son industrie ou même qu'il la supprime. Tant qu'il maintient son barrage, il reste permissionnaire et conserve la faculté de remettre l'usine en marche, ou même de reconstruire le bâtiment démoli sans avoir besoin pour cela d'aucune autorisation ; il en résulte que, pour être déchargé de l'obligation de contribuer au curage, il doit supprimer son barrage et rétablir le libre et naturel cours des eaux. Tant que le barrage subsiste, son propriétaire doit rester assujetti aux charges que l'usage ancien et local impose aux usiniers.

Sans se prononcer en termes généraux sur cette doctrine, le Conseil d'État semble l'avoir repoussée.

Il y a donc un grand intérêt à examiner les conséquences à tirer de l'arrêt précité du Conseil d'État en ce qui concerne la conduite à tenir par les agents de l'Administration.

Dans la préface de la première édition de son *Traité des Travaux publics*, publiée en 1860, M. Albert Christophle, qui fut depuis ministre des Travaux publics, fait remarquer que, tandis que la Cour de cassation s'efforce dans ses arrêts de dégager succinctement la doctrine, en sorte que les plaideurs puissent en inférer une règle de conduite pour les cas similaires, et que les juristes puissent trouver dans les principes généraux du droit la sanction morale de l'arrêt rendu, le Conseil d'État, toujours sobre de considérants et de motifs, semble, au contraire, s'attacher à ne rendre que des décisions d'espèces, ne pas vouloir engager l'avenir et redouter la sujétion d'une jurisprudence établie.

C'est le cas de l'arrêt dont nous discutons ici les conséquences. On en a conclu à tort que le Conseil d'État aurait méconnu les principes presque évidents qui régissent la matière, et qu'il aurait ainsi exposé le régime de nos cours d'eau à des conséquences redoutables devant lesquelles il reculerait lui-même. Dans une affaire d'apparence assez complexe, où les circonstances accessoires résultant de l'entrelacement des bras du cours d'eau couvraient et cachaient en quelque sorte le point principal, il a décidé que l'usinier serait déchargé de la taxe, simple décision d'espèce, et, en admettant un instant que la Section du contentieux ait pu perdre de vue les principes, elle n'a certainement pas entendu les violer. Ce serait donc aller trop loin que d'inférer de l'arrêt en question que le Conseil d'État aurait entendu créer un lien de droit entre les aménagements intérieurs d'une usine, en dehors du lit du cours d'eau, et le régime de ce cours d'eau.

Du reste, l'Administration, placée en présence de cet arrêt, ne s'est pas considérée comme désarmée. S'appuyant précisément sur ce que le Conseil d'État, en prononçant sur une espèce, n'a nullement entendu déroger aux principes généraux en vertu desquels le droit est inhérent à l'obligation, elle a estimé que, dès lors que le Conseil d'État déclarait que le sieur X... avait supprimé son usine, le barrage devenait purement et simplement un obstacle accidentel au cours des eaux, et elle a invité M. X... à le faire disparaître. Sur le refus de ce dernier, elle a procédé à la démolition d'office et poursuivi contre ledit sieur X... le recouvrement des frais de démolition. M. X... a refusé de payer et a formé une instance devant le Conseil de préfecture, qui s'est déclaré incompétent; il a déféré cette décision au Conseil d'État, qui a rejeté son pourvoi. L'affaire ressortait alors des tribunaux civils, mais le requérant n'a pas été plus loin. Une modification introduite depuis dans la loi de finances (budget de l'exercice 1893, annexes, tableau J) a rangé ces sortes de recouvrements dans la catégorie de ceux pour lesquels le Conseil de préfecture serait aujourd'hui compétent.

Nous devons toutefois ajouter, pour compléter ce qui concerne cette affaire instructive, qu'avant de procéder à la démolition d'office l'Administration, soucieuse de ne recourir aux moyens de rigueur qu'après avoir épuisé toutes les voies de conciliation, avait essayé d'assurer le curage du cours d'eau en constituant une association syndicale; mais les riverains s'y étaient refusés en alléguant l'usage ancien qui imposait le curage aux cinq usiniers de la rivière; ils concluaient de l'arrêt du Conseil d'État que le curage incombait désormais aux quatre usiniers restants ; mais ceux-ci soutenaient que l'usage imposé à cinq usines est indivisible et qu'il disparaît s'il n'y en a plus que quatre. Dans cette situation, l'Administration s'est bornée à supprimer le barrage litigieux, et si le curage s'impose à nouveau avant qu'elle ait réuni les riverains en association syndicale, il lui restera la ressource d'appliquer l'article 2 de la loi du 14 floréal an XI et de provoquer un règlement d'administration publique.

92. Formalités préalables à l'exécution des travaux de curage. — Lorsque le curage d'une partie du ruisseau a été réclamé par des intéressés, ou que son utilité générale est démontrée, les ingénieurs en dressent l'avant-projet.

Nous allons examiner les diverses phases de l'instruction de l'affaire, *en supposant en premier lieu qu'il n'existe ni anciens règlements ni usages locaux.*

On doit tout d'abord tenter la formation d'une association syndicale sur les bases de la loi du 21 juin 1865-22 décembre 1888. Dans ce but, les ingénieurs préparent un dossier comprenant :

1° Le plan périmétral des terrains intéressés au curage ;

2° L'état des propriétaires de chaque parcelle ;

3° Un projet d'acte d'association dressé conformément au modèle annexé à la circulaire ministérielle du 13 décembre 1878 (§ 94).

Il arrive assez souvent que le périmètre intéressé est formé d'une bande longeant le cours d'eau, et si étroite que, sur la carte de l'état-major, l'indication de ce périmètre se réduit à un simple liseré. Dans ce cas, le plan périmétral peut être remplacé par un plan parcellaire à grande échelle ; mais il importe de l'étendre à toute la superficie présumée devoir bénéficier de l'abaissement du plan d'eau, car les propriétaires qui se prétendraient désintéressés peuvent toujours assez aisément obtenir leur distraction de l'association s'ils y sont compris à tort, tandis qu'une extension ultérieure du périmètre exige l'accomplissement de toutes les formalités primitives.

Le dossier est soumis, par les soins du préfet, à une enquête de vingt jours dans chacune des communes de la situation des lieux à la mairie desquelles est déposé un registre destiné à recevoir les observations des intéressés.

Cette enquête n'est pas prescrite par la loi, mais elle est consacrée par l'usage. La jurisprudence n'exige pas que les propriétaires reçoivent des avis individuels ; il suffit que l'enquête ait été annoncée à son de caisse et par affiches apposées à la porte de la mairie et de l'église.

Il peut arriver que l'enquête donne des résultats défavorables à la formation d'une association syndicale, soit parce que l'utilité même du curage est contestée, soit parce que le mode de répartition des dépenses proposé soulève des objections. Si l'Administration, malgré ces protestations, persiste à penser que l'utilité du curage est incontestable, la loi de 1865-1888 stipule qu'avant de recourir à un règlement d'administration publique il est indispensable de satisfaire, au préalable, aux prescriptions des articles 11 et 12 de ladite loi. Les intéressés ont tout avantage à adhérer à l'acte d'association, qui leur offre les meilleures garanties, par suite de leur participation à l'élection des syndics, pour obtenir que les dépenses soient réparties proportionnellement à l'intérêt de chacun. Si cet avantage n'a pas été apprécié au moment de l'enquête, il peut finir par l'être, à la suite d'explications échangées entre les propriétaires et les ingénieurs. Dans tous les cas, l'enquête n'a pas épuisé la consultation des intéressés prévue par la loi, et ses résultats ne peuvent dès lors être considérés comme offrant un caractère de certitude suffisant pour clore l'instruction.

Par suite, quels que soient ces résultats, le préfet, sur la proposition des ingénieurs, doit convoquer en assemblée générale tous les intéressés aux travaux de curage.

Nous donnons ci-dessous un modèle d'arrêté préfectoral portant convocation de l'assemblée générale des intéressés, d'un modèle de procès-verbal de la délibération de l'assemblée générale des intéressés.

MINISTÈRE
de
L'AGRICULTURE

DIRECTION
de
L'HYDRAULIQUE
AGRICOLE

DÉPARTEMENT
d..

Lois des 21 juin 1865-22 décembre 1888

CURAGE DES COURS D'EAU NON NAVIGABLES
NI FLOTTABLES

Rivière d.........................

CONSTITUTION D'UNE ASSOCIATION SYNDICALE AUTORISÉE

I. — Modèle d'Arrêté préfectoral
portant convocation de l'assemblée générale des intéressés.

Nous, Préfet du département d..............................
....

Vu les pièces de l'enquête à laquelle ont été soumis le projet d'acte d'association, le plan et l'état parcellaire relatifs aux travaux de curage de la rivière d....., dans la traversée de..... commune..... d....., en exécution de notre arrêté du.....;

Vu l'avis de M. le commissaire enquêteur;

Vu les lois des 21 juin 1865-22 décembre 1888 et le règlement d'administration publique du 9 mars 1894;

Vu le rapport de MM. les ingénieurs du service de l'hydraulique agricole des ....

Considérant que les formalités prescrites par le règlement précité ont été exactement remplies;

Arrêtons :

Article premier. — Tous les propriétaires présumés intéressés aux travaux dont il s'agit et dénommés dans l'état parcellaire ci-dessous sont convoqués pour le....., à...... heures, en assemblée générale, à la mairie d....., à l'effet de déclarer s'ils consentent à faire partie de l'association syndicale.

Art. 2 — M... est nommé président de l'assemblée générale.

Art. 3. — Un procès-verbal constatera le nombre des intéressés et celui des présents. Il indiquera avec le résultat de la délibération :

Le vote nominal de chaque intéressé :

L'acquiescement donné, en conformité de l'article 4 de la loi, par les tuteurs, par les envoyés en possession et par tout représentant légal pour les biens des mineurs, des interdits, des absents et autres incapables :

La date des jugements qui auront autorisé cet acquiescement et celle des décisions ou délibérations contenant l'adhésion de l'État, du département, des communes et des établissements publics.

Le procès-verbal sera signé par les membres présents et mentionnera l'adhésion de ceux qui ne savent pas signer.

Les adhésions données par écrit avant la clôture de l'assemblée générale y seront également constatées et y resteront annexées.

Art. 4. — Après avoir clos ce procès-verbal, le président nous le transmettra immédiatement, avec toutes les pièces annexées, pour être statué ce qu'il appartiendra.

Art. 5. — Ampliation du présent arrêté sera adressée au maire de chacune des communes intéressées pour être, huit jours au moins avant la date de la réunion, publiée à son de trompe ou de caisse et affichée tant à la porte de la mairie que dans un lieu apparent, près ou sur les portes de l'église.

Art. 6. — Indépendamment de cette publication, le présent arrêté sera notifié individuellement, par voie administrative, à chacun des propriétaires dont les terrains sont compris dans le périmètre intéressé aux travaux, et il sera gardé original de cette notification : en cas d'absence, la notification prescrite sera faite aux représentants des propriétaires ou à leurs fermiers et métayers : l'acte de notification, à défaut de représentants ou fermiers, sera laissé à la mairie.

A...... le.....,

Le Préfet d....

CERTIFICAT DU MAIRE

Le maire de la commune d..... certifie que l'arrêté préfectoral du..... convoquant en assemblée générale les intéressés aux travaux de curage d..... a été publié, affiché et notifié dans les formes prescrites.

A...... le.....

Le Maire.

II. — Modèle de procès-verbal de la délibération *de l'assemblée générale des intéressés*

Nous....., nommé par arrêté préfectoral du...... pour présider l'assemblée générale des propriétaires intéressés à l'exécution des travaux de curage de.....

Certifions que, conformément aux dispositions de cet arrêté, l'assemblée s'est réunie sous notre présidence le... , à la mairie de....., à..... heures.

Sur un total de propriétaires intéressés de....., inscrits à l'état récapitulatif ci-après, étaient présents.... d'entre eux, dont les noms ont été affectés d'un astérisque audit état.

Nous avons exposé le but de l'association syndicale, donné lecture de l'acte destiné à le constituer et de son annexe, et appelé l'assemblée à délibérer sur cette constitution.

Après cette délibération, il a été procédé au vote nominal de chaque intéressé, qui a été constaté par la signature des membres présents apposée dans la colonne à ce destinée de l'état récapitulatif.

État récapitulatif

Nos d'ordre	Extrait de l'état parcellaire		Vote nominal		Adhésions écrites	Récapitulation du nombre des adhésions	Observations
	Noms et prénoms des Propriétés	Surfaces totales	Refus d'adhésion Signatures	Adhésions Signatures	Nos d'ordre des déclarations		
				Totaux.....			

Nous y avons mentionné par notre propre signature l'adhésion de ceux qui ont déclaré ne pas savoir signer. Nous avons mentionné, d'autre part, dans la colonne d'observations, l'acquiescement donné, en conformité de l'article 4 de la loi, par les tuteurs, par les envoyés en possession et par tout représentant légal pour les biens des mineurs, des interdits, des absents et autres incapables, ainsi que la date des jugements qui ont autorisé cet acquiescement et celle des décisions ou délibérations qui contiennent l'adhésion de l'État, du département, des communes et des établissements publics.

Nous avons classé dans un bordereau annexé au présent procès-verbal les adhesions écrites données avant la clôture de l'assemblée générale, et nous les avons relatées par leurs numéros d'ordre dans l'état récapitulatif qui précède.

Il est constaté sur cet état que, sur un total de propriétaires intéressés de...... représentant une surface totale de....., l'adhésion a été donnée par..... intéressés représentant une surface de.....

Aux termes du § 1er de l'article 12 de la loi du 21 juin 1865-22 décembre 1888, applicable au cas dont il s'agit, les conditions de majorité à remplir pour que l'association puisse être autorisée exigent l'adhésion soit de la majorité des intéressés ou de....., représentant plus des deux tiers de la superficie des terrains ou....., soit des deux tiers des intéressés ou....., représentant plus de la moitié de la superficie, ou.....

Nous en concluons que..... condition..... satisfaite et qu'il y a lieu d..... autoriser l'association.

En foi de quoi, nous avons clos le présent procès-verbal, après en avoir donné lecture à l'assemblée générale, le même jour, à... heures.

Le Président,

Si l'assemblée générale des intéressés réunit le nombre des adhésions nécessaires pour former l'une des deux majorités prévues à l'article 12 de la loi des 21 juin 1865-22 décembre 1888, le préfet procède aux formalités prescrites par cette loi, en vue de la réunion des intéressés en association syndicale autorisée.

Ceux-ci peuvent alors faire dresser le projet des travaux par tel homme de l'art qu'ils ont choisi ; mais les ingénieurs ont toujours à exercer leur contrôle.

Lorsque, au contraire, aucune des majorités prévues n'est obtenue, les ingénieurs préparent un projet de décret par application de l'article 2 de la loi du 14 floréal an XI, et utilisent à cet effet le modèle approuvé par le Conseil d'État et adopté par l'Administration, que nous reproduisons ci-dessous (§ 93). Ce projet de décret est soumis à une nouvelle enquête de quinze jours dans chaque commune intéressée.

Les formalités prescrites ayant été ainsi régulièrement accomplies, le préfet transmet tout le dossier à l'Administration supérieure.

Si l'opposition des intéressés continue à être à peu près unanime, et qu'aucune question de salubrité ne soit en jeu, l'Administration peut être amenée à penser qu'un règlement d'administration publique n'est pas justifié. Dans ce cas, elle s'abstient de réglementer le curage.

Au contraire, s'il lui paraît nécessaire d'aboutir, elle provoque l'émission du décret.

Dans ce cas, les projets définitifs sont dressés par les ingénieurs et exécutés, sous leur direction, par les soins de la commission exécutive.

Lorsqu'il y a lieu d'entreprendre des travaux de régularisation ou de redressement nécessitant l'acquisition de terrains par voie d'expropriation au profit d'un syndicat ou d'une commission exécutive, lesdits travaux doivent être déclarés d'utilité publique.

93. Modèle de projet de décret.

Le Président de la République,

Sur le rapport du Ministre de l'Agriculture,

Vu les pièces des enquêtes auxquelles ont été soumis, en exécution de la loi des 21 juin 1865-22 décembre 1888, les projets, plans périmétraux et états parcellaires et nominatifs relatifs à la constitution en association syndicale autorisée des propriétaires intéressés à l'entretien du..................... des dérivations, bras de décharge et fossés d'assainissement ouverts dans un intérêt général qui dépendent de ce cours d'eau, dans l..... commune de........

Vu le procès-verbal de l'assemblée générale des intéressés tenue............................... et duquel il résulte que les conditions de majorité prévues par l'article 12 de la loi précitée n'ont pas été remplies ;

Vu le projet de décret dressé par les ingénieurs...............

en vue de la réglementation du curage des cours d'eau ci-dessus désignés, par application de l'article 2 de la loi du 14 floréal an XI et de l'article 26 de la loi des 21 juin 1865-22 décembre 1888 ;

Ensemble le plan des lieux indiquant les propriétés et usines qui sont présumées devoir profiter des travaux ;

Vu les pièces des enquêtes auxquelles ledit projet de décret a été soumis du....... ....
dans l..... commune..... intéressée ;

Vu les rapports des ingénieurs, en date d.........

Vu l'avis du préfet, en date du........

Vu la loi du 14 floréal an XI (art. 2) et la loi des 21 juin 1865-22 décembre 1888 (art. 26);

Le Conseil d'État entendu,

DÉCRÈTE :

ARTICLE PREMIER

Il sera pourvu, dans les conditions indiquées ci-après, sur le territoire de..... commune..... de.........
à l'exécution des travaux de curage, d'entretien et de faucardement :

ainsi que des dérivations, bras de décharge et fossés d'assainissement, ouverts dans un intérêt général, qui dépendent de ce cours d'eau.

ART. 2

Le périmètre des terrains intéressés au curage est indiqué par un liseré...................... sur le plan général sus-visé

TITRE PREMIER

ART. 3

Nomination et composition de la commission exécutive. — Le préfet nomme, parmi les propriétaires territoriaux et parmi les propriétaires ou usagers d'établissements hydrauliques intéressés, une commission de............ membres à l'effet de concourir, sous son autorité, à la détermination des travaux et aux mesures propres à assurer leur bonne exécution, ainsi que la répartition et le recouvrement des dépenses.

Le siège de la commission est fixé à........

ART. 4

Durée des fonctions des membres de la commission exécutive et renouvellement périodique. — Les fonctions des membres de la commission, nommés comme il est dit à l'articte 3, durent..........

ans ; cependant, à la fin de la.......... et de la......... année, les membres nommés pour la première fois sont renouvelés par tiers.

Lors des deux premiers renouvellements, les membres sortants sont désignés par le sort ; à partir de la neuvième année, et de trois en trois ans, les membres sortants sont désignés par l'ancienneté.

Les membres sont indéfiniment éligibles et continuent leurs fonctions jusqu'à leur remplacement.

Art. 5

Remplacements partiels. — Tout membre de la commission nommé comme il est dit à l'article 3, qui, sans motif reconnu légitime, aura manqué à trois réunions consécutives, peut être déclaré démissionnaire par le préfet, sur la demande de la majorité absolue des autres membres de la commission.

Tout membre de la commission qui viendrait à décéder, ou qui aurait cessé de satisfaire aux conditions qu'il remplissait lors de sa nomination, sera remplacé par le préfet.

Les fonctions du membre ainsi élu ne dureront que le temps pendant lequel le membre qu'il remplace serait lui-même resté en fonctions.

Art. 6

Nomination du directeur, du directeur adjoint et du secrétaire. — Le préfet désigne l'un des membres de la commission exécutive pour remplir les fonctions de directeur et un adjoint qui le remplace en cas d'absence ou d'empêchement.

Les membres de la commission nomment un secrétaire pris parmi eux ; il peut être remplacé à toute époque par la commission.

Art. 7

Membres suppléants. — Les membres titulaires ne peuvent se faire représenter aux réunions de la commision par des mandataires ; pour les remplacer en cas d'absence, deux membres suppléants seront nommés de la même manière et en même temps que les membres titulaires.

Art. 8

Fonctions du directeur. — Le directeur est chargé de la surveillance générale des intérêts que la commission exécutive a mission de sauvegarder et de la conservation des plans, registres et autres papiers relatifs à l'exécution des travaux.

En cas d'absence ou d'empêchement, il est remplacé par le directeur adjoint et, à défaut de celui-ci, par le plus âgé des membres de la commission.

ART. 9

Réunion de la commission. — La commission exécutive fixe le jour et l'heure de ses réunions. Elle est convoquée et présidée par le directeur. Elle se réunit toutes les fois que les besoins du service l'exigent, soit en vertu de l'initiative du directeur, soit sur la demande du tiers au moins de ses membres, soit sur l'initiative du préfet.

ART. 10

Délibérations de la commission. — Les délibérations sont prises à la majorité des voix des membres présents.

En cas de partage, la voix du président est prépondérante.

Les délibérations de la commission sont valables lorsque, tous les membres ayant été convoqués par lettre à domicile, plus de la moitié y a pris part.

Néanmoins, lorsque, après deux convocations faites à quinze jours d'intervalle et dûment constatées sur le registre des délibérations, les membres de la commission ne se sont pas réunis en nombre suffisant, la délibération prise après la deuxième convocation est valable, quel que soit le nombre des membres présents.

Les délibérations sont inscrites par ordre de date sur un registre coté et paraphé par le directeur. Elles sont signées par les membres présents à la séance ou portent mention des motifs qui les ont empêchés de signer.

Copie en est adressée au préfet dans la huitaine.

Les délibérations qui comporteraient des engagements financiers ne pourront être exécutées qu'après l'approbation du préfet.

ART. 11

Fonctions de la commission. — La commission exécutive est chargée :

1° D'assurer l'exécution des travaux de curage, d'entretien et de faucardement spécifiés à l'article 1er du présent décret, sous l'autorité du préfet et la direction des ingénieurs ;

2° D'examiner les projets dressés par les ingénieurs et de signaler les modifications dont ils pourraient être susceptibles ;

3° De statuer sur le mode à suivre pour la marche des travaux et de passer les adjudications et marchés nécessaires pour leur exécution ;

4° De nommer les agents auxquels sera confiée la surveillance des travaux, de fixer le traitement de ces agents ;

5° De dresser l'état de répartition des dépenses à imposer aux propriétaires de terrains ou établissements hydrauliques intéressés aux travaux de curage et de faucardement ;

6° De délibérer sur les emprunts qu'elle jugera nécessaires à l'exécution des travaux ; de voter et de contracter ces emprunts, qui devront, au préalable, être autorisés par l'Administration supérieure ou par le préfet, suivant qu'ils porteront ou non à plus de 50.000 francs la totalité des emprunts conclus par la commission pour le compte des intéressés ;

7° De contrôler et de vérifier les comptes présentés annuellement par le receveur chargé du recouvrement des taxes et du paiement des dépenses ;

8° De veiller à ce que les conditions imposées pour l'établissement des barrages et des prises d'eau soient strictement observées ; de provoquer, au besoin, la répression des infractions aux lois et règlements qui régissent la police des cours d'eau ;

9° Enfin, de donner son avis et de faire des propositions sur tout ce qu'elle croira utile aux intérêts dont elle est chargée, à ceux des propriétaires riverains et à l'exécution des travaux.

TITRE II

Curages. — Faucardements. — Rédaction des projets
Exécution des projets

Art. 12

Époque des curages. — Le curage à vieux fonds et à vieux bords des cours d'eau et des fossés désignés dans l'article 1er aura lieu aux époques qui seront fixées par le préfet, sur la proposition de la commission exécutive et l'avis des ingénieurs.

Art. 13

Définition et limites des curages. — Le curage comprendra les travaux nécessaires pour ramener les différentes parties des cours d'eau à leurs largeurs et à leurs profondeurs naturelles.

En cas de difficultés, ces largeurs et ces profondeurs pour les diverses parties des cours d'eau et fossés, ainsi que les dimensions des digues existantes et de celles qu'il y aurait lieu d'établir à l'aide des produits des curages, seront reconnues et constatées par arrêté du préfet, après enquête de quinze jours dans chacune des communes intéressées, sur la proposition de la commission exécutives et d'après le rapport des ingénieurs.

ART. 14

Faucardements. — Indépendamment des curages, un faucardement général sera fait une fois par an, sans préjudice des faucardements extraordinaires qui pourront être ordonnés par le préfet, sur la proposition de la commission exécutive et l'avis des ingénieurs.

Les propriétaires d'établissements hydrauliques pourront, d'ailleurs, être autorisés par le préfet, sur la proposition de la commission exécutive, à exécuter à leurs frais des faucardements locaux aux abords de leurs usines.

ART. 15

Rédaction des projets. — Les projets de curages et de faucardements seront rédigés par les ingénieurs ; ils seront soumis à la commission exécutive et approuvés par le préfet.

Sous la réserve de la faculté attribuée aux riverains par l'article 16, les travaux seront exécutés à l'entreprise au rabais après adjudication publique, ou en régie.

ART. 16

Délais d'exécution des travaux par les riverains. — La commission exécutive fera connaître dans chaque commune, par voie de publications et d'affiches, dix jours au moins à l'avance, le délai pendant lequel les riverains auront la faculté d'exécuter eux-mêmes les travaux prescrits au droit de leurs propriétés.

A l'expiration de ce délai, un procès-verbal de récolement constatera les travaux exécutés par chaque riverain, avec leur évaluation en argent au prix de l'adjudication ou du projet.

Ce procès-verbal sera dressé par l'ingénieur de l'arrondissement ou son délégué, en présence du directeur de la commission ou de son délégué, les intéressés dûment convoqués.

Les travaux non exécutés seront faits ou terminés soit par l'entrepreneur adjudicataire, soit en régie, ainsi qu'il est dit à l'article 15.

ART. 17

Obligations des riverains. — Les riverains sont tenus de receper et d'enlever tous les arbres, buissons et souches qui forment saillie sur les berges délimitées comme il est dit à l'article 13, ainsi que toutes les branches qui, en baignant dans les eaux, nuiraient à leur écoulement. A leur défaut, il y sera pourvu d'office par les soins de la commission exécutive et à leurs frais.

Ils devront supporter le dépôt et l'emploi sur leurs terrains des matières provenant du curage, dans les conditions prévues aux projets approuvés. Les matières restées sans emploi sont laissées à leur disposition, sous la défense expresse de les rejeter dans les cours d'eau.

ART. 18

Passage sur les propriétés riveraines. — Les riverains devront livrer passage sur leurs terrains, depuis le lever jusqu'au coucher du soleil, aux membres de la commission exécutive, aux surveillants des travaux, aux fonctionnaires et agents des Ponts et Chaussées dans l'exercice de leurs fonctions, ainsi qu'aux entrepreneurs et ouvriers chargés du curage.

Ces mêmes personnes ne pourront, toutefois, user du droit de passage sur les terrains clos qu'après en avoir prévenu le propriétaire.

En cas de refus, elles requerront l'assistance du maire de la commune.

Elles seront, d'ailleurs, responsables de tous les dommages et délits commis par elles ou par leurs ouvriers.

Le droit de passage devra s'exercer, autant que possible, en suivant la rive des cours d'eau.

ART. 19

Obligations des propriétaires et usagers des établissements hydrauliques. — Les propriétaires et usagers des établissements hydrauliques devront tenir leurs vannes ouvertes tant pour l'exécution que pour la réception des travaux, pendant les jours et heures qui seront fixés par un arrêté préfectoral pris à la demande de la commission exécutive et sur l'avis des ingénieurs.

ART. 20

Obstacles à l'écoulement des eaux. — La commission exécutive signalera au préfet les barrages fixes ou mobiles qui ne seraient pas établis en vertu d'un titre régulier, les ponts ou passerelles dont le débouché serait insuffisant, enfin, les autres ouvrages dont l'enlèvement paraîtrait nécessaire pour assurer le libre écoulement des eaux.

ART. 21

Surveillance et réception des travaux. — Les travaux seront exécutés sous la direction des ingénieurs ; ils seront surveillés par la commission exécutive, avec le concours d'agents choisis par elle et rémunérés sur les fonds des travaux. Ils seront reçus par deux membres désignés par la commission et en présence de l'ingénieur ou de son délégué.

ART. 22

Travaux ordonnés d'office par le préfet. — Les intéressés seront tenus de supporter les frais des travaux dont l'exécution sera ordonnée d'office par le préfet, pour obvier aux conséquences nuisibles à l'intérêt général que pourrait avoir l'interruption ou le défaut d'entretien des travaux qui font l'objet de l'article 1er du présent décret.

ART. 23

Travaux urgents. — Les travaux d'urgence pourront être exécutés immédiatement et d'office par ordre du directeur, à la condition d'en rendre compte immédiatement au préfet, qui suspendra, s'il y a lieu, l'exécution de ces travaux, après avis des ingénieurs.

Rentreront aussi dans les dépenses à la charge des intéressés les frais des travaux urgents dont l'exécution serait ordonnée, à défaut du directeur, par le préfet, sur l'avis des ingénieurs.

TITRE III

Travaux d'amélioration

ART. 24

Travaux d'amélioration. — Si, pour procurer le libre écoulement des eaux, il est nécessaire d'entreprendre des travaux d'approfondissement, de redressement et de régularisation, les projets de ces travaux, ainsi que le plan périmétral et l'état des propriétaires intéressés à l'exécution desdits travaux et appelés à concourir à la dépense qu'entraînera leur exécution, seront soumis à une enquête de vingt jours.

L'exécution desdits travaux ne pourra être autorisée que par un décret portant déclaration d'utilité publique et autorisant la commission exécutive à poursuivre, s'il y a lieu, l'expropriation des terrains qui seraient reconnus nécessaires à l'exécution de ces travaux, dans les formes prescrites par la loi du 21 mai 1836.

Les projets de ces travaux seront dressés par les ingénieurs; ils seront soumis à la commission exécutive et approuvés par le préfet.

TITRE IV

Répartition des dépenses

Art. 25

Base de la répartition des dépenses. — Aussitôt après l'approbation des projets de curage et de faucardement, la commission exécutive dressera l'état général des intéressés, en indiquant la proportion dans laquelle chaque intéressé doit contribuer aux dépenses reconnues nécessaires. L'état de la répartition ainsi dressé est déposé pendant quinze jours à la mairie de la commune de la situation des lieux, où les intéressés sont admis à présenter leurs observations.

Dans la huitaine de la clôture de cette enquête, la commission exécutive est appelée à exprimer son avis sur les observations qui auraient pu être produites. L'état, rectifié, s'il y a lieu, est soumis à l'approbation du préfet, pour servir de base aux rôles à mettre en recouvrement, sauf recours de intéressés devant le conseil de préfecture.

Les dettes obligatoires et exigibles qui auraient été omises dans le projet du budget pourront être inscrites d'office par le préfet, après mise en demeure préalable adressée à la commission exécutive.

Art. 26

Répartition des dépenses. — La construction et l'entretien des ouvrages régulateurs des retenues d'eau resteront à la charge des propriétaires des barrages.

Les dépenses de curage et de faucardement, ainsi que les frais généraux, seront, sauf les droits et servitudes contraires, r parties entre les différents intéressés proportionnellement aux base fixées, comme il a été dit à l'article précédent, de manière que la quotité des contributions de chaque imposé soit toujours relative au degré d'intérêt qu'il aura aux travaux qui devront s'effectuer.

Quant aux riverains qui useraient de la faculté qui leur est réservée à l'article 16, l'évaluation des travaux qu'ils auraient exécutés eux-mêmes est déduite du montant de leurs taxes. Dans le cas où l'évaluation desdits travaux excéderait leur part contributive, il ne leur est rien restitué.

TITRE V

Comptabilité et recouvrement des taxes

Art. 27

Recouvrement des taxes. — Le recouvrement des taxes est fait soit par un receveur spécial choisi par la commission exécutive et agréé par le préfet, soit par un percepteur des contributions directes, nommé par le préfet, sur la proposition de la commission, le trésorier-payeur général entendu.

Art. 28

Cautionnement et remises du receveur. — S'il y a un receveur spécial, le montant de son cautionnement et la quotité de ses remises sont déterminés par la commission, sauf l'agrément du préfet.

Si le receveur est percepteur des contributions directes, son cautionnement et ses remises ne peuvent être fixés par le préfet, sur la proposition de la commission, qu'avec l'assentiment du trésorier-payeur général et, en cas de désaccord, par le Ministre des Finances.

Art. 29

Rédaction des rôles. — Les rôles préparés par le receveur et dressés par la commission exécutive sont affichés pendant huit jours à la porte de la mairie de chaque commune intéressée ; ils sont rectifiés, s'il y a lieu, par la commission et rendus exécutoires par le préfet, qui fixe les époques des paiements à faire par les contribuables.

Art. 30

Publication et recouvrement des rôles. — La publication et le recouvrement des rôles s'opèrent comme en matière de contributions directes, conformément à l'article 3 de la loi du 14 floréal an XI.

Le receveur est responsable du défaut de paiement des taxes dans le délai fixé par les rôles, à moins qu'il ne justifie de poursuites faites contre les contribuables en retard.

Art. 31

Acquit des mandats. — Les paiements d'acomptes pour les travaux exécutés sont effectués par le receveur, en vertu de mandats du préfet, d'après les états de situation dressés par les agents de la commission et visés par le directeur ou par le membre délégué à cet effet.

Pour les paiements définitifs, il est, en outre, produit un procès-verbal dressé comme il est dit à l'article 21.

Le receveur acquitte aussi les mandats qui, à défaut du directeur, seraient délivrés par le préfet, soit pour le paiement des dépenses faites conformément à ses ordres, en vertu des articles 22 et 23, soit pour l'acquittement des dettes obligatoires et exigibles qu'il aurait inscrites d'office au budget, conformément à l'article 25.

Art. 32

Vérification des comptes du receveur. — Le receveur rend compte annuellement à la commission, avant le 15 avril, des recettes et des dépenses qu'il a faites pour l'année précédente.

Il ne lui est pas tenu compte des paiements qui ne sont pas régulièrement justifiés.

S'il y a un receveur spécial, la commission vérifie le compte annuel, l'arrête provisoirement et l'adresse au préfet pour être soumis au conseil de préfecture.

Si le receveur est percepteur des contributions directes, son compte, vérifié par le Receveur des finances et certifié exact dans ses résultats, est soumis à la commission exécutive, puis vérifié sur pièces par le même Receveur des finances, qui l'adresse au préfet pour être soumis au conseil de préfecture.

Art. 33

Vérification de la caisse du receveur. — Le directeur vérifie, lorsqu'il le juge convenable, la situation de la caisse du receveur, qui est tenu de lui communiquer toutes les pièces de la comptabilité.

TITRE VI

Art. 34

Gardes-rivières. — Il pourra être institué par la commission exécutive, conformément à la loi du 20 messidor an III, article 4, un ou plusieurs gardes-rivières, chargés de constater par des procès-verbaux les délits et contraventions aux lois et règlements sur la police des cours d'eau.

Ces gardes sont commissionnés par le sous-préfet; ils prêtent serment devant le tribunal de l'arrondissement.

Ils visitent fréquemment la partie des cours d'eau commise à leur garde.

Ils tiennent un registre coté et paraphé par le directeur de la commission : ils y mentionnent tous les faits reconnus dans leurs tournées, et particulièrement les délits et contraventions qu'ils ont constatés.

Ce registre doit être présenté à toute réquisition des membres et agents de la commission et des ingénieurs. Il est visé au moins une fois chaque mois par le directeur.

Les gardes se rendent aux réunions de la commission, quand ils y sont appelés, pour rendre compte de leur service et recevoir les instructions nécessaires. Ils font, d'ailleurs, connaître au directeur toutes les entreprises qui sont faites dans les cours d'eau confiés à leur surveillance, ainsi que les changements qui peuvent être apportés aux ouvrages établis sur ces cours d'eau.

ART. 35

Le Ministre de l'Agriculture est chargé de l'exécution du présent décret.

94. Cas où il y a lieu d'appliquer l'article 1er de la loi du 14 floréal an XI. — Dans le cas où il existe des anciens règlements ou des usages locaux, nous savons que le préfet est compétent pour prescrire le curage, en exécution de l'article 1er de la loi du 14 floréal an XI. Cette opération n'implique pas l'institution d'un syndicat, et l'Administration juge, en général, inutile de recourir à cette mesure, attendu que les conditions générales d'exécution et la répartition des dépenses sont déterminées par les usages ou règlements qu'il suffit d'appliquer.

L'application de l'article 1er de la loi de l'an XI varie entièrement avec les départements. Tantôt ce sont les conseils municipaux et les maires qui prennent l'initiative et la direction des travaux ; d'autres fois, ce sont des commissions locoles ; quelquefois, enfin, les projets sont surveillés et rédigés uniquement par les ingénieurs du service hydraulique. Cette diversité tient à des anciens règlements, des usages locaux et aussi aux habitudes et aux nécessités locales.

Jusqu'ici l'Administration n'a pas cherché à unifier ces diverses procédures, mesure qui se heurterait probablement à la résistance des intéressés.

Il serait bon, cependant, pour éviter des réclamations contentieuses, que la procédure suivie dans chaque département se rapprochât autant que possible de celle que la pratique a fait reconnaître pour la meilleure.

Le modèle d'arrêté préfectoral de curage par application de l'article 1er de la loi du 14 floréal an XI actuellement en vigueur, est celui qui est joint à la circulaire du Ministre des Travaux publics en date du 13 décembre 1878. Nous en reproduisons ci-dessous le texte :

Nous, Préfet du département d.....,

Vu les lois des 22 décembre 1789-janvier 1790, 12-20 août 1790 et 6 octobre 1791, ainsi que l'arrêté du Gouvernement du 19 ventôse an VI ;

Vu les articles 1, 3 et 4 de la loi du 14 floréal an XI ;

Vu (*mentionner ici les pièces à l'aide desquelles on établit qu'il existe des anciens règlements ou des usages locaux*) ;

Vu (*mentionner ici les pièces qui constatent la nécessité de procéder au curage, notamment les rapports des ingénieurs et, s'il y a lieu, les projets, plans et profils joints à ces rapports*) ;

Vu les pièces de l'enquête à laquelle le projet du présent règlement a été soumis dans les communes d.....
selon les formes prescrites par la circulaire ministérielle du 23 octobre 1851, enquête n° 2 :

Arrêtons ce qui suit :

ARTICLE PREMIER

Sont soumis aux dispositions suivantes les travaux de curage et de faucardement à exécuter dans la rivière d.....
depuis.. .. jusqu'à
dans les dérivations, bras de décharge et fossés d'assainissement, ouverts dans un intérêt général, qui dépendent de cette rivière, *ainsi que dans les affluents ci-après désignés:*

TITRE PREMIER

Curages ordinaires et extraordinaires. — Faucardements
Exécution des travaux. — Répartition des dépenses

ART. 2

Curages et faucardements. — Le curage à vieux fonds et à vieux bords et le faucardement des cours d'eau ci-dessus désignés seront exécutés par les propriétaires intéressés, conformément aux anciens règlements et usages locaux.

(Indiquer ici notamment la répartition des charges et des dépenses.)

ART. 3

Époques des curages. — Il sera procédé à ce curage (*indiquer ici les époques*).

Indépendamment des curages périodiques, le préfet pourra, sur l'avis des ingénieurs, en ordonner d'extraordinaires pour les portions des cours d'eau soumises au présent règlement qui seront jugées en avoir besoin.

ART. 4

Définition et limites des curages. — Le curage comprendra les travaux nécessaires pour ramener les différentes parties des cours d'eau à leurs largeurs et à leurs profondeurs naturelles.

En cas de difficultés, ces largeurs et profondeurs pour les diverses parties des cours d'eau et fossés, ainsi que les dimensions des digues existantes et de celles qu'il y aurait lieu d'établir à l'aide du produit des curages, seront reconnues et constatées par des arrêtés du préfet, sur la proposition des ingénieurs, après enquête de quinze jours dans chacune des communes intéressées.

ART. 5

Faucardement. — Indépendamment des curages, un faucardement général sera fait une fois tous les..... ou plus souvent, si cela est reconnu nécessaire.

Les usiniers pourront, d'ailleurs, être autorisés par le préfet, sur l'avis des ingénieurs, à exécuter à leurs frais des faucardements locaux aux abords de leurs usines.

ART. 6

Rédaction des projets. — Les projets des travaux de curage et de faucardement seront rédigés par les ingénieurs et soumis à l'approbation du préfet.

Sous la réserve de la faculté attribuée aux riverains par l'article 7, les travaux seront exécutés à l'entreprise au rabais, après adjudication publique, ou en régie.

ART. 7

Délais d'exécution. — Le maire de chaque commune fera connaître, par voie de publications et d'affiches, dix jours au moins à l'avance, le délai pendant lequel les riverains auront la faculté d'exécuter eux-mêmes les travaux prescrits au droit de leurs propriétés.

A l'expiration de ce délai, un procès-verbal de récolement constatera les travaux exécutés par chaque riverain, avec leur évaluation en argent au prix de l'adjudication ou du projet. Ce procès-verbal sera dressé par un agent de l'Administration, en présence des intéressés et du maire, ou eux dûment convoqués.

Les travaux non exécutés seront faits ou terminés soit par l'entrepreneur adjudicataire, soit en régie, ainsi qu'il est dit à l'article précédent.

Art. 8

Surveillance et réception des travaux. — Les travaux seront exécutés sous la direction des ingénieurs. Ils seront reçus par un agent de l'Administration, après convocation des maires de chaque commune.

Art. 9

Recouvrement des dépenses. — Les travaux exécutés par application du dernier paragraphe de l'article 7 et tous autres exécutés d'office feront l'objet de rôles dressés par les ingénieurs, d'après les bases indiquées à l'article 2, et rendus exécutoires par le préfet. Le recouvrement s'en opérera comme en matière de contributions directes.

Pour les riverains qui useraient de la faculté qui leur est réservée par l'article 7, on déduira de leurs taxes l'évaluation des travaux par eux exécutés; mais, dans le cas où l'évaluation desdits travaux excéderait leur part contributive, il ne leur est rien restitué.

TITRE II

Répression des contraventions

Art. 10

Les contraventions au présent règlement seront constatées au moyen de procès-verbaux dressés par les gardes-rivières ou par tous autres agents de l'autorité ayant qualité à cet effet.

Ces procès-verbaux seront affirmés, dans les trois jours de leur date, devant le maire ou le juge de paix soit de la résidence de l'agent, soit du lieu de la contravention. Ils seront visés pour timbre et enregistrés en débet dans un délai de quatre jours après l'affirmation, et déférés aux juridictions compétentes. Copie de chaque procès-verbal sera remise par l'agent qui l'aura dressé au maire de la commune, et notifiée par celui-ci au contrevenant avec sommation, s'il y a lieu, de faire cesser immédiatement le dommage.

Art. 11

Des expéditions du présent arrêté seront adressées à l'ingénieur en chef, aux sous-préfets et aux maires chargés d'assurer, chacun en ce qui le concerne, l'exécution des dispositions prescrites.

La même circulaire ministérielle du 13 décembre 1878 donne le modèle d'arrêté préfectoral autorisant une association syndicale pour l'exécution des travaux de curage par application de la loi du 21 juin 1865.

En voici le texte :

Nous, Préfet du département d..........

Vu les lois des 22 décembre 1789-janvier 1790, 12-20 août 1790 et 6 octobre 1791, ainsi que l'arrêté du Gouvernement du 19 ventôse an VI;

Vu la loi du 14 floréal an XI;

Vu la loi du 21 juin 1865 sur les associations syndicales, et le décret du 17 novembre 1865, portant règlement d'administration publique pour l'exécution de l'article 10 de ladite loi [1];

Vu (*indiquer ici les circonstances qui motivent le projet d'association, soit qu'il ait été provoqué par la demande d'un ou de plusieurs des propriétaires intéressés, soit qu'il émane de l'initiative du préfet*);

Vu, avec les plans et profils qui y sont joints, les rapports et avis des ingénieurs en date d.............

Vu l'avis de la commission instituée par l'arrêté d.............. à l'effet de préparer le projet d'acte d'association;

Vu ce projet d'acte d'association;

Vu les pièces de l'enquête prescrite par l'article 10 de la loi du 21 juin 1865;

Considérant (*indiquer ici comment, dans la réunion des inté-*

[1] La loi du 21 juin 1865 a été modifiée par celle du 22 décembre 1888. Le règlement d'administration publique du 17 novembre 1865 a été annulé et remplacé par le décret du 4 mars 1894, pris en exécution de la loi modifiée de 1865-1888. Il est facile de mettre le modèle ci-dessus en harmonie avec la nouvelle législation ; il suffit de modifier les visas.

ressés, l'une ou l'autre des conditions de majorité, définies dans l'article 12 *de la loi du* 21 *juin* 1865, *a été remplie*) ;

Arrêtons :

Article premier

Est autorisée, conformément à l'acte en date du...............
......, l'association syndicale siégeant à..... des propriétaires de terrains bâtis ou non bâtis et d'usines hydrauliques que comprend le plan périmétral annexé au présent arrêté et qui sont indiqués dans l'état qui l'accompagne, cette association ayant pour but le curage et le faucardement de la rivière d....................

Art. 2

Des expéditions du présent arrêté et de l'acte d'association approuvé par l'article précédent seront adressées à l'ingénieur en chef d.................., au sous-préfet d................. et aux maires d......... .

95. Répartition et recouvrement des dépenses de curage. — L'article 2 de la loi du 14 floréal an XI stipule que la dépense du curage doit être répartie entre les divers intéressés, au prorata de l'avantage qu'ils retirent des travaux.

Cette répartition a souvent donné lieu à des difficultés. Elle comprend, d'une façon générale, tous les propriétaires des trois catégories ci-dessus mentionnées, dont les héritages sont susceptibles d'être envahis par les hautes eaux; mais la quotité de chaque intérêt particulier est difficile à fixer. Ce soin est toujours abandonné au syndicat ou à la commission exécutive, lorsqu'il existe une association syndicale libre ou forcée.

Les contestations sont portées devant le conseil de préfecture; l'Administration doit s'abstenir d'intervenir par des décisions spéciales dans ce règlement d'intérêts privés.

En ce qui concerne les propriétaires des barrages, les arrêtés préfectoraux réglementant ces ouvrages mettent ordinairement à leur charge le curage à vieux fond et à vieux bords du bief de la retenue sur toute sa largeur et dans toute l'amplitude du remous, sauf l'application des règlements ou des usages locaux, et sauf le concours qui pourrait être réclamé des riverains suivant l'intérêt que ceux-ci auraient à l'exécution du travail.

Quelquefois les cours d'eau ne sont utilisés que par des usines échelonnées; dans ce cas, l'usage local met souvent les frais de curage à la charge exclusive des propriétaires de barrages.

Les divers actes prescrivant l'exécution d'un curage fixent tous un délai pendant lequel les intéressés ont la faculté de procéder par eux-mêmes à la partie du travail qui leur incombe. A l'expiration du délai imparti, les travaux non exécutés ou non achevés sont terminés en régie aux frais des propriétaires défaillants, sur lesquels les dépenses avancées sont recouvrées comme en matière de contributions directes.

Pour permettre de solder les dépenses sans attendre l'expiration de la procédure en recouvrement, il existe au budget de chaque département un chapitre de fonds d'avances pour travaux d'intérêt public à la charge des particuliers. Les sommes avancées sont remboursées au département.

96. Nature des opérations constitutives du curage. — Le curage à vieux fond et vieux bords est l'opération qui consiste à restituer au lit ses limites naturelles; il peut être rendu nécessaire soit par suite de l'existence de vases, d'atterrissements, de plantes aquatiques ou autres obstacles naturels à l'écoulement des eaux, soit par suite d'envahissements de la part des riverains.

Dans le modèle de projet de décret que nous avons reproduit ci-dessus (§ 93), on qualifie cette opération : l'ensemble des travaux nécessaires pour ramener les différentes parties des cours d'eau à leurs largeurs et à leurs profondeurs naturelles. La première définition peut, en effet, paraître excessive en ce sens que, prise à la lettre, elle comporte la suppression absolue de tous les relais [1] et alluvions dont le Code civil attribue la propriété aux riverains. La seconde définition permet de faire le nécessaire pour assurer le libre écoulement des eaux en respectant l'œuvre de la nature, c'est-à-dire en ne la modifiant qu'en cas de nécessité.

[1] Aux termes du Code civil, on désigne sous le nom de *relais* les surfaces que découvre l'eau courante qui se retire insensiblement de l'une de ses rives en se portant sur l'autre.

En d'autres termes, il serait excessif de vouloir rétablir à tout prix l'état des lieux ancien, qui peut tendre à se modifier naturellement et de lui-même. On doit se borner à assurer le libre cours des hautes eaux ordinaires. C'est par ce motif que le Conseil d'État tend aujourd'hui à supprimer l'expression de *curage à vieux fond et à vieux bords.*

Souvent le curage à vieux fond et vieux bords ne suffit pas pour donner aux eaux le débouché nécessaire. On est alors amené à le combiner avec divers travaux d'amélioration tels que redressements, régularisations, approfondissements, recoupements des berges. Nous examinerons plus loin ces divers travaux.

97. Diverses causes qui rendent nécessaire l'exécution des travaux de curage. — Le curage est une opération dont la nécessité se fait sentir, en général, périodiquement sur les mêmes sections de cours d'eau. Il peut avoir pour objet, par exemple, d'enlever du lit les vases que charrient les eaux qui y coulent, ou les produits des érosions des berges, quand celles-ci sont insuffisamment consistantes. Toutefois, il peut arriver que la cause qui a nécessité un curage vienne à disparaître; tel est le cas où cette opération a eu pour but de procéder à l'enlèvement des dépôts qui se formaient à l'amont d'un barrage par suite de l'insuffisance du débouché des ouvrages de décharge si, en même temps qu'on procède à l'enlèvement de ces dépôts, on oblige l'usinier à modifier en conséquence ses ouvrages régulateurs.

Parfois aussi, des circonstances accidentelles rendent nécessaire l'exécution d'un curage extraordinaire. Ce cas s'est présenté notamment, en ce qui concerne la rivière de Vesle, à l'aval de Reims. Cette rivière est alimentée par des nappes souterraines et n'est même pas troublée par les eaux d'orage qui s'absorbent dans le terrain perméable des coteaux voisins. Mais la ville de Reims, qui, aujourd'hui, pratique l'épuration complète par le sol de ses eaux résiduaires, a pendant longtemps déversé dans la Vesle, chaque année, près de 30.000 mètres cubes de matières organiques ou minérales. Le lit s'était encombré de débris vaseux à tel point qu'il ne suffisait plus au débit normal de la rivière, et l'inondation était devenue le régime habituel de la vallée sur plus de 40 kilomètres de longueur. L'enlèvement de ces vases a eu pour résultat d'empêcher le retour des inondations, et il est probable qu'un temps assez long s'écoulera sans qu'il soit nécessaire de procéder à un nouveau curage.

Les travaux d'amélioration sont rendus nécessaires par des causes multiples. Il arrive fréquemment, dans les vallées sujettes à des inondations, que le fond se modifie d'une façon fâcheuse. Les particules plus lourdes que les eaux tenaient en suspension sont déposées sur les berges des cours d'eau, qu'elles exhaussent peu à peu ; les points voisins, autrefois plus élevés que le thalweg primitif, se trouvent ainsi déprimés et forment cuvette au pied des coteaux. Lorsqu'un débordement survient, les eaux déversées hors du lit séjournent dans les parties basses, y croupissent, car elles ne peuvent disparaître que par infiltration ou par évaporation. Elles finissent par transformer les prairies en marécages.

Pour retourner au lit de la rivière, les eaux n'ont, dans ce cas, d'autre issue que celle que leur offrent les bras secondaires ou encore les canaux et fossés créés artificiellement, soit pour les besoins des usagers, soit dans le but de suppléer les discontinuités que l'envasement a produites dans le cours d'eau principal. La pente de ces dérivations est souvent réduite par les barrages des usines, de sorte que les eaux débordent à chaque crue en submergeant une grande étendue de plaine et y croupissent ensuite pendant longtemps.

Ce fait se présente surtout quand les ouvrages régulateurs des usines ont des dimensions trop faibles ; la plus grande partie des eaux est dirigée sur les flancs du coteau. Ne trouvant pas dans les canaux de décharge, mal entretenus, un débouché suffisant, elles en franchissent les berges et ne retournent au thalweg qu'après avoir traversé des étendues de terrains plus ou moins considérables et causé de graves dommages.

Dans ces divers cas, pour permettre l'évacuation des eaux de crues, le curage doit s'étendre à tous les bras de décharge et fossés qui dépendent du cours d'eau.

Parfois aussi la pente du thalweg est tellement faible que

le curage ne suffirait pas pour permettre l'écoulement des eaux sans donner à la section des dimensions exagérées. Dans ce cas, on a recours aux travaux de rectification (§ 100), après l'exécution desquels l'écoulement des crues est assuré au moyen de simples travaux d'entretien.

98. Rédaction des projets de curage. — Dans l'étude d'un projet de curage d'une certaine étendue, on est souvent amené à partager le cours d'eau en plusieurs sections, par exemple quand la pente du thalweg vient à varier brusquement; quand le ruisseau se partage en plusieurs bras entre lesquels le débit est divisé; quand à une partie de vallée plate et large fait suite une partie rétrécie où le ruisseau devient plus profond; quand le cours d'eau principal reçoit un affluent important, etc. A chaque section correspond autant que possible un type de profil en travers unique et si la division en sections n'a d'autre objet que de passer d'un profil en travers à un autre, il est avantageux de prendre la limite de deux communes comme point de séparation, afin de faciliter la composition des commissions chargées d'assurer l'exécution des travaux.

99. Évaluation du débit des cours d'eau curés. — L'évaluation du débit que devront écouler les cours d'eau une fois curés n'est pas sans présenter quelques difficultés.

Nous avons eu antérieurement l'occasion de nous occuper de la détermination du débit de pleines rives d'un cours d'eau supposé convenablement curé (§ 17), et nous avons indiqué comment on le déduisait des mesures de la section et de la vitesse. Ici, aucun de ces deux éléments ne peut être mesuré, et l'on est forcément réduit à des procédés approximatifs.

Remarquons d'abord que, dans l'évaluation du débit, on doit écarter le volume des grandes crues extraordinaires, lesquelles n'entrent en ligne de compte que lorsqu'il s'agit de déterminer le débouché d'ouvrages fixes ou insubmersibles dont la rupture causerait des désastres. On ne peut songer à donner au lit des cours d'eau des sections semblables sans en exagérer outre mesure la largeur et la profondeur, ce qui nécessiterait des travaux dont l'importance serait hors de proportion avec les résultats à en attendre [1].

Bien plus, il y a lieu de distinguer entre les crues qui se produisent aux diverses époques de l'année. Celles du printemps sont nuisibles en ce qu'elles recouvrent de limon les jeunes pousses ; il en est de même de celles qui surviennent au commencement de l'été dans les vallées cultivées en prairies, époque à laquelle les foins déjà grands ne sont pas encore coupés. Au contraire, les crues d'hiver, en général plus importantes, sont fertilisantes. On se contente, par suite, de donner au lit des dimensions suffisantes pour assurer l'écoulement des crues de printemps et d'été.

Le volume de ces crues, ou, en d'autres termes, la quantité d'eau qui afflue à la surface à un moment donné, dépend de bien des circonstances dont les principales sont : l'étendue du bassin versant à l'amont de ce point ; la répartition d'une même averse ou des pluies successives sur les divers points du bassin ; la hauteur d'eau tombée pendant chaque pluie ; la nature plus ou moins perméable du sol et son état de saturation par suite des pluies antérieures ; la déclivité des versants et leur degré de boisement, etc.

Si l'on était obligé de tenir compte de toutes ces circonstances, une étude longue et difficile serait nécessaire. Mais on peut ordinairement se dispenser d'y avoir recours pour déterminer la section définitive à donner aux rivières. Quand on connaît, pour la région, le coefficient d'écoulement, c'est-à-dire le rapport entre la quantité d'eau tombée et le volume débité pendant le même temps par les cours d'eau qui la sillonnent, le relevé des hauteurs d'eau fournies par les orages qui produisent les crues nuisibles de printemps ou d'été suffit pour permettre de calculer les dimensions à donner au cours d'eau.

[1] Lorsque les cours d'eau font partie de bassins périodiquement ravagés par les inondations et qu'on veut chercher à diminuer l'intensité des crues, il est nécessaire d'avoir recours à des travaux spéciaux tels que l'établissement des bassins de retenue en certains points des vallées secondaires, de manière à éviter l'arrivée simultanée du flot de crue des divers affluents au cours d'eau principal. Nous n'avons pas à nous occuper ici de ces questions de défense contre les inondations.

Pour faire comprendre la méthode à suivre dans ce cas, nous allons l'appliquer à un exemple et indiquer comment on a déterminé la surface à donner, après curage, au lit de la partie inférieure de la rivière de l'Amance, qui s'étend, sur 29 kilomètres environ, entre Pisseloup et le confluent de la Saône (Haute-Marne) (*fig.* 68).

Cette partie faisait suite à une autre section antérieurement curée et dont le profil transversal était un trapèze ayant 10 mètres de largeur en gueule et 3 mètres de profondeur avec talus à 45°. On a conservé la même profondeur de 3 mètres dans la partie inférieure, et la largeur en gueule a été portée progressivement jusqu'à 18 mètres ; quant à la pente, elle décroissait de $0^{m},00094$ à $0^{m},00072$ par mètre. Le débit à écouler par seconde est de 36 mètres cubes à l'amont de la section à curer, et de 76 mètres cubes à l'aval.

Avec les dimensions qui précèdent, le débouché sera-t-il suffisant ?

Pour le savoir, on a consulté les résultats des observations pluviométriques et on a constaté que, exception faite des grandes crues exceptionnelles causées par de violents orages donnant jusqu'à $0^{m},05$ d'épaisseur de tranche d'eau, les débordements contre lesquels il est nécessaire de se défendre sont causés par des pluies donnant environ une hauteur de $0^{m},02$, soit 20.000 mètres cubes par kilomètre carré. La surface du bassin versant à l'amont de Pisseloup étant de 329 kilomètres carrés reçoit une quantité d'eau de 6.580.000 mètres cubes. Elle appartient aux terrains imperméables du lias et du trias et, d'après les expériences faites par Belgrand sur les cours d'eau du bassin de la Seine, il résulte que, dans ce cas, le rapport entre la quantité d'eau tombée et celle qui coule à la surface est de $0^{m},50$ environ ; on en conclut que le volume d'eau total arrivant au thalweg est de 3.290.000 mètres cubes.

Il faut remarquer, toutefois, que les crues torrentielles des divers affluents de l'Amance n'arrivent pas toutes en même temps au thalweg principal. Ainsi, les ruisseaux de Chaudenay, de Pierrefaite, d'Ouge, de Velle et d'Anrosey, qui sont les moins longs, donnent les premiers, et leur crue

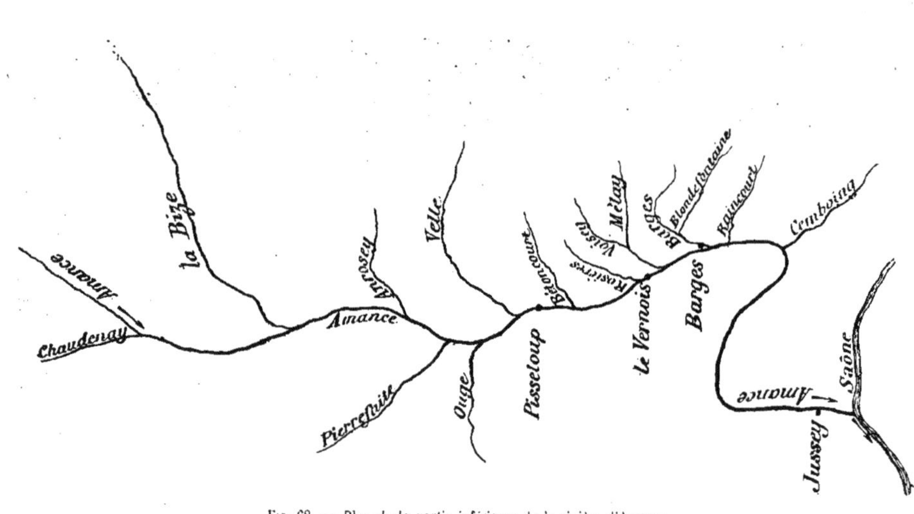

Fig. 68. — Plan de la partie inférieure de la rivière d'Amance.

torrentielle est déjà passée quand arrivent simultanément les flots de l'Amance et de la Bize. Les premiers ruisseaux n'apportent à la crue qu'un appoint représenté par le quart environ de l'eau reçue par leur bassin versant.

La surface totale des versants des ruisseaux du plus faible développement étant de 150 kilomètres carrés environ, leur apport à la crue sera de $\frac{1}{4}\frac{150 \times 20.000}{2} = 375.000$ mètres cubes. Quant au volume de la crue torrentielle de la Bize et de l'Amance, il sera de $\frac{(329 - 150) \times 20.000}{2} = 1.790.000$ mètres cubes, soit au total 2.165.000 mètres cubes.

Avec les dimensions projetées, le débit possible de l'Amance à Pisseloup, la rivière coulant à pleins bords, est de 36 mètres cubes par seconde, de sorte que le temps nécessaire pour écouler le volume ci-dessus sera de

$$\frac{2.165.000}{36 \times 60 \times 60} = 16 \text{ heures}$$

ou deux tiers de journée.

L'expérience a montré que les eaux superficielles du bassin ne mettent que douze heures environ pour arriver au thalweg; dans ces conditions, il y aurait donc débordement s'il survenait une crue simultanée de la rivière et de ses affluents.

Mais généralement la pluie ne tombe pas sur tous les points du bassin en même temps, et les crues torrentielles de la Bize et de l'Amance ne coïncident qu'exceptionnellement. En conséquence, pour se placer dans les conditions ordinaires des crues de printemps et d'été, on a admis que l'Amance seule, dont le bassin est de 100 kilomètres carrés, donnait une crue torrentielle, tous les autres affluents n'apportant qu'un appoint du cinquième de la quantité d'eau totale qu'ils amènent au thalweg. Dans ces conditions l'Amance fournit un volume de $\frac{100 \times 20.000}{2} = 1.000.000$ m.c., les autres cours d'eau $\frac{229 \times 20.000}{2 \times 5} = 458.000$ mètres cubes, soit en totalité 1.458.000 mètres cubes. Le débit par seconde étant, comme nous l'avons dit, de 36 mètres cubes, il suffira de onze heures environ pour écouler la totalité de la crue. C'est à peu près le temps que les eaux de pluie mettent pour arriver au cours d'eau principal. Les dimensions adoptées pour l'Amance, à Pisseloup, sont donc suffisantes.

On a vérifié, de même, si les largeurs à l'aval de Pisseloup étaient convenables. C'est ainsi que, par exemple, au confluent du ruisseau de Voisey, où la largeur en gueule est portée à 16 mètres, l'Amance reçoit de plus qu'à Pisseloup les eaux d'une surface de 56 kilomètres carrés. En outre, les crues torrentielles des ruisseaux de Voisey et de Mélay sont extrêmement fréquentes et arrivent au thalweg avec une très grande rapidité, à cause de leur forte pente et de la dénudation de leurs bassins. Le cube d'eau amené au thalweg est de

$$\frac{56 \times 20.000}{2} = 560.000 \text{ mètres cubes}$$

et arrive en cinq heures au maximum ; ceci correspond, par suite, à un débit par seconde de $\frac{560.000}{5 \times 60 \times 60} = 31$ mètres cubes. Si l'on admet, comme cela arrive généralement, qu'au moment où débouche dans l'Amance cette crue torrentielle l'Amance elle-même n'ait qu'un débit de 20 mètres cubes correspondant aux crues ordinaires, le lit devra pouvoir débiter sans débordement $20 + 31 = 51$ mètres cubes. Avec les dimensions adoptées, le débit est de 53 mètres cubes; il est donc suffisant, mais non exagéré, car le débordement deviendrait général au droit de Barges, si les crues torrentielles des affluents d'amont coïncidaient avec la crue torrentielle des ruisseaux de Voisey et de Mélan.

On a également vérifié les dimensions du lit à l'aval des affluents inférieurs. Après le confluent du ruisseau de Cemboing, le profil reste le même jusqu'au débouché dans la Saône, et sa surface a été reconnue suffisante pour assurer l'écoulement sans débordement des crues nuisibles.

Dans la plupart des cas, on ne connaît pas le coefficient d'écoulement, et souvent aussi les observations pluviométriques font défaut. On en est réduit alors à évaluer le cube des eaux à écouler, par l'examen du débouché superficiel des ponts de la vallée, en tenant compte de la manière dont ces ouvrages se comportent lors des grandes crues. Quelquefois aussi on cherche à opérer par analogie avec d'autres cours d'eau de la même région placés dans des conditions comparables comme nature de terrain, perméabilité, déclivité..., pour lesquels les débits sont connus, et l'on admet que les sections de ces ruisseaux doivent être proportionnelles aux surfaces des bassins versants dont elles écoulent les eaux.

Quand la section à curer fait suite à une partie antérieurement curée, ce qui, d'ailleurs, est le cas de l'exemple précédent, on admet souvent que, dans les grandes crues, le débit varie d'un point à l'autre du thalweg comme la racine carrée de la surface versante, tant que, le terrain restant de la même nature, son degré de perméabilité varie peu. Si donc on représente par x_1, x_2, x_3, ..., les débits de pleines rives du ruisseau en des points du thalweg où les surfaces du bassin versant sont respectivement S_1, S_2, S_3, ..., on a :

$$\frac{x_1}{\sqrt{S_1}} = \frac{x_2}{\sqrt{S_2}} = \frac{x_3}{\sqrt{S_3}} \dots = K.$$

Les surfaces étant connues, si on connaît x_1, on en tire successivement x_2, x_3, ...

En donnant aux divers profils en travers les dimensions ainsi calculées, on est certain qu'aucune des sections n'aura un débouché trop grand ou trop petit par rapport aux autres.

100. Des rectifications. — Nous avons déjà dit que les travaux de curage sont parfois insuffisants pour assurer, d'une façon convenable, l'écoulement des eaux que la rivière peut avoir à débiter. Dans ce cas, on est amené à en modifier le tracé en plan dans le but d'augmenter la pente longitudinale.

Toutefois, on doit se borner aux rectifications strictement indispensables. Il résulte, en effet, de l'expérience, que le lit d'une rivière n'est fixe qu'autant qu'il y a équilibre entre la force corrosive de l'eau qui dépend de la vitesse et, par suite, de la pente, et la résistance des berges.

La pente des cours d'eau diminue presque toujours plus

rapidement que la profondeur n'augmente, à mesure qu'on s'éloigne de la source, attendu que les matériaux dont le lit est formé se composent de graviers de moins en moins gros (puisque les plus gros n'ont pu être entraînés plus loin), de sables et de limons de plus en plus fins, pour lesquels la vitesse d'entraînement est de plus en plus faible. Tant qu'un cours d'eau n'est pas arrivé à sa pente d'équilibre, il tend à opérer la réduction de sa trop grande pente moyennant le travail le plus faible possible. Si le sol sur lequel il coule est moins résistant à la partie supérieure qu'au fond, il allonge son parcours par des sinuosités, sans le creuser beaucoup, et le lit que le cours d'eau s'est tracé de lui-même est celui pour lequel est réalisé l'équilibre entre la force de corrosion de l'eau et celle de résistance de ses berges [1]. Vient-on à un moment donné à supprimer d'une façon trop brusque ou trop complète les sinuosités existantes, l'équilibre est rompu, et les eaux tendent constamment à corroder l'une des rives et à changer les alignements adoptés jusqu'à ce que la vitesse soit suffisamment diminuée par l'allongement de parcours (§ 80).

Dans les parties basses des ruisseaux traversant des vallées très plates où la pente et, par suite, la vitesse d'écoulement deviennent très faibles (§ 97), on se trouve nécessairement obligé, pour remédier à cet état de choses, de supprimer un certain nombre de ces sinuosités. C'est ainsi que, en procédant au curage d'une partie de la rivière de Voire (Aube), on a supprimé cinq coudes, réduisant de 1.055 mètres la longueur primitive, qui était de 11^{km},500; on a pu ainsi, sans approfondissement du lit, augmenter la pente longitudinale de 0^{m},000194 à 0^{m},00022 par mètre.

Ces rectifications qui ont pour résultat d'augmenter la vitesse et, par suite, le débit, doivent être entreprises avec prudence et limitées aux parties où les sinuosités sont très prononcées et très considérables. On doit s'assurer, avant d'arrêter définitivement le nouveau tracé, que nulle part la vitesse des eaux de pleins bords dans le lit rectifié ne sera assez grande pour corroder les berges.

[1] FLAMANT, *Traité d'hydraulique.*

Nous reproduisons ci-dessous le tableau des vitesses auxquelles commence l'entraînement des berges pour les différentes natures de sol :

Terres détrempées, brunes	0m,10
Argiles tendres	0 ,15
Sables	0 ,30
Graviers	0 ,60
Cailloux	0 ,90
Pierres cassées, silex	1 ,22
Cailloux agglomérés ou poudingues, schistes tendres	1 ,50
Roches en couches	1 ,80
Roches dures	3 ,00

101. Détermination du profil en long. — Connaissant le volume d'eau à écouler et le tracé en plan, il faut déterminer la pente longitudinale et la section des profils en travers.

La pente longitudinale se détermine en relevant sur le terrain le profil en long du thalweg de la vallée ou du fond du ruisseau et en substituant à la ligne irrégulière ainsi obtenue une ou plusieurs lignes droites joignant deux à deux les points bas. On doit éviter de multiplier sans raison les changements de pente, et il y a avantage à augmenter la longueur des sections. Si le tracé du nouveau plafond laisse en contre-bas certains bas-fonds, on les néglige et au profil régulier MAFN on substitue le profil irrégulier MABCDEFN (*fig.* 69).

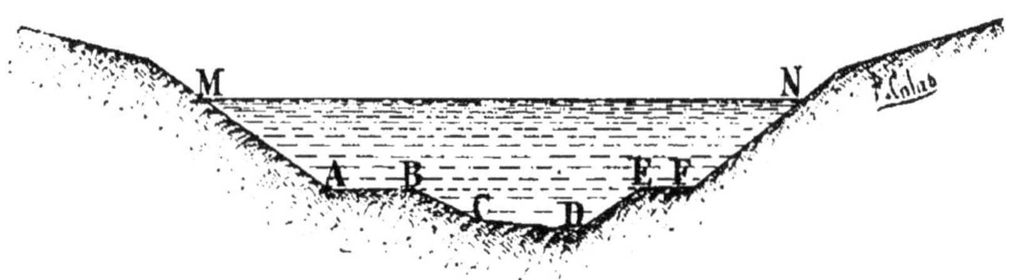

Fig. 69.

Quand la partie à curer est partagée en plusieurs sections, on règle les pentes successives à adopter de manière qu'elles aillent constamment en diminuant de l'amont à l'aval, en supprimant les contre-pentes.

102. Section des profils en travers. — Le profil en travers du lit d'un ruisseau se constitue, en chaque point, de manière à assurer l'écoulement des eaux provenant tant des versants que des affluents; la largeur du lit dans son profil en travers va donc nécessairement en augmentant avec la surface du versant, de la source vers l'embouchure.

Supposons qu'il s'agisse de calculer le profil d'une rectification, lequel sera constant tant que la pente ne variera pas, la longueur de chaque section étant, en général, assez faible pour que le débit à l'aval diffère peu du débit à l'amont.

Le lit ayant une forme trapézoïdale, on connaît *a priori* la valeur de l'inclinaison des talus, laquelle dépend de la nature du terrain. Dans les terrains solides, les talus ont une inclinaison variant de 1 1/2 à 1 de base pour 1 de hauteur; si les terrains sont peu consistants, on donne quelquefois au fruit une valeur de 2 de base pour 1 de hauteur.

L'inclinaison des berges étant fixée, les deux seules inconnues sont alors la largeur du ruisseau au plafond et la profondeur du lit.

Nous allons indiquer comment on en détermine la valeur.

103. Détermination de la profondeur du lit et de la largeur au plafond. — La profondeur à donner au lit n'est pas complètement indéterminée; en effet, plus celui-ci est profond, plus la rivière débite pour une même surface d'écoulement. Par suite, au point de vue de l'économie des dépenses, il y a intérêt à chercher à augmenter la profondeur aux dépens de la largeur. En agissant ainsi, on peut aussi arriver à assurer dans de bonnes conditions l'écoulement des crues de quelque importance.

Mais ordinairement la rivière remplit l'office d'un colateur général qui, non seulement écoule les eaux des crues, mais encore, en temps de sécheresse, exerce sur les terres riveraines un drainage d'autant plus énergique qu'il est plus profond. En augmentant inconsidérément la profondeur, on court le risque d'assécher complètement les terres riveraines.

Il n'est pas possible de donner une valeur générale pour le maximum de la revanche des terres de la vallée sur le plan d'eau à l'étiage ; cette revanche varie avec le plus ou moins de perméabilité du sol, la nature des cultures, les conditions climatériques, etc.

Quand on a déterminé, dans un cas particulier, la meilleure position du plan d'eau, comme la cote correspondante pour le plafond est connue, la hauteur de la lame d'eau s'en déduit. Il ne reste plus alors d'inconnue que la largeur au plafond. On la calcule en se servant des formules données dans la première partie (§ 18, *Cas des parois en terre*).

Il arrive parfois que cette largeur au plafond est fixée, par exemple quand la section à curer est placée entre deux parties de cours d'eau précédemment curées. Alors la largeur à l'amont est celle de l'extrémité aval de la partie amont, et la largeur à l'aval, celle de l'origine de la partie aval. Dans ce cas, on doit s'assurer si les dimensions adoptées pour le lit sont bien telles que l'évacuation des eaux des crues de printemps et d'été soit assurée sans que, pourtant, le plan d'eau à l'étiage s'abaisse assez pour que les terres riveraines puissent en souffrir. Cette vérification exige qu'on calcule les profils en travers en prenant la hauteur de l'eau comme inconnue. Si le résultat auquel on arrive n'est pas satisfaisant, on cherche une autre solution ; on augmente dans les limites légales la largeur au plafond ou la longueur en plan. Bref, il est quelquefois nécessaire d'opérer une série de tâtonnements avant d'arriver au profil définitif.

Comme application de ce qui précède, prenons l'exemple suivant. Il s'agit de calculer les dimensions à donner au lit d'une rivière dans une partie AB à curer sur une longueur de 2.064 mètres (*fig.* 70). La partie située en amont du point A

Fig. 70.

a été curée antérieurement ; elle a reçu une profondeur moyenne de 2 mètres et l'on a constaté que cette valeur n'était pas exagérée, les prairies riveraines n'ayant pas souffert pendant les sécheresses. On a résolu de donner la même profondeur en A et de l'augmenter progressivement jusqu'à $2^m,125$ au point B. La section transversale adoptée est celle d'un trapèze dont les côtés sont inclinés à 45°. Il s'agit alors de calculer la largeur en gueule x correspondant au débit des pleines rives, lequel est égal à $48^{m3},46$ (*fig.* 71).

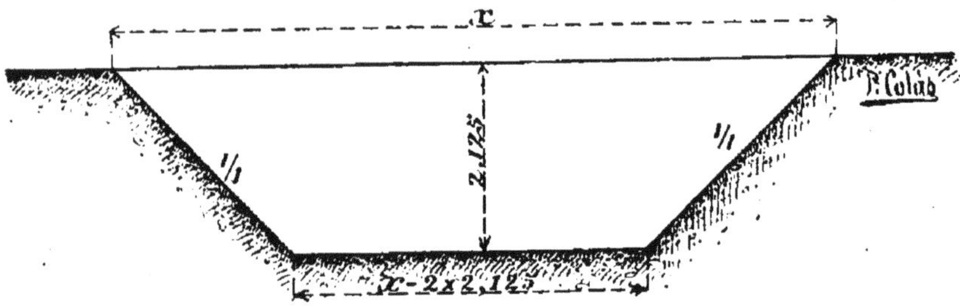

Fig. 71.

Dans ce cas, la pente de la rivière est déterminée par celle des berges.

Elle est la suivante (*fig.* 72):

$$i = \frac{225,81 - 224,94}{2064} = 0,00042152.$$

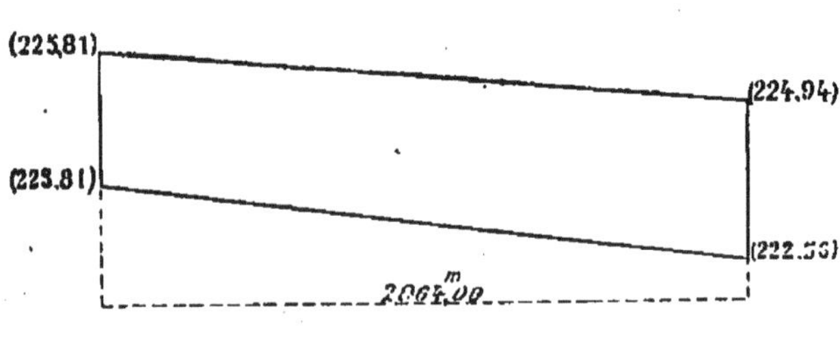

Fig. 72.

Reprenons les formules connues (§§ 17 et 18) :

$$Q = \Omega u; \qquad Ri = 0,00028\left(1 + \frac{1,25}{R}\right) u^2.$$

Elles deviennent :

$$48,46 = (x - 2,125) \times 2,125 \times u$$

$$\frac{2,125\,x - 4,52}{x + 2,125\,2\,(\sqrt{2} - 1) \times 2} \times 0,00042152$$
$$= 0,00028 \left[1 + \frac{1,25\,(x + 2,125\,(\sqrt{2} - 1)}{2,125\,x - 2,258}\right] u^2$$

ou encore :

$$\frac{2,125\,x - 4,52}{x + 0,176} \times 42,152 = 28 \left(\frac{3,375\,x - 4,30}{2,125\,x - 4,52}\right) \times \frac{\overline{48,46}^2}{(2,125\,x - 4,52)^2}$$

ou enfin :

$$(2,125x - 4,52)^4 \times 42,152 = 28 \times \overline{48,46}^2 \times (3,375x - 4,30)(x + 0,176)$$

C'est une équation du quatrième degré en x. En la résolvant par tâtonnements, on trouve :

$$x = 19^m,80.$$

On a ainsi la largeur en gueule au point B. La largeur au point A est connue et entre ces points elle augmente proportionnellement à la distance à l'origine.

Pour que le curage produise un effet satisfaisant, il faut que le plan d'eau soit à $0^m,35$ environ en contre-bas des terrains de la vallée (§ 90). Pour s'assurer si cette condition est bien remplie, on reporte la position après curage de la ligne d'eau sur des profils en travers levés à des distances suffisamment rapprochées (tous les 50 mètres au maximum). S'il n'en est rien, et si l'on constate qu'une notable partie des terres n'aura pas une revanche suffisante sur la nappe pour que la culture soit possible, on devra modifier les profils soit par approfondissement, soit par élargissement, suivant les cas.

104. Cas où un partage des eaux est nécessaire. — Ce qui précède s'applique au cas où le ruisseau ne forme qu'un seul bras; dans le cas où il existe deux ou plusieurs bras, on doit calculer les dimensions à donner à chacun d'eux, de manière que leur ensemble puisse écouler le débit total. Les bras ayant des longueurs et, par suite, des pentes longitudinales différentes, le volume ne se partage pas également entre eux. Il y a donc une série de tâtonnements à faire en vue de s'assurer qu'aucun des profils en travers adoptés ne sera de nature à nuire à l'asséchement des terres riveraines, ne rendra pas impossible la culture et n'exigera pas une trop grande dépense. Les études à faire avant d'arriver à une solution acceptable varient dans chaque cas particulier, et il n'est pas possible de donner d'indications plus précises à cet égard.

Rappelons, toutefois, qu'en aucun cas on ne doit faire entrer en ligne de compte, dans le calcul du débit, la quantité d'eau qui peut s'écouler par les canaux d'amenée et de décharge des usines alimentées par la rivière. La totalité des eaux des crues moyennes doit pouvoir s'écouler par les bras naturels.

105. Devis, cahiers des charges et bordereaux des prix. — Les devis, cahiers des charges et bordereaux des prix sont, en général, fort simples, les travaux ne comprenant ordinairement que des terrassements à sec ou sous l'eau. Quand il s'agit de l'exécution d'un curage à vieux fond et vieux bords, les travaux peuvent être payés au mètre courant de simple rive, mais ce procédé, usité quelquefois, ne doit être employé qu'avec mesure et discernement. Il est généralement préférable de l'éviter, parce que, si le cube par mètre courant n'est pas constant, l'entrepreneur a avantage à exécuter d'abord les parties voisines de la source où ce cube par mètre courant est moindre, et à chercher des prétextes à contestations pour se dispenser de faire les parties d'aval, pour lesquelles l'application du prix n'est plus avantageuse.

Ce mode de procéder devient nécessairement inapplicable quand les travaux comportent des élargissements, des approfondissements ou des redressements. Dans ce cas, on procède au mesurage des déblais au moyen de profils en travers levés contradictoirement avec l'entrepreneur avant et après l'exécution des travaux.

Le procédé qui consiste à mesurer à la fois le vide produit dans la rivière par l'extraction de la vase entre deux profils bien déterminés et le cube de cette même vase au moment où elle vient d'être déposée sur la rive a souvent donné lieu à des difficultés. On constate, en effet, dans ce cas, que les déblais foisonnent, mais dans une proportion très variable avec le degré d'humidité de la vase et la quantité des racines qu'elle contient. Après ce foisonnement, il se produit un retrait continu jusqu'à dessiccation complète, et les résultats des nouveaux métrés dépendent essentiellement des délais qui s'écoulent entre la mise en dépôt des produits du curage et l'emmétrage.

Une autre méthode consiste à mesurer en rivière le vide des déblais, au moyen de nombreux profils; elle n'est pas non plus d'une exactitude très rigoureuse, dans le cas où l'on dérive le ruisseau pour opérer le curage à sec. La vase mise à découvert dans le fond du lit subit un tassement progressif, et si les mêmes profils sont relevés à plusieurs jours d'intervalle, avant tout commencement d'exécution, on constate des différences appréciables. Néanmoins ce procédé, étant le plus rationnel, est celui auquel on doit s'arrêter.

106. Modèles de cahier des charges et des bordereaux de prix. — Nous donnons ci-dessous, à titre d'exemple, un spécimen de cahier des charges avec bordereau de prix, se rapportant aux travaux de curage et de redressement de la rivière de Voire (Aube), que nous avons déjà eu l'occasion de citer (§ 100).

SERVICE
HYDRAULIQUE

DÉPARTEMENT
de
L'AUBE

Bassin de la Voire

RIVIÈRE DE VOIRE,
Cours d'eau affluents et fossés de décharge.

PROJET DE CURAGE, ÉLARGISSEMENT ET REDRESSEMENT, DE LA LIMITE DE LA HAUTE-MARNE A 420 MÈTRES EN AVAL DU PONT DE RANCES.

DEVIS ET CAHIER DES CHARGES

Chapitre premier

Indication des ouvrages. — Tracés, profils en long et en travers

Article premier. — *Indication des travaux à exécuter.* — Il sera procédé :

1° Au curage et au redressement de la rivière de Voire, depuis la limite du département de la Haute-Marne jusqu'à 420 mètres en aval du pont du chemin de Montmorency à Rances, soit sur une longueur totale de 10.445 mètres ;

2° Au curage du ruisseau de la Horre, etc...

(*Désignation et longueur des affluents à curer.*)

Le tout de manière à donner à ces divers cours d'eau les sections et les pentes régulières définies ci-après.

Art. 2. — *Axes des cours d'eau.* — Les axes des divers cours d'eau seront maintenus, autant que possible, dans leurs directions actuelles. Les sinuosités les moins défectueuses seront adoucies et régularisées d'après les indications des plans et des profils en travers, et, d'ailleurs, conformément au piquetage. Des redressements seront opérés dans les parties indiquées au tableau ci-après :

LONGUEUR des REDRESSEMENTS	NUMÉROS des sections et des parcelles traversées	SURFACE des terrains occupés sur chaque parcelle	SURFACE des terrains à rétrocéder	OBSERVATIONS
	RIVIÈRE DE VOIRE			
1er Redressement, 200 mètres.	Lentilles	17a,60c,41	34a,50	Du profil 44 (point 1km,550) au profil 53 (point 1km,750).
2e Redressement, 355 mètres.	Id.	38a,95c,55	42a,50	Du profil 99 (point 4km,082) au profil 111 (point 4km,437).
3e Redressement, 156 mètres.	Id.	15a,87c,85	26a,50	Du profil 114 (point 4km,600) au profil 120 (point 4km,756).
4e Redressement, 425 mètres.	Montmorency	38a,64c,08	24a,30	Du profil 186 (point 7km,531) au profil 197 (point 7km,956).
5e Redressement, 265 mètres.	Id.	22a,63c,83	28a,30	Du profil 204 (point 8km,380) au profil 212 (point 8km,645).

Si d'autres redressements sont ordonnés en cours d'exécution, l'entrepreneur sera tenu de les exécuter.

Art. 3. — *Profil en long.* — Le plafond des cours d'eau sera réglé suivant les pentes indiquées dans le tableau ci-après.

DÉSIGNATION DES PENTES (Points où elles commencent et s'arrêtent)	PENTES			OBSERVATIONS (Indication des repères)
	Longueurs	Pente p. mètre	Abaissement	
	mètres		mètres	
1° Rivière de Voire depuis la limite du département de la Haute-Marne jusqu'à 420 mètres du pont du chemin de Montmorency à Rances............	10.445	0,000 220	2,30	Repères insérés au recueil des repères du nivellement général du département de l'Aube.
2° Ruisseau de la Horre, depuis l'aqueduc de décharge de l'étang de la Horre jusqu'à 1.299 mètres en aval..................	1.299	0,000 778	1,01	
Ruisseau de la Horre, depuis ce dernier point jusqu'au confluent avec la Voire...............	763	0,000 432	0,33	
3° Ancien lit de la Voire, à Longueville, depuis le pont du chemin de Boulancourt jusqu'à son confluent avec la Voire.......	1.519	0,000 217	0,33	
4° Rivière d'Aine, depuis le pont de l'ancien moulin de la Sugré jusqu'à son confluent avec la Voire......................	918	0,000 425	0,39	

ART. 4. — *Profils en travers.* — Les largeurs au plafond des profils en travers et l'inclinaison des talus seront fixées comme l'indique le tableau ci-après, la largeur en crête variant, d'ailleurs, en chaque point avec la profondeur du lit.

DÉSIGNATION DES PARTIES	LARGEUR	INCLINAISON des TALUS	OBSERVATIONS	
RIVIÈRE DE VOIRE			Longueur d'application :	
1re Section du profil 0 au profil 61	8m,00	4 mètres de base pour 5 mètres de haut.	2.110m	10.445m
2e — — 61 — 85	8 ,20		1.250	
3e — — 85 — 114	9 ,20		2.366	
4e — — 114 — 227	9 ,50		3.736	
5e — — 227 — 251	10 ,25		983	
RUISSEAU DE LA HORRE				
1re Section du profil 0A au profil 10B	1 ,50	4 mètres de base pour 5 mètres de haut.	1.299m	2.062m
2e — — 10B — 17A	3 ,00		763	
Ancien lit de la Voire à Lentilles......	0 ,75			1.519
Rivière d'Aine......................	3 ,00			918
Ru de Chavanges....................	1 ,20			510
Ru de Gomme......................	1 ,50			708
Canal de Montmorency..............	1 ,75			582
Canal de Bange....................	1 ,75			1.435
Ancien lit de la Voire à Montmorency.	2 ,00			1.970
Rivière de Brévonne................	3 ,00			479

ART. 5. — *Profils exceptionnels et indications diverses et accessoires.* — L'entrepreneur se conformera exactement aux indications des profils types, tels qu'ils figurent à l'article 4 précédent.

Les parties des divers cours d'eau indiqués à l'article 1er, dont le fond se trouvera à un niveau inférieur à celui résultant des prévisions du présent devis, ne seront pas remblayées ; il est expressément interdit à l'entrepreneur d'y déposer des déblais, sous quelque prétexte que ce soit.

CHAPITRE II

Exécution des ouvrages

ART. 6. — *Piquetage pour l'exécution des terrassements.* — Avant l'ouverture des travaux, le tracé sera fait par les soins de l'ingénieur ou de son délégué, en présence de l'entrepreneur, des maires des communes et des propriétaires riverains, convoqués huit jours à l'avance[1].

L'entrepreneur signera le procès-verbal des opérations qui auront été faites.

Aux extrémités de chaque pente et dans tous les points où l'ingénieur le jugera nécessaire, il sera placé sur l'axe ou sur une ligne parallèle des piquets numérotés.

Les piquets devront avoir de 0m,08 à 0m,10 de diamètre à leur tête et être solidement enfoncés. La tête de ces piquets sera établie à un nombre exact de décimètres au-dessus du plafond à curer.

Ces différences seront consignées dans un état de piquetage qui sera remis à l'entrepreneur par l'ingénieur. L'entrepreneur devra, d'ailleurs, avant acceptation de cet état, vérifier les diverses opérations de piquetage, et notamment, par des nivellements, la cote de tous les repères de hauteur. Cette vérification devra être terminée dans un délai de quinze jours à dater de la remise de l'état ci-dessus défini[2].

Art. 7. — *Achèvement du piquetage par l'entrepreneur.* — L'entrepreneur complètera lui-même le piquetage, en plaçant au droit de chaque piquet mis par les soins de l'ingénieur d'autres piquets pour marquer: 1° les arêtes du plafond; 2° les arêtes supérieures du talus.

Art. 8. — *Façon du piquetage.* — L'entrepreneur fournira à ses frais les ouvriers, les piquets et tous les outils ou objets nécessaires pour le tracé.

Art. 9. — *Conservation des piquets.* — L'entrepreneur sera tenu de veiller à la conservation des piquets pendant la durée des travaux. Il devra remplacer à ses frais ceux qui seraient dérangés pour une cause quelconque. Dès l'acceptation de l'état indiqué à l'article 6, l'entrepreneur sera responsable de l'exactitude du piquetage, et il devra subir toutes les conséquences des erreurs qu'il pourrait présenter, sans pouvoir élever à cet égard aucune réclamation.

Art. 10. — *Cerces pour régler les profils.* — L'entrepreneur sera tenu de faire confectionner, à ses frais, en lattes, les cerces ou profils, d'après les dimensions indiquées aux articles 4 et 5. Les cerces se trouveront continuellement sur l'atelier jusqu'au jour de la réception définitive.

Art. 11. — *Commencement des travaux.* — A l'expiration du délai

[1] Il est préférable de fixer un délai minimum devant s'écouler entre la convocation des riverains et l'exécution du tracé. — Un délai de cinq jours au moins est à recommander.

[2] L'omission de ces précautions entraîne souvent, lors du règlement des comptes, des difficultés qui donnent une peine supérieure à celle qu'on avait voulu s'éviter.

de quinze jours fixé pour la vérification du piquetage, l'entrepreneur devra avoir tous ses chantiers organisés et au complet. Les travaux devront être commencés immédiatement et conduits avec la plus grande activité, de manière à être achevés dans les délais qui seront fixés et, au besoin, en une seule campagne.

Art. 12. — *Exécution et emploi des déblais.* — Les terrassements seront exécutés conformément aux indications des ordres de service qui pourront être donnés par l'ingénieur en cours d'exécution.

L'entrepreneur pourra être autorisé à établir, à ses frais, des barrages provisoires dans le lit des divers cours d'eau dans le but de faciliter ses travaux. Aussitôt que ces barrages auront cessé d'être utiles, il devra rétablir les lieux en leur état primitif. Cette autorisation n'est que de pure tolérance, et l'ingénieur se réserve de la refuser ou de la retirer quand il le jugera convenable ; elle devra toujours être donnée par écrit, et l'entrepreneur ne pourra réclamer aucune indemnité si, au cours des travaux, il reçoit l'ordre de supprimer les barrages qu'il aurait été antérieurement autorisé à établir. De plus, cette autorisation ne sera accordée que sous réserve absolue du droit des tiers, aux risques et périls de l'entrepreneur, qui supportera toutes les conséquences des dommages pouvant résulter des obstacles apportés par lui à l'écoulement des eaux.

L'entrepreneur s'assujettira, pendant l'exécution des déblais, aux directions, niveaux, pentes et talus qui lui seront prescrits, de manière à n'avoir, en aucun cas, à rapporter des remblais sur des emplacements déjà déblayés. En conséquence, il devra disposer les rampes nécessaires pour monter les déblais des fouilles, de manière qu'il n'y ait jamais à remblayer pour former les talus dans les emplacements qu'ils occupaient.

Les produits provenant du curage simple opéré dans la moitié de la largeur du nouveau lit seront, en général, jetés sur la rive de même côté et retroussés à 1m,50 au moins jusqu'à 8 mètres au plus de leurs crêtes régularisées, avec redressement du talus intérieur de ce dépôt suivant une inclinaison de 3 de base pour 2 de hauteur.

Les produits provenant des élargissements, redressements ou ouverture de lit neuf seront, en général, déposés en remblais aux endroits qui seront indiqués à l'entrepreneur ; celui-ci les régalera par couches successives de 20 centimètres d'épaisseur au plus, en en réglant la surface supérieure bien au ras du sol naturel ou au niveau qui lui sera fixé. Il pourra être prescrit de les répandre à la surface des prés en couches uniformes d'une épaisseur quelconque moindre que 20 centimètres.

Dans le voisinage des parties de cours d'eau à abandonner, les déblais provenant soit de curages, soit d'élargissements, redressements ou ouverture de lit neuf, — mais ces derniers de préférence

à ceux de curage — seront transportés en comblement dans les anciens lits par l'entrepreneur et déposés en remblais avec les soins ci-dessus prescrits, de manière à se raccorder parfaitement avec le niveau des terrains voisins. Les plus mauvaises terres seront toujours placées au fond des anciens lits, et l'entrepreneur devra, à cet égard, se conformer scrupuleusement aux ordres de service qu'il recevra. La distinction entre les déblais de curage et ceux d'autres natures sera faite en cours d'exécution par les soins de l'ingénieur, qui indiquera les cubes à admettre pour chaque nature de déblais dans chaque profil.

ART. 13. — *Enlèvement d'arbres et broussailles.* — Les arbres, souches, broussailles ou autres plantations comprises dans la section réglée du cours d'eau, entre les arêtes supérieures des nouveaux talus, qui n'auront pas été coupés au moment de l'ouverture des chantiers, seront coupés par l'entrepreneur, qui aura les bois en compensation de ses frais de main-d'œuvre, ou bien, suivant la décision de la commission syndicale, sera payé de ses frais de main-d'œuvre au compte des riverains, au prix de bases du bordereau, avec un vingtième en sus pour ses avances de fonds. Il en sera pris attachement par l'agent chargé de la surveillance des travaux.

ART. 14. — *Règlement des talus.* — Les surfaces de tous les talus, en général, et du plafond des lits seront exécutés conformément aux profils indiqués à l'entrepreneur; elles seront parfaitement dressées, de manière à ne présenter aucun jarret ni aucune irrégularité. Il lui est, toutefois, expressément interdit de rapporter des terres dans les parties naturellement flacheuses des talus intérieurs des cours d'eau pour donner à ces talus leur inclinaison normale.

Les mains-d'œuvre pour réglement des talus sont comprises dans les prix du déblai et ne donneront lieu à aucune indemnité spéciale.

ART. 15. — Les produits provenant du curage simple, rejetés sur les rives, qui ne seront pas conservés sous forme de digues, seront enlevés dans le délai qui sera fixé ultérieurement par le président de la commission syndicale; cet enlèvement devant être opéré soit par les propriétaires riverains, soit à leurs frais, par l'entrepreneur du curage ou pa tout autre agréé par la commission. S'il est opéré par l'entrepreneur du curage, celui-ci sera tenu de déposer les terres dans les endroits qui lui seront indiqués et de les régler comme il est dit au cinquième alinéa de l'article 12 ci-dessus; ces transports lui seront payés d'après les bases du bordereau des prix.

Pour tous les transports qui seront au compte et à la charge de l'entrepreneur, c'est-à-dire pour les transports des terres provenant de redressement ou d'élargissement, il sera loisible aux propriétaires riverains d'enlever eux-mêmes des terres pour niveler des bas-fonds de leurs prairies, mais sans qu'il y ait lieu de faire, pour ces objets, aucune réduction sur le montant de l'adjudication. Toutefois, une autorisation préalable sera exigée, pareils enlèvements de terres ne pouvant avoir lieu qu'autant que les anciens lits auront été comblés d'abord et les digues nécessaires exécutées.

Chapitre III

Évaluation des ouvrages

Art. 16. — *Règlement du cube des terrassements.* — Les déblais de toutes natures seront évalués au cube, par la comparaison des profils levés contradictoirement dans le lit des cours d'eau, avant l'exécution des travaux, avec les profils types des diverses sections résultant des tableaux des articles 2 et 3 ci-dessus et supposés appliqués dans les conditions du piquetage préliminaire.

Tout approfondissement au-dessous des cotes fixées au projet ou tout déblai exécuté en dehors des limites indiquées ne sera pas porté en compte.

Art. 17. — *Bases du métré des terrassements.* — Le cube des terrassements, qu'il s'agisse de l'extraction, de la mise en dépôt, de l'emploi en remblai ou du transport, sera toujours évalué ainsi qu'il vient d'être dit à l'article précédent, sans tenir compte du foisonnement, quel qu'il soit.

Pour évaluer le cube des déblais, soit régalés aux endroits indiqués à l'entrepreneur, c'est-à-dire donnant lieu à un prix spécial de transport, soit rejetés le long des berges ou employés en comblement des parties redressées, il sera procédé de la manière suivante. *Le cube total des déblais extraits* ayant été évalué comme il est indiqué ci-dessus, on déterminera le volume des déblais rejetés le long des berges ou employés en comblement, par la comparaison des profils levés contradictoirement dans l'emplacement des remblais avant et après l'exécution des travaux; le volume ainsi obtenu, étant celui des remblais effectués, sera diminué d'un dixième pour tenir compte du foisonnement; on aura ainsi le volume des déblais *rejetés le long des berges ou employés en comblement*. La différence entre ce dernier chiffre et celui du volume total des déblais extraits donnera le cube des déblais transportés et régalés sur les prés.

Art. 18. — *Prix des déblais.* — Il ne sera pas fait de distinction de déblais exécutés à sec ou dans une profondeur d'eau quelconque, et cela, quelle que soit la nature de ces déblais.

Les terrassements comportent deux prix pour la rivière de Voire et deux autres pour les cours d'eau et fossés affluents et de décharge; ces quatre prix comprennent les diverses mains-d'œuvre pour fouille, jets, quelle que soit leur hauteur, charge en brouette ou en tombereau, décharges, reprises en tant que de besoin, règlement du fond et des talus du nouveau lit et des remblais.

Les prix nos 1 et 3, concernant les déblais rejetés le long des berges et retroussés ou employés en comblement, comprennent implicitement les frais de transport. La distance moyenne de transport et la dépense correspondante ont été déduites du tableau du mouvement des terres et des prix prévus au bordereau. Ces prix sont fixés à forfait, et seront appliqués, quelle que soit la différence entre la distance ayant servi de base et la distance moyenne réelle, sans que l'entrepreneur puisse élever aucune réclamation à ce propos.

Les prix nos 2 et 4, concernant les déblais régalés sur les prés aux endroits indiqués par l'ingénieur en cours d'exécution, ne comprennent aucune dépense de transport. Les prix de transport à appliquer en ce cas font l'objet de l'article 19 ci-dessous et seront établis d'après les bases du bordereau des prix et d'après les distances réellement parcourues.

Il est bien stipulé qu'il ne sera rien compté pour les diverses reprises que l'entrepreneur jugera à propos de faire dans le but de faciliter son travail, ces reprises étant implicitement comprises dans les prix du bordereau.

Les indemnités d'occupations de terrains pour dépôts dans les propriétés riveraines sont à la charge du syndicat; mais les indemnités de passage occasionnées pour les transports aux lieux de dépôts sont à la charge exclusive de l'entrepreneur, les prix du bordereau ayant été établis dans cette prévision. L'entrepreneur devra se conformer, pour le choix des lieux du dépôt, aux ordres de service qui lui seront donnés par l'ingénieur.

Art. 19. — *Transports*. — Pour les deux modes de transport prévus au bordereau des prix, brouette et tombereau, on ne comptera que les distances horizontales entre les centres de gravité de la masse transportée, envisagée dans ses positions avant l'extraction et après la mise en dépôt; mais on aura égard aux allongements que pourront occasionner les points de passage forcés, sans tenir compte toutefois, en aucun cas, des différences de niveau entre les centres de gravité.

Les déblais seront considérés comme transportés à la brouette jusqu'à 80 mètres et au tombereau au-delà de cette distance.

Les distances de transport seront évaluées en mètres, sans fractions.

Bien que l'emploi du tombereau soit prévu dans le mouvement des terres, l'entrepreneur pourra le remplacer, dans tous les cas, par le wagon, s'il s'arrange de manière à satisfaire aux prescriptions de l'article 12. Mais, quel que soit le mode de transport qu'il emploie, les prix indiqués au bordereau seront appliqués entre les limites fixées.

Tous les véhicules et engins de transports, brouettes, tombereaux, wagons et leurs accessoires, madriers de roulage, voies ferrées, etc., sont à la charge de l'entrepreneur, qui devra se les procurer et les entretenir.

Chapitre IV

Conditions particulières et générales

Art. 20. — *Précautions contre les accidents.* — L'entrepreneu prendra toutes les mesures d'ordre, de sûreté et de précautions propres à prévenir les accidents sur les chantiers. Il se conformera à tous les ordres de service qu'il recevra à ce sujet et aux instructions qui pourront lui être données par l'autorité locale, dans l'intérêt de la circulation sur les chemins avoisinant les chantiers. Il sera responsable de tous les accidents que pourrait causer sa négligence à prendre les mesures qui lui seront prescrites. Les dépenses qui résulteront de ces mesures de sûreté seront à la charge de l'entrepreneur.

Art. 21. — *Dépôt des soumissions.* — Les soumissions placées sous enveloppes cachetées pourront être adressées par lettres recommandées au préfet, ou être déposées dans une boîte disposée à cet effet à la préfecture.

Le délai pour la réception par le préfet des lettres recommandées expirera la veille de l'adjudication, à cinq heures du soir.

Le délai pour le dépôt dans la boîte à ce destinée expirera le jour même de l'adjudication, une heure avant l'heure fixée pour ladite adjudication.

Art. 22. — *Cautionnement.* — Le cautionnement provisoire à fournir par le soumissionnaire est fixé à la somme de 3.500 francs. Il servira ultérieurement de cautionnement définitif pour l'entrepreneur déclaré adjudicataire.

Art. 23. — *Sociétés d'ouvriers français.* — Les sociétés d'ouvriers français devront, pour être admises à l'adjudication, se faire représenter, vis-à-vis de l'Administration, par un délégué unique, muni des pouvoirs nécessaires en bonne et due forme et pourvu du certificat de capacité exigé par l'article 3 des clauses et conditions générales imposées aux entrepreneurs des ponts et chaussées.

Ce représentant aura, au regard du syndicat, les mêmes droits et les mêmes obligations qu'un entrepreneur agissant pour son propre compte.

S'il vient à mourir ou à se retirer au cours de l'entreprise, la société devra présenter un remplaçant à l'ingénieur en chef dans un délai de quinze jours.

Cette présentation sera transmise d'urgence au Ministre de l'Agriculture, avec l'avis motivé de l'ingénieur en chef et celui du préfet.

Le Ministre aura le droit de résilier le marché avec reprise facultative du matériel, s'il ne juge pas pouvoir agréer le remplaçant proposé, ou si la société n'a pas fait de présentation dans le délai ci-dessus indiqué.

Il aura également droit de prononcer la résiliation du marché avec reprise facultative du matériel dans le cas où il serait constaté, après l'adjudication, que la société n'est pas ou qu'elle a cessé d'être valablement constituée.

ART. 24. — *Approbation de l'adjudication.* — Par exception spécialement autorisée, l'adjudication sera approuvée par le préfet au nom du Ministre de l'Agriculture, si elle n'a donné lieu à aucune réclamation ou protestation.

ART. 25. — *Domicile de l'entrepreneur.* — A défaut par l'entrepreneur d'élire domicile à proximité des travaux, conformément à l'article 8 des clauses et conditions générales, ou de faire connaître au préfet son nouveau domicile après la réception définitive, les notifications relatives à l'entreprise seront valablement faites à la mairie de la commune de Villeret.

ART. 26. — *Réception et garantie.* — Les travaux seront reçus après leur achèvement par l'ingénieur ou par son délégué, accompagné des membres de la commission syndicale et de l'entrepreneur. Cette réception sera définitive, sauf pour le comblement des lits abandonnés, dont la surface sera réglée de nouveau, s'il y a lieu, après tassement. Une retenue de garantie d'un cinquantième sera pratiquée à cet effet, laquelle ne sera remboursée à l'entrepreneur qu'une année après la réception.

ART. 27. — *Application des clauses et conditions générales.* — L'entrepreneur sera, d'ailleurs, soumis aux clauses et conditions générales imposées aux entrepreneurs des travaux des ponts et chaussées par l'arrêté de M. le Ministre des Travaux publics en date du 16 février 1892[1], sauf que l'entrepreneur n'aura droit à aucune indemnité, quelle que soit l'augmentation ou la diminution dans les terrassements résultant de la levée des nouveaux profils qui doivent servir de base au décompte ou dans la répartition de ces terrassements en déblais de différentes espèces, et sauf que la retenue de garantie sera réduite à la fraction indiquée à l'article précédent.

[1] Un arrêté du Ministre de l'Agriculture, en date du 29 mars 1895, a déterminé les clauses et conditions générales applicables désormais aux entreprises d'hydraulique agricole Cet arrêté doit, par suite, être mentionné dans les devis et cahiers des charges aux lieu et place de celui du 16 février 1892, qui a cessé d'être en vigueur en ce qui concerne l'hydraulique agricole.

BORDEREAU DES PRIX

Nos des prix	DÉSIGNATION DE LA NATURE D'OUVRAGES et PRIX D'APPLICATION	PRIX exprimés en CHIFFRES
	Rivière de Voire	
1	Le mètre cube de déblais de curage, d'élargissement ou de redressement de la Voire, à sec ou dans une profondeur d'eau quelconque, par voie de dragage ou autrement, y compris fouille, jets, charge en brouette ou en tombereau, reprises en tant que de besoin, transport, décharge, règlement du fond et des talus du nouveau lit, emploi et régalage des déblais pour comblement des parties abandonnées ou mises en dépôt, redressement sur les berges à $1^m,50$ au moins jusqu'à 8 mètres au plus de leurs crêtes régularisées avec dressement du talus intérieur de ce dépôt, tous faux frais, indemnités pour passage et bénéfice compris, sera payé *Un franc trente-cinq centimes*..........	1 fr. 35
2	Le mètre cube de déblais d'élargissement ou de redressement de la Voire, à sec ou dans une profondeur d'eau quelconque, par voie de dragage ou autrement, y compris fouille, jets charge en tombereau, reprises en tant que de besoin, décharge, règlement du fond et des talus du nouveau lit, régalage sur les prés voisins, tous faux frais, indemnités pour passage et bénéfice, sera payé *Un franc dix centimes*..........	1 fr. 10
	Cours d'eau et fossés affluents et de décharge	
3	Le mètre cube de déblais de curage des cours d'eau et fossés affluents et de décharge à sec ou dans une profondeur d'eau quelconque, par voie de dragage ou autrement, y compris fouille, jets, charge en brouette, reprises en tant que de besoin, transport, décharge, règlement du fond et des talus des nouveaux lits, mise en dépôt, retroussement sur les berges à $1^m,50$ au moins jusqu'à 8 mètres au plus de leurs crêtes régularisées, avec dressement du talus intérieur du dépôt, tous faux frais et bénéfice compris, sera payé *Quatre-vingt-cinq centimes*..........	0 fr. 85
4	Le mètre cube de déblais d'ouverture de lit des mêmes cours d'eau et fossés, à sec ou dans une profondeur quelconque, par voie de dragage ou autrement, y compris fouille, jets, charge en tombereau, reprises en tant que de besoin, décharge, règlement du fond et des talus des nouveaux lits et régalage sur les prés voisins, tous faux frais, indemnités pour passage et bénéfice, sera payé *Quatre-vingt centimes*..........	0 fr. 80
	Prix de transport	
	Les transports seront payés par mètre cube de déblais de toute nature, y compris faux frais et bénéfices, savoir :	
5	A la brouette, d'après la formule 0,0069D, où D est la distance horizontale en mètres et jusqu'à la limite de 80 mètres..........	0,0069 D
6	Au tombereau, à partir de 80 mètres, d'après la formule 0,4416 + 0,00147D, où D est la distance horizontale en mètres..........	
	Nota. — Aucune plus-value ne sera accordée en ce qui concerne les curages sous les ponts, entre les constructions ou au droit des gués, où les déblais seront déposés sur les berges qui pourront les recevoir.	

107. Des digues. — L'article 17 du modèle de décret de curage, que nous avons reproduit (§ 93), stipule que les riverains devront supporter le dépôt et l'emploi sur leurs terrains des matières provenant du curage ; le type de cahier des charges ci-dessus ajoute (art. 12) que les vases, déblais et matières quelconques seront employées à recharger les berges et à former des digues partout où cela sera reconnu nécessaire. On ne doit pas prévoir, dans les projets, l'établissement de digues continues qui empêcheraient l'égouttement complet des terres riveraines. On se contente de prévoir le comblement des dépressions par où l'eau s'échappe à la moindre crue pour rentrer soit par d'autres dépressions, soit par les anciens lits, et cette mesure ne s'applique à aucune des dépressions par où les eaux de ruissellement se rendent au thalweg. S'il est nécessaire pourtant de protéger les terres contre les faibles crues de printemps par un bourrelet continu, on coupe celui-ci de place en place par des ouvertures garnies de clapets qu'on ferme seulement pendant les crues et qu'on rouvre dès que les eaux du ruisseau sont rentrées dans leur lit ordinaire.

Le produit des curages doit se déposer non pas sur les bords mêmes du ruisseau pour recharger les berges, mais bien en arrière et à une distance du bord de 1 mètre au minimum.

108. Périodicité et époques des curages. — Le curage n'est pas une opération nécessaire pour tous les cours d'eau indistinctement. Nous avons fait remarquer ci-dessus (§ 97), que certaines rivières alimentées par des nappes souterraines n'ont même pas leurs eaux troublées par les pluies d'orage qu'absorbent les terrains perméables de la vallée. On ne doit procéder au curage qu'au cas de nécessité bien constatée ; il faut éviter de déterminer un afflux trop rapide de l'eau vers l'aval qui pourrait y provoquer des inondations partielles, tandis que le niveau s'abaisserait outre mesure en amont.

Pour les rivières dont le lit s'envase rapidement, il est nécessaire d'exécuter un curage chaque année, ou même deux fois par an ; tel est le cas pour certaines rivières du département de la Seine-Inférieure. Sur d'autres cours d'eau, la périodicité est de deux ans (ru d'Orgeval, Seine-et-Oise ; rivière de Bray, Somme). Dans la plupart des cas, il n'y a pas de périodicité, et l'on attend que l'état des lieux démontre la nécessité d'un curage.

L'époque la plus favorable pour le nettoyage des petits cours d'eau, où le travail se fait à la main, est l'automne, après la coupe des regains. On peut sans inconvénient rejeter les vases sur les rives sans crainte de causer des dommages aux récoltes ; à cette époque où les travaux des champs ont perdu la grande activité de la moisson, la main-d'œuvre est assez bon marché ; les jours sont encore assez longs pour que le travail avance avec une rapidité satisfaisante ; enfin, les eaux sont ordinairement peu abondantes et la température suffisamment élevée pour que les hommes n'aient pas trop à souffrir du travail dans l'eau.

Pour les travaux plus importants, qui nécessitent l'emploi de dragues, les mêmes raisons n'existent plus pour déterminer l'époque la plus favorable. Dans ce dernier cas, on évite seulement de travailler par les fortes chaleurs de l'été : les vases desséchées entrant rapidement en fermentation sous l'influence des rayons solaires, il pourrait en résulter de graves inconvénients pour la salubrité. Nous reviendrons sur cette importante question quand nous nous occuperons de l'influence de ces travaux sur l'hygiène publique (§ 115).

109. Exécution des travaux. — Les décrets ou arrêtés préfectoraux prescrivant l'exécution des travaux de curage laissent toujours aux riverains la faculté de les exécuter eux-mêmes au droit de leur propriété. Le plus ordinairement, le travail peut se faire à sec, soit qu'on choisisse, pour y procéder, une époque où le débit est nul ou à peu près, soit qu'on détourne les eaux, section par section, au fur et à mesure de l'exécution. Ce dernier résultat s'obtient facilement en établissant des batardeaux économiques en clayonnages, terre, gazon, fascines, etc., de manière à écouler les eaux par les canaux de décharge des usines ou par les fossés qui, dans beaucoup de contrées, servent à l'évacuation des eaux pluviales. Le curage s'exécute en remontant de l'aval à l'amont, ce qui permet de se débarrasser plus facilement des eaux affluentes.

Les arêtes supérieures des talus après curage se définissent au moyen des piquets. De même, on indique l'épaisseur de la couche de vase à enlever par de piquets placés à une distance cotée de la position exacte des arêtes du plafond et à une hauteur également cotée au-dessus de cette position.

Lorsque le délai accordé aux riverains pour l'exécution des travaux est expiré, les ingénieurs procèdent à leur vérification en présence des intéressés dûment convoqués. S'il est constaté que ces travaux n'ont pas été entrepris ou n'ont pas été entièrement achevés, les ingénieurs dressent l'état des curages complémentaires, lesquels sont mis en adjudication par arrêté préfectoral.

Le procès-verbal de vérification des travaux exécutés par les intéressés peut être dressé dans la forme suivante :

SECTION ET NUMÉRO du plan cadastral	NOMS ET PRÉNOMS des intéressés	ÉVALUATION en argent du travail mis à la charge de l'intéressé	FRACTION indiquant le degré d'achèvement du travail	ÉVALUATION en argent du travail restant à exécuter par chaque intéressé	OBSERVATIONS
	1re SECTION *entre l'origine et le confluent du ruisseau de Dorme*				
	RIVE GAUCHE				
10	Thoinard, Émile	0.38	1/2	0.19	
11	Py, Joseph	1.44	3/4	0.36	
12	Chanois, Séraphin	0.41	0	0.41	

L'état des dépenses des travaux d'office et à recouvrer sur les intéressés fait l'objet d'un état analogue à celui ci-après :

N^os ET SECTIONS de la matrice cadastrale des propriétés imposées	NOMS ET PRÉNOMS des contribuables	DEMEURE	AVANCES À RECOUVRER		TOTAL	ÉMARGEMENT
			pour travaux	pour frais divers		
10 22	Thoinard, Émile.	Asnans	0.38	0,05	0.43	
8-11-20 23-54-88	Py, Joseph......	Pleure	0.94	0.32	1,26	
12-24-55 89	Chanois, Séraphin	Les Essards	4.06	0.33	4,39	

Ce rôle est rendu exécutoire par le préfet. Il est ensuite procédé au recouvrement comme en matière de contributions directes.

110. Instruments et appareils de curage. — Pour des cours d'eau de très faible importance, on peut assez ordinairement les détourner et opérer par terrassements à sec, ce qui ne nécessite aucun outillage spécial. Si l'on doit opérer sous l'eau, mais à une faible profondeur, on se sert de la drague à main, grande pelle métallique à long manche percée de trous pour l'échappement de l'eau, et munie de rebords latéraux qui maintiennent les vases (*fig.* 73). Pour l'enlèvement des pierres, des souches et des gros corps, on se sert de la griffe (*fig.* 74). Pour arracher les herbes et les branchages, on emploie le croissant (*fig.* 75), sorte de serpe ajustée à un long manche ; un œil permet d'y attacher une corde, que plusieurs hommes peuvent tirer en cas de besoin.

Ces instruments deviennent insuffisants dès qu'il s'agit d'un travail de quelque importance. Or, les curages sont nécessaires, non seulement pour les cours d'eau naturels, mais encore pour un certain nombre de canaux à profil régulier, comme les canaux ouverts pour l'entretien du dessèchement des grands marais. Nous sommes ainsi amené à parler d'appareils moins rustiques qu'on utilise parfois aussi pour le curage des cours d'eau quand leur profil se prête à cet usage, et dont l'emploi est surtout avantageux pour des travaux d'une certaine importance.

On emploie, dans ce cas, des bateaux dragueurs, ou appareils de chasse, analogues à ceux en usage sur les canaux de navigation. Au canal latéral à la Garonne le curage a été fait

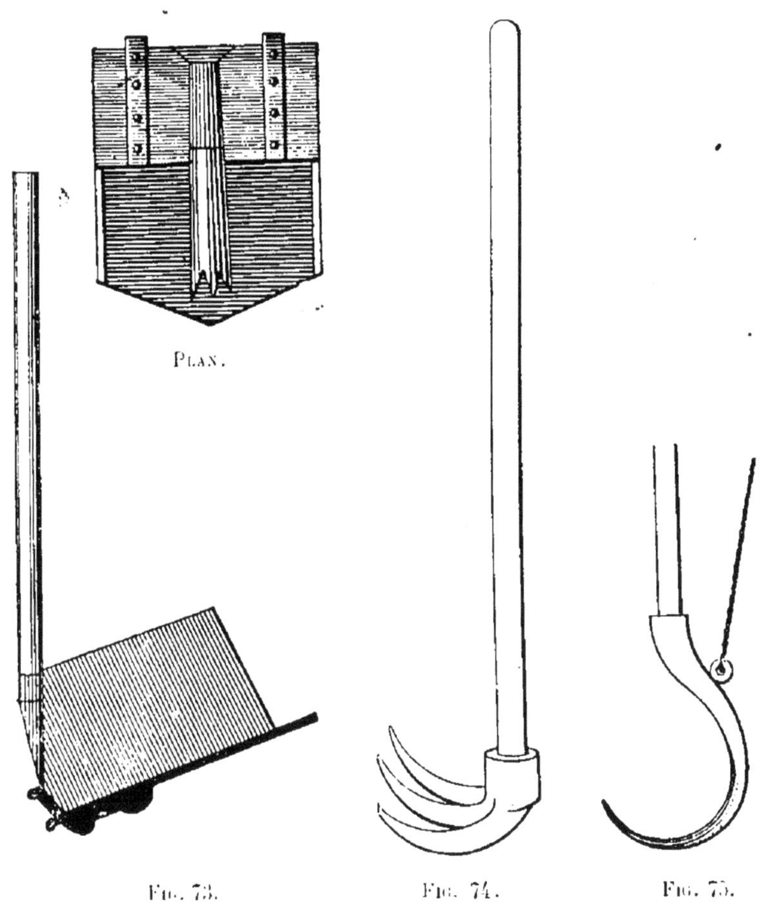

Plan.

Fig. 73. Fig. 74. Fig. 75.

au moyen d'un appareil dit vanne de chasse, qui se compose essentiellement d'un panneau en charpente obstruant momentanément une partie de la section du cours d'eau et que complètent parfois des ailes à charnières ; ce panneau est porté par un bateau et maintenu par des amarres contre le courant. Une dénivellation se produit alors par suite de l'obstruction partielle de la section, et l'eau, chassée avec vitesse sur tout le pourtour du panneau, désagrège les vases ou le gravier.

En larguant un peu les amarres, le bateau avance lentement vers l'aval en chassant les dépôts devant lui (*fig.* 76 à 78).

Vanne de Chasses.

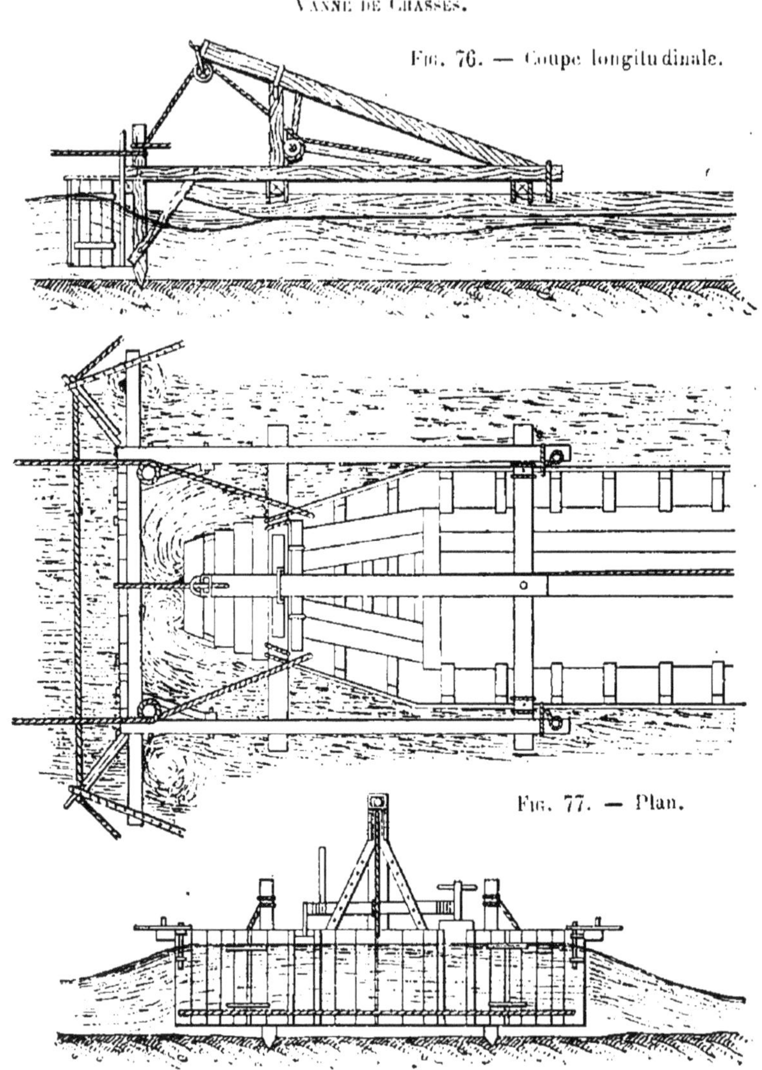

Fig. 76. — Coupe longitudinale.

Fig. 77. — Plan.

Fig. 78. — Élévation.

La vase mise en mouvement à l'aval des vannages s'étend quelquefois jusqu'à 80 mètres et affleure presque l'eau.

L'expérience a montré que la vitesse de l'appareil est généralement moitié de la vitesse du courant libre ; il faut, pour obtenir un bon fonctionnement, disposer d'une chute de $0^m,08$ au moins ; aussi la saison des basses eaux n'est-elle point favorable à sa marche, et il faut préférer la saison des eaux abondantes.

Le but de ce procédé est d'ouvrir ou de rétablir des chenaux ; il n'est applicable, d'ailleurs, qu'au cas où il n'y a que de la vase, de la terre ou du sable à enlever, car la machine ne pourrait déplacer les graviers. Les matières détachées du fond, au lieu d'être extraites de l'eau, ne sont que déplacées horizontalement, poussées presque dans un bas-fond ; on ne veut que s'en débarrasser, et le but est atteint dès que les matières refoulées par le radeau et entraînées par l'eau se sont déposées en s'épanouissant à l'extrémité du chenal, comme les cônes de déjection des torrents et les barres d'embouchure des fleuves.

111. Bateau dévaseur Tenaud. — On emploie, depuis quelques années, pour le curage des canaux de desséchement des marais de Donges, situés sur la rive droite de la Basse-Loire, des appareils dévaseurs qui paraissent avoir donné d'excellents résultats.

Bateau dévaseur Tenaud.

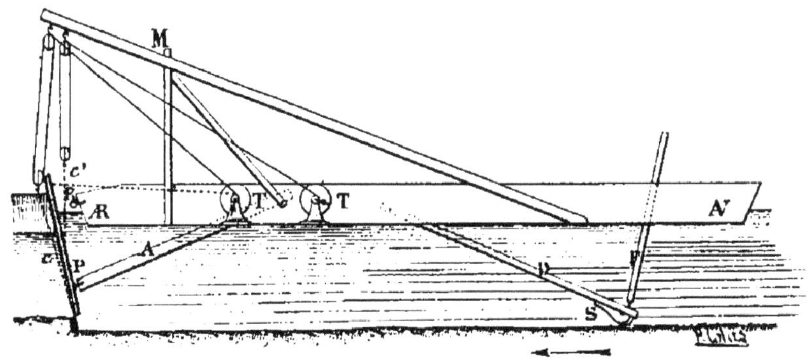

Fig. 79. — Élévation.

Nous en empruntons la description à un mémoire de M. Porché, ingénieur des Ponts et Chaussées.

Le principe du fonctionnement de cet appareil est la mise en suspension des matières vaseuses et leur entraînement par le courant.

L'appareil se compose d'un barrage mobile fixé à l'arrière d'un bateau qui se déplace, la poupe en avant, sous l'influence du courant (*fig.* 79 et 80).

Ce barrage est formé d'un panneau central rectangulaire en sapin P, dont la hauteur est calculée d'après la profon-

BATEAU DÉVASEUR TENAUD.

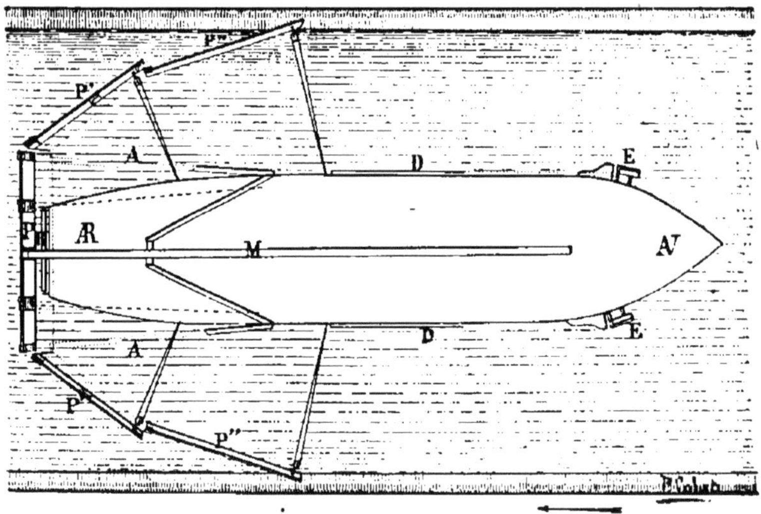

FIG. 80. — Plan.

deur du canal à curer, et dont la largeur est la largeur minimum de la section du courant. A sa partie inférieure, il porte des dents de fer boulonnées sur le bois.

De chaque côté peuvent s'assembler au moyen de charnières deux autres panneaux quadrangulaires, ou ailes P', coupés à leur partie extérieure suivant la pente des talus du canal à dévaser ; ces ailes suivent les sinuosités des rives et permettent de barrer complètement le cours d'eau. Leur effet est complété par l'emploi de deux fausses ailes très longues P'', moins hautes que les ailes et s'adaptant sur celles-ci à recouvrement, à l'aide d'un boulon à charnière vers le bas, et d'une chaîne dans le haut ; ces fausses ailes recouvrent en partie les talus et empêchent un affouillement trop violent par l'eau qui s'échappe des côtés.

Le bateau de manœuvre, à fond plat, est placé à l'amont et, comme l'appareil retient l'eau à l'amont, cette circonstance permet au bateau de flotter, alors même qu'à l'aval il n'y aurait que quelques centimètres d'eau.

Le panneau central est relié au bateau vers le bas par deux arcs-boutants en sapin A fixés de chaque côté sur le bordage; en haut, par une chaîne C qui vient s'attacher à un chevalet en bois construit sur le bateau. Une autre chaîne C' fixée vers le milieu du panneau permet de le coucher contre la grande pièce oblique du chevalet, quand l'appareil n'est plus en service et qu'on le remorque contre le vent; le rouleau R sert à guider le panneau dans cette manœuvre; on empêche ainsi le panneau d'opposer une résistance au mouvement du bateau. Quant aux ailes, elles sont simplement reliées au bateau par l'intermédiaire du panneau central et par des chaînes venant les prendre à leurs extrémités.

On règle la vitesse suivant le courant et la nature du fond au moyen d'une poutre oblique dite débordeur D, terminée par un sabot S, fixée sur chaque bord du bateau et reliée à une pièce verticale F passant dans une coulisse; celle-ci permet de régler le frottement du sabot qui fait pieu sur le fond et l'affouille en même temps. Ces débordeurs permettent encore de régler la direction de l'appareil; il suffit pour cela d'abaisser l'un d'eux et de lever l'autre, et le bateau pivote autour du sabot frottant.

Dans le panneau central sont pratiquées à 0m,25 environ du bas deux ouvertures commandées par des vannes qu'on manœuvre quand on veut diminuer la vitesse, tout en continuant à barrer le canal, ou bien encore si on a besoin de provoquer un fort courant central pour enlever un obstacle au milieu du lit.

La dénivellation produite par le barrage en marche normale est d'environ 0m,20; la vitesse moyenne de l'eau qui passe dans ces conditions par les bords et les vannes atteint 2 mètres à 2m,50, affouillant le fond, ratissant les talus, arrachant les herbes et poussant en avant une bande de vase de plus de 100 mètres de longueur qui se dilue peu à peu par l'extrémité ; ces vases sont animées d'un double mouvement de rotation et prennent la forme d'un copeau qui serait enlevé à l'aide d'un rabot de menuisier.

On peut marcher par des courants très faibles, et la meilleure vitesse pour l'appareil paraît être le tiers de celle du courant.

Lorsque le travail doit s'étendre sur une très grande longueur, pour éviter l'accumulation très considérable de vases, on divise l'opération en tronçons de 4 kilomètres environ d'étendue, que l'on cure successivement en commençant par la section aval ; on part donc chaque fois de l'extrémité amont de la section et l'on pousse les vases jusqu'à l'embouchure du canal.

Si celui-ci est trop large pour pouvoir être barré complètement, on opère par demi-largeur en longeant un de ses bords et repliant suivant le fil du courant l'aile opposée. Une partie de la vase échappant à l'action de l'appareil par le côté non barré, on complète l'opération en faisant passer l'appareil une troisième fois en tenant le milieu.

Il peut arriver que la végétation sur les bords soit assez abondante pour que le bateau dévaseur ne puisse l'enlever. On doit alors procéder à l'arrachement de cette végétation, que l'appareil entraîne ensuite ; le prix de revient se trouve alors notablement augmenté. Ce cas ne se présente guère d'ailleurs quand il s'agit d'un canal à entretien régulier.

En somme, cet appareil a donné de très bons résultats dans les canaux d'assainissement des marais de Donges et les autres petits cours d'eau de la région, où le courant est parfois très faible. Il est d'un maniement commode et d'une très grande élasticité, ce qui lui permet de passer par des largeurs et des profondeurs très variables ; toutes les manœuvres nécessaires se font avec beaucoup d'aisance et de précision avec trois hommes d'équipage.

Le prix moyen du mètre cube de vase enlevée avec cet appareil n'est revenu qu'à 0 fr. 023 ; il a permis de réduire de 4.000 francs à 500 francs par an les frais d'entretien des canaux de Donges et les résultats ont été bien supérieurs à ceux qu'on obtenait auparavant en se servant de herses traînées dans le fond pour délayer la vase.

112. Charrue hydraulique de M. Duponchel. — Ces appareils de chasse ont donné de bons résultats pour l'enlèvement des vases récentes, encore semi-fluides ; ils n'auraient probablement que peu d'effets sur les limons compacts et durs.

Pour permettre l'enlèvement de ces derniers dépôts, M. Duponchel, ingénieur en chef des Ponts et Chaussées en retraite, a proposé de faciliter par un véritable labourage du sol la désagrégation des terres à faire enlever par un courant d'eau, et d'effectuer ce labourage en utilisant pour la mise en mouvement de la charrue de l'appareil de chasse la force motrice de l'eau, qui dans les cas précédents, était employée uniquement à l'enlèvement des vases désagrégées.

Dans ces conditions spéciales, l'appareil auquel M. Duponchel donne le nom de charrue hydraulique se composerait essentiellement d'une caisse pontée A de 4 à 5 mètres de long, $1^{m},50$ de large et $0^{m},60$ à $0^{m},80$ de hauteur (*fig.* 81 et 82). Deux robinets *r* placés à l'arrière, l'un au fond et l'autre

CHARRUE HYDRAULIQUE DUPONCHEL.

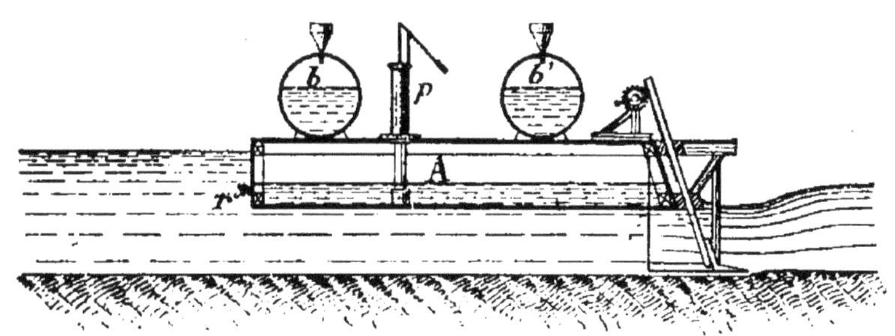

FIG. 81. — Élévation.

sur le pont, et une pompe d'aspiration *p* permettraient de remplir plus ou moins la caisse du ponton de manière à l'immerger plus ou moins. Deux barriques *bb'* fixées sur le pont, l'une à l'avant, l'autre à l'arrière, que l'on pourrait également remplir ou vider à volonté, serviraient, en outre, à régler la ligne de flottaison et à assurer la stabilité du radeau.

L'appareil de dragage placé à l'avant se composerait d'une vanne et de deux ailes latérales destinées à agir tant sur le fond que sur les parois.

La vanne glissant dans une coulisse fixe serait verticale ou légèrement inclinée dans le sens du courant. Elle serait armée à sa base de trois socs de charrue c, c', c'' séparés par des échancrures; sa longueur totale serait inférieure de 0m,20 à celle de la coulisse pour permettre, dans deux opérations consécutives, de déplacer d'autant le centre d'action des charrues, de manière à leur faire creuser des sillons alterna-

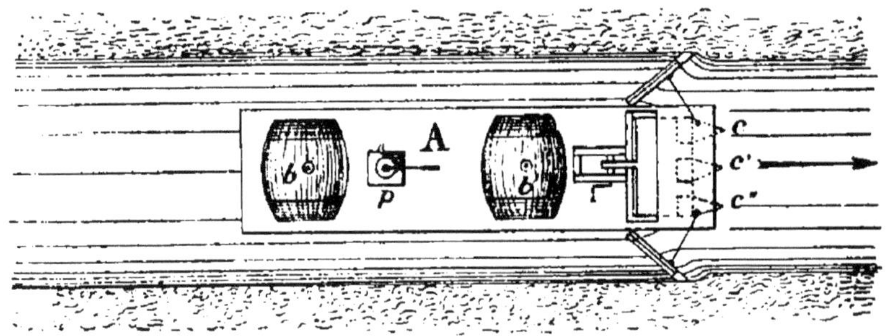

Fig. 82. — Plan.

tifs s'étendant sur tout le fond. La fermeture de la vanne serait complétée par une ventelle, ou lame à face tranchante par le bas, fermée tantôt à droite, tantôt à gauche.

Les ailes seraient rectangulaires ou trapézoïdales, suivant qu'on voudrait tailler les berges verticalement ou avec un talus; elles auraient 1 mètre de large. Elles pourraient tourner sur des gonds fixés aux montants des coulisses de la vanne et durant la manœuvre s'évaseraient dans le sens du courant. Leurs extrémités seraient armées d'une plaque métallique droite ou taillée en dents de scie. Un mécanisme convenable permettrait de les arc-bouter solidement en réglant leur évasement.

L'appareil, pour pouvoir fonctionner, exige l'existence d'un courant moteur d'une vitesse suffisante; au besoin, ce courant serait produit en établissant à l'amont un barrage dont les eaux seraient utilisées au moment voulu. L'appareil descendrait lentement dans le sens du courant, produisant à l'arrière un remous sous la charge duquel les eaux s'échapperaient à travers les interstices de la vanne et des volets latéraux, délayant les terres retroussées à mesure par les versoirs des charrues. On pourrait ainsi approfondir peu à peu le canal, et même, si l'agrandissement à obtenir le comportait, continuer l'opération en accolant l'un à l'autre deux radeaux semblables. Il ne resterait plus ensuite qu'à abattre les talus au-dessus du niveau de l'eau, opération qui s'exécuterait aisément à la main, puisqu'il suffirait de détacher à la pelle des mottes de terre qui, glissant sur les talus, tomberaient dans l'eau, pour être ensuite délayées par le flotteur.

M. Duponchel avait proposé d'appliquer ce système pour la réouverture d'un canal de colmatage atterri, et les produits du curage devaient servir au colmatage d'un ancien étang, travail en vue duquel le canal avait été exécuté. Dans ce cas particulier, on se trouvait dans des conditions spéciales; en tête de l'émissaire, il existait une rivière pouvant fournir en abondance l'eau motrice. D'ailleurs, les circonstances dans lesquelles on aurait opéré étaient telles qu'il paraissait peu probable que le procédé pût recevoir des applications quelque peu générales.

L'appareil n'a d'ailleurs pas été expérimenté; néanmoins nous avons cru devoir en donner une rapide description, car le principe de l'utilisation de l'action mécanique des eaux courantes, sur lequel il est basé, paraît très rationnel, et il serait désirable qu'il pût recevoir des applications vraiment pratiques.

113. Des dragues. — Si le travail à exécuter comporte l'enlèvement d'un cube de déblais suffisant, il peut être avantageux, pour effectuer ce travail, de recourir à l'emploi de dragues.

Il ne rentre pas dans notre cadre de donner une description des dragues, principalement employées pour l'amélioration et l'entretien du chenal des ports, ainsi que des canaux de navigation et des rivières navigables.

Nous nous contenterons de donner, d'après les renseignements fournis par les constructeurs, la description de la drague suceuse construite par MM. Bony et Daste pour l'exécution du curage du grand canal du parc de Versailles, opération sur laquelle nous aurons l'occasion de revenir ultérieurement (§ 115).

Cet appareil est destiné à aspirer sous l'eau, à l'aide d'une pompe centrifuge, les vases à enlever, et à les refouler et transporter en dépôt sur les berges, au moyen d'une conduite suffisamment longue, que des flotteurs soutiennent hors de l'eau. Il forme siphon, et un éjecteur placé à la partie supérieure de la pompe centrifuge permet d'en assurer l'amorcement en faisant le vide dans la partie du tuyau comprise entre les plans d'eau d'avant et d'arrière.

Lorsque les vases à enlever ne sont pas assez fluides pour être puisées avec l'eau, on les désagrège au préalable, en se servant dans ce but du tuyau d'aspiration, lequel peut être animé d'un double mouvement d'avancement latéral et de rotation autour de son axe.

L'appareil, tel qu'il a fonctionné au parc de Versailles (*fig.* 83 et 84), est placé sur un bateau porteur composé de deux chalands entièrement métalliques. Une locomobile de 40 chevaux L commande, d'un côté, la pompe centrifuge et, de l'autre côté, un arbre *a*, lequel, par l'intermédiaire de deux roues d'angle et d'un arbre *b*, permet de donner au tuyau d'aspiration le mouvement de rotation destiné à opérer la désagrégation des vases compactes. Le mouvement latéral, en forme d'arc de cercle, d'un bord vers l'autre est obtenu au moyen des treuils de papillonnage *d*.

Ce tuyau d'aspiration est porté par un châssis en fer articulé sur l'axe de la pompe centrifuge et sur l'arbre. A son extrémité inférieure, il est coudé et se termine par une partie tranchante en acier pouvant recevoir un mouvement de rotation plus ou moins rapide suivant la nature du terrain. Le creusement ne se fait que pendant la moitié au plus de la rotation ; le reste du temps l'aspirateur n'absorbe que de l'eau, ce qui aide à la désagrégation et à l'entraînement des mottes. Le tout est envoyé dans le tuyau de refoulement *r* dont les éléments sont reliés entre eux par des raccordements métalliques flexibles; les vases ainsi refoulées sont mises en dépôt sur les berges du canal; quant à l'eau, après décanta-

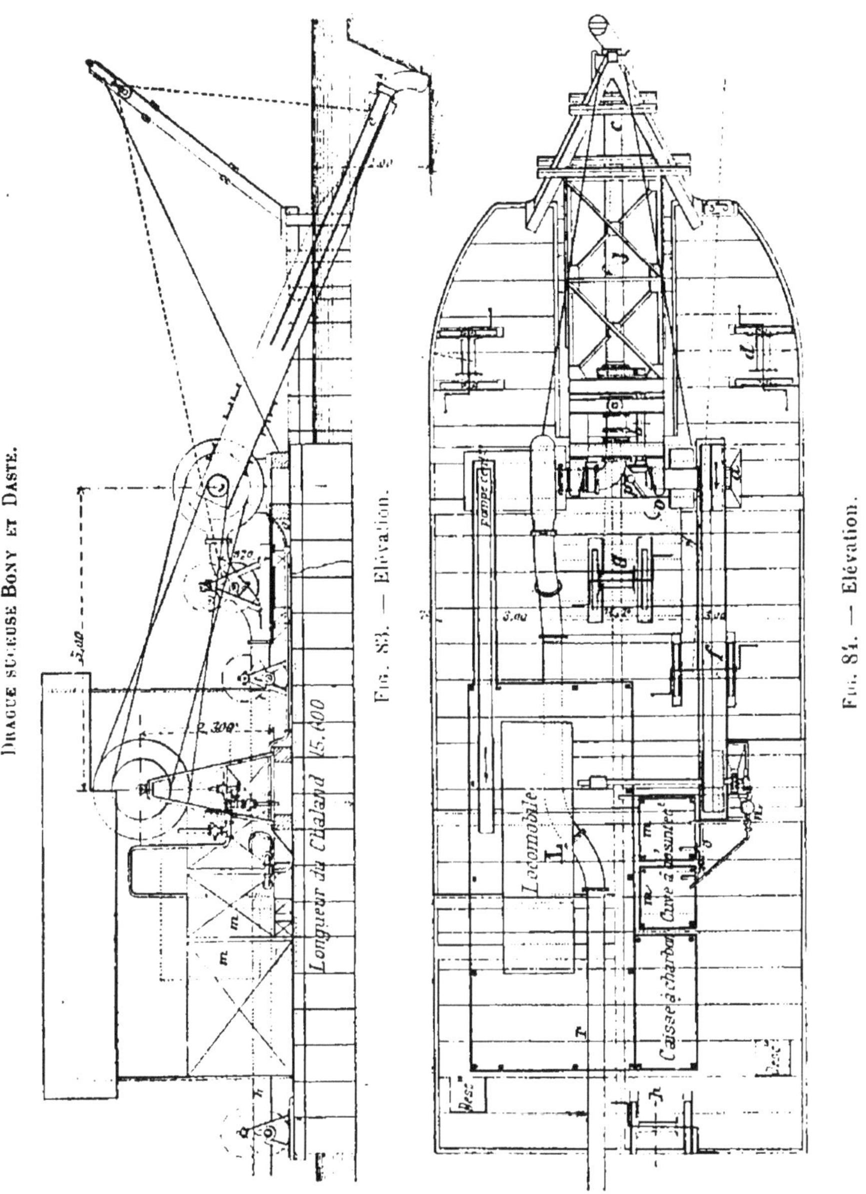

DRAGUE SUCEUSE BONY ET DASTE.

FIG. 83. — Elévation.

FIG. 84. — Elévation.

tion, elle est renvoyée dans ce dernier.

L'appareil dragueur est complété par un treuil d'avancement *f* au moyen duquel on déplace longitudinalement l'appareil, dont la fixité pendant les manœuvres de la drague est assurée en maintenant, à l'aide du treuil *h* constamment tendu, le câble attaché, d'une part, sur le treuil *fd*, d'autre part, sur un point fixe placé à une certaine distance sur l'axe du canal. Enfin, l'inclinaison de l'élinde est obtenue au moyen du treuil de relevage *g*.

Au parc de Versailles, l'épaisseur de la vase à draguer variait de $0^m,30$ à $1^m,20$; on enlevait toute l'épaisseur d'une seule passe. Quand la vase était molle, on plaçait le tuyau d'aspiration de telle manière que la partie la plus basse de son orifice affleurât la cote du fond à obtenir, et on faisait décrire à la drague un arc de cercle d'un bord vers l'autre. On avançait ensuite de $0^m,40$ et on décrivait un autre arc de cercle parallèle au précédent. Quand le terrain était plus compact, le réglage de l'élinde et la manœuvre de la vanne étaient identiques, mais on mettait en mouvement le tuyau d'aspiration autour de son axe.

Le rendement en déblais n'a été que de 8 à 12 0/0 du volume d'eau donné par la pompe pour une hauteur de refoulement de 4 à 5 mètres. Mais il faut remarquer que la hauteur de vase à enlever était faible et que, pour une hauteur plus grande, la manœuvre eût été identiquement la même et eût pris le même temps.

En somme, cet appareil, dont la puissance d'aspiration est des plus remarquables, et la marche très régulière, paraît susceptible de donner des résultats avantageux.

114. Cas où l'emploi des dragues est impossible. — Il peut arriver, dans certaines occasions, que, malgré l'importance relative des dragages à effectuer, il soit impossible d'utiliser de puissantes machines.

On s'est heurté à une difficulté de ce genre lors des études du projet de curage de la Vesle à l'aval de Reims, opération dont nous avons déjà eu l'occasion de nous occuper et sur laquelle nous croyons devoir donner quelques renseignements extraits d'un très intéressant rapport de MM. les ingénieurs du service hydraulique du département de la Marne.

La longueur de la section à curer était de 39 kilomètres, et le cube à extraire a été évalué à 120.000 mètres. Il existait sur l'étendue de la section de nombreuses usines et des ponts, de sorte qu'une machine n'aurait pu être utilisée sans subir de nombreux démontages dont les frais eussent été extrêmement onéreux. De plus, il existait sur les deux rives des lignes d'arbres ininterrompues qui ne permettaient pas le passage d'un couloir de forme rigide pour le déversement des vases sur les propriétés riveraines. On résolut de se rendre compte par une expérience directe de l'effet obtenu par l'emploi des chasses d'eau pour l'entraînement de ces vases dans des bassins de décantation, et de comparer le prix de revient avec celui de l'emploi direct de la main-d'œuvre pour l'enlèvement des vases avec dépôts sur les berges.

L'expérience fut faite dans le premier bief qui se trouve en aval de Reims. Elle commença lors des basses eaux du mois de septembre. Le bief fut d'abord rempli pour que les vases fussent convenablement humectées; puis, on le vida et on ouvrit partiellement les vannes de l'usine supérieure. Des ouvriers armés de griffes à long manche étaient répartis le long des rives avec mission de gratter activement le fond du lit.

A l'arrivée du flot, on constata qu'une certaine quantité de vase était soulevée: mais le bief supérieur se vidait en deux heures et demie, il fallait ensuite près de trois jours pour le remplir. Durant l'intervalle, les ouvriers produisaient fort peu de travail utile. Sans qu'on eût réussi à déterminer exactement le cube que l'on avait fait entraîner ainsi, et la distance de transport, il sembla évident que le simple déplacement des vases coûtait seul beaucoup plus cher que leur mise en dépôt sur les berges. On suspendit alors l'expérience pour la reprendre aux premières crues de l'hiver.

En hiver, on obtint un régime permanent, et les ouvriers purent travailler sans interruption. Seulement les vitesses du courant n'étaient plus les mêmes que pendant les chasses du mois de septembre. Les vannes des usines d'amont et d'aval étaient constamment levées, la rivière coulait à pleins bords, et aucune manœuvre ne permettait plus d'accroître sa pente superficielle ni, par suite, la vitesse de l'eau, qui ne dépassait pas $0^{m},50$ à la seconde, mesurée à la surface et dans l'axe de la rivière. Le courant glissait alors sur les vases les plus molles, sans en détacher la moindre parcelle.

Il ne restait plus qu'à rechercher ce que produirait le griffage des vases sous l'action de ce courant. Douze ouvriers y travaillèrent pendant cinq jours entre des profils bien déterminés. Plus loin, on plaça au fond du lit, de distance en distance, des plates-formes en bois sur lesquelles on devait mesurer l'épaisseur des dépôts pour en déduire la distance moyenne de transport. Cette distance ne dépassa pas 300 mètres, et la main-d'œuvre coûta au minimum 1 fr. 50 par mètre cube.

Or, la main-d'œuvre directe ne revient qu'à 1 fr. 05 le mètre cube; les deux expériences de curage par entraînement ont donc abouti à un échec complet, et l'on s'est décidé à opérer par simples dragages.

Nous croyons utile de décrire avec quelques détails la manière dont les travaux ont été exécutés.

Pendant une campagne, on a effectué le curage de la partie de rivière représentée par des hachures sur le plan (*fig.* 85) et qui comprend les deux bras de Tinqueux et de Saint-Brice,

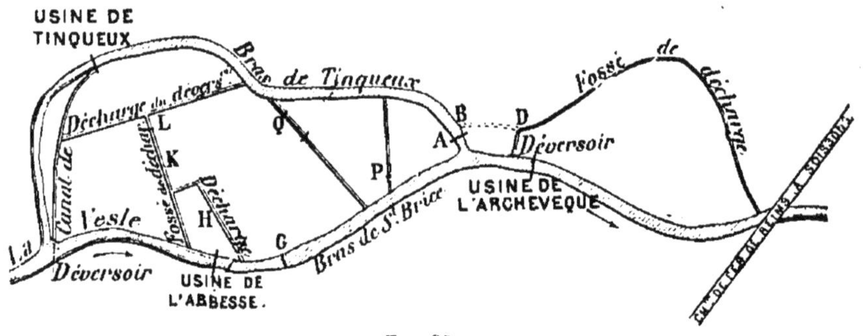

Fig. 85.

ainsi que le lit unique jusqu'au pont du chemin de fer de Reims à Soissons.

On a cherché à opérer autant que possible à sec. Pour assécher le bras de Saint-Brice, on a construit un batardeau G refoulant, par les canaux de décharge existants H et K, l'eau dans le bras de Tinqueux. Les canaux P et Q, qui font communiquer les deux bras, ont été barrés. Au moyen d'un barrage A les eaux du bras de Tinqueux ont été envoyées par l'intermédiaire d'un canal BD creusé *ad hoc*, dans le canal évacuant les eaux, qui passent par-dessus le déversoir du moulin de l'Archevêque. On a ainsi évité toute amenée d'eau directe et tout reflux par les bras de Tinqueux.

Pour assécher ensuite l'autre bras, l'eau a été arrêtée par le barrage de l'usine de Tinqueux et un barrage secondaire L, et s'est écoulée dans le bras de Saint-Brice, les ouvrages régulateurs des usines de l'Abbesse et de l'Archevêque étant ouverts, et le batardeau G démoli.

Pour vider enfin le bras principal entre l'usine de l'Archevêque et le pont du chemin de fer, on a fermé hermétiquement les vannes de l'usine et envoyé les eaux dans le canal de décharge de cette usine et des fossés particuliers, pour les rendre à la rivière en face du pont.

Le curage a ainsi pu s'exécuter presque à sec, au moyen d'outils simples : la faux, le louchet, la pelle, l'écope, etc.

Tout d'abord, les roseaux étaient fauchés et enlevés ; puis, en descendant dans le lit, on enlevait les massifs AA' (*fig.* 86) en ayant soin de laisser en BB' deux petites banquettes pour empêcher l'eau de tomber dans la fouille, que l'on descendait jusqu'à l'apparition de la grève calcaire ou de la terre argi-

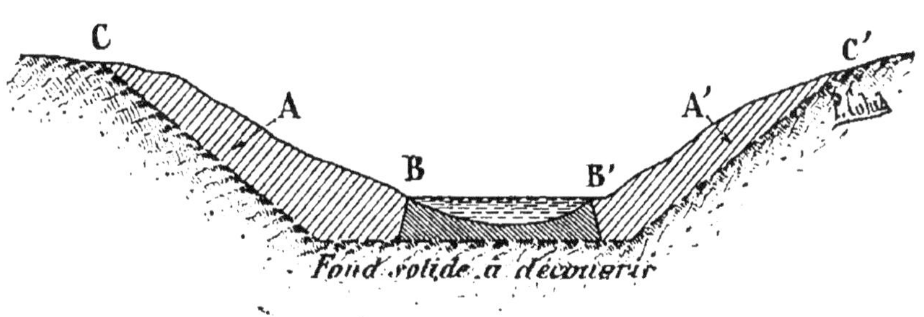

Fig. 86.

leuse ou tourbeuse. Quand la longueur CBC'B' devenait forte, on installait dans la vase deux chevalets supportant deux madriers de roulement ; les rouleurs qui circulaient sur ces madriers avec des brouettes étaient relayés sur le bord, quand le cube parfois considérable des déblais obligeait à éloigner le dépôt de 10 à 12 mètres du bord. L'enlèvement de la vase se faisait au louchet. Le milieu BB' s'enlevait ensuite presque à sec, si le niveau de l'eau était assez abaissé; sinon, on employait l'écope ou la drague. Enfin, on terminait le travail en arrachant, à l'aide de griffes ou de crochets, les racines des herbes et roseaux, qu'on jetait sur les berges.

Le curage s'est étendu sur toute la section mouillée, bien que la largeur atteignît jusqu'à 35 à 40 mètres près de l'usine de l'Archevêque. Le volume extrait par mètre courant a été de 6 mètres cubes environ, et le prix de revient de 1 fr. 29 le mètre cube.

115. De l'influence des travaux de curage sur l'hygiène publique. — Le curage comporte deux opérations susceptibles de nuire, en certains cas, à la santé publique : celle qui consiste à remuer les vases au fond d'une partie de cours d'eau préalablement mise à sec quand on emploie ce mode de procéder, et le dépôt sur les berges des produits du curage.

Quelle que soit la composition des vases, tant qu'elles sont recouvertes d'une tranche d'eau plus ou moins épaisse, elles sont inoffensives, et leur seul inconvénient est de dégager parfois des odeurs nauséabondes, comme, par exemple, quand, durant un été exceptionnellement chaud, le débit de la rivière se trouve très réduit.

Mais, lorsque ces vases sont débarrassées de leur matelas d'eau, qu'elles sont manipulées et mises en contact avec l'air et le soleil, qui sont les principaux agents de la fermentation, ne peut-il pas en résulter des inconvénients sérieux, tant pour les ouvriers employés aux travaux que pour les habitants des centres habités que traverse le cours d'eau ? N'est-il pas possible de prendre des mesures préventives pour rendre les opérations inoffensives ?

La question s'est posée, il y a quelques années, lorsqu'il s'agit d'exécuter le curage du grand canal du parc de Versailles et celui du lac de Saint-Mandé, dans le bois de Vincennes.

Bien que ces curages aient été exécutés dans des conditions un peu exceptionnelles, nous croyons utile de donner quelques détails sur ces opérations.

Le grand canal du parc de Versailles présente une superficie de 23 hectares environ; il y avait près de cent ans qu'il n'avait été nettoyé; il dégageait des odeurs infectes qui se répandaient jusqu'au loin dans la ville, menaçant la santé de ses habitants, lorsqu'en 1892 on se décida à enlever complètement les 85.000 mètres cubes de vases qui l'obstruaient. Une commission spéciale, composée d'ingénieurs et d'hygiénistes, fut chargée d'indiquer les mesures à prendre pour éviter les dangers qui auraient pu en résulter.

Après examen de diverses propositions, il fut décidé que le curage se ferait, le canal étant en eau à son plein niveau, à l'aide d'une drague suceuse aspirant les boues sous l'eau, dont nous avons donné la description (§ 113), et que les vases seraient préalablement rendues *aseptiques*.

Ce dernier résultat a été obtenu en mélangeant à la vase une solution saturée de sulfate de fer à raison de 500^{gr},00 par mètre cube. Le sulfate de fer était dissous dans des cuves *m* (*fig.* 83 et 84), dans chacune desquelles on versait 25 kilogrammes du produit, et l'eau nécessaire à la dissolution, fournie par une pompe *n*. Elle était réchauffée, pour hâter la dissolution, par un serpentin à vapeur. Le désinfectant, dont la quantité était réglée au moyen d'un robinet spécial *p*, était aspiré par la pompe en même temps que la vase et l'eau, puis intimement mélangé avec elle, tant dans la pompe que dans le tuyau de refoulement. La vase extraite était ensuite déversée dans les bassins de décantation pratiqués sur les bords du canal. A leur sortie du tuyau, les boues étaient mélangées à un lait de chaux vive dans la proportion de 1 kilogramme par mètre cube.

Le rôle de chacune des deux substances employées pour la désinfection des boues est nettement défini. Le sulfate de fer agit surtout sur les produits de la fermentation des matières albuminoïdes en les absorbant, et il retarde même cette fermentation en coagulant les matières albuminoïdes en dissolution; mais il ne détruit pas les germes de la fermentation. En d'autres termes, il fait disparaître les mauvaises odeurs. Le lait de chaux, au contraire, est un antiseptique puissant qui détruit ces germes. Ces deux substances se complètent donc l'une par l'autre. Leur emploi combiné a permis d'exécuter le curage du grand canal du parc de Versailles sans qu'il ait été constaté le moindre cas de maladie chez les ouvriers ou chez les habitants des maisons voisines, et l'expérience a prouvé que les vases déversées restaient dans la suite inodores et inoffensives et pouvaient soit être ensemencées en avoine, trèfle, etc., soit utilisées, une fois sèches, comme engrais et terreau.

Quant au curage du lac de Saint-Mandé, travail qui s'est exécuté peu de temps après le précédent, il s'agissait d'une opération de moindre importance, la surface en eau n'étant que de $1^{ha},500$. Cette pièce d'eau, alimentée par la Marne et la rivière de Gravelle, n'avait pas été curée depuis trente-deux ans, lorsqu'à la demande des habitants de Saint-Mandé, dont nombre de maisons et villas de plaisance n'en sont distantes que de 60 mètres à peine, on se décida, en présence des odeurs désagréables qui s'en dégageaient de temps à autre, à enlever les vases, dont le cube était évalué à 2.450 mètres environ, après les avoir préalablement désinfectées. Vu le peu d'importance de l'opération, on ne pouvait songer à draguer les vases sous l'eau ; il fallait, au contraire, vider le lac et faire égoutter les boues en creusant des tranchées, afin de les rendre assez solides pour être transportables.

On commença par ramener à $0^{m},15$ l'épaisseur de la tranche d'eau sur les vases compactes ; puis, on fit répandre 300 kilogrammes de solution saturée de sulfate de fer et, après absorption des produits de la fermentation albuminoïde, on fit jeter 600 kilogrammes de chaux vive dans ce mélange d'eau et de vase saturée de sulfate de fer. Deux jours après, on vida complètement le lac, et on asséchа la vase en creusant des rigoles et des tranchées conduisant vers la bonde de fond les eaux qui s'en écoulaient. Pendant cette opération, on continuait à répandre des solutions de sulfate de fer et de chaux vive. Puis, on laissa les boues s'égoutter jusqu'à ce qu'elles fussent devenues transportables.

A ce moment, on chargea ces boues dans des wagonnets ; puis, après avoir de nouveau répandu sur la vase de chaque wagonnet la solution saturée de sulfate de fer et saupoudré de chaux les parois et la surface extérieure des boues, on en transporta le contenu jusqu'à un emplacement du bois de Vincennes, où se trouvaient de grands vides à remblayer. Au déversement, on répandit encore une fois de la chaux vive dans la proportion de 200 grammes par mètre cube.

Grâce aux mesures prises pour assurer l'hygiène des ouvriers employés à ce travail, aucun d'eux n'a été atteint de fièvres ou de maladies imputables au curage. La même immunité a été constatée chez les habitants des maisons situées à proximité des travaux.

De même que pour les produits du curage du canal du parc de Versailles, les boues provenant du lac de Saint-Mandé sont restées inoffensives et ont été utilisées comme engrais dans le bois même.

116. Prix de revient des désinfectants. — Les deux substances, employées dans la désinfection des boues coûtent : le sulfate de fer, 9 francs environ les 100 kilogrammes, et la chaux vive, 4 fr. 50 environ les 100 kilogrammes. A Saint-Mandé, leur acquisition a nécessité une dépense de 265 francs seulement sur un total de 10.400 francs, soit moins de 3 0/0. Toutefois, au prix d'achat il convient d'ajouter la main-d'œuvre, et l'emploi combiné des deux substances, tel qu'il a été pratiqué en cette occasion, est suffisamment compliqué pour augmenter dans une certaine proportion la dépense correspondante.

Si l'on veut seulement chercher à rendre inoffensives les boues extraites, comme celles qu'on dépose le long des cours d'eau, on peut opérer plus simplement.

MM. Buisine, de la Faculté des Sciences de Lille, ont découvert, il y a quelques années, un produit chimique nouveau, le sulfate ferrique, qui, employé à l'épuration des eaux résiduaires des villes de Roubaix et Tourcoing, a donné de très bons résultats. Le sulfate ferrique diffère du sulfate de fer du commerce en ce que son agent actif est, non pas, comme pour ce dernier, le protoxyde de fer, mais bien le peroxyde de fer. Ce sel, vu ses propriétés oxydantes, arrête la putréfaction, ce que ne fait pas le sulfate de fer, et son emploi paraît rendre inutile le répandage du lait de chaux.

Le sulfate ferrique est d'un emploi des plus simples : il

suffit de le répandre en poudre sur les tas de vases mis en dépôt sur les berges de la rivière. La quantité à employer est variable, mais, d'après les résultats antérieurement obtenus, elle ne paraît pas devoir dépasser 1/2 kilogramme par mètre cube de vase. Enfin, son prix est des plus faibles, 6 francs les 100 kilogrammes.

Il paraît donc susceptible d'être utilisé avantageusement, principalement lorsque les vases provenant du curage doivent être déposées jusqu'à complète dessiccation à proximité de centres habités.

Quand l'emploi de désinfectants n'aurait d'autre résultat que de supprimer complètement les odeurs nauséabondes qui se dégagent souvent des vases fraîches, la minime dépense que nécessite la désinfection aurait suffisamment sa raison d'être.

Il serait évidemment désirable qu'à l'avenir ce côté de la question fût examiné avec soin dans tous les projets de curage de quelque importance.

Pour terminer l'étude de l'influence des travaux de curage sur l'hygiène publique, nous croyons nécessaire de reproduire ci-dessous l'ensemble des mesures préventives à prescrire en ce qui concerne les ouvriers travaillant aux curages.

Elles peuvent se résumer ainsi [1]:

1° Fragmenter le travail : ne pas le commencer sur de grandes surfaces à la fois, mais attaquer seulement quelques points et n'entreprendre une partie nouvelle que lorsque la précédente est achevée, pour ne pas créer de vastes foyers d'infection ;

2° A la moindre attaque de fièvres palustres, évacuer le malade aussi loin que possible du lieu des travaux, et ne jamais le reprendre, même après guérison, car, si son accès est passé, il restera toujours à l'avenir sous l'influence de l'impaludisme ;

3° Exécuter, autant que possible, les travaux en hiver ; toujours les suspendre en juillet et août et, si on le peut, en juin et septembre ;

[1] Extrait d'un article de M. le Dr Diverneresse (*Revue d'Hygiène*, numéro du 20 février 1894).

4° N'embaucher que des hommes sains ; réduire leur nombre au minimum et les remplacer, autant qu'on le pourra, par des machines, afin de diminuer les chances de maladie :

5° Réduire au minimum la durée et la fréquence du contact ;

6° Augmenter la résistance des travailleurs par des repas chauds, des boissons toniques, des vêtements de laine sur la peau (ceintures et chemises de flanelle), qui favorisent l'action éliminatrice de la peau et évitent le frisson initial ;

7° Allumer des feux qui établissent des courants et brûlent les germes dangereux ;

8° Faire laver les mains des ouvriers dans des solutions de sublimé ;

9° Faire absorber un peu de quinine ;

10° Désinfecter les boues.

Toutes ces mesures ont été prises lors du curage du lac du bois de Vincennes, et les excellents résultats obtenus leur paraissent imputables au moins en partie.

117. Utilisation du produit des curages. — Les vases provenant des curages sont laissées à la disposition des riverains, qui souvent les emploient comme engrais, et le profit qu'ils en retirent peut compenser et au-delà les dépenses de l'opération.

D'après Hervé-Mangon, les vases peuvent être employées comme engrais de diverses manières ; on peut les répandre sur les prairies, ou bien les enfouir par un labour en même temps que les fumiers ; mais, en général, on peut en tirer un meilleur parti par une préparation particulière variant avec leur composition et les circonstances locales de l'exploitation agricole.

Les vases non calcaires, ou celles qui sont très riches en matières organiques incomplètement décomposées, forment avec la chaux d'excellents composts : séchées à l'air et écrasées, elles forment la meilleure substance à mêler aux engrais pulvérulents, que l'on répand ordinairement mélangés avec de la terre ou des cendres.

La vase, au moment où on l'extrait est plus ou moins humide ; exposée à l'air ou au soleil, elle perd rapidement 50 à 70 0/0 de son poids d'eau. Ainsi desséchée, elle contient encore, en général, de 3 à 10 0/0 d'eau, qu'elle n'abandonne qu'à une température de 105° environ.

La vase séchée au soleil et réduite en poudre pèse ordinairement de 700 à 800 kilogrammes le mètre cube ; ce poids doit varier beaucoup suivant les localités. Certaines vases contiennent de fortes proportions de carbonate de chaux et constituent des marnes d'autant plus énergiques que le calcaire est plus divisé. D'autres sont presque complètement privées de calcaire ; elles abandonnent toutes à l'eau froide, comme les terres fertiles, une certaine somme de produits solubles formés en partie de matières organiques et en partie de matières minérales.

Les vases contenant des quantités notables de phosphates sont assez rares ; toutes, au contraire, contiennent une assez forte proportion d'azote. Cette proportion est variable d'un échantillon à l'autre ; cependant on peut admettre que les vases de bonne qualité desséchées contiennent de 0,4 à 0,5 0/0 de leur poids d'azote, c'est-à-dire presque autant que le fumier frais; cet azote n'est pas toujours aussi immédiatement assimilable par les récoltes que celui du fumier, mais il constitue toujours pour la terre une augmentation de fertilité en rapport avec son poids.

Les vases provenant de mares ou d'étangs sont d'autant plus riches qu'elles reçoivent plus de déchets animaux et végétaux. Dans les cours d'eau où il existe une végétation abondante, elles s'enrichissent d'autant en matières organiques.

Nous ne croyons pas qu'il ait été fait jusqu'ici des expériences précises permettant de désigner la nature du sol et le genre de culture qui doivent surtout faire rechercher les produits des curages. On sait seulement qu'il est avantageux, quand on veut les utiliser tels quels, de les abandonner à l'air libre pendant un hiver au moins avant d'en tirer parti. Après ce laps de temps, ils prennent la consistance d'un terreau friable facilement utilisable.

D'ailleurs, leur composition est des plus variables ; souvent elles ne contiennent les éléments fertilisants que dans une proportion ne dépassant pas celle de la terre ordinaire; d'autres fois, au contraire, elles en sont assez riches.

L'analyse de quelques échantillons des produits du curage de la Vesle à l'aval de Reims a donné les résultats suivants. Dans 100 parties de vase desséchée on trouve en moyenne :

Azote ammoniacal	0,020
Azote organique	0,483
Acide phosphorique	0,268
Potasse	0,122
Oxyde de fer et alumine	5,281
Chaux	15,291
Magnésie	0,600

Ces boues renferment donc une assez notable proportion de potasse et d'acide phosphorique qui, avec l'azote et l'humus, forment tous les éléments de la fertilité des sols calcaires qui composent la vallée de la Vesle. Aussi ont-elles trouvé preneur à 1 franc le mètre cube.

En général, l'emploi comme engrais des produits des curages est à conseiller ; mais on ne peut en tirer parti qu'à proximité des cours d'eau ; leur valeur, en effet, est trop faible pour pouvoir couvrir des frais de transport un peu élevés ; aussi leur mise à la disposition des riverains est-elle tout indiquée.

118. Importance et prix de revient des travaux de curage. — Le Ministère de l'Agriculture a fait dresser la statistique des travaux de curage exécutés en France en 1892. Cette statistique ne porte que sur les curages simples et ne comprend pas les divers travaux de régularisation, redressement, etc.

Les résultats obtenus sont résumés dans le tableau suivant :

Le prix de revient du curage par mètre courant est très faible, ce qui s'explique par ce fait que 84 0/0 des travaux ont été exécutés par les intéressés eux-mêmes, c'est-à-dire dans les conditions les plus économiques.

DÉPARTEMENTS	LONGUEURS CURÉES	SURFACE APPROXIMATIVE intéressée aux TRAVAUX	DÉPENSE APPROXIMATIVE		
			TOTALE	par mètre courant de cours d'eau	par hectare de la surface intéressée
Ain	48.240m,00	1.312h,66a	16.927f,00	0f,350	12f,89
Aisne	120.020 ,50	1.581 ,70	29.579 ,02	0 ,246	18 ,70
Allier	64.080 ,00	2.558 ,75	8.967 ,00	0 ,439	3 ,54
Basses-Alpes	»	»	»	»	»
Hautes-Alpes	»	»	»	»	»
Alpes-Maritimes	»	»	»	»	»
Ardèche	2.653 ,00	9 ,08	3.600 ,00	1 ,356	396 ,49
Ardennes	35.569 ,30	671 ,41	15.025 ,26	0 ,422	22 ,37
Ariége	106 331 ,00	1.964 ,40	55.207 ,00	0 ,519	28 ,10
Aube	47.141 ,00	1.051 ,00	13 239 ,00	0 ,280	12 ,59
Aude	43.015 ,00	4.789 ,00	31.501 ,00	0 ,732	6 ,55
Aveyron	1 232 ,00	13 ,00	696 ,00	0 ,564	53 ,53
Bouches-du-Rhône	9.100 ,00	1.301 ,00	3.345 ,80	0 ,367	2 ,57
Calvados	561.699 ,00	7.155 ,48	60.199 ,50	0 ,107	8 ,41
Cantal	»	»	»	»	»
Charente	71.205 ,00	1.096 ,90	27.565 ,00	0 ,387	25 ,12
Charente-Inférieure	93.280 ,00	4 898 ,00	90.190 ,00	0 ,967	18 ,41
Cher	138.334 ,00	2.310 ,10	35.023 ,71	0 ,253	15 ,16
Corrèze	»	»	»	»	»
Corse	1.060 ,00	10 ,00	847 ,70	0 ,779	84 ,77
Côte-d'Or	656.040 ,00	29.753 ,42a	58 560 ,00	0 ,089	1 ,96
Côtes-du-Nord	10.000 ,00	193 ,00	3.870 ,00	0 ,387	20 ,05
Creuse	»	»	»	»	»
Dordogne	192.915 ,00	3.649 ,00	74.293 ,00	0 ,385	20 ,35

DÉPARTEMENTS	LONGUEURS CURÉES	SURFACE APPROXIMATIVE intéressée aux TRAVAUX	DÉPENSE APPROXIMATIVE TOTALE	par mètre courant de cours d'eau	par hectare de la surface intéressée
Doubs	2.307m,00	27h,95a	330f,00	0f,229	18f,96
Drôme	58.320 ,00	3.203 ,00	15.022 ,00	0 ,257	4 ,68
Eure	24.267 ,00	352 ,13	32.187 ,00	1 ,326	91 ,40
Eure-et-Loir	54.584 ,00	657 ,17	19.112 ,64	0 ,350	29 ,08
Finistère	30.819 ,00	215 ,13	2.925 ,00	0 ,095	13 ,59
Gard	»	»	»	»	»
Haute-Garonne	812.591 ,00	5.270 ,98	262.900 ,00	0 ,323	49 ,87
Gers	16.737 ,00	1.313 ,00	7.022 ,00	0 ,419	6 ,05
Gironde	540.112 ,00	57.617 ,00	115.084 ,92	0 ,213	1 ,99
Hérault	16.148 ,00	1.176 ,00	4.250 ,00	0 ,550	51 ,20
Ille-et-Vilaine	18.000 ,00	264 ,50	50 480 ,00[1]	2 ,804	190 ,85
Indre	100.075 ,30	1.912 ,78	20.722 ,03	0 ,207	10 ,83
Indre-et-Loire	314.277 ,00	10.933 ,35	49 621 ,52	0 ,157	4 ,53
Isère	200.426 ,00	6.373 ,07	47.788 ,06	0 ,238	7 ,49
Jura	190.686 ,40	4.370 ,92	55.285 ,40	0 ,289	12 ,64
Landes	110.160 ,00	2.451 ,00	9.066 ,00	0 ,085	3 ,69
Loir-et-Cher	347.745 ,00	7.969 ,47	34.791 ,16	0 ,100	4 ,36
Loire	»	»	»	»	»
Haute-Loire	»	»	»	»	»
Loire-Inférieure	110.162 ,00	1.791 ,00	5.730 ,00	0 ,076	4 ,00
Loiret	333.999 ,00	6.909 ,00	59.215 ,50	0 ,177	8 ,58
Lot	88.545 ,00	2.680 ,55	49.278 ,00	0 ,556	18 ,38
Lot-et-Garonne	154.488 ,00	5.555 ,20	58.474 ,00	0 ,378	10 ,52

1 Curage exécuté sur une longueur de 2.400 mètres au moyen d'une drague à vapeur. — Ce travail a coûté 48.000 francs.

DÉPARTEMENTS	LONGUEURS CURÉES	SURFACE APPROXIMATIVE intéressée aux TRAVAUX	DÉPENSE APPROXIMATIVE TOTALE	par mètre courant de cours d'eau	par hectare de la surface intéressée
Lozère	»	»	»	»	»
Maine-et-Loire	36.589 ,00	998	13.953 ,00	0 ,381	13 ,98
Manche	589.100 ,00	23.896 ,00	69.355 ,00	0 ,117	2 ,90
Marne	141.345 ,00	4.082 ,40	38.346 ,00	0 ,271	9 ,39
Haute-Marne	47 527 ,00	1.723 ,59	13.677 ,10	0 ,287	7 ,93
Mayenne	5.088 ,00	186 ,00	2.400 ,00	0 ,471	12 ,90
Meurthe-et-Moselle	136 415 ,00	1.218 ,63	30 666 ,80	0 ,440	44 ,26
Meuse	97 284 ,00	2.505 ,93	28.982 ,50	0 ,297	11 ,56
Morbihan	44.070 ,00	232 ,50	8.426 ,48	0 ,191	36 ,24
Nièvre	69.078 ,00	6.745 ,00	36.195 ,00	0 ,523	5 ,36
Nord	797.618 ,45	105.433 ,70	146.787 ,68	0 ,184	1 ,39
Oise	130.876 ,00	3.248 ,00	16.139 ,00	0 ,123	4 ,96
Orne	86.974 ,00	1.336 ,67	30.435 ,74	0 ,349	22 ,76
Pas-de-Calais	346 836 ,00	30.665 ,77	67.976 ,48	0 ,196	2 ,21
Puy-de-Dôme	6 350 ,00	101 ,50	1.600 ,00	0 ,251	15 ,76
Basses-Pyrénées	27 127 ,00	97 ,79	13.657 ,00	0 ,503	139 ,64
Hautes-Pyrénées	25.950 ,00	697 ,50	5.678 ,10	0 ,218	8 ,14
Pyrénées-Orientales	»	»	»	»	»
Haut-Rhin	8.732 ,00	70 ,00	2.461 ,00	0 ,281	35 ,15
Rhône	13.418 ,00	1.803 ,00	1.150 ,00	0 ,085	0 ,63
Haute-Saône	392 773 ,35	2.429 ,78	77.992 ,42	0 ,198	32 ,09
Saône-et-Loire	40.346 ,00	975 ,28	23.232 ,95	0 ,575	23 ,82
Sarthe	778.685 ,00	6.530 ,00	161.090 ,00	0 ,206	24 ,66
Savoie	6.670 ,00	464 ,00	3.184 ,35	0 ,477	6 ,86
Haute-Savoie	559 ,00	213 ,24	2.780 ,00	0 ,500	13 ,03
Seine	75.141 ,55	»	21 027 ,00	0 ,279	»
Seine-Inférieure	509.809 ,00	8.468 ,78	87.912 ,00	0 ,172	10 ,38
Seine-et-Marne	856.243 ,85	53 367 ,00	55.608 ,97	0 ,064	1 ,04
Seine-et-Oise	729.829 ,08	12.452 ,05	137.683 ,28	0 ,188	11 ,05
Deux-Sèvres	24.333 ,00	301 ,33	4.430 ,00	0 ,182	14 ,70
Somme	117.008 ,00	4.673 ,44	29.597 ,56	0 ,253	6 ,33
Tarn	29 551 ,00	309 ,00	13.664 ,70	0 ,462	44 ,22

DÉPARTEMENTS	LONGUEURS CURÉES	SURFACE APPROXIMATIVE intéressée aux TRAVAUX	DÉPENSE APPROXIMATIVE		
			TOTALE	par mètre courant de cours d'eau	par hectare de la surface intéressée
Tarn-et-Garonne	240 948m,00	1.463h,00a	66.128f,00	0f,274	59f,85
Var	5.200 ,00	740 ,00	15.300 ,00	2 ,942	20 ,67
Vaucluse	515.467 ,00	13.730 ,31	44.026 ,80	0 ,085	3 ,20
Vendée	4.100 ,00	50 ,80	1.125 ,00	0 ,274	22 ,14
Vienne	138.173 ,00	1.248 ,70	17.218 ,70	0 ,124	13 ,78
Haute-Vienne	»	»	»	»	»
Vosges	199.077 ,00	2.000 ,97	30.566 ,03	0 ,153	15 ,27
Yonne	55.968 ,00	1.470 ,70	15.599 ,50	0 ,457	10 ,60
Totaux et Moyennes	13.061.119m,08	427.813h,28a	2.774.175f,36	0f,212	6f,48

CHAPITRE III

FAUCARDEMENTS

119. Généralités. — Le faucardement est l'opération qui consiste à enlever les herbes aquatiques qui poussent dans les eaux tranquilles et se développent rapidement sous l'influence de la chaleur. C'est un travail d'entretien dont le but est de couper jusqu'à la racine et de retirer hors du lit des cours d'eau ces herbes ainsi que les mousses, les joncs, les roseaux et les petits arbustes qui auraient crû dans le lit et sur les talus intérieurs des rives des cours d'eau.

Il serait sans intérêt de mentionner toutes les espèces d'herbes et d'arbustes qu'on peut rencontrer; elles varient avec la nature du sol, les conditions climatériques, etc... On y rencontre, notamment, des roseaux à rubans atteignant des longueurs de plusieurs mètres et s'élevant vers la surface de l'eau, des herbes dites « queue-de-renard » qui prennent également un grand développement, des « grippes » qui poussent par touffes abondantes, des mousses visqueuses se gonflant comme une éponge sous l'action des rayons solaires. Ces plantes sont extrêmement vivaces, et leur volume devient en peu de temps suffisamment considérable pour entraver sérieusement la circulation de l'eau. Aussi est-il nécessaire de les faucher quelquefois à plusieurs reprises pendant la saison des chaleurs.

Le faucardement comprend deux opérations : le fauchage proprement dit, et l'extraction des plantes coupées.

120. Du fauchage. — Le moyen le plus simple pour procéder à l'enlèvement des herbes aquatiques consiste à employer une faux ordinaire armée d'un long manche. Quelquefois on s'est servi d'une faux dite en ciseaux, composée de deux lames tranchantes montées sur un manche en bois; des ouvriers placés sur des bateaux qui descendent le courant tirent la faux en sens contraire pour relever les herbes et les couper.

Les résultats obtenus de cette manière sont peu satisfaisants, car une partie seulement des herbes est fauchée ; le travail est long et pénible, attendu que les bateaux, halés à bras d'hommes, ne se meuvent que très lentement et ne permettent le nettoiement que d'une faible partie du fond.

Un instrument d'un emploi plus commode et plus économique est le *faucard*, formé d'une série de lames de faux dont le talon a été rabattu, et qui sont reliées entre elles par des boulons. Des chaînes fixées de distance en distance le maintiennent au fond par leur poids, assurent son horizontalité et empêchent son renversement. Le faucard occupe toute la largeur de la rivière ; des ouvriers le tirent de chaque bout à l'aide de cordes, en sens inverse du courant, pour relever les herbes couchées et les couper.

Le faucard, quoique donnant des résultats plus satisfaisants que la faux, demande six hommes pour la manœuvre et ne permet que le fauchage de 500 mètres par jour.

De nombreux essais ont été faits en vue de perfectionner l'outillage et d'en accélérer la marche. Ce résultat a pu être obtenu et, en 1884, M. Rabault, conducteur des ponts et chaussées, attaché au service municipal de la ville de Paris, a fait construire, en vue du faucardement du canal de l'Ourcq, une machine faucheuse qui a donné d'excellents résultats et que, pour ce motif, nous croyons devoir décrire avec quelques détails.

121. Machine faucheuse de M. Rabault. — Le canal de l'Ourcq, qui amène à Paris les eaux de la rivière d'Ourcq utilisées à l'alimentation des canaux Saint-Martin et Saint-Denis et au service public municipal, n'a pas moins de 97 kilomètres de longueur. La végétation aquatique, alimentée par des eaux gypseuses généralement troubles et chaudes en été, est tellement active que, dans la période du 15 avril au

15 octobre, on doit faucher les herbes tous les quinze jours, et même, lors des grandes chaleurs, une fois au moins par semaine. Le travail était fait autrefois par huit équipes de cinq hommes armés de faux en ciseaux manœuvrées à la main ; chaque équipe parcourait au plus 3 kilomètres par jour et n'opérait que sur une partie de la section du canal ; enfin, avec cette manière de procéder, on laissait intactes les racines, et les herbes repoussaient aussitôt. Il en résultait un envahissement de la section tel que, le débit diminuant dans de fortes proportions et le plan d'eau étant surélevé outre mesure, les berges se dégradaient d'une manière dangereuse pour la sécurité du canal établi presque en entier à flanc de coteau.

Pour pouvoir lutter avec succès contre un envahissement d'herbes aussi extraordinaire, les procédés usuels étaient notoirement inefficaces. Seule, la machine faucheuse de M. Rabault a permis d'obtenir des résultats satisfaisants. La planche II fournit des dessins complets d'une des machines en service.

Dans cet appareil, les faux conservent la forme de ciseaux. Chacune d'elles a $1^m,30$ de longueur de branches et pèse 20 kilogrammes ; elles sont indépendantes et individuellement amarrées par la pointe à une chaîne qui s'enroule sur un treuil E fixé sur un bateau-porteur P (pl. II, *fig.* 1). Le treuil a pour but de relever toutes les faux ensemble, chaque fois qu'il est nécessaire de les affûter. Chaque chaîne d'amarrage est emmaillée sur un crochet, et tous les crochets sont montés sur un arbre en fer horizontal placé au niveau du pont, au-dessous du treuil ; un mouvement d'oscillation, imprimé à cet arbre par un levier manœuvré à bras, réalise simplement la secousse qui constituait le tour de main de l'ancien procédé. La traction du bateau est faite par un cheval, et l'amarre de traction guidée par un treuil placé au centre du bateau est, près de celui-ci, dédoublée en deux brins attelés aux deux angles du bateau et renvoyés sur un cabestan vertical ; ce dispositif permet de faire varier l'angle du bateau avec la traction, et facilite le halage qui a lieu suivant une ligne sinueuse en raison de la forte courbure des courbes du canal et de la longueur de l'amarre.

Pour mettre en mouvement le faucard, on descend les faux au fond du canal au moyen du mouvement d'engrenage C, en ayant soin de déplacer lentement le bateau. Les faux prennent aussitôt la position I (*fig*. 3) et sapent toutes les herbes qu'elles rencontrent.

Comme chacune des faux fonctionne isolément, il en résulte que, malgré les inégalités du fond, les pierres ou les légers obstacles de toute nature qu'on rencontre, toute la superficie est fauchée complètement.

Quelques instants après le passage de l'appareil, on voit l'herbe se relever et flotter à la surface de l'eau ; on pourrait continuer sans grand inconvénient l'opération sur une longueur de 2 ou 3 kilomètres sans discontinuité et obtenir un bon résultat, mais quelquefois les faux sont complètement enveloppées par les herbes ; il est alors préférable de les en débarrasser en manœuvrant le levier D, qu'un homme peut facilement mettre en mouvement. Pour exécuter cette manœuvre, on a disposé sur l'appareil un mouvement alternatif ; il en résulte une marche saccadée des lames, qui permet à la fois d'activer le fauchage des herbes et de débarrasser ces lames de celles qui les enveloppent. L'expérience a montré que le mouvement saccadé et alternatif dégage la partie tranchante des lames.

Ces dernières doivent être affûtées soit à la pierre, soit à la lime, après un parcours de 5 kilomètres ; il est également nécessaire, une fois par jour, de les marteler, comme le font les faucheurs dans les champs.

L'affûtage est facile. Il suffit d'arrêter le bateau et de manœuvrer le treuil de façon que les lames prennent la position verticale. Quand ce travail est terminé, on redescend les faux au fond du lit, et l'opération continue.

Pour le martelage, les lames retenues seulement par quatre boulons à l'armature en fer sont facilement démontées, et quelques heures suffisent pour exécuter l'opération.

Une expérience de plusieurs années a conduit M. Rabault à faire subir à sa machine une modification très importante au point de vue de la facilité de la traction et du mode de secouage des faux. Le bâti du faucard, au lieu d'être fixé longitudinalement sur l'un des bords du bateau, est placé à l'arrière, où il est retenu par un arbre en fonte mobile sur un pivot. En outre, à côté du poteau est établi un mécanisme muni d'un système d'embrayage et de désembrayage qui permet très facilement soit de mettre en mouvement le levier chargé du secouage des faux, soit de faire prendre au bâti l'inclinaison nécessaire pour que le fonctionnement de l'appareil n'éprouve aucune gêne, même dans les courbes les plus raides du canal. Cette disposition a permis de placer à l'avant du bateau un gouvernail très utile à la traversée des ouvrages d'art.

L'appareil est monté par deux hommes et, halé par un cheval, il a pu faucarder le canal large de 10 mètres sur 20 kilomètres par jour. Son prix de revient est de 3.000 francs; l'entretien et le renouvellement de ses faux et agrès coûtent 200 francs par campagne.

Le faucardement à la main coûtait, tel qu'il était pratiqué, 300 francs par kilomètre et par an. Avec l'appareil, la dépense annuelle kilométrique est abaissée à 120 francs. Le nombre des passages par mois est de six au lieu de deux pendant la période de végétation active, et le relèvement du plan d'eau, qui atteignait parfois 0m,30, n'est plus que 0m,05. Enfin, non seulement les herbes longues et légères sont radicalement tondues, mais encore le poids des faux meurtrit les herbes lourdes sur lesquelles le faucardement à la main n'avait pas d'action, et leur propagation se trouve arrêtée.

L'expérience a montré qu'il est préférable, pour la coupe des longues herbes, de travailler en descente; les herbes infléchies par le courant sont mieux attaquées par la fibre

RATEAU A EXTIRPER LES MOUSSES.

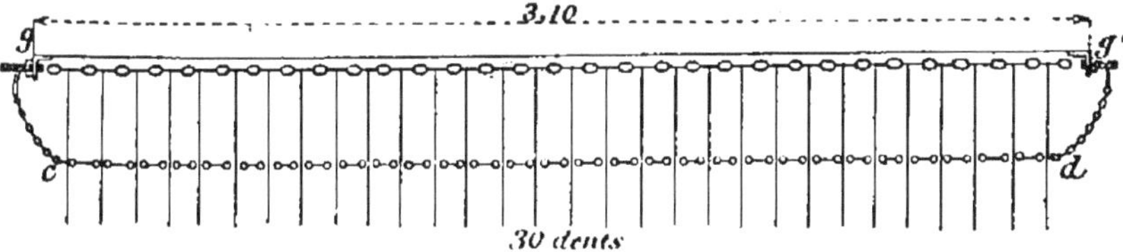

FIG. 87. — Élévation.

tendue, et la traction est beaucoup plus facile. Toutefois, l'appareil donne de bons résultats même en eau morte.

122. Râteau à extirper les mousses. — Les appareils dont nous venons de donner la description permettent de détruire les plantes de fond à rubans allongés ; mais il existe des

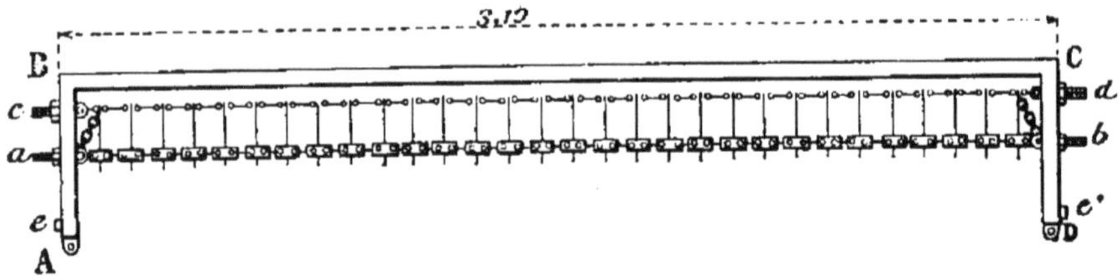

Fig. 88. — Plan.

grippes ou mousses tapissant le fond du lit, qui filent sous la faux, dont la lame glisse sur leurs surfaces gluantes.

On les détruit au moyen d'une sorte de râteau d'une lon-

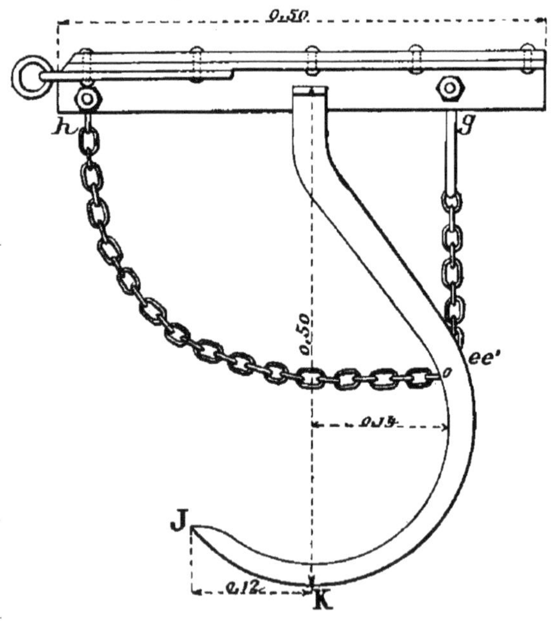

Fig. 89. — Détails d'une dent.

gueur suffisante pour embrasser toute la largeur du plafond du cours d'eau.

Le râteau employé au canal de l'Ourcq est représenté par les figures 87 à 90. Il a 3m,10 de longueur et comprend trente dents. Il est composé d'un bâti en fer plat formant deux retours à angle droit AB, CD (*fig.* 88), garni sur chaque retour de cornières de même longueur formant ailes. A chacun des points *a* et *b* du bâti se trouve un tirefond taraudé muni d'un écrou à l'extérieur ; ces tirefonds servent à supporter trente dents en forme de crochets, reliées ensemble par des chaî-

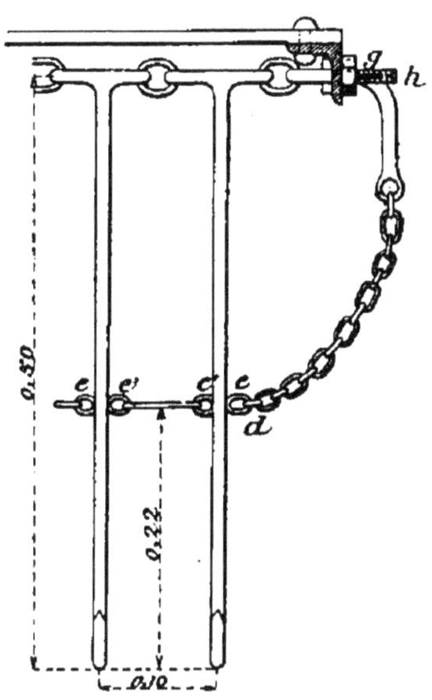

Fig. 90. — Détails d'une dent.

nons et mobiles dans les deux sens, qu'on peut tendre ou détendre selon les besoins, au moyen des écrous placés aux extrémités *a* et *b*, ce qui leur permet de se déplacer sans se briser à la rencontre des inégalités ou des saillies du fond.

Un système de chaînage *cd* passant par chaque dent, composé d'anneaux *cc'* et de maillons, est maintenu à chaque extrémité par des chaînes *cg*, *dg'*, en même temps que les chaînes *ch*, *c'g'*, maintiennent les dents en travail, lorsque, par l'effet de la traction, leur extrémité est ramenée de J en K.

L'appareil fonctionne à main d'homme ; des cordeaux fixés aux anneaux A et D sont tirés de chacune des berges du canal ; la manœuvre exige une équipe de quatre hommes sur chaque rive. Le râteau, appuyé sur le fond par son poids, arrache les mousses qui s'accumulent dans l'intérieur des dents jusqu'à ce qu'ils soit rempli, ce dont on s'aperçoit par le fait qu'il n'offre plus de résistance à la traction. A ce moment on remonte le râteau sur l'une des rives en s'aidant du bateau qui accompagne l'appareil; on le vide au moyen de griffes à dents rapprochées; puis, on le redescend, et on recommence un nouveau parcours.

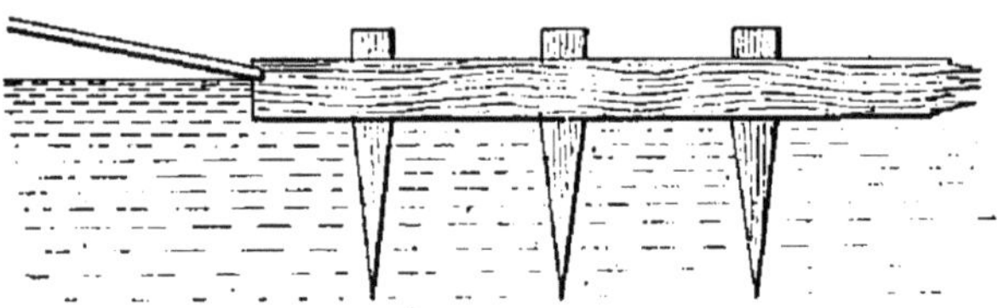

Fig. 91.

Le râteau se remplit, en moyenne, en dix minutes, de sorte qu'en une journée de dix heures on peut parcourir une longueur de 600 mètres.

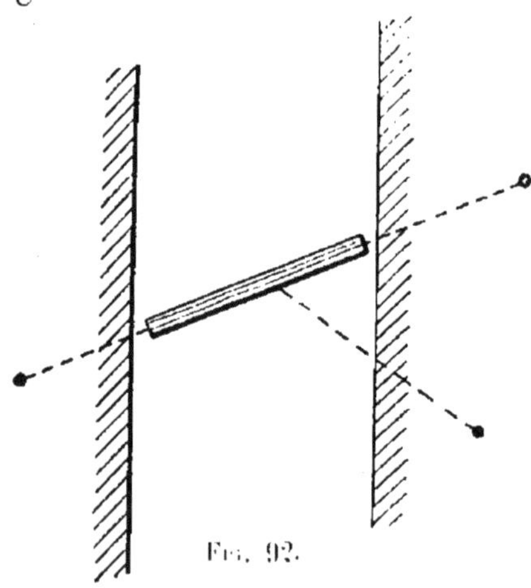

Fig. 92.

123. Extraction des plantes coupées. — Une fois les herbes coupées, elles viennent flotter à la surface et descendent au fil de l'eau. On les arrête de distance en distance au moyen d'une poutrelle placée obliquement au courant, munie de dents en bois, qui flotte sur l'eau et est retenue sur chaque rive par des cordes (*fig.* 91 et 92). Les herbes s'enroulent autour des dents, et on les enlève à l'aide de râteaux ou de tout autre instrument analogue. On utilise aussi, à cet effet, les obstacles existants, tels que les barrages de retenue d'usines.

124. Exécution des travaux de faucardement. — Ce que nous avons dit ci-dessus touchant l'exécution des travaux de curage s'applique également aux faucardements, qui sont à la charge des mêmes intéressés. Le plus ordinairement, chaque riverain est tenu au faucardement au droit de sa propriété sur la moitié correspondante du cours d'eau. Le modèle de règlement d'administration publique des travaux de curage, ainsi que le modèle d'arrêté préfectoral relatif aux mêmes travaux (§ 94) stipulent qu'indépendamment du curage un faucardement sera fait toutes les fois que la nécessité en sera reconnue. Dans ce cas, un arrêté préfectoral, pris sur la proposition des ingénieurs du service de l'hydraulique agricole fixe la date d'exécution du travail. A l'expiration du délai imparti, il est procédé, en présence d'un conducteur des ponts et chaussées, à la reconnaissance et à la vérification des travaux par l'ingénieur qui les dirige, en présence du maire ou de son délégué. Des procès-verbaux sont dressés contre les propriétaires qui n'ont pas entrepris le faucardement prescrit ; après mise en demeure, ce travail est exécuté aux frais des contrevenants, et la dépense recouvrée sur eux comme en matière de contributions directes.

125. Utilisation des produits du faucardement. — Les plantes aquatiques après dessiccation à l'air peuvent être employées à la fumure des terres. Elles contiennent de 1 à 3 0/0 d'azote et parfois un peu d'acide phosphorique. Comme les produits des curages, elles sont laissées à la disposition des riverains, sous la défense expresse de les rejeter dans les cours d'eau.

126. Importance et prix de revient des travaux de faucardement. — Il est difficile de fournir des renseignements relativement à l'importance et au prix de revient des travaux de faucardement.

Le prix de revient dépend non seulement de la quantité des herbes à enlever, mais encore de leur hauteur et de leur résistance, lesquelles varient sensiblement, même pour un cours d'eau donné, avec les circonstances climatériques. Quand le faucardement n'est que le complément d'un curage, les travaux s'exécutent simultanément, et l'on établit pour le tout un prix de revient par mètre courant sans distinguer dans le total la part afférente à l'un ou à l'autre travail.

Le faucardement à la main est, nous le répétons, un travail pénible; l'entretien des faux ou des faucards élève sensiblement la dépense. L'emploi des machines est plus économique, ainsi que l'a prouvé l'expérience du canal de l'Ourcq (§ 121). Mais, le prix de ces machines étant relativement élevé, elles ne sont utilisables que lorsqu'on opère sur de grandes longueurs et à des intervalles assez rapprochés.

CHAPITRE IV

SUPPRESSION DES OBSTACLES A L'ÉCOULEMENT DES EAUX

127. Généralités. — L'Administration, à qui il appartient de rechercher et d'indiquer les moyens d'assurer le libre cours des eaux, est quelquefois amenée à faire exécuter, dans ce but, des travaux qui ne sauraient être regardés comme de simples travaux d'entretien. Nous ne considérons pas comme formant obstacle à l'écoulement des eaux les barrages de retenue non pourvus d'ouvrages régulateurs convenables, ni les ponts d'un débouché insuffisant ; l'Administration est suffisamment armée pour obliger les propriétaires de barrages à fixer les dimensions des ouvrages de décharge, de manière à ne causer aucun dommage aux riverains; quant à la détermination du débouché des ponts, elle fait toujours l'objet de conférences entre les agents chargés de la construction et les ingénieurs du service de l'hydraulique agricole, auxquels il appartient d'indiquer les dimensions à donner à ces ouvrages pour que l'écoulement des eaux soit convenablement assuré. (Circulaire du Ministre de l'Intérieur du 29 octobre 1872 [1]).

Suivant la nature des obstacles à l'écoulement des eaux, les travaux nécessaires pour leur suppression peuvent comporter soit des dérivations, soit l'enlèvement de ces obstacles. Nous citerons un exemple de chacun de ces deux genres de travaux.

128. Travaux d'étanchement et de dérivation. — Nous choisirons comme exemple de travaux de dérivation rendus nécessaires, par suite de l'existence d'obstacles à l'écoule-

[1] Voir la *Note B* insérée à la fin du volume (p. 454).

ment des eaux, ceux qui ont dû être exécutés sur la rivière de la Tardoire (Charente), au droit de cavités qui absorbaient une quantité d'eau assez grande pour causer un préjudice sérieux aux riverains d'aval.

La Tardoire prend sa source dans le département de la Haute-Vienne, au milieu de terrains primitifs imperméables; depuis son entrée dans le département de la Charente, elle poursuit son cours sur des terrains de même nature, jusqu'à 7 kilomètres en amont de Montbron (*fig.* 93). La quantité d'eau qui passe au thalweg est considérable, car le bassin de réception jusqu'en ce point a plus de 33.000 hectares de superficie, et la hauteur moyenne de pluie dépasse $0^m,85$.

La vallée s'ouvre ensuite dans les calcaires oolithiques de l'époque jurassique, terrain très absorbant par sa nature et en raison de sa formation ; de plus, on constate dans cette vallée l'existence de soulèvements postérieurs caractérisés par des mamelons d'une forme parfaitement définie, sur la rive gauche de la rivière. La masse est crevassée, caverneuse au centre; la rivière s'est ouvert un cours au milieu de ces fractures qui représentent la ligne de moindre résistance, de sorte qu'il existe, au pied même des coteaux et au niveau de la vallée, des excavations plus ou moins profondes, connues sous le nom de *gouffres*, dont les bouches sont béantes à la surface des terrains, et dans lesquelles l'eau s'écoule en quantité variable suivant le niveau de la rivière. La partie du cours d'eau située à l'aval de Montbron est à sec pendant plusieurs mois, son débit étant absorbé, tantôt partiellement, tantôt intégralement par les gouffres, et ceci au grand préjudice des irrigations, des usines et de l'alimentation en eau potable des villes et villages voisins. Il faut des crues extraordinaires pour que l'eau arrive jusqu'au confluent de la Bonieure.

Tous ces gouffres sont situés sur la rive gauche de la rivière, là où elle a creusé son lit tout à fait au pied du coteau ; certains d'entre eux sont situés au milieu même du lit. Ceux dans lesquels l'eau se perd sont quelquefois apparents et fonctionnent à la façon d'un déversoir de superficie ; d'autres fois, ils sont recouverts par des matériaux incohérents ou par des couches de sable à travers lesquelles les eaux filtrent et se distribuent de là dans des cavités souterraines formées par la disposition des roches.

Il existe deux moyens de détruire l'action de ces gouffres : le comblement direct, ou une dérivation. La solution à adopter varie avec les circonstances : certains d'entre eux sont faciles à combler, tandis que, pour d'autres placés dans des conditions tout à fait analogues en apparence, ce résultat n'a pu être obtenu.

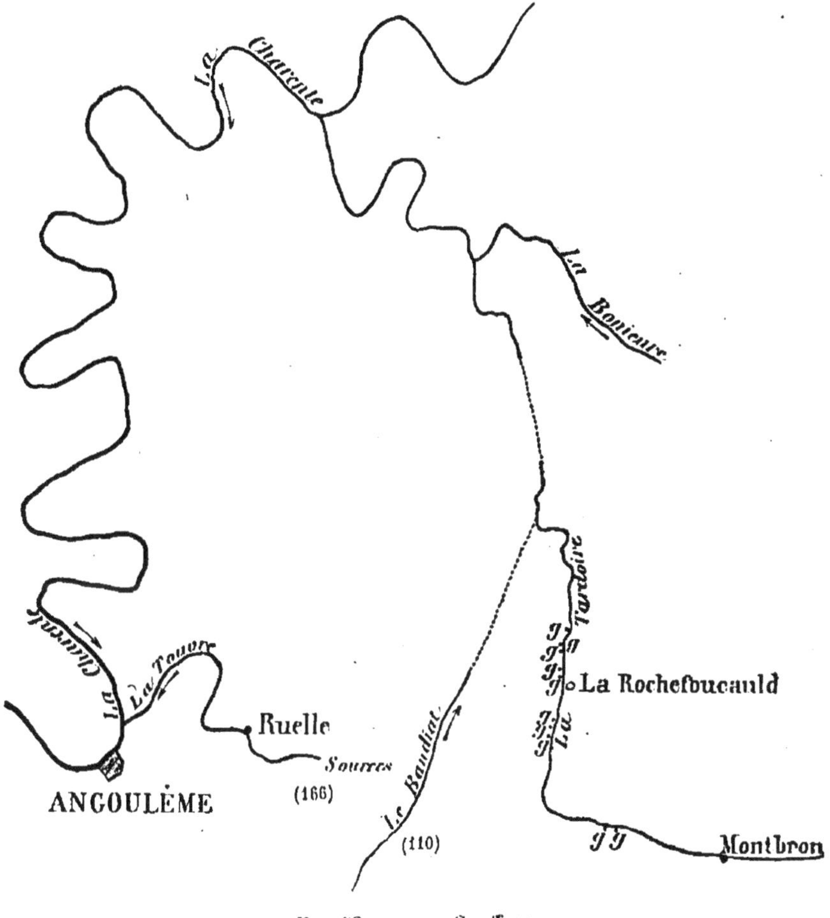

Fig. 93. — *g.g.* Gouffres.

Le débit à l'étiage est assez considérable à l'entrée de la rivière dans le département, mais il va sans cesse en diminuant ; cependant, en basses eaux, les gouffres n'ont qu'une très faible influence sur la déperdition des eaux, car leur ouverture est au-dessus du niveau de la rivière ; la principale cause de la diminution du débit est la nature absorbante des terrains de la vallée. Il n'y avait alors pour remédier à l'état de choses antérieur qu'à choisir entre deux remèdes absolus : l'étanchement du lit ou la dérivation latérale complétée par un étanchement moins dispendieux que le premier.

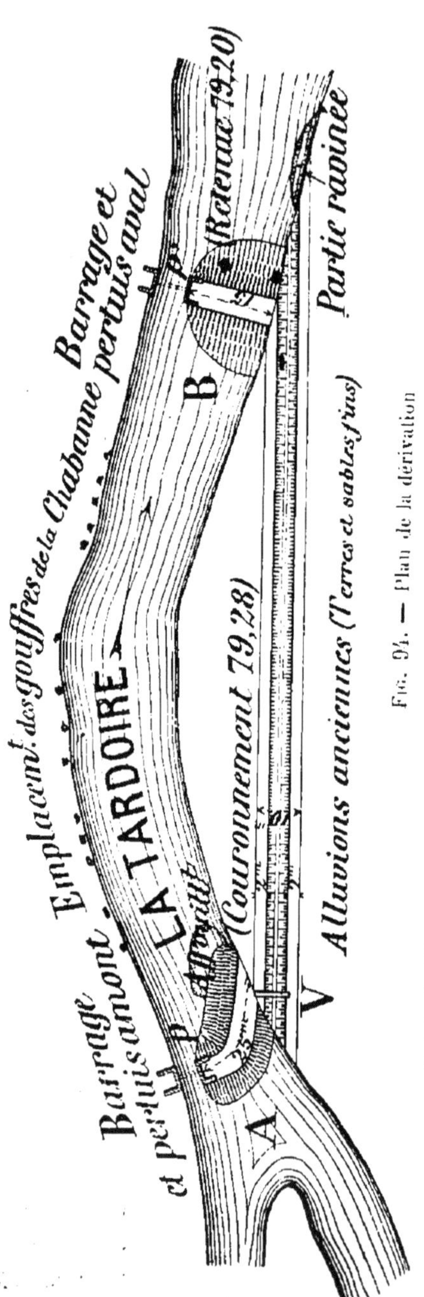

Fig. 94. — Plan de la dérivation

La difficulté du choix d'une solution était encore augmentée par ce fait qu'il était à craindre que l'avantage obtenu par la suppression des gouffres en faveur de riverains de la Tardoire ne pût être acquis qu'au détriment d'autres intérêts très importants. Les eaux qui se perdent ainsi dans la vallée ressortent par d'autres points pour constituer des sources; on est même porté à admettre que les importantes sources de la Touvre, qui alimentent entre autres la grande fonderie de canons de Ruelle, proviennent en partie des eaux détournées du Bandiat et de la Tardoire (*fig.* 93).

La suppression de ces crevasses était depuis longtemps réclamée avec instance par les intéressés, quand on résolut, avant d'entreprendre une étude d'ensemble, d'établir à titre d'essai une dérivation de la Tardoire en face du gouffre de la Chabanne, voisin de la ville de La Rochefoucauld, le plus important de ceux qu'on y rencontre et où les eaux finissent de se perdre en été. On s'est contenté de donner à la dérivation une section réduite, laissant seulement écouler la quantité d'eau nécessaire au service des irrigations, des usines et à l'alimentation des villes. Le surplus des eaux de pleines rives s'évacue par des pertuis latéraux *pp'*.

Cette dérivation placée en face du gouffre de la Chabanne a une longueur de 230 mètres environ (*fig*. 94) ; elle comprend deux barrages établis dans le lit même de la rivière : l'un, A, de prise d'eau, immédiatement à l'aval de l'origine de la dérivation ; l'autre, B, immédiatement à l'amont de son extrémité inférieure, destiné à empêcher les eaux de revenir vers le gouffre. Le vannage de prise V, qui sert à limiter la quantité d'eau introduite, est formé de deux ouvertures de $1^{m},20$ de largeur chacune ; la hauteur de l'eau sur le seuil est, en temps ordinaire, de $1^{m},45$; elle a été fixée de manière que la vitesse à son passage fût peu différente de celle qui existera dans le reste du canal et dans la rivière elle-même, pour éviter la formation d'un remous important en amont.

Le débit du canal de dérivation a été déterminé de la manière suivante. Le service des irrigations exige 3 litres par seconde et par hectare irrigable ; l'alimentation publique est assurée au moyen de 4 litres par seconde et par 1.000 habitants (300 litres par tête et par vingt-quatre heures) ; quant aux usines, elles rendent à l'aval l'eau dérivée.

Le volume nécessaire est alors :

		litres.
Irrigations..............	600 hectares à 3 lit.:	1.800
Alimentation publique...	$9.000 \times \frac{4}{1.000}$:	36
Pertes (évaporation, imbibition, etc.)............		10
		1.846

Soit 2 mètres cubes.

La pente admise pour la dérivation ($0^{m},00033$ par mètre) est celle du fond de cette dérivation, se raccordant à ses deux extrémités avec le fond du lit de la Tardoire; c'est, d'ailleurs, la pente moyenne de la vallée et, par suite, celle des crues de pleines rives.

On déduit de là les dimensions de la dérivation en donnant au profil en travers la forme trapézoïdale (*fig.* 95).

En partant de cette pente et de la hauteur de l'eau dans

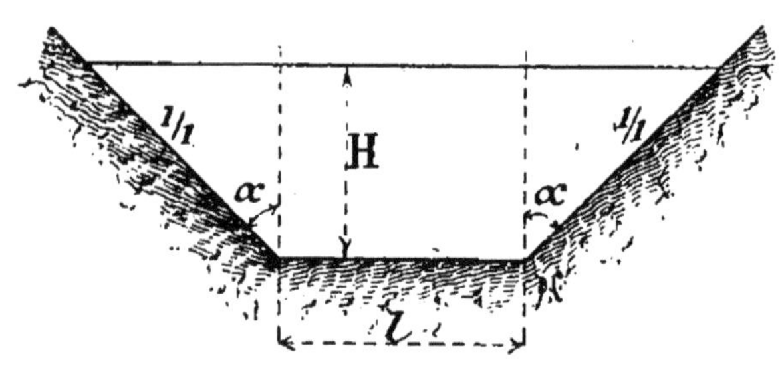

Fig. 95.

la dérivation, déterminée par la distance entre le fond de la dérivation et le plan d'eau de la retenue, on peut calculer la seule inconnue qui est la largeur au plafond l à l'aide des formules connues:

$$RI = bu^2, \qquad \text{et:} \qquad Q = \Omega u.$$

On a en effet :

$$RI = b\,\frac{Q^2}{\Omega^2},$$

ou :

$$R\Omega^2 = \frac{bQ^2}{I}.$$

Mais :

$$R = \frac{\Omega}{\chi};$$

par suite :

$$\frac{\Omega^3}{\chi} = \frac{b}{I}\,Q^2.$$

Remarquons que:

$$\Omega = H\,(l + H\,\text{tg}\,\alpha), \qquad \text{et:} \qquad \chi = l + \frac{2H}{\cos\alpha}.$$

Donc :

$$\frac{H^3(l+H\,tg\,\alpha)^3}{l+\frac{2H}{\cos\alpha}}=\frac{b}{l}Q^2=\frac{0{,}00028\left[1+\frac{1{,}25\left(l+\frac{2H}{\cos\alpha}\right)}{H(l+H\,tg\,\alpha)}\right]}{0{,}00033}\times 4.$$

Dans l'espèce, on a $\alpha = 45°$. En résolvant l'équation par tâtonnements, on trouve $l = 1$ mètre.

La construction des deux barrages aurait constitué un obstacle au libre écoulement des eaux de pleines rives (le débit peut s'élever jusqu'à 18 mètres cubes par seconde). Il a fallu, pour ne pas nuire à cet écoulement et pour ne pas gêner l'usine d'amont par un gonflement excessif du plan d'eau, établir un pertuis de décharge dans chaque barrage. Ces pertuis p, p' (*fig.* 94) sont placés contre la rive opposée à celle de la prise d'eau ; ils se composent de quatre ouvertures de 1 mètre séparées par des piles en maçonnerie et se raccordent au corps de la digue, d'une part, et à la rive, de l'autre, au moyen de culées également en maçonnerie ; ils sont assis sur le fond même de la rivière et sont fondés sur un massif de béton de 0m,80 d'épaisseur reposant sur un sol incompressible. Les vannes qui ferment ou découvrent les ouvertures sont en bois et mues par une crémaillère que fait avancer un engrenage.

Le vannage de prise d'eau V, dont nous avons déjà parlé et qui sert à limiter le volume à introduire dans la dérivation, se compose de deux ouvertures fermées chacune par une vanne en bois de 1m,20 s'appuyant latéralement sur des culées en maçonnerie reposant sur un seuil en maçonnerie. Avec une hauteur d'eau moyenne sur le seuil de 1m,45, le débit de 2 mètres cubes exige une vitesse de 0m,55 par seconde.

Les pertuis de décharge des barrages peuvent débiter chacun 8 mètres cubes par seconde. L'excès du débit des grandes crues passe sur ces barrages, qui forment déversoirs. Il est facile de voir que la lame d'eau déversante n'aura, dans les plus fortes crues, qu'une hauteur de $0^m,40$ environ.

En effet, cet excédent de débit (10 mètres cubes) doit passer sur une digue de 25 mètres fonctionnant comme barrage noyé. La dépense est donnée par la formule :

$$Q = 0,35L\left(h_0 - c + \frac{V_0}{2g}\right)\sqrt{2g\left(h_0 - c + \frac{V_0^2}{2g}\right)}$$

dans laquelle L représente la largeur du courant ;

h_0, la profondeur à quelques mètres en amont du barrage ;

V_0, la vitesse au même point ;

c, la hauteur de la crête du barrage au-dessus du fond du lit.

Résolue par rapport à h_0, l'équation donne $h_0 = 0^m,40$.

L'écoulement des eaux de pleines rives est donc assuré indépendamment de la dérivation. Dans ces conditions, chaque barrage, dont l'épaisseur en couronne est de 4 mètres, et qui a été constitué par des déblais transportés en remblais, a dû être défendu par des enrochements, à l'amont, contre les érosions produites par le courant dirigé vers le pertuis, et à l'aval, contre les affouillements dus au déversement de la lame. Le couronnement et les talus d'amont et d'aval sont revêtus de perrés de $0^m,30$ d'épaisseur. Le barrage d'aval est placé d'équerre sur le cours d'eau pour réduire le plus possible sa longueur. Enfin, de part et d'autre du canal de dérivation, on a réservé des banquettes de 2 mètres de longueur.

Quelque temps après l'achèvement des travaux, en temps d'étiage exceptionnellement bas, il s'est produit des affouillements et des fissures dans le canal de dérivation et sur le talus aval du barrage aval de la dérivation. Vraisemblablement les sables dans lesquels celle-ci avait été creusée, et qui formaient le noyau du barrage, avaient été entraînés par l'eau dans les fissures du sol sous-jacent. Il s'était produit un vide entre le revêtement de la dérivation ou du barrage et le corps de ces ouvrages ; le revêtement avait pu rester suspendu pendant un certain temps par l'effet de la sous-pression, et il s'est affaissé lorsque cette sous-pression a diminué, fait qui a coïncidé avec l'extrême étiage et la disparition presque complète de l'eau. Il s'est alors formé, le long de cette dérivation, trois cavités en forme d'entonnoirs, dans lesquelles le débit de la rivière achevait de se perdre. La ville de La Rochefoucauld, qui n'avait cessé d'avoir de l'eau depuis l'achèvement des travaux, s'en trouva privée du jour au lendemain, et ce fait ne s'est plus reproduit depuis que les réparations nécessaires ont été exécutées.

Ces réparations ont consisté à rejointoyer au mortier de chaux hydraulique les perrés à pierre sèche qui revêtent les talus de la dérivation, afin d'empêcher les affouillements dans le canal et sur ses berges. Le barrage aval, qui avait été particulièrement éprouvé, a été consolidé à l'amont par un mur en maçonnerie de mortier de chaux hydraulique ; sa

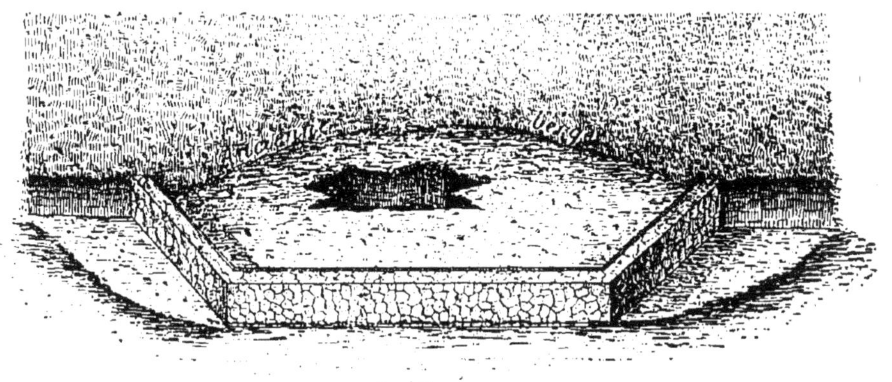

FIG. 96.

risberme aval a été prolongée en pente douce de manière à se raccorder complètement avec le lit du cours d'eau et empêcher toute cause nouvelle de détérioration par le fait du déversement.

Le résultat des travaux est incontestable, puisque, sauf au moment de l'accident dont nous venons de parler, les eaux de la rivière n'ont cessé de parvenir jusqu'à La Rochefoucauld.

Malheureusement la dépense s'est élevée à 80 francs au

moins par mètre de dérivation. Si l'on avait voulu exécuter un semblable travail au droit de chacun des gouffres, il aurait fallu, pour une longueur de dérivation de 2.300 mètres restant à faire, une dépense de 200.000 francs environ. On a, par suite, renoncé à établir ailleurs d'autres dérivations. Partout où il existait des gouffres situés en dehors du lit de la rivière, on s'est contenté d'isoler ces derniers au moyen d'un mur fondé autant que possible sur le solide et bloqué contre la rive (*fig.* 96 et 97).

Dans ce cas, on n'a plus à redouter que le siphonnement

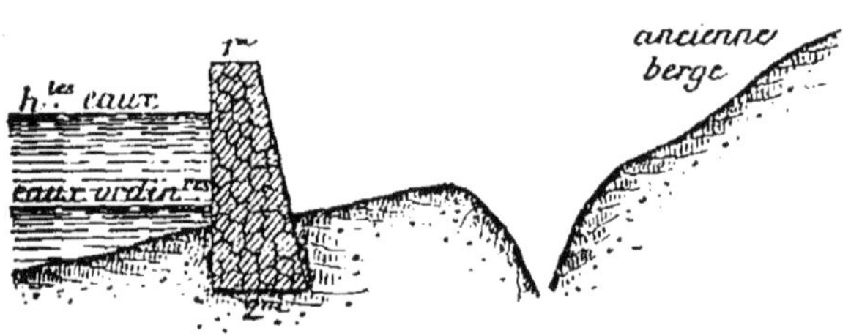

Fig. 97.

de l'eau et son infiltration entre le mur et le déversoir. On a pu par ce procédé très simple empêcher de fortes déperditions dans la rive en des points où l'eau était drainée par un canal alimentaire à peu près au niveau du lit de la rivière et amenée dans une cavité qui se trouvait à quelques mètres de la rive.

Les résultats ainsi obtenus ont été également très satisfaisants et, au droit des gouffres isolés, les grosses pertes ont été arrêtées.

129. *Exécution des travaux. — Réclamations auxquelles ils ont donné lieu.* — La dérivation de la Chabanne, faite à titre d'essai, a été exécutée aux frais de l'État. Les travaux d'isolement des crevasses ont été entrepris par les intéressés sous la surveillance des agents du service hydraulique.

Le commencement des travaux a été retardé par les protestations des usiniers de la Touvre, rivière qui, sur un parcours de 10 kilomètres, alimente trente-cinq usines, dont plusieurs très importantes. Ces industriels prétendaient que la

Touvre n'était autre chose que la continuation des rivières de la Tardoire et du Bandiat, auxquelles la reliait un cours d'eau souterrain. Ils évaluaient au 1/7 du débit total de la Touvre la quantité d'eau qui se perd dans les gouffres ; ils en concluaient que les travaux à exécuter leur feraient perdre 1/7 de la force motrice utilisée par eux, et ils estimaient à 70.000 ou 80.000 francs la dépense à faire pour remplacer par la vapeur la force motrice perdue. Ils ajoutaient, enfin, que le Code civil leur conférait des droits absolus sur ces eaux et que, dans les cas analogues, la jurisprudence administrative s'était toujours refusée à déclarer d'utilité publique des travaux susceptibles de léser des droits acquis.

A ces observations il a été répondu qu'il est indiscutable que les eaux de la Tardoire et du Bandiat qui se perdent dans les gouffres servent au moins en partie à alimenter les sources de la Touvre (*fig.* 93), mais le volume de ces eaux ne représente qu'une faible partie du débit des sources, lesquelles sont surtout alimentées par les eaux pluviales, puisque leur débit est encore de 4 mètres cubes, alors que celui de la Tardoire n'est plus que de $0^{m},250$ à Montbron. Actuellement, la majeure partie de l'année, les usines de la Touvre n'utilisent pas la totalité de l'eau, et le rendement de leurs engins est à peine de 50 0/0 ; si donc il doit y avoir réellement perte, les usiniers trouveront facilement une compensation dans les eaux mêmes de la rivière.

A un autre point de vue il est inexact de prétendre que les eaux qui se perdent soient des eaux de source dont les riverains de la Touvre auraient la jouissance ; ce sont avant tout des eaux de rivière pour les riverains de la Tardoire. Un des principaux buts des travaux étant d'assurer l'alimentation en eau de toute une contrée, œuvre d'utilité publique au premier chef, il n'a pas paru possible d'empêcher les riverains de la Tardoire de conserver chez eux des eaux auxquelles ils ont droit, sous prétexte que des dommages éventuels pourraient être causés aux usiniers de la Touvre.

L'expérience a prouvé, d'ailleurs, que les craintes des usiniers de la Touvre n'étaient pas fondées ; depuis l'exécution des travaux aucune réclamation n'a été formulée.

130. Travaux d'enlèvement d'obstacles. — Il arrive assez fréquemment, dans les cours d'eau torrentiels descendant de massifs montagneux, que les violentes pluies d'orage arrachent une masse plus ou moins volumineuse de graviers, de débris de rochers et de matériaux de toute nature (dépôts glaciaires, éboulis), qui existent dans la partie supérieure des bassins. Ces matériaux, charriés par le courant, viennent se déposer dans le lit aux points où la pente du fond diminue. Quelquefois aussi, dans la partie supérieure du cours d'eau qui coule dans une gorge étroite et encaissée, les falaises, minées peu à peu à leur base par le courant, se désagrègent et, à un moment donné, un éboulement vient obstruer plus ou moins complètement le lit.

La désobstruction de ces cours d'eau ne présente pas grande difficulté ; mais la question de savoir à qui incombe la dépense est des plus délicates. Nous croyons utile de faire connaître comment elle a été résolue dans un cas particulier.

Disons d'abord que, le plus ordinairement, les communes sur le territoire desquelles l'éboulement se produit ne refusent pas de reconnaître que c'est à elles qu'il appartient de rétablir le libre écoulement des eaux. Les travaux s'exécutent en régie à la tâche sous la direction des ingénieurs du service hydraulique.

Mais il n'en est pas toujours ainsi. A la suite de pluies exceptionnelles, un éboulement s'est produit sur la rive droite de la rivière de Ligne, en aval de la ville de Largentière (Ardèche). Sur ce point, la berge est composée de blocs de grès qui s'élèvent à pic sur 25 ou 30 mètres de hauteur ; le volume total des blocs qui encombraient la rivière n'était pas inférieur à 1.200 mètres.

Le propriétaire du terrain éboulé, mis en demeure de faire cesser l'encombrement causé par la chute des terres de sa propriété dans le lit de la Ligne, ayant refusé de se soumettre à cette injonction, les travaux furent exécutés d'office.

A qui incombait la dépense ? aux riverains intéressés ou au propriétaire du terrain éboulé ?

On ne pouvait, dans la circonstance, assimiler le travail à

un curage extraordinaire, lequel consiste dans l'enlèvement de matériaux déposés avec une certaine lenteur et non accumulés presque instantanément. La jurisprudence édictée par la loi du 14 floréal an XI n'était donc pas applicable.

En ce qui concerne le propriétaire du terrain éboulé, on constata que l'accident n'était pas imputable à des travaux faits de main d'homme et ayant contribué à la désagrégation des rochers; le terrain n'était même pas sapé à sa base par l'action des eaux ; on remarqua que les berges de la rivière sur les deux rives présentaient des failles presque verticales et sensiblement parallèles en plan au cours de la rivière. Celle qui a provoqué l'éboulement formait une sorte de coin, le glissement de la masse de rochers située entre la faille et la rivière était dû aux pluies exceptionnelles ayant détrempé l'argile dont cette faille était composée.

Dans ces conditions, le propriétaire, bien que déchargé de toute responsabilité pénale, ne paraissait pas moins civilement responsable de l'éboulement de sa propriété dans le lit de la rivière, comme il l'eût été au cas où les blocs eussent abîmé une maison ou un terrain voisins.

L'Administration supérieure a pensé que le préfet, investi par la loi des 12-20 août 1790 du droit et du devoir d'assurer le libre cours des eaux, devait poursuivre le recouvrement de la dépense contre le propriétaire responsable de sa chose.

Mais le Tribunal civil décida que, l'éboulement étant un cas de force majeure et aucune faute ne pouvant être reprochée au propriétaire, ce dernier ne pouvait être déclaré responsable.

L'Administration n'a pas cru devoir poursuivre la réformation de ce jugement, bien qu'il eût été intéressant de voir la jurisprudence fixer la doctrine à ce sujet avec une autorité suffisante. L'Administration n'avait, en effet, jamais soutenu que ce propriétaire eût commis une faute, bien que le glissement se soit peut-être annoncé par quelques prodromes et qu'il y ait eu, dans ce cas, défaut de surveillance; quoi qu'il en soit, en présence du jugement du tribunal, la question de savoir à qui la dépense incombe en pareil cas reste indécise.

La conduite à tenir dans un cas analogue consistera à arguer du jugement précité pour refuser de procéder à l'enlèvement de l'éboulement, et à laisser ce travail à la charge de qui de droit, ou de qui aurait intérêt à le faire. Si le défaut d'enlèvement des déblais entraîne des dommages matériels, la justice aura à se prononcer entre les sinistrés et le propriétaire qui n'aura pas exercé une surveillance suffisante sur sa propriété.

Toutefois l'abstention de l'Administration ne sera justifiée que si l'on ne peut avoir à redouter que des dommages matériels. Dans le cas où le remous produit par l'éboulement pourrait menacer des vies humaines, un devoir moral supérieur à toute question d'attribution et de droit civil s'imposerait à l'Administration. Le service hydraulique devrait alors, en tant que de besoin, rappeler au maire que l'article 97 de la loi municipale du 5 avril 1884 lui confie le soin de prévenir les accidents et fléaux calamiteux, et l'engager à requérir les habitants de travailler en escouade à l'enlèvement de l'éboulis ; mais si la plupart d'entre eux ne sont pas aptes à ce travail, ou si le maire se montre négligent, le service hydraulique ne doit pas considérer sa responsabilité morale comme étant à l'abri. Il appartiendra alors audit service d'embaucher des ouvriers, de leur faire l'avance de leur salaire, et de procéder directement à l'exécution des travaux d'urgence. Tout est justifié quand il s'agit de préserver la vie des citoyens. Il est, d'ailleurs, probable qu'après ces précautions et la constatation qu'elles ont été prises, la juridiction civile se prêterait peut-être plus volontiers au remboursement des avances faites. Il importe seulement de n'engager les fonds du Trésor que dans le cas de nécessité absolue et d'urgence que nous venons de signaler. Dans les autres cas, l'abstention est désormais préférable.

CHAPITRE V

ENDIGUEMENTS

131. Généralités. — Les travaux de curage et de faucardement, quand ils sont exécutés dans des conditions convenables, suffisent, en général, pour assurer l'écoulement des eaux ordinaires et de crues moyennes, s'il s'agit de cours d'eau tranquilles.

Il n'en est plus de même pour les rivières torrentielles.

Nous avons déjà eu l'occasion de signaler les graves inconvénients qui résultent des variations considérables de régime auxquelles ces cours d'eau sont sujets.

A l'étiage la rivière se réduit à un mince filet d'eau divaguant à travers une grève de grande largeur; en crues, le flot submerge tout l'espace compris entre les deux lignes de coteaux qui limitent le bassin; celui-ci est formé de terrains d'alluvions généralement très fertiles, de sorte que les terres qu'on peut mettre à l'abri des inondations acquièrent une grande valeur.

Les travaux à entreprendre pour défendre ces terres sont de deux sortes. On peut d'abord s'efforcer de réduire l'importance des crues elles-mêmes par des travaux exécutés dans la partie supérieure du bassin, dans le but de diminuer le ruissellement des eaux pluviales et en favorisant l'imbibition dans le sol; on peut encore régulariser l'écoulement des eaux de crues, de manière à le rendre, autant que possible, inoffensif.

Ces deux résultats s'obtiennent au moyen des travaux de correction des torrents et des endiguements.

132. Travaux de défense contre les torrents. — Des trois parties composant un torrent (§ 72) c'est le bassin de réception qui forme la partie active, et sur laquelle les efforts doivent surtout porter. Les travaux à exécuter consistent en reboisements et gazonnements.

On constate, en effet, que les déboisements dans les montagnes placées dans certaines conditions climatériques, amènent la création des torrents, tandis que les reboisements ont pour résultat leur extinction.

Ce fait s'explique aisément : le sol dans lequel s'étendent les racines des arbres n'est pas entraîné facilement, comme le sol nu, par les eaux ruisselantes ; de plus, par suite de l'accumulation des détritus, il se forme peu à peu une épaisse couche d'humus qui retient par imbibition une partie de l'eau de pluie, laquelle s'évapore ensuite avec une certaine lenteur. Les feuilles des arbres et arbustes retiennent également une quantité d'eau notable ; les gazons produisent un résultat analogue. Par suite, la quantité d'eau qui ruisselle après chaque orage se trouve suffisamment diminuée pour qu'elle soit incapable de produire des dégâts.

Le but à poursuivre est donc la création de forêts, principalement dans le haut des bassins de réception ; cette opération étant très longue, on a recours, en même temps qu'on l'entreprend, à d'autres moyens plus rapides, mais moins efficaces, tels que le gazonnement.

Toutefois, comme les résultats ainsi obtenus sont insuffisants, on les complète par des travaux de correction qui seront indiqués plus loin.

Autant que possible, on cherche à s'opposer aux petits ravinements qui, par leur réunion, donnent naissance aux grands torrents, pour l'extinction desquels la construction de barrages importants serait nécessaire; ces ouvrages, outre qu'ils sont fort coûteux, peuvent causer des désastres en cas de rupture.

Ceci dit, on a remarqué que les torrents éteints, c'est-à-dire n'affouillant pas et ne charriant plus de dépôts, présentent un profil en long à pentes régulières, progressivement décroissantes; on cherche à établir, dans les thalwegs suivis par les eaux, ce profil qui est formé des pentes limites sur lesquelles l'eau prend moins de vitesse et cesse d'affouiller. Au lieu de s'efforcer d'obtenir directement la pente limite générale, on construit, de distance en distance, des barrages transversaux AA′ (*fig.* 98) qui décomposent le profil en long en une série de profils discontinus reliés par des chutes; le lit se comble ensuite en amont des barrages, de manière à réaliser la pente limite BA, B′A′.

Les petits barrages sont en bois ou en pierre. Les premiers

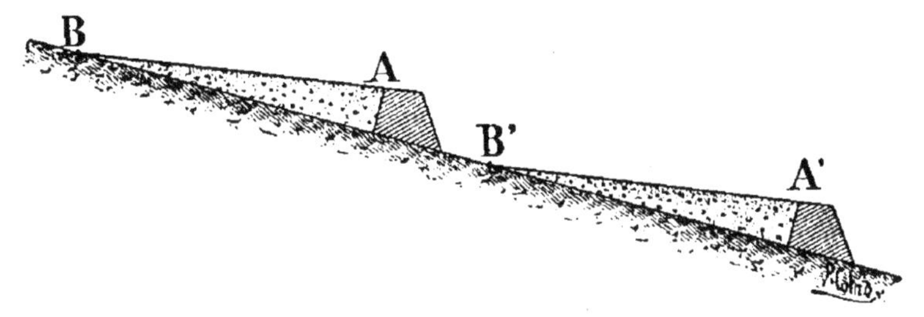

Fig. 98.

se composent de troncs d'arbres renversés ou de fagots maintenus par des piquets. S'il est nécessaire que les ouvrages soient plus résistants, on emploie des gabions composés de perches réunies en forme de cylindres et reliés par un clayonnage, qu'on couche côte à côte sur le sol, suivant la ligne de la plus grande pente. Quand la largeur à barrer est supérieure à 6 mètres, on a recours à des clayonnages formés d'une série de piquets reliés entre eux par des tiges d'osier ou de saule, plus ou moins analogues à ceux qu'on emploie dans les travaux de défense des rives (§ 159).

Les ouvrages les plus importants s'exécutent en pierre sèche ou en maçonnerie à bain de mortier. On leur donne en plan une forme convexe vers l'amont pour en augmenter la résistance, et on appuie fortement leurs extrémités contre les flancs rocheux du ravin.

Dans le goulot, les seuls travaux nécessaires sont le déblaiement des blocs ou leur rangement en digues latérales.

Sur le cône de déjection, on se contente de chercher à maintenir le torrent dans le lit qu'il s'est creusé lui-même et à en empêcher les divagations en l'encaissant entre des digues longitudinales formées de gros blocs renforçant les bourrelets naturels entre lesquels coule le lit.

Les travaux de défense contre les torrents sont ordinairement exécutés par l'Administration forestière, aux termes des lois des 28 juillet 1860 et 8 juin 1864, relatives au reboisement et au gazonnement des montagnes.

Cette Administration a exécuté avec succès des travaux remarquables, principalement dans la région des Alpes, où les torrents, coulant à travers des terrains affouillables dont les détritus sont facilement décomposables par l'action des agents atmosphériques, exerçaient autrefois de grands ravages. Nous n'entrerons pas dans d'autres détails à ce sujet. La description de ces travaux et l'exposé des résultats obtenus ont fait l'objet d'un intéressant ouvrage de M. Demontzey, conservateur des forêts, que les lecteurs que ces questions intéressent pourront consulter avec fruit [1].

Toutefois, le service hydraulique agricole a dû, de son côté, exécuter, dans certaines circonstances, des barrages de retenue des matériaux charriés. Parfois aussi des travaux de correction exécutés par l'Administration forestière ont nécessité la construction de barrages destinés à éviter l'afflux, vers la partie inférieure du bassin, des matériaux accumulés sur le cône de déjection antérieurement aux travaux d'extinction.

Un barrage de retenue des matériaux charriés par un torrent a été construit récemment sur le ruisseau des Gorges (Jura), petit cours d'eau à régime essentiellement torrentiel, et qui est à sec lors des grandes sécheresses et des grands froids. Sur 3.600 mètres à partir de son origine, il coule suivant la ligne de plus grande pente dans une gorge profondément encaissée et étroite, présentant une série de cascades rocheuses naturelles et une pente moyenne de 15 0/0. Sur les 650 mètres qui forment le surplus de son cours, il traverse une plaine fertile ; son lit, en cette partie, est placé, non pas dans le thalweg, mais bien au sommet d'une levée constituée par des déjections séculaires torrentielles ; ce lit, grossièrement maçonné à pierre sèche avec parois à peu près verticales, a une déclivité de 2 0/0 environ. Il tra-

[1] *Traité pratique du reboisement et du gazonnement des montagnes*, par P. Demontzey (Rothschild, éditeur).

verse une route en un point culminant au moyen d'un aqueduc dallé et, en cet endroit, son lit domine de 5 mètres les maisons d'un hameau riverain, en sorte que, lors des débordements, les eaux se répandaient à la fois sur la route et sur les propriétés de chaque côté, les ravinaient ou les recouvraient de graviers et de boues.

A la suite d'une crue extraordinaire, l'aqueduc fut presque complètement obstrué, et l'existence même du village fut menacée.

C'est, nous le savons, dans la partie amont du torrent qu'il fallait chercher la cause du mal. On constata que les versants très déclives de la gorge étaient constitués, sur une longueur de 600 mètres, par une couche de terre végétale recouvrant des dépôts provenant de la dispersion des moraines des anciens glaciers locaux, et par des argiles bleues très molles dans lesquelles étaient intercalées des roches schisteuses. Ces versants, criblés de sources sur des hauteurs s'élevant jusqu'à 40 mètres au-dessus du lit, sont très inclinés et en partie dénudés, de sorte que, sous l'action des eaux de sources, des éboulements s'y produisaient, mettant à nu le sous-sol éminemment accessible aux influences atmosphériques.

Ce sont ces versants qui fournissaient les matériaux que le torrent transportait et répandait sur les terres d'aval. Le remède aurait été de les consolider et de les boiser, malgré la mauvaise nature du sol. Mais il a fallu d'abord chercher à adoucir la pente longitudinale du torrent par l'établissement de barrages de retenue au point où le lit est le plus resserré. On a constaté que la nature des lieux permettait la construction de quatre barrages ; on a commencé par l'ouvrage d'aval, lequel, avec une hauteur de $6^{m},25$, peut emmagasiner 6.000 mètres cubes de déblais, et, comme les matériaux arrachés contiennent 2/3 au moins d'argile pure très meuble susceptible d'être entraînée sans dépôt par les eaux, on a estimé que la retenue pourrait fonctionner utilement pendant vingt ans; après ce laps de temps, le barrage sera exhaussé de 2 mètres et pourra emmagasiner un nouveau volume de 6.000 mètres cubes. Enfin, quand ce réservoir sera à peu près plein, on avisera à la construction du barrage

Plan de la partie aval du torrent des Gorges.

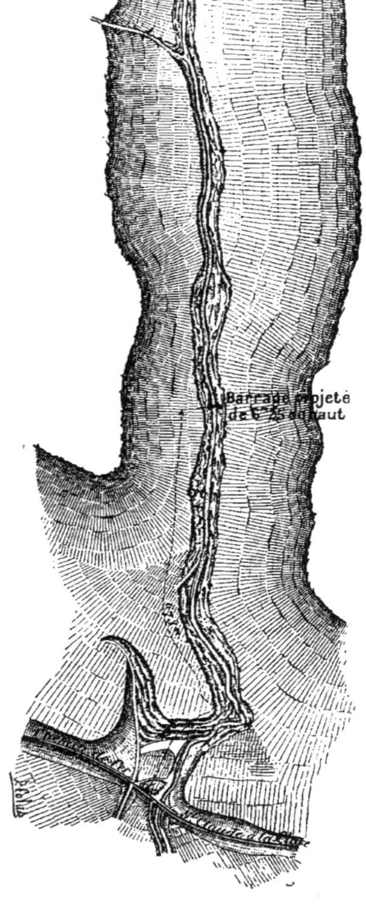

Fig. 99.

supérieur le plus proche, et ainsi de suite en remontant toujours vers l'amont (*fig*. 99).

On avait d'abord songé à construire le barrage économiquement et à le constituer par un massif de maçonnerie à

Fig. 100. — Élévation du barrage.

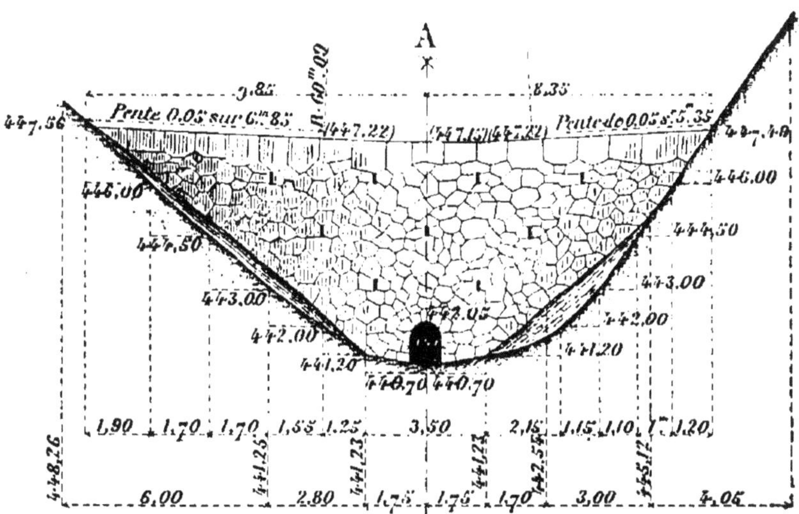

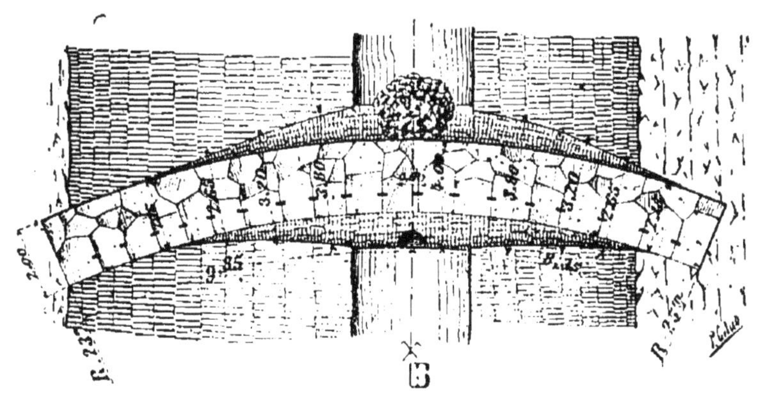

Fig. — 101. Plan.

pierre sèche emprisonné dans un coffrage en charpente avec armature de fer. Toutefois, vu la violence du torrent, la maçonnerie à pierre sèche n'a pas paru de nature à inspirer toute confiance ; en outre, les ressources locales ne permettaient pas de se procurer à bon compte du bois de chêne de fortes dimensions.

On a, par suite, établi un ouvrage en maçonnerie de chaux hydraulique (*fig.* 100, 101 et 102). Il est disposé en plan suivant un arc de cercle de 23 mètres de rayon et de $18^{m},20$ de développement ayant son centre sur l'axe du ruisseau. Les extrémités et la fondation sont encastrées par gradins horizontaux dans le rocher vif qui constitue le lit et les flancs de la gorge. Il a en couronne une épaisseur uniforme de 2 mètres sur une hauteur de $1^{m},15$. A partir de ce point, les talus intérieur et extérieur s'évasent suivant deux arcs de cercle symétriques de 12 mètres de rayon. L'épaisseur maximum à la base atteint 4 mètres, et la hauteur sur l'axe est de $6^{m},25$ (*fig.* 102). La crête est arasée suivant deux pentes de $0^{m},05$ par mètre convergeant sur l'axe du barrage et raccordées sur 6 mètres de longueur par un arc de cercle de 60 mètres de rayon. De larges barbacanes assurent l'écoulement des eaux troubles et des menus graviers.

Pour ne pas interrompre l'écoulement des eaux pendant la construction du barrage, il a été ménagé dans l'axe et à la base un aqueduc voûté de $0^{m},80$ d'ouverture présentant sous clef une hauteur minimum de 1 mètre. Après l'achèvement, cet aqueduc a été fermé à l'amont par une voûte en forme de niche de $0^{m},50$ d'épaisseur percée de larges barbacanes. Des déblais de rochers destinés à former filtre ont été rangés à la main autour de l'aqueduc et élevés jusqu'à la crête du mur, afin d'assurer une communication permanente aux eaux avec l'orifice inférieur, et de prévenir leur accumulation.

Les pierres, moellons et libages, d'excellente qualité, ont été extraits sur place du lit du torrent et des versants de la gorge ; la chaux hydraulique provenait du pays.

La construction de l'ouvrage a nécessité une dépense de 3.000 francs.

La surélévation de 2 mètres pourra s'effectuer, quand besoin sera, moyennant une dépense de 1.000 francs environ.

Sur les torrents non éteints, les travaux de défense dans

le bassin de réception ne suffisent pas pour arrêter le transport des matériaux vers le cône de déjection. Il peut être, dans certains cas, nécessaire de construire à la sortie de la gorge d'autres barrages pour s'opposer à la marche de ces détritus.

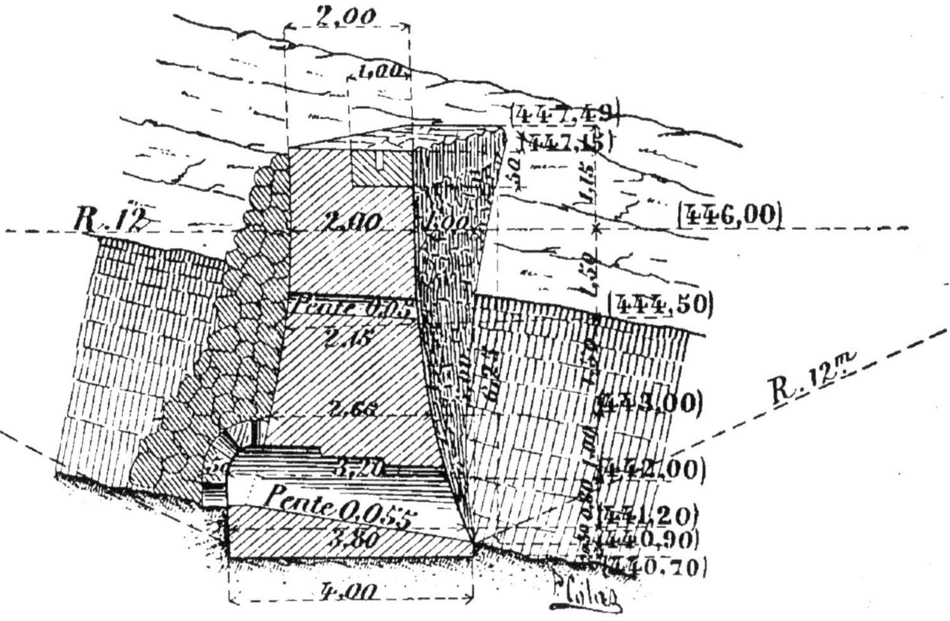

Fig. 102. — Coupe suivant AB.

Ce cas s'est présenté notamment au torrent du Lavanchon (Isère).

Ce torrent a sa source dans des escarpements calcaires; sa branche principale prend naissance dans un entonnoir très érodé où se produisent des déjections en grand nombre. A la sortie de son bassin de réception, le ruisseau traverse, sur 1 kilomètre environ, une gorge étroite assez profondément encaissée; au sortir de cette gorge, il commence à déposer ses laves sur lesquelles il coule avec une pente variant de $0^{m},03$ à $0^{m},05$. Il atteint ensuite la plaine formée par les alluvions de la rivière du Drac, dont il est tributaire, et le lit, élevé sur les apports successifs du torrent, domine la plaine de 5 à 6 mètres; les filtrations sont si nombreuses qu'on a dû ouvrir, sur toute la longueur de la levée naturelle formée par les graviers du ruisseau, deux fossés de secours qui reçoivent une fraction importante du débit. Enfin, débarrassé de ses déjections, le torrent finit par arriver au niveau de la plaine, et serpente en méandres jusqu'au Drac, qu'il rejoint après un parcours total de 11 kilomètres. Son débit, très faible à l'étiage, s'élève jusqu'à 5 mètres cubes par seconde en temps de crue. Toute la vallée qu'il arrose depuis la sortie de sa gorge est très riche ; la partie haute est recouverte de vignobles assez estimés, et la partie basse est une plaine très fertile.

Des travaux de correction ont été exécutés à diverses époques par le Service forestier ou par les riverains; dans la gorge, une série de barrages rustiques ou maçonnés ont donné d'excellents résultats. Le volume des déjections entraînées a diminué dans une proportion tellement considérable que le torrent peut être regardé aujourd'hui comme presque entièrement éteint. Mais, en même temps que ces barrages diminuaient la pente dans la partie haute du torrent, des rectifications et des coupures exécutées dans la partie basse de la plaine tendaient à augmenter et à accroître la force d'entraînement.

Nous avons dit qu'à la sortie de la gorge le courant coule avec une forte déclivité sur ses anciens apports. Tant que le volume des matériaux venant de l'amont a été considérable, l'équilibre s'est maintenu dans cette partie du lit, mais dès que cet apport a été arrêté à l'amont, les eaux ont commencé à remanier les anciennes déjections et à creuser leur lit. Or, sur tout ce parcours, les berges ont une saillie suffisante pour qu'il n'y ait pas intérêt à entreprendre le creusement du lit, tandis qu'il y a un très grave danger à laisser les laves accumulées dans cette partie descendre dans la plaine.

Pour remédier à cet état de choses, le service de l'hydraulique agricole a fait exécuter dans toute cette partie une série de quatorze *seuils*, ou barrages, d'une très faible saillie, pour fixer le lit et s'opposer au mouvement des matériaux. On a utilisé toute la hauteur disponible des berges pour diminuer la pente du torrent, tout en fixant le lit. Dans ce but, on a ménagé entre les barrages successifs une pente par mètre qui varie de $0^{m},03$ pour les ouvrages d'aval à $0^{m},047$ pour ceux d'amont. La saillie des barrages sur le fond du lit primitif atteint 1 mètre en moyenne et ne dépasse pas $1^m,42$; deux causes la limitent, d'ailleurs, d'abord le peu d'élévation des berges et ensuite la crainte de provoquer un creusement à l'aval des seuils.

Les quatorze ouvrages ont été construits sur un type uniforme, chacun d'eux comportant une partie centrale formant déversoir sur 13 mètres de longueur raccordée à la berge par des bourrelets insubmersibles (*fig.* 103, 104 et 105). Le déversoir est calculé de manière à débiter, avec une lame d'eau de $0^m,50$ d'épaisseur, un volume de $4^{m3},70$[1].

[1] Le déversoir étant formé d'une partie horizontale de 4 mèt. de longueur et de deux parties inclinées de $4^m,50$ de longueur, le débit de chacune d'elles se calcule séparément.

Pour la partie horizontale, la formule :

$$q = 1,77\mathrm{L}h^{\frac{3}{2}} \qquad \text{donne} \qquad q = 1,77 \times 4 \times 0,50^{\frac{3}{2}} = 2^{mc},48.$$

Pour chacune des parties inclinées, on peut opérer comme suit :

Considérons un élément infiniment petit dl, la charge étant h (*fig.* 104 *bis*), le débit dq' sera :

$$dq' = 1,77h^{\frac{3}{2}}dl.$$

Mais on a :

$$h = \frac{0.5}{4,5}\, l = 0,11 l.$$

Par suite :

$$dq' = 1,77 \times 0,11^{\frac{3}{2}} l^{\frac{3}{2}} dl.$$

Le débit de la partie correspondante sera :

$$q' = 1,77 \times 0,11^{\frac{3}{2}} \int_0^{\mathrm{L}'} l^{\frac{3}{2}} dl = 1,77 \times 0,11^{\frac{3}{2}} \times \mathrm{L}'^{\frac{5}{2}} = 1^{mc},11.$$

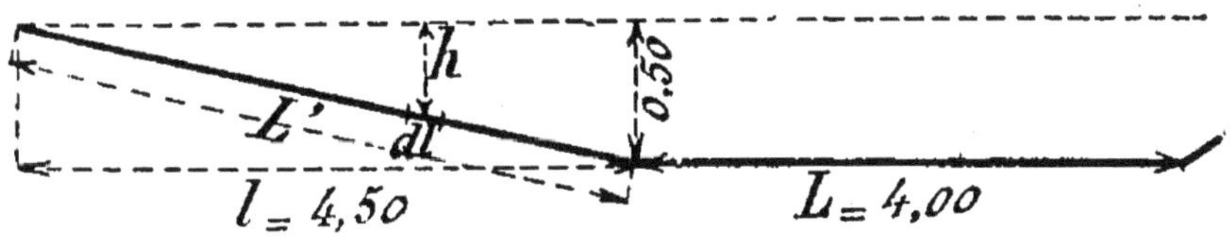

Fig. 104 *bis*.

Par suite, le débit total du déversoir sera :

$$\mathrm{Q} = q + 2q' = 4^{mc},70.$$

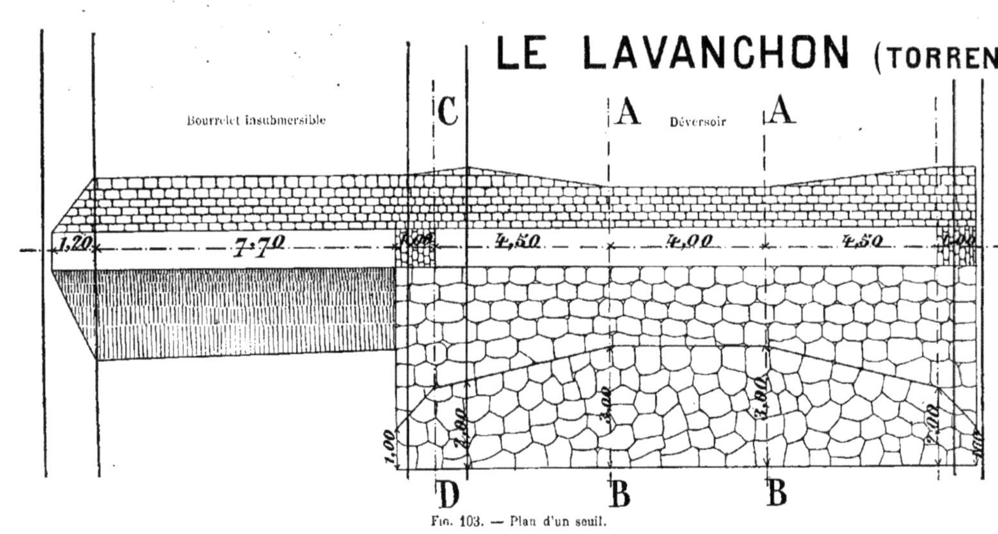

Fig. 103. — Plan d'un seuil.

Il est composé d'une partie horizontale de 4 mètres de longueur établie à 1 mètre au moins au-dessous de la berge la moins élevée et de deux rampes inclinées, de $4^m,50$ de lon-

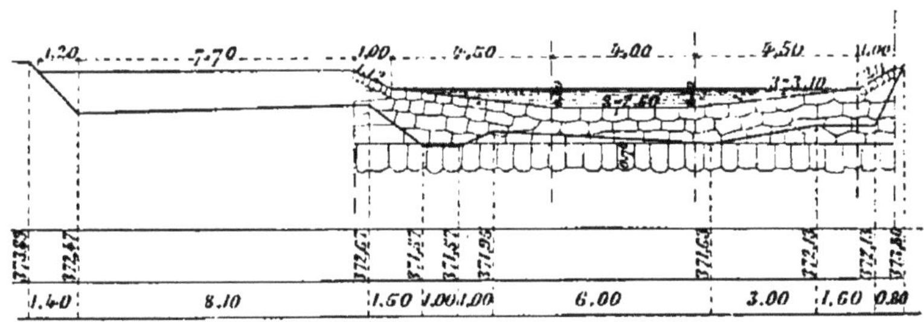

Fig. 104. — Profil en long.

gueur, avec une déclivité de $0^m,11$. Il est constitué par un remblai en gravier du lit, protégé à l'amont par un perré

Fig. 105. — Coupe suivant CD.

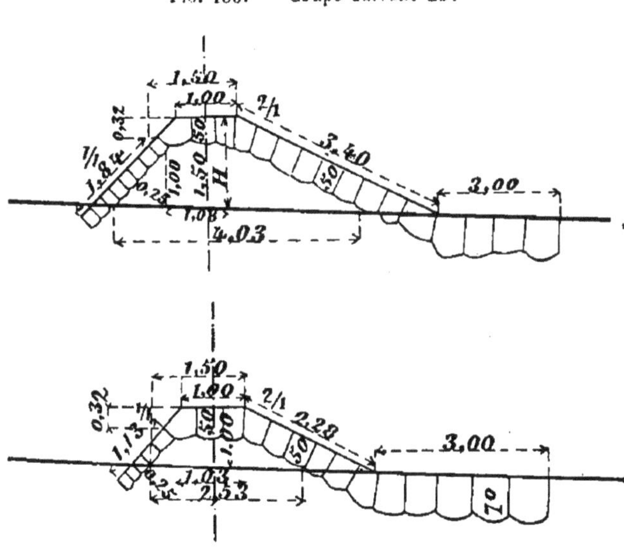

Coupe suivant AB.

maçonné de $0^m,25$ d'épaisseur en moellons de carrière et au mortier de chaux hydraulique, et à l'aval par un perré en enrochements incliné à 2/1 et épais de $0^m,50$; au pied du perré est un radier en blocs de 1 mètre d'épaisseur sur une largeur variant de 2 à 3 mètres. Il présente, sur toute sa longueur, une largeur en couronne de 1 mètre. La plate-forme est revêtue de blocs d'enrochement de 0m,50 d'épaisseur, rangés en perré et de manière à présenter une surface unie en parement. La crête des bourrelets insubmersibles est arasée à 1 mètre au-dessus de la partie horizontale du déversoir; ceux-ci sont constitués par un remblai en gravier protégé à l'amont par un perré maçonné. Leur largeur en couronne est de 1 mètre. Le radier est placé au niveau du point le plus bas du lit et, en plan, le déversoir est situé à l'emplacement du lit primitif de manière à conserver les sinuosités du torrent et à diminuer, autant que possible, sa déclivité.

Les seuils sont placés à une distance moyenne de 75 mètres l'un de l'autre et ont été construits en commençant par l'aval. Leur établissement n'a donné lieu qu'à une dépense de moins de 800 francs par barrage.

Les résultats obtenus ont été des plus satisfaisants, et le mouvement de translation des graviers a été complètement arrêté.

133. Résultats des travaux de défense contre les torrents. — Les travaux d'extinction des torrents ont pour résultats, en fixant le sol des montagnes, de convertir ces torrents en ruisseaux alimentés, en partie, par des eaux souterraines propres aux irrigations. Ils ont encore pour effet de régulariser le régime des rivières dans la partie inférieure de leurs bassins, ce qui entraîne, d'une part, l'augmentation du débit des eaux utiles aux irrigations pendant les sécheresses, et, d'autre part, la possibilité d'un système d'endiguement et de conquête de grandes étendues de terrain, opération impraticable quand les rivières charrient des matériaux dont le dépôt tend à exhausser constamment le fond de leur lit. Enfin, les centres habités situés à proximité de ces cours d'eau, dont l'existence était antérieurement menacée par l'exhaussement et les divagations perpétuelles du lit, peuvent alors être mis plus facilement à l'abri des inondations.

Les travaux de défense contre les torrents ont donc, en somme, l'avantage de rendre plus facile l'exécution des endiguements dans la partie aval des cours d'eau torrentiels, mais ils ne rendent pas ces endiguements inutiles.

134. Avantages et inconvénients des divers systèmes d'endiguement. — De tout temps, des dispositions ont été prises par les riverains pour défendre leurs maisons ou leurs champs contre les débordements.

Il est inutile d'insister sur la nécessité de mettre les centres de population à l'abri des inondations. Mais, au point de vue agricole, les endiguements peuvent être quelquefois plus funestes qu'utiles.

Ainsi que l'a fait remarquer Belgrand, le long des cours d'eau des terrains éminemment perméables, les digues longitudinales sont inutiles, puisque les crues ordinaires sont presque insensibles.

Mais les mêmes terrains ne sauraient absorber par imbibition la quantité totale d'eau fournie par les pluies exceptionnelles, en sorte qu'il s'y produit à de longs intervalles des crues extraordinaires très dangereuses, contre lesquelles il est bien difficile de se protéger à cause de l'importance des travaux qu'il serait nécessaire d'exécuter. Comme nous le verrons plus loin, il est souvent préférable de se contenter d'enfermer ces cours d'eau entre des digues basses mettant les terres riveraines à l'abri des crues moyennes, et disposées de telle sorte qu'elles n'apportent qu'un obstacle aussi faible que possible à l'écoulement des eaux des grandes crues.

En ce qui concerne les cours d'eau torrentiels, l'endiguement n'est pas très utile, au point de vue agricole, lorsque les crues ordinaires ne se produisent pas au moment des récoltes et n'exercent pas sur le sol un effet notable de ravinement. Outre qu'elles ne détruisent pas les céréales, ces crues déposent souvent un limon qui rend aux terres les éléments de fertilité enlevés par la culture. Tel est le cas des crues de printemps que subissent les torrents du massif des Alpes.

L'endiguement est, par contre, très nécessaire lorsque les cours d'eau torrentiels éprouvent des crues d'été. Il est indispensable, lorsqu'il s'agit de protéger des habitations et des villes situées dans le champ des inondations.

Les travaux consistent dans l'établissement de digues insubmersibles ou submersibles. Les premières sont naturellement tout indiquées pour la défense des centres habités, mais, pour pouvoir résister à toutes chances de rupture, elles doivent être construites avec des épaisseurs qui les rendent très coûteuses. Elles ont l'inconvénient, en rétrécissant le lit, de relever dans une forte proportion la cote des hautes eaux, ainsi que la vitesse, et de rejeter brusquement tout l'effet des eaux vers l'aval; elles empêchent aussi le dépôt sur les terres riveraines d'un limon fertilisant qui leur serait utile et qui, au contraire, en restant dans le lit, en amène l'exhaussement ultérieur, en sorte que la digue peut être prise à revers et emportée, car, si elles viennent à être surmontées par une crue plus importante que toutes celles qui s'étaient produites antérieurement, leur rupture est presque inévitable, et elle entraîne des désastres considérables[1].

Ce système d'endiguement peut enfin compromettre la fertilité du sol en s'opposant à l'épanchement des eaux de crues et au dépôt des limons fertilisants qu'elles tiennent en suspension.

Dans la partie de la vallée où les eaux de crues s'épandent librement, les limons déposés successivement exhaussent peu à peu les rives, de telle sorte que la rivière s'encaisse d'elle-même de plus en plus entre ses propres alluvions; le lit se relevant parallèlement, la différence entre le fond de ce lit et la plaine adjacente reste à peu près constante. L'endiguement artificiel insubmersible modifie cet état de choses en s'opposant à l'exhaussement de la plaine, de sorte

[1] L'effet de l'endiguement étant, comme on l'a vu, d'augmenter la hauteur des crues et de relever le fond du lit, des digues regardées comme insubmersibles, c'est-à-dire dont le couronnement a été arasé en contre-haut du niveau des plus hautes eaux connues, finissent par être elles-mêmes surmontées. C'est ainsi que les digues de la Loire ont dû être surhaussées à plusieurs reprises, après avoir été rompues; cependant il est avéré que, si, grâce à ces relèvements successifs, elles suffisent pour défendre les vals submersibles contre les crues ordinaires, elles sont néanmoins insuffisantes contre les grandes crues. Leur rupture, quand elle se produit, cause des dommages beaucoup plus graves que s'il n'existait aucun système de protection.

que les dangers d'inondation deviennent de plus en plus grands.

Ces divers inconvénients disparaissent avec l'emploi des digues submersibles, élevées seulement au-dessus des crues moyennes. Dans ce système, on trace le lit mineur au moyen de bourrelets élevés un peu au-dessus du niveau de ces crues et on enserre le lit majeur, s'il y a lieu, dans des levées insubmersibles. En rattachant les ouvrages submersibles aux levées ou aux parties saillantes des versants par des *épis* transversaux, on constitue des bassins de colmatage dans lesquels les eaux de crues déposent leurs limons. L'expérience a

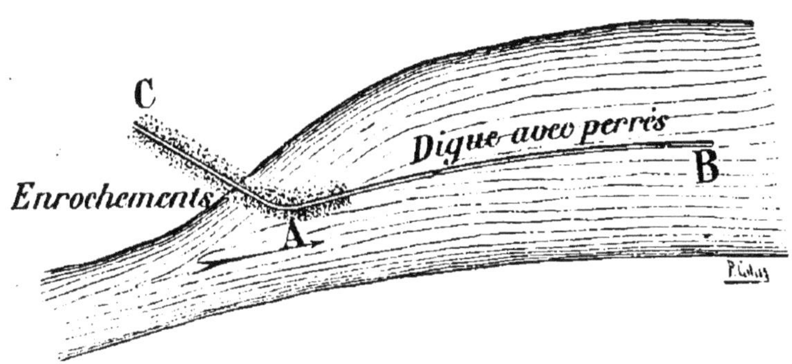

Fig. 106.

prouvé qu'il suffit, pour fixer le lit mineur, de construire les éléments de la levée submersible ; on a été ainsi conduit à adopter le système des digues en formes de T, sur lequel nous aurons l'occasion de revenir (§ 145).

Pour que les levées submersibles constituent une défense efficace, il est essentiel qu'elles ne créent pas un obstacle à l'épanouissement des eaux de crues et qu'elles ne forment pas une sorte de barrage transversal sur lequel les eaux déverseraient en provoquant l'affouillement des terrains situés en arrière. Supposons par exemple un cours d'eau torrentiel coulant le long d'une berge élevée située sur sa rive droite ; sur la rive gauche, au sortir d'une gorge, la vallée s'évase, laissant entre la rivière et la ligne des coteaux, des terrains bas submersibles (*fig.* 106). L'établissement d'une digue AB pour la défense de ces terrains aurait pour effet de rétrécir le lit au sortir de la gorge, tandis qu'il serait nécessaire de lui laisser un espace libre aussi large que possible où les crues puissent s'épanouir et la vitesse du courant s'atténuer. De plus, il serait nécessaire d'enraciner vers l'amont l'ouvrage au coteau insubmersible et, par suite, de le terminer par une branche AC plus ou moins oblique sur AB. L'effort du courant s'exercerait presque normalement sur la branche oblique et principalement sur le coude saillant A à la jonction de cette dernière avec la branche parallèle.

S'il était absolument nécessaire de défendre les terrains de la rive gauche, on pourrait obtenir ce résultat au moyen d'une digue insubmersible, bien que celle-ci fût très difficile à conserver à cause des affouillements considérables qui se produiraient à son pied.

Si l'on se contente d'établir une levée submersible, on créera une sorte de barrage sur lequel les eaux se déverseront, et, loin de briser le courant en protégeant les terrains en arrière contre les érosions superficielles, on provoquera l'affouillement de ces terrains; ces affouillements en arrière de la digue détermineront des brèches qui finiront par entraîner la ruine de l'ouvrage.

Si celui-ci est solidement construit et défendu par des revêtements, on pourra peut-être en retarder la destruction, mais on ne pourra l'éviter.

Au lieu de prolonger l'étranglement de la rivière au-delà de la sortie de la gorge, il est plus rationnel de laisser l'espace le plus large possible pour l'épanouissement des crues et de n'opposer aux effets destructeurs du courant que des surfaces à très faible inclinaison, sur lesquelles sa vitesse s'amortisse sans provoquer d'affouillements. La protection du territoire doit être cherchée, dans ce cas, dans le système des épis transversaux plongeants, dont la direction soit légèrement inclinée vers l'amont (§ 139).

135. Tracé des lignes d'endiguement. — Sur les cours d'eau non navigables ni flottables, les premiers travaux d'endiguement ont eu pour but la défense des propriétés riveraines contre les inondations; ils ont été exécutés sans vue d'ensemble et sans qu'on se soit préoccupé de leur effet possible, non seulement sur les autres sections du cours d'eau, tant en amont qu'en aval, mais même sur la rive opposée. Quand ces travaux sont devenus plus nombreux, il a fallu se préoccuper de rattacher les nouveaux ouvrages aux anciens et parfois aussi arrêter, pour toute la longueur d'un même cours d'eau, un programme à suivre pour l'établissement des nou-

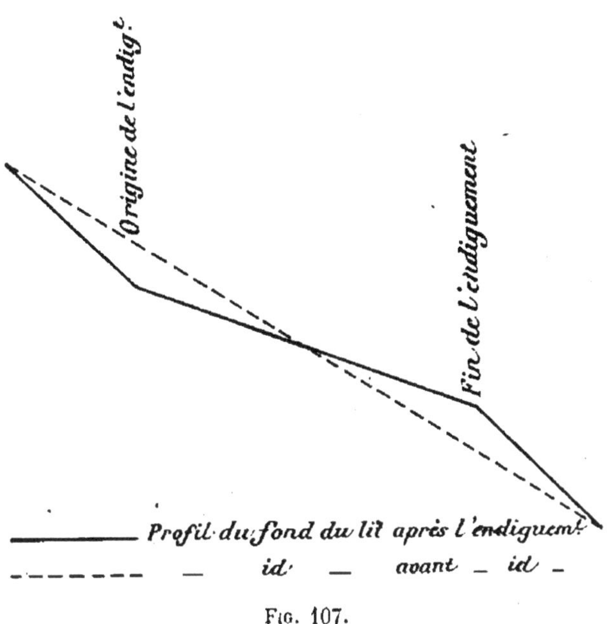

Fig. 107.

velles digues, élaboré en vue de l'intérêt général de la vallée.

Tout travail exécuté sur une rive, dans le but d'en éloigner le courant et de le rejeter sur l'autre rive, a naturellement un résultat offensif pour la berge opposée et nécessite la mise en défense de celle-ci. L'encaissement d'une portion de rivière entre deux bourrelets parallèles très résistants qui en diminuent la section libre a pour effet d'accroître la vitesse et, par suite, la force érosive des eaux qui creusent le lit vers l'amont de l'endiguement pour déposer plus bas les matériaux enlevés. Il en résulte, par suite, une réduction dans la pente et un abaissement plus ou moins considérable du plan d'eau dans la partie endiguée ; par contre, la pente se relève tant vers l'amont que vers l'aval dans les parties déjà endiguées (*fig.* 107), et, dans certains cas, les conséquences de ce relèvement peuvent devenir funestes pour les riverains d'aval, par suite de la diminution dans la capacité des retenues supérieures.

On doit, par suite, s'attacher à laisser entre les levées un espace suffisant pour réduire, autant que possible, les inconvénients inhérents à ce mode de défense. Le tracé en plan des ouvrages a également une grande importance; s'il est défectueux, il peut avoir pour résultat de lancer le courant contre d'autres ouvrages de défense existants, lesquels sont susceptibles d'être détruits.

Nous allons examiner successivement ces deux questions : forme en plan de l'axe du cours d'eau, et espacement des digues longitudinales.

136. Tracé des digues en plan. — S'il était possible d'adopter un tracé rectiligne, on assurerait aux eaux un écoulement uniforme, sans formation de tourbillons nuisibles au maintien des ouvrages. Mais, si l'on se reporte à ce que nous avons dit ci-dessus, relativement à la forme sinueuse des vallées (§ 77), on comprendra que, sauf aux abords des ponts, où un tracé rectiligne et normal à l'axe du pont est nécessaire, les alignements droits peuvent seulement servir de raccordement aux courbes et contre-courbes du tracé auxquelles ils sont tangents.

On doit adopter pour ces dernières des rayons aussi grands que possible, afin de ne pas rompre brusquement le parallélisme des filets à chaque entrée en courbe.

L'ensemble du tracé doit envelopper la direction générale du lit, mais sans être assujetti à en suivre les contours brusques et les irrégularités, qui produiraient des tourbillons et faciliteraient l'attaque et la destruction des ouvrages.

Sur la Basse-Durance, qui est endiguée presque en entier, les courbes et contre-courbes ont des rayons qui ne descendent pas au-dessous de 2.000 mètres et ont jusqu'à 5.000 mètres; les développements varient de 400 mètres à 1.250 mètres; les courbes sont raccordées tangentiellement par des alignements de 600 mètres à 1.000 mètres de longueur. Sur les rivières de moindre importance, on admet des courbures beaucoup plus prononcées, et les rayons de 400 mètres et même 350 mètres se rencontrent fréquemment; les alignements qui séparent les courbes de sens contraire n'ont parfois que quelques mètres de longueur. On doit, toutefois, dans le tracé, éviter les points d'inflexion qui ont pour résultat, en diminuant la vitesse des eaux, de favoriser l'obstruction du lit.

137. Espacement des digues. — Dans la détermination de la largeur à donner au lit endigué, on doit distinguer le cas où il s'agit de levées insubmersibles et celui où elles sont submersibles.

La distance à maintenir entre deux levées insubmersibles dépend de la masse totale des eaux que le ruisseau peut avoir à écouler.

Plus les digues sont rapprochées, plus on gagne de terrain; mais, par contre, le rétrécissement du lit entraîne une surélévation dans le niveau des crues, ce qui oblige à donner aux ouvrages des dimensions plus considérables et aussi quelquefois à les prolonger vers l'amont pour protéger des terrains qui auparavant n'étaient pas exposés à la submersion.

D'un autre côté, un lit trop large, s'il est favorable à l'écoulement des grandes crues tant qu'il ne se forme pas de bancs de graviers ou de limons que consolide la végétation, est funeste au point de vue de la fixation du thalweg, de la défense des rives et du colmatage des terrains bas. Il n'est pas non plus convenable pour l'écoulement des crues moyennes, parce que les courants, prenant des directions obliques à l'axe des lignes d'endiguement, se jettent tantôt sur une rive, tantôt sur l'autre, et que de là, résultent des remous importants, qui se traduisent par des corrosions et des submersions des terres riveraines.

En outre, dans le cas d'un lit trop large, les eaux ordinaires et celles des crues moyennes divaguent entre les digues longitudinales; elles se creusent un lit sinueux, que la grande crue qui survient ensuite ne peut suivre, et il en résulte pour cette grande crue des ralentissements de vitesse et des dépôts locaux de matières entraînées, en amont desquelles les digues sont submergées et, par suite, rompues. Ces atterrissements locaux et les remous qu'ils occasionnent sont plus dangereux pour l'existence des ouvrages que l'exhaussement général du lit précédemment signalé, lequel ne se produit que très lentement.

Par suite, quand on cherche à fixer le lit d'un torrent, après s'être préoccupé du tracé, il faut étudier une section transversale qui, tout en permettant l'écoulement facile des eaux de grandes crues, concentre les eaux moyennes dans un emplacement où leur pouvoir entraînant puisse s'exercer complètement.

D'ailleurs, il est rare que l'espacement des levées soit complètement indéterminé. Il arrive souvent que, sur le cours d'eau dont il s'agit d'endiguer une portion, il existe déjà des ouvrages pouvant fournir des indications précieuses; d'autres fois le travail de défense n'intéresse qu'une rive, l'autre étant déjà endiguée. Enfin, dans le tracé, on doit chercher à respecter l'état de choses existant et causer le moins de dommages possible aux propriétés riveraines, de sorte que les limites entre lesquelles on peut se mouvoir sont souvent très rapprochées.

A titre d'exemple, nous allons examiner le cas suivant. La figure 108 représente un profil en travers d'une section d'un cours d'eau torrentiel qui était protégé sur la rive droite seulement au moyen d'une digue insubmersible A. Les terrains de l'autre rive, protégés autrefois par des levées submersibles qui furent emportées par une crue, se trouvant exposés, à cause de leur faible élévation au-dessus du niveau des eaux, à être submergés par les crues ordinaires, on se décida à établir sur cette rive une autre levée insubmersible B.

La digue existante A se trouvant assez loin du lit mineur, on a pu donner au lit majeur une capacité suffisante pour éviter un relèvement important du niveau des crues, sans empiéter beaucoup sur le terrain à protéger de la rive opposée. Au point le plus étroit, qui est précisément celui où a été levé le profil en travers représenté par la figure 108, il a été possible d'assurer au lit majeur une largeur de $184^{m},30$, supérieure de plus de 50 mètres à celle qui a été adoptée lors de l'établissement de digues aux abords d'un centre habité situé à quelques kilomètres en amont.

Pour fixer le niveau de la crête de l'ouvrage à construire,

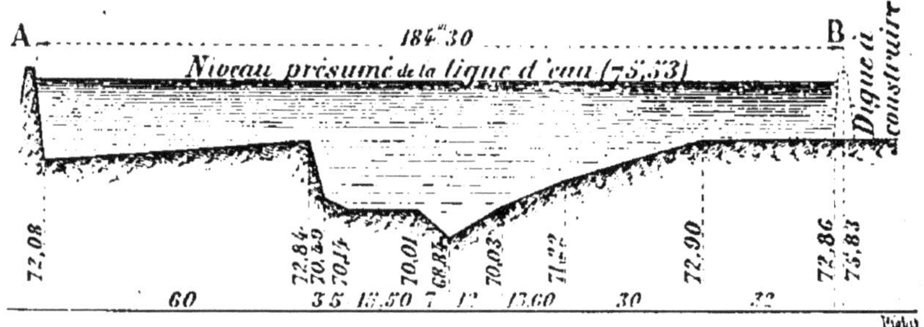

Fig. 108.

on a admis que celle-ci serait dérasée au même niveau que celle de la rive droite, et on a cherché si la section en résultant pour le lit majeur suffirait pour l'écoulement des plus hautes eaux connues. Il n'était pas possible de calculer exactement ce débit à l'emplacement même des travaux, attendu que, lors des crues antérieures, il y avait eu submersion des terres riveraines et qu'une partie seulement du flot s'était écoulée par le lit de la rivière. On a choisi, pour déterminer le débit, une section de lit très propice située à 1.200 mètres plus haut, en un point où les eaux sont concentrées sur une longueur de 1 kilomètre environ entre deux levées insubmersibles sensiblement parallèles et où le lit présente une forme et une pente à peu près régulières.

Le profil transversal moyen (*fig.* 109) fait connaître que la section maximum d'écoulement des eaux de crues a été de 600 mètres carrés et que le périmètre mouillé a atteint une longueur de 134 mètres; d'autre part, le nivellement en long du lit a accusé une pente à peu près uniforme de $0^{m},0033$ par mètre. En appliquant à ces éléments la formule connue :

$$\frac{Ri}{u^2} = 0{,}00028\left(1 + \frac{1{,}25}{R}\right).$$

on trouve, en ce point,

$$u = 6^m,42 \quad \text{et} \quad Q = \Omega u = 600 \times 6,42 = 3852 \text{ mètres cubes.}$$

C'est sur ce chiffre de 3852 mètres cubes qu'on s'est basé pour vérifier si l'endiguement projeté laissait au lit un débouché suffisant.

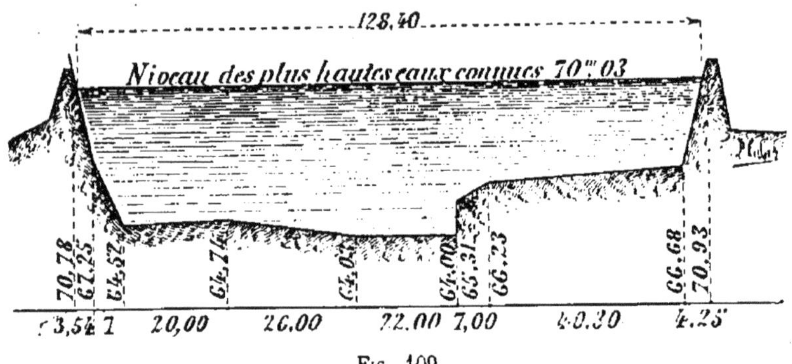

Fig. 109.

Avec le profil en travers au droit du point le plus rétréci (*fig.* 108), si l'on calcule le débit en supposant le plan d'eau limité à la cote (75,53), soit à $0^m,30$ en contre-bas du couronnement des digues, on a :

$$\Omega = 628 \text{ mètres carrés,} \quad \text{et :} \quad \chi = 188 \text{ mètres;}$$

or :

$$i = 0,00322.$$

Par suite on trouve :

$$u = 5^m,58 \quad \text{et} \quad Q = 3840 \text{ mètres cubes.}$$

Ce dernier chiffre étant sensiblement égal au débit maximum, on voit que, avec une digue nouvelle arasée au même niveau que l'ancienne, l'écoulement des eaux de crues sera assuré dans des conditions très satisfaisantes.

Le débit maximum que doit écouler la section endiguée et la pente moyenne du fond du lit étant connus, l'écartement des levées et la position de leur couronnement se déterminent par tâtonnement. Si l'un de ces éléments est fixé à l'avance, l'autre s'obtient facilement au moyen d'un calcul analogue à celui dont nous venons de donner un exemple.

Dans le cas d'un endiguement submersible, les ouvrages comprennent entre eux un lit mineur capable d'écouler sans débordement les eaux des crues moyennes qui se reproduisent périodiquement, comme par exemple les hautes eaux de printemps dues chaque année à la fonte des neiges.

Les règles posées ci-dessus relativement au tracé des levées insubmersibles s'appliquent également au cas des ouvrages submersibles. En effet, dans les cas où la disposition des lieux exige l'exécution de travaux de défense contre les eaux de crues, on établit deux systèmes de digues parallèles déterminant l'un le lit mineur, et l'autre, le lit majeur. On fixe l'espacement des ouvrages submersibles et le niveau d'arasement de leur crête d'après le débit des eaux des crues moyennes et la pente du fond, par un calcul analogue à celui que nous avons donné précédemment.

Ainsi que nous l'avons fait remarquer plus haut (§ 134), le système de défense comportant l'établissement de bourrelets submersibles est parfois complété par des levées insubmersibles. Il nécessite aussi d'autres fois la construction de digues transversales plus ou moins inclinées sur les deux lignes de défense précédentes, ouvrages qu'on désigne sous le nom d'épis. En ce qui concerne les deux dernières catégories d'ouvrages, il est rare que leur emplacement soit indéterminé. Quelquefois le thalweg suit d'assez près les coteaux insubmersibles d'un des flancs de la vallée pour qu'il soit possible d'y rattacher directement les épis. D'autres fois, il existe sur une des rives une levée insubmersible établie antérieurement pour donner passage à une route ou à un chemin de fer. On doit profiter de toutes les circonstances locales propres à diminuer l'importance des travaux nécessaires pour l'établissement de digues insubmersibles qui entraînent toujours des frais considérables.

Si la construction de ces dernières est indispensable, on les trace parallèlement aux lignes submersibles, et on calcule leur espacement, de manière à permettre l'écoulement du volume des plus fortes crues, comme si la première défense n'existait pas.

138. De l'effet des obstacles à l'écoulement des eaux. — Avant de passer à la description des diverses sortes de digues, il est nécessaire d'examiner l'effet que produisent ces ouvrages relativement à la marche des filets liquides, lorsqu'ils sont déviés de leur direction naturelle.

Lorsque le courant vient frapper une digue insubmersible inaffouillable, il se produit des mouvements tourbillonnaires qui creusent le fond au pied des enrochements de défense et produisent en ce point un surcroît de profondeur qui attire l'eau. On constate, d'ailleurs, que les filets liquides n'obéissent pas absolument à la loi de la réflexion ; lorsqu'un filet AB vient frapper contre un obstacle D, au lieu de se réfléchir suivant une direction telle que BM, il se colle contre l'obstacle et prend une direction BC (*fig.* 110), ce qui

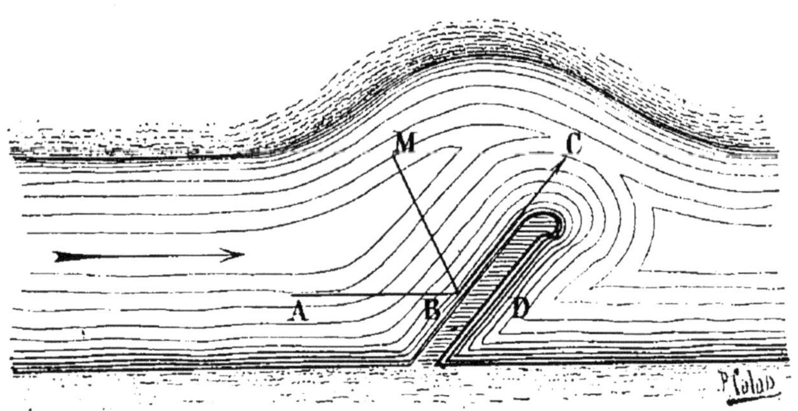

Fig. 110.

revient à dire que la digue *fixe* le courant. On conçoit dès lors pourquoi, lorsqu'une section de cours d'eau est enserrée entre deux lignes insubmersibles, l'effet des crues est de creuser le fond ; les matériaux détachés du fond sont transportés par le courant et vont se déposer en aval, à l'extrémité de l'endiguement, pour y former une sorte de barre, un *maigre*, suivant l'expression consacrée.

Il résulte encore de ce fait qu'une digue tracée sur une rive peut devenir offensive pour la rive opposée, dans le cas d'un tracé défectueux tel que celui qui est représenté par la figure 111, emprunté aux lignes d'endiguement de la Durance.

Sur la rive droite de la rivière, il existe une digue longitudinale insubmersible ABHCD s'étendant sur une très grande longueur ; sur la rive gauche, la défense est discontinue et se compose d'une série d'ouvrages entre lesquels peuvent se produire des corrosions de berges. Certains de ces ouvrages,

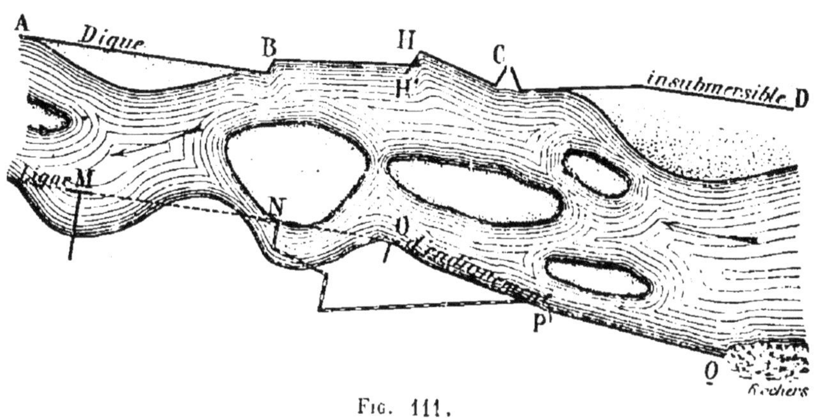

Fig. 111.

l'épi O par exemple, ne sont pas reliés du côté de la rive à un point d'enracinement insubmersible et peuvent être tournés par les courants des grandes crues. En PQ se trouve une levée enracinée vers l'amont au coteau rocheux et disposée de telle sorte qu'elle renvoie le courant vers la rive droite. Là, il vient frapper dans une anfractuosité de la digue longitudinale qui se trouve un peu en aval du point C, prise d'eau d'un canal d'irrigation. En aval de la prise, il existait un éperon HH', incliné vers l'aval, qui renvoyait violemment les courants sur la rive gauche, et ce second mouvement de lacet produisait des corrosions en un point N non défendu. Pour remédier à cet inconvénient, on a dû établir en N un épi pour protéger une dépression longitudinale qui se trouve en arrière et dans laquelle s'établissait, en temps de grande crue, un courant qui dévastait les cultures.

En même temps, dans le but de supprimer la cause initiale de ces corrosions, on a dérasé l'éperon HH' pour le remplacer par une digue longitudinale dirigée vers l'amont, de manière à arrêter le courant qui se dirige vers l'autre rive.

D'une façon générale (*fig.* 112), s'il existe sur une rive une saillie naturelle A tendant à renvoyer le courant vers la rive opposée et à produire des corrosions en un point M, la construction d'une levée longitudinale AB faisant disparaître cette saillie amènera la rectification du courant.

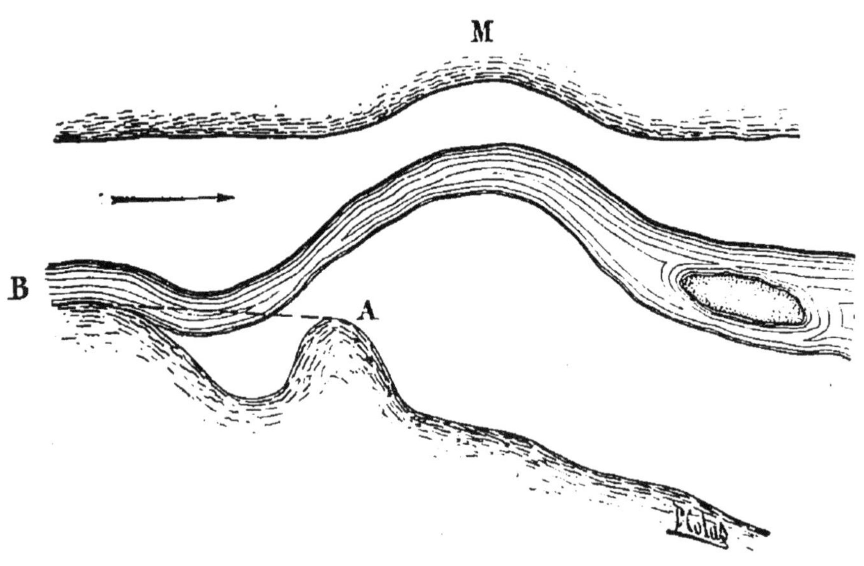

Fig. 112.

Dans le même ordre d'idées, on doit éviter, quand on établit un tronçon de digue, de le terminer par un musoir, lequel forme sur le lit une saillie de nature à apporter dans les courants un trouble nuisible. On pare à ces inconvénients en terminant l'ouvrage par un plan incliné se raccordant à son extrémité avec le sol.

A la suite des indications qui précèdent, nous croyons devoir formuler les règles suivantes, en rappelant qu'elles comportent des exceptions d'espèce :

1° On doit éviter autant que possible les digues insubmersibles établies contre le lit mineur ; retenant tout le limon, elles favorisent l'exhaussement du fond, qui au bout d'un temps plus ou moins long se trouve à un niveau supérieur à celui de la vallée ; elles finissent donc par être surmontées, prises à revers par le déversement des eaux et emportées en entraînant des désastres supérieurs à ceux qui se seraient produits si elles n'avaient pas existé ;

2° La levée submersible doit être préférée, parce qu'avec elle l'exhaussement du lit est nul ou faible et que les eaux épandues dans la vallée y déposent un limon fertilisant ;

3° Toutefois, dans le voisinage des centres de population, il faut revenir à la digue insubmersible solidement établie et perreyée, parce qu'il s'agit de protéger des constructions habitées.

139. De l'effet des digues transversales. — Les digues transversales, ou épis, sont employées soit pour éloigner le courant des rives, soit pour relier aux coteaux insubmersibles les ouvrages submersibles limitant le lit mineur. Les premières sont des épis simples, les autres sont en forme de T.

Supposons que normalement à l'une des rives AB d'un cours d'eau il existe un obstacle fixe, tel que CD (*fig.* 113) ; la direction primitive des filets liquides sera déviée par suite de la pression de l'eau contre la face amont de cet obstacle ; à la sortie de la section étranglée DD' les eaux tomberont dans le vide relatif créé à l'aval de l'obstacle. La pression sur la rive AB augmentera de plus en plus ; les filets liquides ne tarderont pas à reprendre leur direction primitive, et l'effet de l'obstacle cessera bientôt de se faire sentir. Un épi unique n'aura donc que peu d'effet sur la fixation du courant.

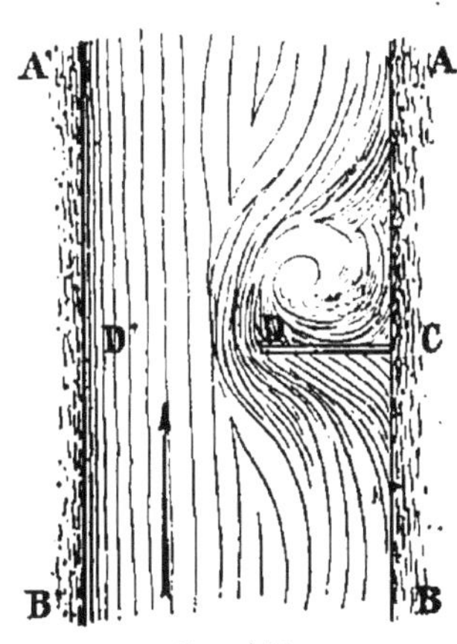

Fig. 113.

Mais, s'il existe sur chaque rive des épis transversaux AB, A'B' placés en face l'un de l'autre (*fig.* 114), au droit de chacun d'eux le courant sera concentré dans l'espace *mn*, *m'n'* compris entre leurs extrémités ; à l'aval, la largeur du lit augmente et laisse passer le courant tantôt à droite, tantôt à gauche, suivant les conditions d'écoulement.

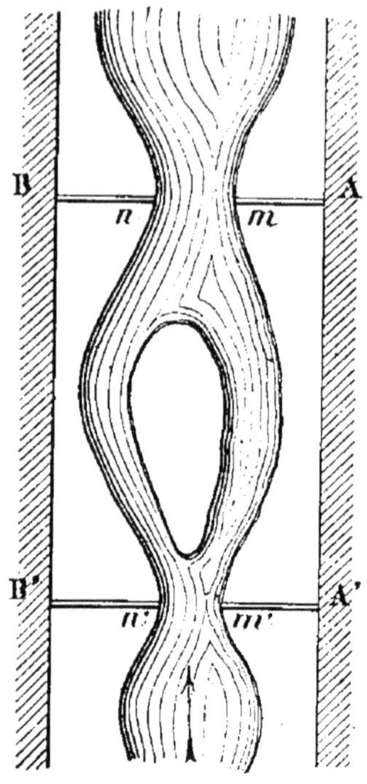

Fig. 114.

L'action des épis combinés consiste donc à éloigner le courant de la rive et, par suite, à s'opposer aux corrosions de la portion de berge située en arrière.

Pour réaliser ce dernier résultat, il est avantageux de construire des épis plongeants dérasés du côté du cours d'eau à la cote des hautes eaux moyennes et terminées au droit du tracé du lit mineur. Leur extrémité doit être abaissée de telle sorte qu'ils fassent le moins de saillie possible sur le lit. Du côté opposé, l'épi peut se rattacher à la rive, si celle-ci est insubmersible (*fig.* 115), ou, dans le cas contraire, à une digue insubmersible construite dans le but de limiter le lit majeur.

Les épis plongeants ont l'avantage d'augmenter le débouché offert aux hautes eaux. Dans le but de favoriser le maintien de la berge qu'ils sont destinés à défendre, il est bon de leur donner une direction oblique vers l'amont, l'angle de l'axe des épis avec la normale à la berge au point d'enracinement variant de 60° à 80°. Un épi insubmersible et normal sur le courant empêcherait la fixation des graviers et provoquerait des remous et des affouillements qui pourraient avoir pour résultat de dévier le courant et de lui faire contourner la pointe de l'épi par l'aval ; la rive en ce point serait alors attaquée directement par le courant. Au contraire, avec des ouvrages noyés et tracés obliquement, le courant est maintenu suivant la direction indiquée par les têtes d'épis et cesse d'affouiller le pied des berges.

Avec des épis plongeants obliques, on peut défendre d'une manière efficace, contre le courant, les berges dans les courbes très raides. Ce résultat a été obtenu notamment sur la rivière d'Isère, en un point où elle présente au courant une courbe concave très brusque (*fig.* 116); des dépôts de gravier s'amoncelaient sur la rive gauche, pendant qu'un chenal se formait de plus en plus sur la rive droite, entraînant peu à peu la berge

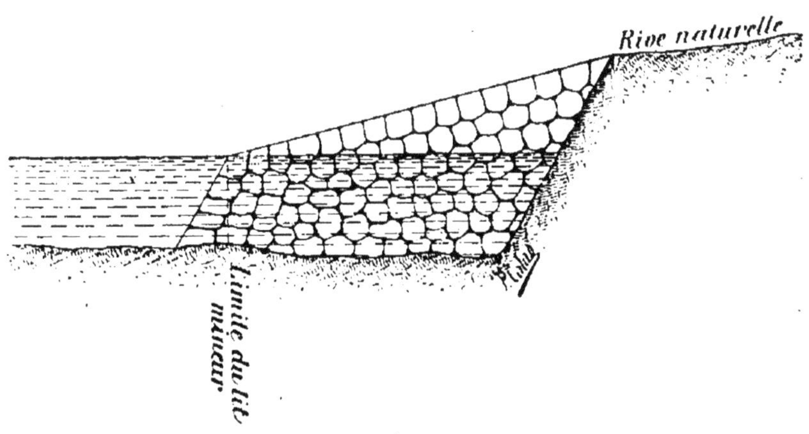

Fig. 115.

et y creusant des sinuosités qui rendaient le lit fort irrégulier. Les terres riveraines étaient protégées contre les crues par une levée gazonnée défendue elle-même contre les affouillements par une garniture d'enrochements. Toutefois, on pouvait constater que, vers le sommet de la courbe, le bourrelet en question n'était plus séparé de la berge que par un intervalle très resserré qui allait chaque jour en diminuant.

Pour mettre fin à cet état de choses, on a fixé la berge au moyen d'épis noyés obliques sur la direction du courant AA, BB, CC (*fig.* 116, 117 et 118), de manière à le rejeter au milieu du lit et à l'empêcher d'affouiller le pied des berges. Le travail exécuté n'était, d'ailleurs, pas offensif pour l'autre berge, attendu que la courbe dessinée par les extrémités des épis est encore très nettement concave. Ces ouvrages protègent donc la rive droite sans nuire aucunement à la rive opposée ;

ils ont même amélioré le régime général de la rivière en arrêtant les graviers mobiles et en s'opposant à l'entraînement

Fig. 116. — Plan.

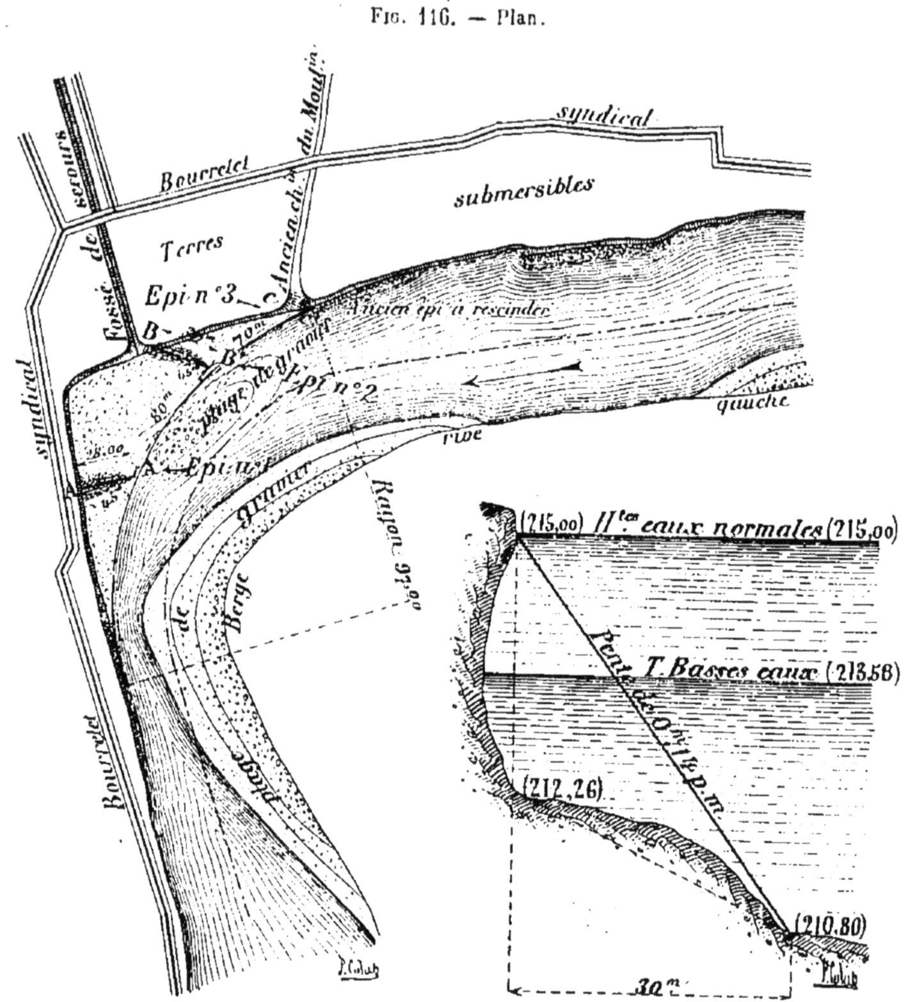

Fig. 117. — Coupe suivant l'axe de l'épi BB.

de nouvelles matières dans l'étendue où leur action se fait sentir.

C'est par une combinaison de digues submersibles et d'épis plongeants qu'on parvient à fixer le lit des torrents dans leur partie inférieure. C'est contre la rive concave seulement que l'on peut maintenir le courant et, par suite, on ne doit établir une digue longitudinale que le long de cette rive. Mais, pour que celle-ci résiste aux grandes crues, il faut qu'elle soit submersible. Toutefois, elle peut être appuyée en arrière par

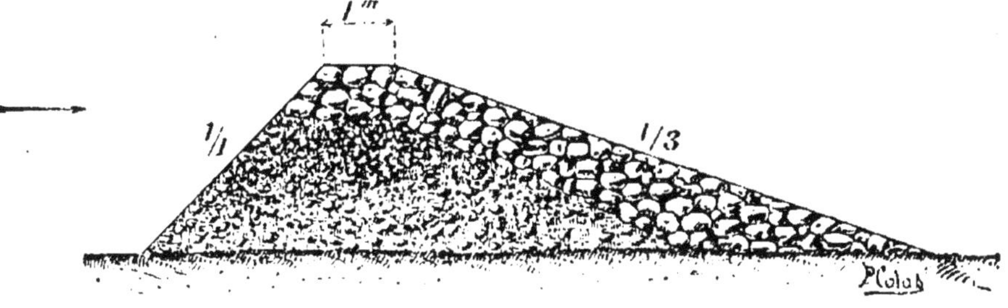

Fig. 118. — Coupe transversale d'un épi.

des traverses insubmersibles dont l'extrémité vers la rivière plonge suivant le gabarit adopté pour le lit majeur. Pour contenir les eaux du côté de la rive convexe, il suffit d'épis plongeants suffisamment enracinés pour ne pas pouvoir être tournés.

140. De l'effet des digues à T. — L'action des épis en forme de T est assez compliquée. Dans les grands épis de la Durance, la grande branche *ab* du T, normale à la rive (*fig.* 119), part du côté des terres d'un point situé au-dessus du niveau des plus hautes eaux pour aboutir sur la ligne d'endiguement du lit mineur à la cote des crues moyennes: l'éperon longitudinal se compose d'une branche aval *bc* assez courte et d'une branche amont *bd* beaucoup plus développée, atteignant comme cote de hauteur à la rencontre de l'épi transversal le niveau des eaux moyennes, et aux deux musoirs le niveau des plus basses eaux (*fig.* 120).

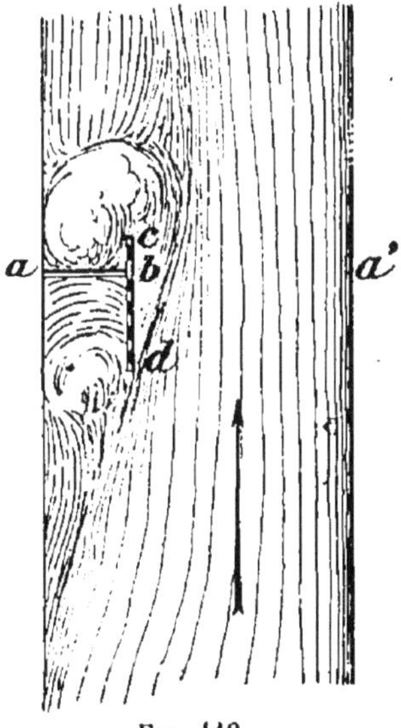

Fig. 119.

En amont d'un semblable obstacle, le niveau de l'eau retenue par la branche transversale *ab* s'exhausse légèrement pour produire la pression qui fera passer la totalité de la masse fluide entre *ba'* entre l'épi et la rive opposée. La partie amont de la branche longitudinale contribue à retenir l'eau, laquelle, perdant sa vitesse, dépose les matières qu'elle tenait en suspension; l'espace compris entre l'extrémité de l'épi et la digue insubmersible se colmate ainsi peu à peu et permet la transformation progressive des terres incultes en excellentes terres de culture.

On a constaté que le colmatage peut s'étendre assez loin

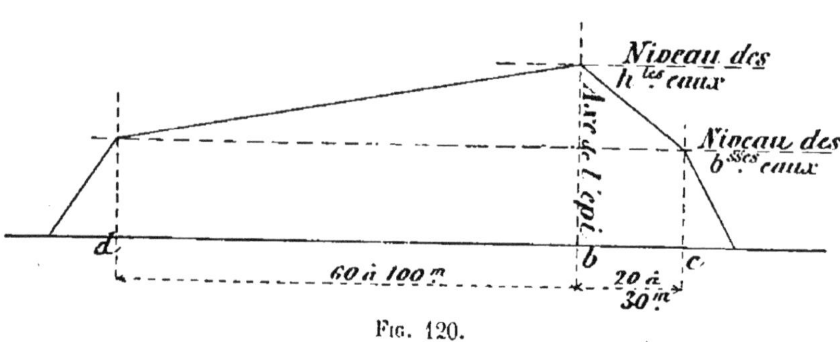

Fig. 120.

de l'épi vers l'amont ; vers l'aval, il ne dépasse guère l'extrémité de la branche *bc*, laquelle n'a d'autre rôle à jouer que de rejeter les eaux dans le lit mineur et d'empêcher la formation d'un courant le long du talus de la digue transversale *ab*, ce qui pourrait entraîner sa ruine.

Ces ouvrages ont aussi pour effet de rejeter le courant sur la rive opposée et de corroder l'anse de cette autre rive située en aval ; mais cet inconvénient peut être évité en établissant sur chaque rive deux éléments de digue longitudinale vis-à-vis l'un de l'autre ; dans ce cas, les deux composantes normales à ces éléments, de directions opposées, se détruisent, et le courant suit une direction à peu près parallèle aux rives.

L'expérience a montré que, dans la partie de la Durance où la pente moyenne est de $0^{m},003$ par mètre, il suffit d'espacer les épis de 800 mètres à 1000 mètres environ ; les eaux se dirigeant de l'une vers l'autre, on arrive à fixer entièrement le lit du cours d'eau.

Sur les rivières de moindre importance, on emploie souvent les digues à T pour la défense soit d'un centre habité, soit d'une faible partie de la vallée particulièrement menacée. Mais alors les dimensions des épis sont beaucoup moindres, et ils sont plus rapprochés; de plus, pour augmenter leur résistance, on incline la branche transversale vers l'amont, de manière à lui faire faire un angle de 30° environ avec la normale à la rive.

Sur la Neste (Hautes-Pyrénées), en un point où la pente moyenne atteint $0^m,008$ par mètre, on a construit des épis plongeants à T distants l'un de l'autre d'une vingtaine de mètres. La longueur de la branche transversale varie de 6 à 10 mètres, et l'éperon, arasé au niveau de l'étiage, n'a que $4^m,50$ de longueur (*fig.* 121). Sur le Gave de Pau, une partie de rive très corrodée a été défendue, sur une longueur de 340 mètres environ, à l'amont d'un point où la rivière, s'étant

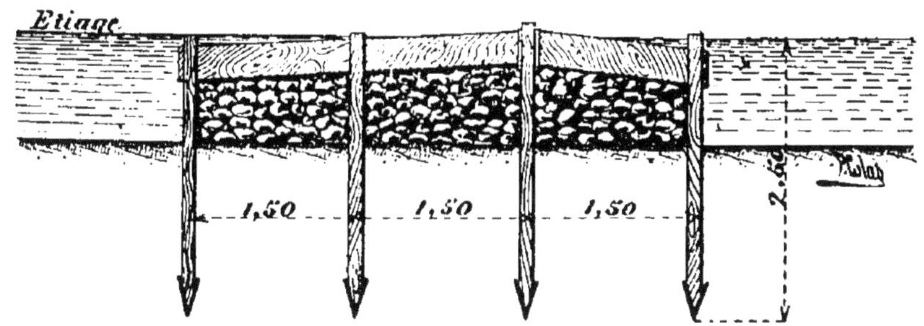

Fig. 121.

rejetée brusquement sur la gauche, s'était creusée un nouveau lit, menaçant d'enlever une grande superficie de terrains cultivés. La défense a consisté dans l'établissement de sept épis en charpente, espacés en moyenne de 56 mètres, d'une longueur de 18 à 24 mètres, avec éperons de $4^m,50$ (*fig.* 122).

Ces ouvrages, vu leur faible saillie sur le fond, ne sont pas offensifs pour la rive opposée, et l'on a pu constater qu'ils avaient pour effet d'écarter le courant vers le large, même sur une assez grande longueur à l'aval du dernier épi, tandis qu'à l'amont du premier épi la zone défendue était, en général, assez faible et qu'il y avait quelquefois tendance au déracinement de l'ouvrage. Au droit de ces ouvrages, le colmatage de la berge paraît s'être opéré dans des conditions satisfai-

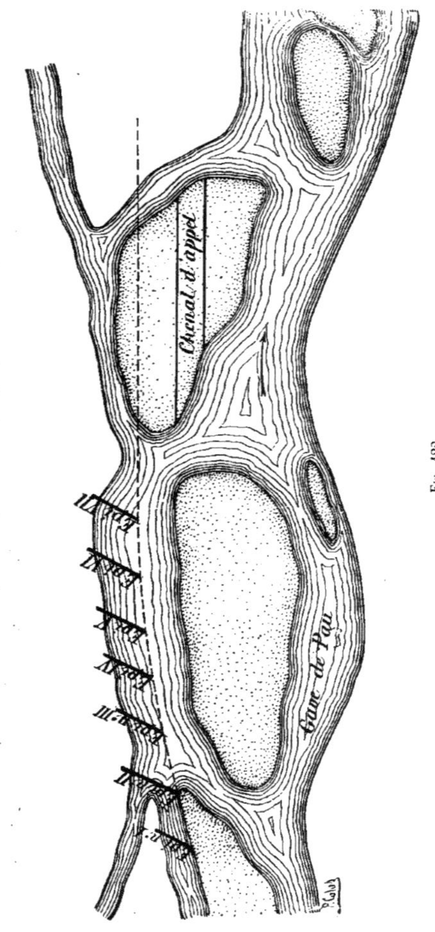

Fig. 122.

santes. De plus, un chenal, ouvert à travers les dépôts de gravier au droit du point où la rivière tendait à dévier vers la gauche, formant appel dans la direction de l'ancien lit, a contribué à écarter le courant de la rive corrodée. De cette manière, on a pu défendre efficacement, la berge, moyennant une dépense moindre que celle qu'aurait nécessité l'établissement d'une digue longitudinale submersible.

141. Construction des digues insubmersibles. — Les digues insubmersibles doivent résister aux efforts des crues ; il est, par suite, nécessaire de leur donner des dimensions transversales suffisantes pour assurer leur stabilité, de les asseoir sur un sol résistant, et souvent aussi de les défendre du côté des eaux par un revêtement. De plus, des précautions particulières doivent être prises lors de la construction pour éviter des malfaçons qui pourraient contribuer à en provoquer la rupture.

Nous n'avons pas ici à nous occuper des quais établis pour la défense des villes. Les digues construites dans un intérêt agricole sont ordinairement formées d'un remblai en terre. Suivant le caractère plus ou moins torrentiel du cours d'eau, ce noyau est protégé par un simple revêtement en gazon ou par un véritable perré.

Le couronnement est établi à $0^{m},50$ environ en contre-haut des plus hautes eaux ; il a, par suite, pour inclinaison longitudinale la pente superficielle de ces eaux.

La largeur en couronne descend rarement au-dessous de 1 mètre. Quelquefois la digue sert de chemin public ; dans ce cas, la largeur peut atteindre jusqu'à 5 mètres. Ordinairement, on adopte le chiffre de 2 mètres.

Le talus extérieur est incliné à 1/1 ou à 3/2, suivant la nature de la terre du remblai ; exceptionnellement, et pour les digues d'une grande hauteur, on adopte parfois une inclinaison de 2 1/2 de base pour 1 de hauteur. Du côté du cours d'eau, on donne le plus souvent au talus une inclinaison de 3/2.

Nous allons faire connaître les dimensions principales d'un certain nombre d'ouvrages existants, qui ont bien résisté aux efforts des crues.

Dans le département du Jura, sur certaines rivières à régime relativement tranquille, telles que la Loue, par exemple, les digues insubmersibles ont leur crête arasée à 0m,50 en contre-haut des plus hautes eaux (*fig.* 123); la largeur en couronne varie de 0m,60 à 1 mètre; les talus sont inclinés à 1/1 vers la rivière et à 3/2 du côté extérieur. Le

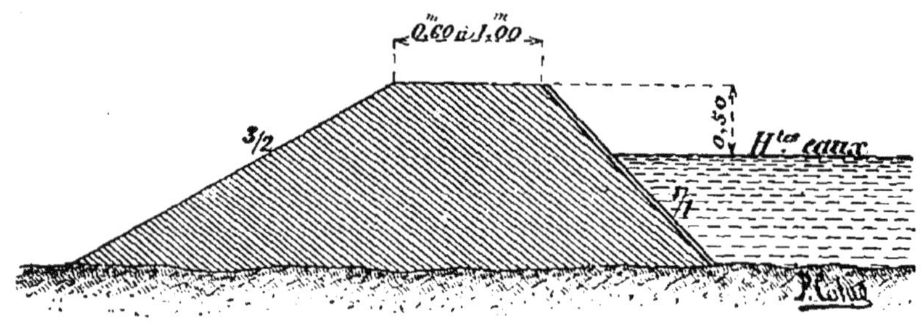

Fig. 123.

talus intérieur est revêtu jusqu'au sommet, ou tout au moins jusqu'à 0m,10 au-dessus des hautes eaux, de gazons très herbus et garnis de racines reposant sur une couche de terre végétale. Ces gazons ont 0m,20 de largeur, 0m,30 de longueur et au moins 0m,10 d'épaisseur. Ils sont placés avec soin par rangées horizontales et à joints recouverts; ils sont fixés au moyen de piquets en bois sec, espacés de 0m,50, bien tassés à la main d'abord, ensuite avec une batte et arrosés, s'il le faut, pour assurer l'adhérence des diverses pièces. Le talus opposé et le couronnement sont ensemencés avec des graines de la meilleure qualité, appropriées à la nature de la terre formant le corps de la digue.

Les remblais sont exécutés et réglés par couches horizontales de 0m,20 à 0m,30 d'épaisseur soigneusement pilonnées dans toute l'étendue des couches successives. Ils ne doivent contenir ni mottes, ni gazons, ni souches, ni pierres, ni débris de haies ou de végétaux. Le sol sur lequel ils reposent est lui-même débarrassé de toutes racines, souches, haies et autres végétaux. Les terres légères, graveleuses, et la pierraille, sont réservées pour le couronnement, et les terres végétales, pour la surface des talus. Les remblais en graviers ou pierrailles peuvent être exécutés de suite, avec leur hauteur totale; ils doivent être enracinés dans le sol au moyen de tranchées. Les vases et limons ne sont jamais employés.

Ce n'est, bien entendu, qu'après tassement complet des terres, qu'on procède au revêtement.

Dans le cas où un gazonnement ne constitue qu'une protection insuffisante contre la corrosion des eaux, la digue, dont le noyau continue à être formé d'un mélange de terres et graviers rapportés, est défendue, du côté de l'eau, d'une manière plus efficace, ainsi que nous l'indiquons ci-après.

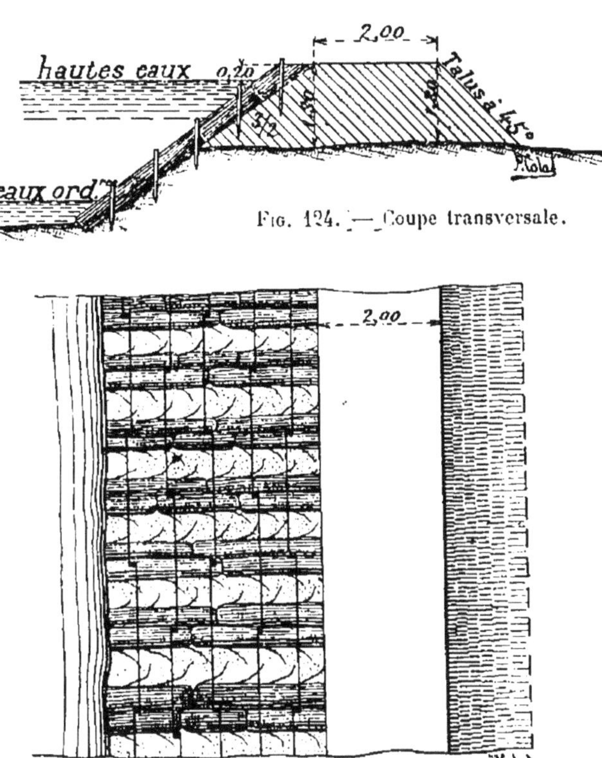

Fig. 124. — Coupe transversale.

Fig. 125. — Plan.

La rivière de l'Albarine (Ain), dans une partie de son cours où la pente longitudinale est de plus de 0m,01 par mètre, est maintenue dans son lit par des levées insubmersibles analogues à celles dont nous donnons le dessin (*fig.* 124 et 125). La largeur en couronne est de 2 mètres, et le sommet est dérasé à $0^m,20$ en contre-haut du niveau des plus fortes crues. Les talus intérieurs, inclinés à 3 de base pour 2 de hauteur, sont protégés sur toute leur surface par un système de fascinages formés de branchages de $0^m,20$ de diamètre et d'une longueur égale au développement transversal des talus à protéger; ils sont liés deux à deux en un faisceau que l'on fixe sur le talus au moyen de forts piquets de 1 mètre de longueur. On laisse entre deux faisceaux consécutifs un intervalle de $0^m,40$ qu'on remplit de terre végétale dans laquelle on couche des brindilles pour en former des boutures. Les piquets, au nombre de cinq, sont plantés sur une ligne régulière à 1 mètre de distance dans le sens transversal et sont ensuite reliés entre eux longitudinalement au moyen de cinq lignes de solide fil de fer galvanisé destinés à empêcher le soulèvement des fascines par les eaux avant leur enracinement, et à rendre solidaires toutes les parties du système de défense. Les fascines employées sont formées de petites branches coupées sur les souches les plus vigoureuses et utilisées aussitôt après la coupe. On peut employer toute essence susceptible de donner promptement naissance en terrain humide à une abondante végétation. Les talus ne tardent pas à être entièrement garnis de souches entrelacées les unes dans les autres qui les protègent complètement contre l'action du courant.

Ce système d'endiguement avec fascines est revenu en totalité à 8 fr. 50 le mètre courant.

Enfin, lorsque le caractère torrentiel du cours d'eau est plus accentué, on doit avoir recours pour la défense du talus intérieur de la digue à un perré à pierre sèche (*fig.* 126) ou à une maçonnerie de moellons têtués (*fig.* 127). Le pied de l'ouvrage est ordinairement protégé par une risberme en blocs d'enrochements, fondée à la même profondeur que le perré.

Dans certaines régions, la vallée de la Drôme par exemple, on constitue la risberme au moyen d'une ligne de forts blocs artificiels en béton de ciment appliqués exactement, mais sans liaison, contre le perré de la digue, de manière qu'en cas d'affouillement toujours à prévoir ils puissent s'abaisser sans déplacement appréciable, en glissant suivant le talus.

On a constaté que ce système donnait de très bons résultats et présentait une économie sérieuse sur l'emploi des blocs naturels.

Sur certains cours d'eau du département de l'Ardèche, où les crues sont particulièrement violentes, on a dû donner aux

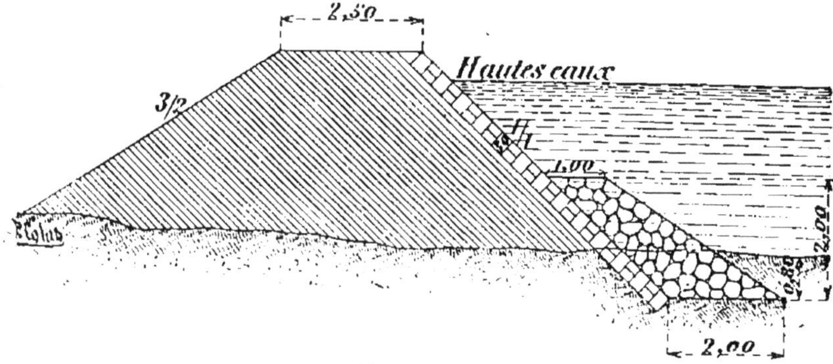

Fig. 126.

digues insubmersibles des dimensions exceptionnelles. Les levées de défense contre l'Erieux ont leur couronnement arasé à 1 mètre au-dessus des plus hautes eaux connues ; la largeur en couronne varie de 4 mètres à 4^{m},50. Le noyau est

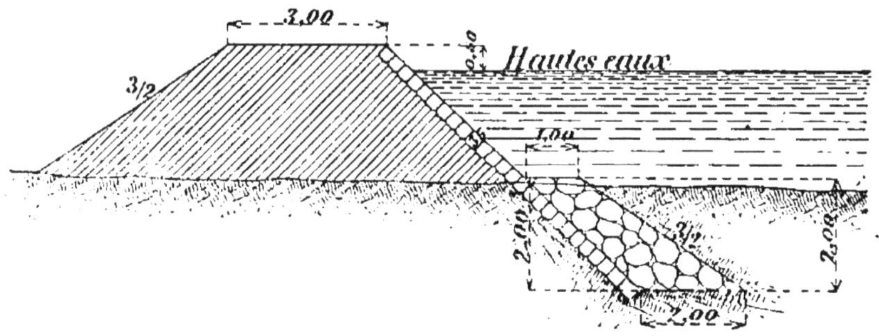

Fig. 127.

formé de terres et de graviers provenant de la rivière. Les talus ont l'inclinaison ordinaire ; celui du côté de la rivière est revêtu d'une couche de béton de 0^{m},30 d'épaisseur qui se prolonge sur le musoir qui termine la digue vers l'aval et aussi sur le revers pendant 10 mètres. Le pied est défendu par un cordon d'enrochements naturels de 3 mètres de largeur qui descend au moins à 1m,50 au-dessous de l'étiage et qui est arasé à 0m,50 au-dessous de ce niveau, c'est-à-dire à la hauteur où s'arrête le revêtement en béton. Sur ce cordon sont coulés des blocs en béton cubant au minimum 3 mètres, dirigés obliquement par rapport au courant, de façon que la tête aval de chacun d'eux protège la tête amont du suivant. Les vides laissés entre ces blocs sont remplis avec des enrochements. Le cordon d'enrochements fait le tour du musoir et se détache ensuite de la digue pour aller s'enraciner dans la rive, afin de défendre le revers contre l'effet des remous qui se produisent nécessairement au musoir. Enfin, le pied de ce musoir est défendu, comme le corps de la digue, par des blocs en béton coulés sur des enrochements naturels.

Sur les rivières à régime torrentiel très prononcé, le resserrement des eaux résultant de la construction d'une levée insubmersible occasionne toujours un approfondissement du lit. D'autre part, il est souvent impossible, lors de la construction, d'enraciner l'ouvrage assez bas au-dessous du niveau des eaux, à moins de recourir à des épuisements très coûteux. Dans ce cas, il est plus économique de descendre seulement les fondations au-dessous de l'étiage, jusqu'à une profondeur telle qu'on puisse l'atteindre sans épuiser, et ensuite de garantir l'ouvrage contre les affouillements par des enrochements d'attente.

A la suite des premières crues, il se produit un certain tassement ; on procède alors à un parachèvement et on ferme les brèches résultant de ce tassement.

La figure 128 représente le profil en travers d'une digue établie sur une rivière très torrentielle, l'Arc. On avait d'abord construit un noyau en terre de 2m,20 de largeur en couronne revêtu du côté intérieur par un perré à épaisseur croissante descendu jusqu'à 0m,50 en contre-bas de l'étiage. Par suite de l'approfondissement du lit, l'étiage s'est abaissé de 1 mètre, et les blocs provenant de la partie corrodée de la digue sont descendus jusqu'en contre-bas du nouveau plafond. Après arrêt de ce mouvement de descente, on a défendu le pied de l'ouvrage au moyen d'un cordon d'enrochements *a*, *b*, descendus jusqu'à 1m,50 au-dessous des hautes eaux et reposant sur les anciens blocs, ce qui offre les meilleures garanties de solidité.

Les noyaux en terre de ces digues mixtes doivent être exécutés comme s'il s'agissait d'ouvrages sans revêtements, et avec les mêmes soins. Dans la confection des perrés maçonnés, les moellons doivent être posés à bain de mortier perpendiculairement à la surface du talus et serrés les uns contre les autres, de manière à faire refluer le mortier par les joints.

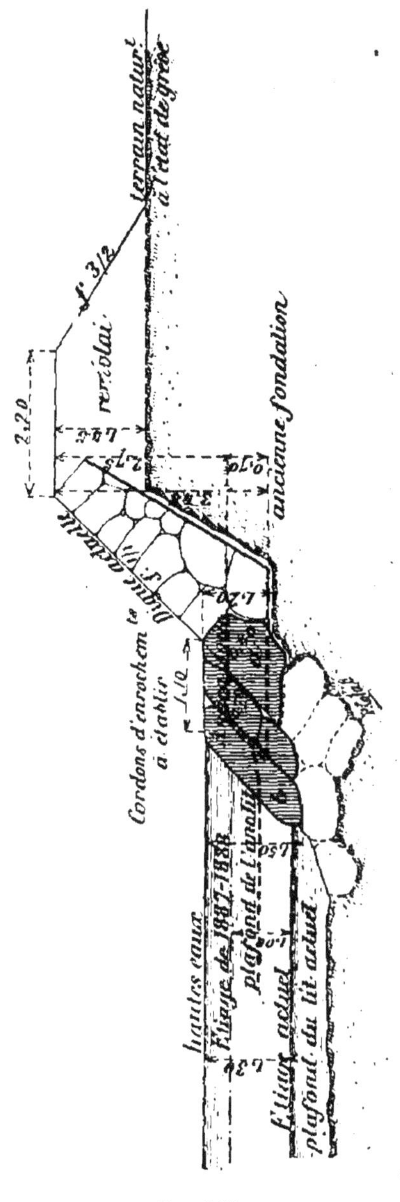

Fig. 128.

Les moellons les plus forts sont réservés pour les fondations ou pour le couronnement ; ceux qui présentent une grande face peuvent être disposés de manière à mettre cette face en parement, mais alors la queue des moellons ne doit pas être inférieure à l'épaisseur du perré.

Les perrés ne sont élevés que par portions successives de 1 à 2 mètres, afin que le tassement puisse s'opérer d'une manière suffisante. Les enrochements s'exécutent à surfaces réglées ; les blocs sont serrés en liaison les uns contre les autres, de manière que les parements ne présentent que de faibles inégalités; les blocs de parement sont choisis parmi ceux du plus fort volume.

Ces divers ouvrages sont naturellement beaucoup plus

coûteux que les gazonnements et les fascinages. Une digue de défense contre le torrent de l'Arc (Savoie) a nécessité une dépense de 86 francs par mètre courant. D'autres travaux exécutés sur la Drôme ont coûté 70 francs le mètre. En outre, les digues en enrochements nécessitent souvent des travaux de rechargements ou de réparations importants, les effets des crues étant d'autant plus à redouter que le régime des cours d'eau est plus torrentiel.

Le long de certains torrents des Alpes à pente très rapide, l'Asse par exemple, on a renoncé à l'emploi des gros blocs, qui ne résistent pas à la violence des eaux des grandes crues et où l'on voit des blocs très volumineux entraînés par les eaux en temps d'orages.

Sur certains de ces torrents, en des points où la pente longitudinale n'est pas inférieure à $0^m,02$ par mètre, on a construit des murs de défense en maçonnerie ordinaire dont la crête est dérasée à $0^m,80$ en contre-haut du niveau des hautes eaux (*fig.* 129). Leur hauteur totale est de $3^m,50$, de

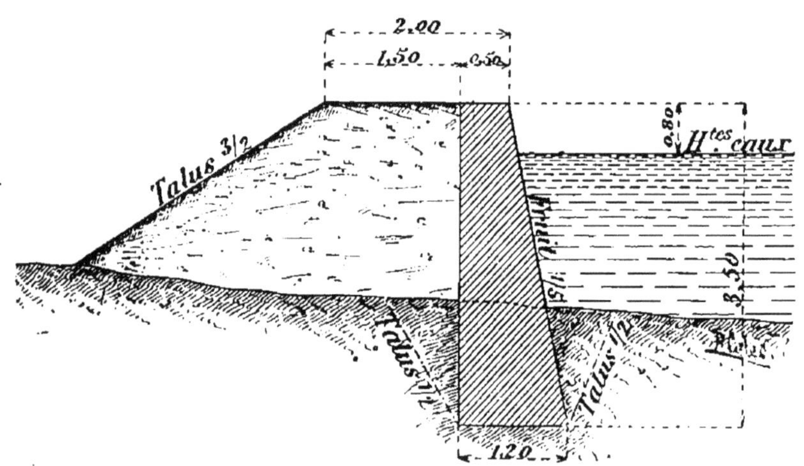

Fig. 129.

sorte qu'ils sont fondés plus bas que la limite des affouillements. Le parement du côté des terres est vertical, et celui du côté de la rivière a un fruit de 1/5. Le mur est consolidé au moyen d'un cavalier en terre de $1^m,50$ de largeur au sommet et qui est établi à l'aide du produit des fouilles. Quant à la maçonnerie, elle est formée de matériaux d'assez petit échantillon ramassés dans le lit du torrent ; les moellons de remplissage peuvent avoir une épaisseur minimum de $0^{m},10$ sur $0^{m},25$ de queue, et les moellons de parement ont une épaisseur minimum de $0^{m},15$ et $0^{m},35$ de queue moyenne. Ils sont posés à bain de mortier et en liaison; ils sont placés à la main et serrés par glissement les uns contre les autres, de manière que le mortier reflue de toutes parts.

Ce système de défense est plus économique que les levées avec perrés et enrochements et n'exige pas d'entretien ; il a donné de bons résultats, et il existe le long de l'Asse de très anciennes digues à parement vertical, bâties avec la chaux du pays, qui ont résisté aux efforts des crues les plus violentes.

142. Construction des digues submersibles. — Lorsque les vallées des cours d'eau torrentiels présentent de grandes largeurs et que le sol en est relativement peu élevé par rapport au niveau des eaux moyennes, il est fréquemment recouvert, même dans les crues ordinaires; les eaux y déposent un limon qui en élève peu à peu le niveau, et le sol se couvre de magnifiques prairies naturelles. Malheureusement ces terrains sont constamment exposés à être emportés par suite des divagations incessantes du torrent. La direction des eaux change d'une crue à l'autre sous l'influence des causes les plus diverses et les plus minimes ; une simple plantation de pieux ou d'oseraies sur un bord, un banc de graviers incliné sur la rive suffisent pour déterminer un changement dans la direction des filets liquides et pour les lancer sur la berge opposée, qui ne tarde pas à être emportée.

On remédie à un état de choses aussi désastreux en traçant un lit mineur suffisant pour maintenir les eaux de crues ordinaires à l'aide d'ouvrages d'un relief assez faible sur le sol pour ne pas diminuer sensiblement le débouché offert aux eaux des grandes crues.

Suivant les ressources locales, on construit les levées submersibles en terre, en clayonnage ou en enrochements.

Quelquefois les travaux d'endiguement s'exécutent en même temps que des travaux de régularisation ou même de réouverture de portions de lit plus ou moins obstruées par des dépôts. Dans ce cas, ce sont les déblais qui fournissent les matériaux du corps de la digue. On protège le talus en rivière, au moins dans les parties concaves, à sa base seulement, par des perrés à pierre sèche, dont l'arête supérieure est placée à 0m,30 environ au-dessus du niveau des eaux ordinaires, sauf dans les points où la courbure est très prononcée et où le revêtement s'élève jusqu'à 1 mètre environ en contre-haut des eaux ordinaires; la partie supérieure du talus est suffisamment défendue par des fascinages ou des plantations. L'arête supérieure peut être placée à 0m,30 au-dessus du niveau des eaux ordinaires, sauf, toutefois, aux principaux points de courbure où, pour maintenir définitivement le lit, il est bon de construire des tronçons de levées insubmersibles se raccordant à leurs extrémités par des plans inclinés avec la digue basse. La largeur en couronne varie avec le cube des déblais fournis par les travaux de régularisation du lit.

Quant au talus extérieur, il est avantageux de lui donner une inclinaison assez douce, 4 de base pour 1 de hauteur par exemple, et de le semer et planter dans toute son étendue. Cette disposition a pour effet d'atténuer dans une large mesure, les inconvénients résultant du déversement des eaux des crues moyennes par-dessus la digue ; elle rend inutile le perreyage du talus.

L'endiguement au moyen des clayonnages a été réalisé avec succès le long de la rivière du Gardon, qui, sur une grande partie de son cours, coule sur une vaste plage de graviers mobiles et dévastait par ses divagations incessantes les prairies de la vallée (*fig.* 130, 131 et 132).

On a fixé le lit mineur à l'aide d'ouvrages de défense qu'on nomme paniers et qui sont composés de deux ou trois rangées de pieux en chêne de 3 à 4 mètres de longueur, espacés de 0m,80 environ, disposés en quinconce, et dont les têtes sont reliées obliquement par des moises et par des clayonnages formés par des tiges d'osier et de saule. L'intervalle entre les rangées de pieux est rempli de gros cailloux ramassés dans la rivière. Les paniers ne s'élèvent guère qu'à 0m,50 au-dessus des basses eaux, ce qui diminue de beaucoup les chances de renversement. Pour en augmenter la résistance,

NORD
Ancien lit
sur 300m
Lit du Gardon réglé par les alignements
Panier à 2 rangs sur 30m
LA MARÉCHALE
du Gardon
le cadastre
d'après
Route départementale N° 22

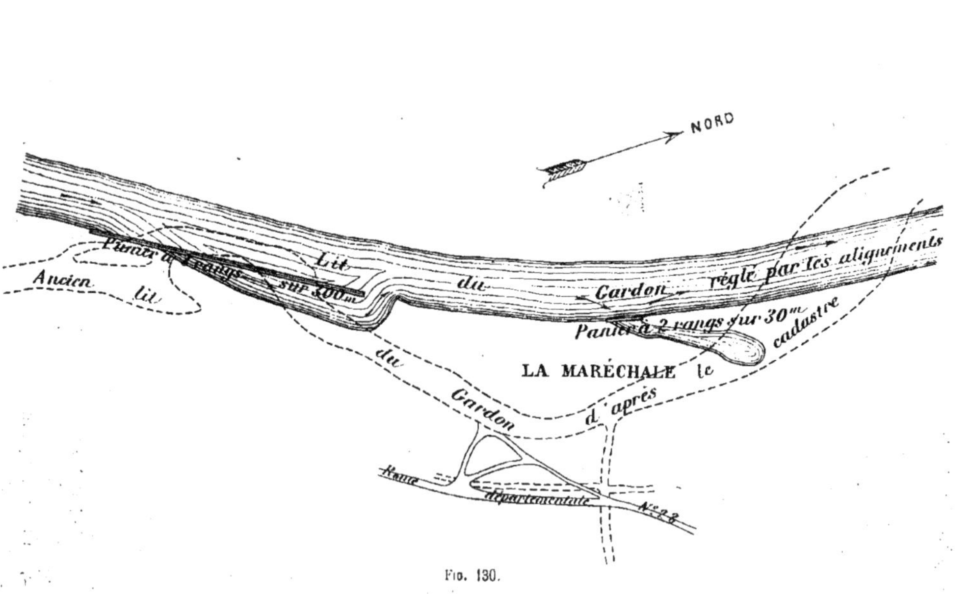

Fig. 130.

la partie inférieure de l'ouvrage, du côté opposé au torrent, est garnie d'une haie extrêmement serrée de branches de saules maintenues par un léger clayonnage ; cette haie, garnie de feuilles, arrête le sable et les dépôts des crues qui, peu à peu, exhaussent le sol au pied du panier. Puis, avec le temps, les tiges se transforment en une rangée d'arbres dont les racines contribuent à maintenir le sol et à former une rive solide.

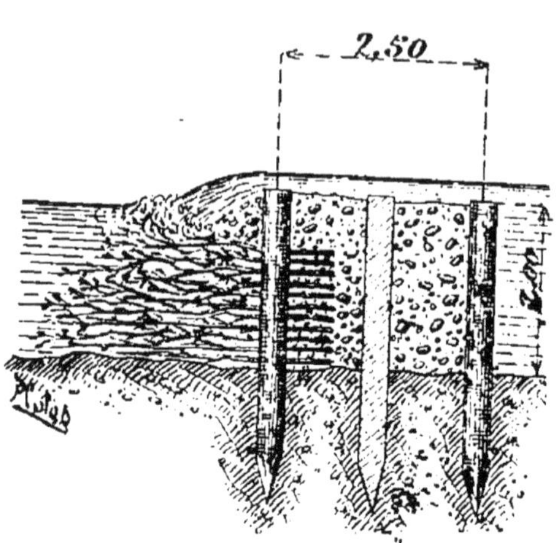

Fig. 131. — Coupe d'un panier.

Il est souvent utile de compléter cette défense en creusant au milieu du lit, dans le gravier, un chenal formant appel d'eau et dirigeant le courant suivant l'axe du torrent.

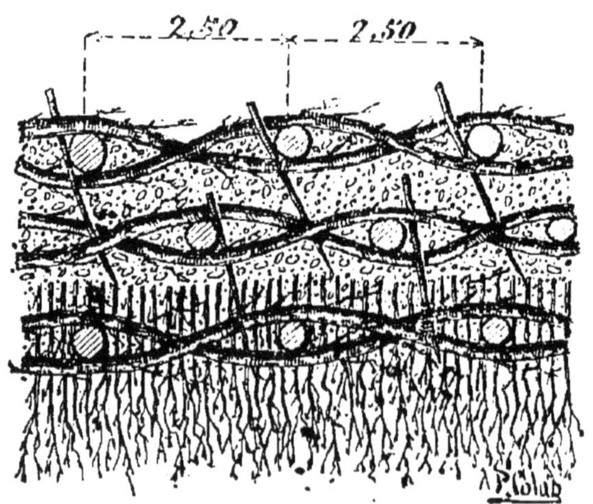

Fig. 132. — Plan d'un panier.

Quand le but des travaux est de maintenir le courant dans la situation qu'il occupe et de l'empêcher seulement de divaguer, on trace les paniers suivant les alignements à maintenir. Si, au contraire, on veut l'éloigner d'une rive attaquée et reconstituer un terrain dont la couche fertile a été emportée, on établit les ouvrages de manière à former un angle aigu avec ce courant, en ayant soin de rattacher l'ouvrage à la berge en un point tel qu'il ne puisse être tourné.

La défense du mètre courant de rive, avec un panier à deux rangs comprenant des pieux de 3 mètres de longueur, revient à 8 francs environ. Pour un panier à trois rangs, cette dépense s'élève à 10 francs.

Dans la partie supérieure du bassin de la Garonne, il existe sur certains points des digues submersibles dont la section type est formée d'un massif de cailloux roulés, protégée du côté de la rivière par un perré incliné à 45°, formé de moellons de $0^m,50$ de queue soigneusement rangés à la main et reposant sur une fondation en gros blocs d'enrochements rangés à la pince. Cette fondation comprend $1^m,50$ d'enrochements par mètre courant, et une risberme de $0^m,50$ est ménagée au pied du perré. Le couronnement placé à $0^m,50$ au-dessous des crues périodiques est revêtu sur toute sa largeur de $1^m,20$ par un pavage en cailloux de choix de $0^m,30$ de queue rangés à la main. Il en est de même du talus extérieur, incliné à 3 de base pour 2 de hauteur. La pente longitudinale des digues est celle des crues périodiques, sauf à l'extrémité aval où elles sont plongeantes et se raccordent avec le niveau même du gravier sur lequel elles sont établies.

Un autre type de digue submersible en graviers a été appliqué récemment dans le bassin de l'Agly (Pyrénées-Orientales), rivière torrentielle dans laquelle les crues moyennes ont une hauteur de 1 mètre, et les crues exceptionnelles une hauteur de 4 mètres.

Dans la riche plaine de Saint-Laurent-de-la-Salanque, il existait de très anciennes digues, dont le profil est formé d'un massif de terre recouvert de plantations diverses, roseaux, osiers, saules, et de gazons. Le massif se compose d'un fort bourrelet dont les faces sont maintenues suivant des inclinaisons très fortes, au moyen de piquetages clayonnés formant des redans successifs de $0^m,50$ de hauteur sur $0^m,40$ de retraite jusqu'à la crête. Les talus, suivant une habitude générale dans le pays, sont inclinés à 45°, et cette inclinaison, beaucoup trop raide pour des terres mouillées, exige un entretien très coûteux. Des crues successives ayant emporté les levées en plusieurs points, on a résolu de les reconstruire en leur donnant un profil plus rationnel.

Dans les nouvelles digues, arasées au même niveau que les anciennes, le profil présente, du côté de la rivière, à la partie inférieure, un talus à 45°, recouvert d'un perré en maçonnerie de béton de 0m,30 d'épaisseur, sur une hauteur verticale de 2 mètres à partir du pied de l'ouvrage. Ce revêtement est divisé en dalles indépendantes les unes des autres et de dimensions suffisamment restreintes pour réduire le plus possible la superficie des avaries en cas d'affouillements ou de soutirages, tout en présentant un poids suffisant pour ne pas être entraînées par le courant.

Le pied du perré est défendu par une double rangée de gros blocs artificiels en béton de 1 mètre sur 0m,50 d'épaisseur ; en cas de besoin, on exhausserait cette défense par voie de rechargement.

Entre la limite des crues moyennes et le couronnement de la digue arasé à 0m,60 environ au-dessous du niveau des crues extraordinaires, l'inclinaison du talus est de 5 de base pour 2 de hauteur; il est revêtu d'une couche de terre végétale de 0m,50 d'épaisseur, maintenue par quatre lignes de clayonnages reliées transversalement par de gros fils de fer, de manière à former une défense provisoire. Le corps de l'ouvrage étant composé des déblais provenant de l'élargissement du lit, lesquels comprennent uniquement des cailloux, cette couche de terre permet de planter des arbustes qui empêcheront tout ravinement de la digue. Le couronnement est également revêtu d'une couche de terre végétale de 0m,50 d'épaisseur. Sa largeur est de 2 mètres, sauf sur les points où la berge actuelle se trouve à une distance plus grande; dans ce cas, le massif remplit tout le vide existant en avant de la berge, dont la crête est raccordée en pente douce avec le couronnement de la digue à partir de la largeur de 2 mètres. Du côté des terres, les talus sont réglés à 1/1 avec un revêtement en béton de 0m,20 d'épaisseur.

Pour permettre aux eaux de crues de pénétrer en arrière de l'ouvrage au fur et à mesure de la montée des eaux, on ménage de place en place des déversoirs pouvant être munis de poutrelles ou autres appareils analogues, au moyen desquels on règle l'introduction des eaux lorsqu'elles pourraient être utiles aux récoltes, et tant qu'elles ne prennent pas une importance suffisante pour surmonter le couronnement de la digue.

143. Digues submersibles en charpente. — Dans certaines contrées, la région des Pyrénées par exemple, on est amené, par des raisons d'économie, à substituer aux ouvrages en maçonnerie des digues en charpente tracées d'après les mêmes principes que les premières.

Pour garantir les terres riveraines contre les envahissements de la rivière de la Neste, on a construit une levée submersible dont la crête ne dépasse pas le niveau des berges. Elle est formée de deux files de pieux plantés en quinconce à 1 mètre de distance d'axe en axe l'un de l'autre. Ceux de chaque rangée sont reliés par des moises boulonnées. Entre les files de pieux espacées de $0^m,80$, lesquelles sont reliées l'une à l'autre, tous les 5 mètres par des moises transversales, on a coulé de longues fascines et de gros blocs d'enrochements. Enfin, des plantations d'oseraies et d'aulnes ont été faites en arrière de la digue, tant pour activer le colmatage que pour empêcher les corrosions produites par les eaux de débordement.

Ces travaux de défense ont coûté 67 francs environ le mètre courant ; le mètre cube de bois de chêne pour pieux revient à 32 francs et pour moises à 40 francs.

144. Construction des épis. — Les épis qu'on emploie pour éloigner le courant des portions de rive qu'il tend à attaquer sont, comme nous l'avons vu, inclinés vers l'amont ; l'angle d'inclinaison de leur axe avec la normale à la rive au point d'enracinement est ordinairement de 20° environ. Ces ouvrages sont plongeants, de manière à faire à leur extrémité une saillie aussi faible que possible sur le lit.

Nous donnons (*fig.* 133 et 134) le plan et la coupe longitudinale d'un épi construit en blocs d'enrochements, dans le cas où il est possible de l'enraciner contre la berge naturelle. Quant

Fig. 133. — Plan.

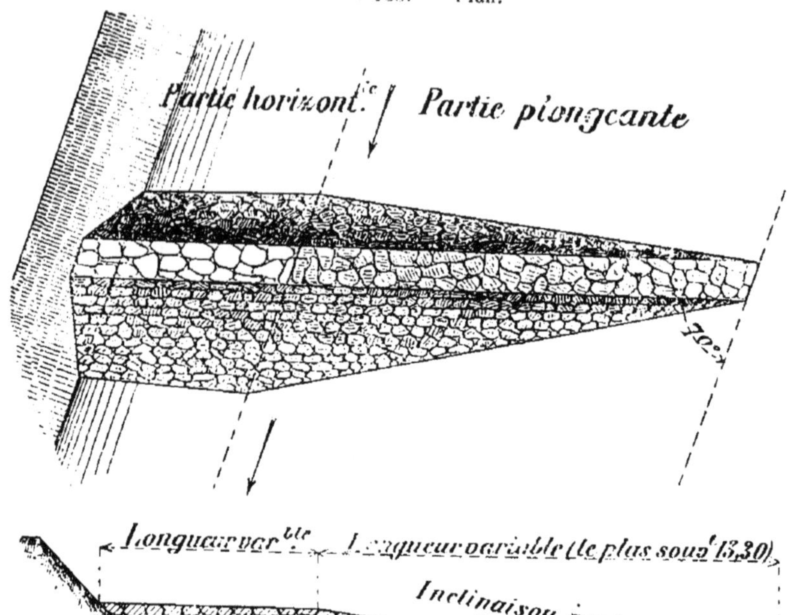

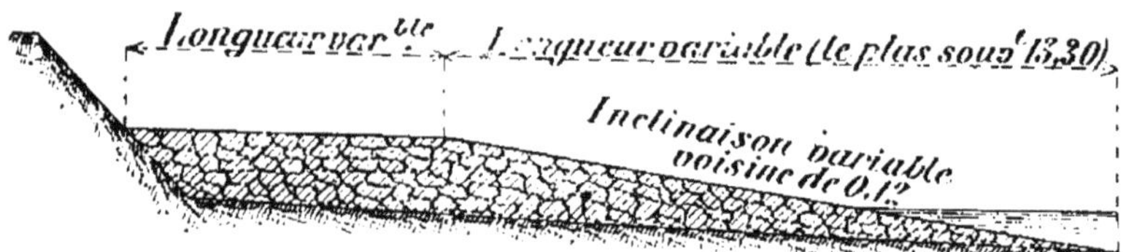

Fig. 134. — Élévation.

au profil en travers, on lui donne souvent une largeur de 1 mètre à $1^{m},50$ au sommet; les talus sont inclinés sur les deux faces à 45°, ou encore, le talus vers l'amont étant à 1/1, celui de l'aval est à 3/2 ou à 2/1 (*fig.* 135).

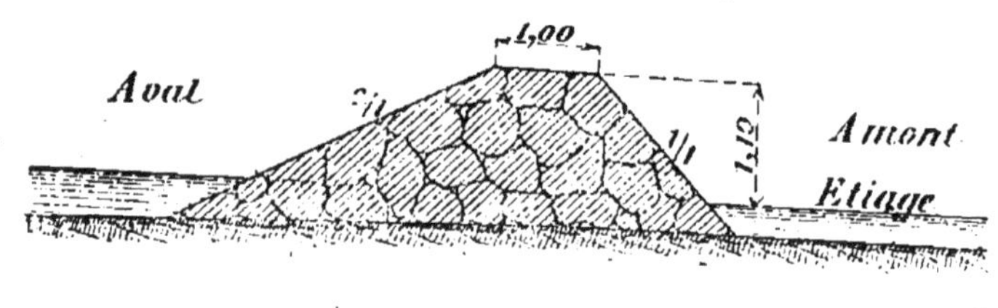

Fig. 135.

Parfois il est impossible de se procurer à des prix acceptables des enrochements naturels. On emploie alors des blocs artificiels en maçonnerie de ciment construits et maçonnés sur place en détournant l'eau par de petits barrages et des canaux de dérivation ouverts dans les graviers.

Les épis sont également utiles pour la protection des digues insubmersibles sur les cours d'eau à régime très torrentiel, car ils s'opposent à l'affouillement du pied de ces ouvrages et facilitent l'écoulement régulier des graviers. Pour obtenir un bon résultat, il est nécessaire que les deux rives soient endiguées et que les épis plongeants soient construits sur les deux rives et disposés symétriquement, l'établissement de ces ouvrages d'un seul côté de la rivière rejetterait le courant au pied de la levée opposée et provoquerait des affouillements dangereux.

Les épis des deux rives sont placés exactement en face les uns des autres (*fig.* 136) ; ils ont la même longueur et la même inclinaison vers l'amont ; leurs points d'encastrement avec la

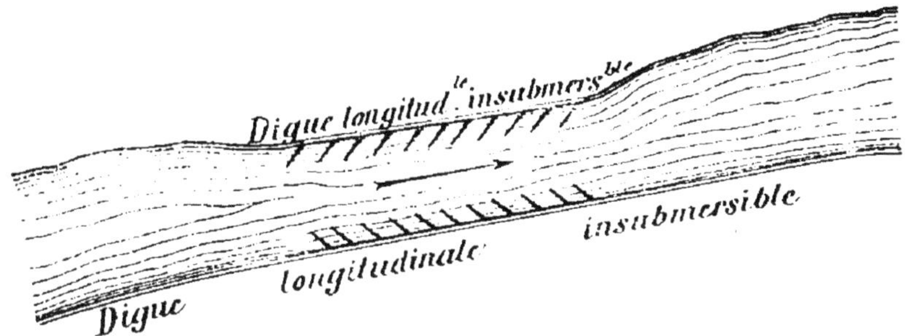

Fig. 136.

digue insubmersible sont disposés suivant une ligne dont l'inclinaison est à peu près celle des plus hautes eaux. Ils laissent entre eux un espace libre qui forme le lit mineur et doit être suffisant pour l'écoulement des eaux ordinaires.

Dans certaines circonstances, il est impossible d'enraciner les épis contre la berge ; on doit alors les appuyer contre une levée établie spécialement dans ce but. Ce cas se présente notamment quand il est nécessaire de faire reprendre sa direction primitive à un cours d'eau qui s'est ouvert un passage à travers des propriétés riveraines, à la suite d'une crue. C'est ainsi que, sur l'Adour, on a dû, pour rejeter la rivière dans son ancien lit, construire sur la rive droite une digue en gravier protégée par cinq épis plongeants et établir sur la rive opposée trois autres épis plongeants pour fixer cette rive et défendre les terres situées en arrière contre la violence des courants que l'établissement de la levée devait diriger sur la rive gauche (*fig.* 137).

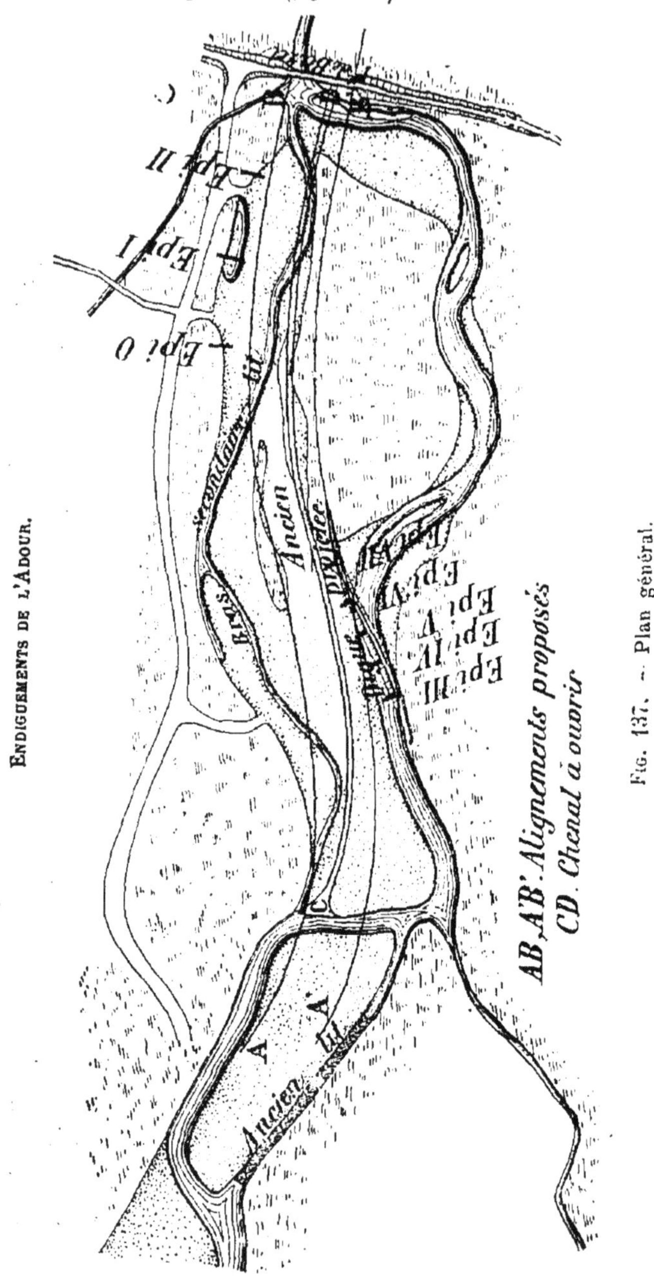

Endiguements de l'Adour.

Fig. 137. — Plan général.

Les épis sont formés de deux files de pieux moisés, d'une longueur totale de 7m,50, descendus jusqu'au niveau de l'étiage (*fig.* 138 à 142). Les musoirs sont protégés à l'aide de

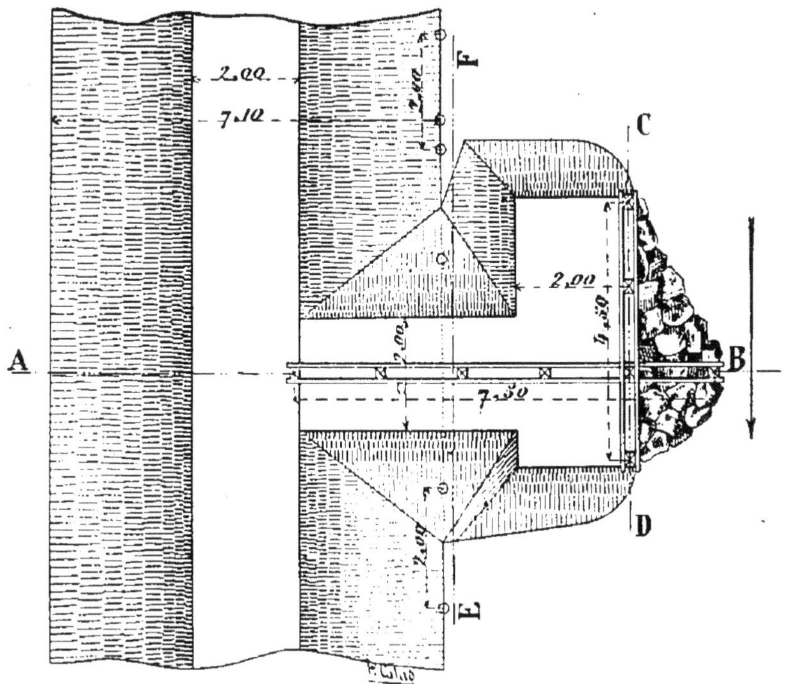

FIG. 138. — Plan d'un épi.

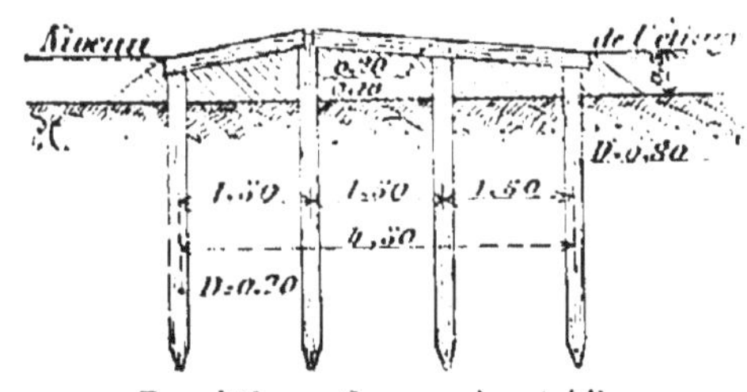

FIG. 139. — Coupe suivant AB.

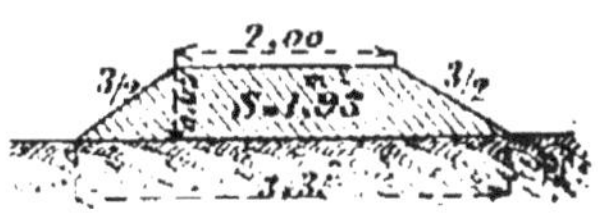

FIG. 140. — Coupe suivant EF.

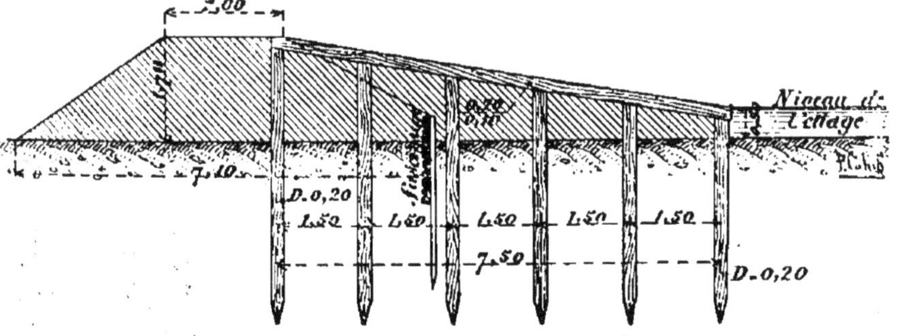

FIG. 141. — Coupe suivant CD.

blocs artificiels épaulés contre une sorte d'éperon en charpente.

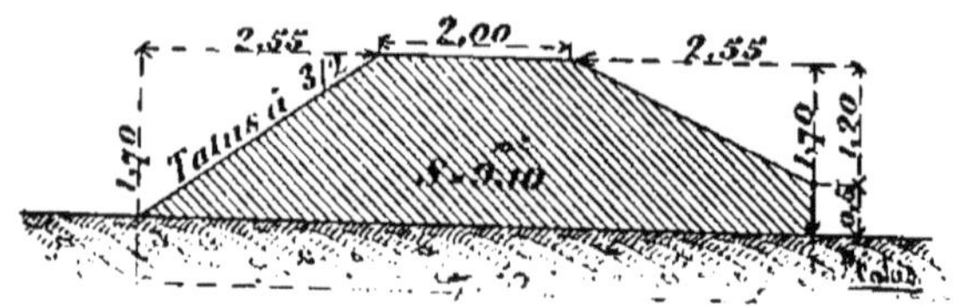

Fig. 142. — Section transversale de la digue.

Le système de défense est complété par l'ouverture d'un chenal tracé sensiblement suivant l'ancien cours de l'Adour.

145. **Construction des digues à T.** — Il nous reste, en ce qui concerne les travaux d'établissement de digues, à examiner les ouvrages destinés à provoquer le colmatage à l'arrière des lignes de défense.

Rappelons, d'abord, que ce mode d'endiguement consiste essentiellement à fixer un lit mineur au moyen d'épis submersibles en enrochements, rattachés en arrière soit à des points insubmersibles de la vallée, soit à des levées insubmersibles limitant le champ d'inondation au lit majeur. Les épis placés alternativement sur chaque rive rejettent les eaux dans le lit mineur qui doit pouvoir écouler, sans débordement, les crues moyennes. Enfin, pour favoriser le colmatage des terrains placés en dehors de ce lit, on trace de part et d'autre de chaque tête d'épi des éperons formant des amorces d'une digue longitudinale submersible. Les intervalles compris entre les tronçons de cette dernière servent à permettre, après chaque crue, la rentrée dans le lit mineur des eaux après qu'elles ont déposé entre les épis les matières solides qu'elles tenaient en suspension.

Pour arriver à fixer le courant et à éviter les divagations dont nous avons signalé les graves inconvénients, on cherche à maintenir dans les courbes le courant contre la rive concave, protégée par un bourrelet submersible, au moyen d'épis plongeants partant de la rive convexe suivant une pente très douce et se prolongeant jusqu'au thalweg, dans le but de rejeter les courants contre la levée longitudinale de l'autre rive.

Ces derniers ouvrages ne diffèrent des épis destinés à éloigner le courant des rives, et dont nous venons de donner la description, qu'en ce qu'ils sont dessinés de manière à ne faire qu'une très faible saillie sur la berge naturelle du lit.

146. Digues à T de la Durance. — Les digues à T se construisent, suivant les ressources locales, en maçonnerie ou en charpente.

Comme type d'ouvrages en maçonnerie, nous citerons ceux de la Durance, qui sont un exemple remarquable de travaux de défense.

Nous avons déjà fait connaître que la Durance, qui autrefois était le type des rivières torrentielles à lit mobile, est aujourd'hui fixée au moyen de tronçons de digues basses, reliées en arrière à des points insubmersibles. Les premiers travaux de défense remontent à une époque éloignée. Ils consistent en un assez grand nombre de digues et d'épis insubmersibles ; ceux-ci, normaux à la direction générale de la rivière, partent d'un point insubmersible de la vallée ou d'une levée longitudinale insubmersible située à 500 ou 600 mètres de la rivière, et ils se terminent par une amorce de digue longitudinale.

Ces têtes d'épis en forme de T fixent des points d'un alignement général arrêté par diverses décisions ministérielles.

On avait espéré que les intervalles entre les épis se colmateraient, et qu'on pourrait plus tard endiguer complètement la Durance en prolongeant les digues longitudinales amorcées à leurs têtes, mais l'expérience n'a pas confirmé cet espoir. L'intervalle compris entre les lignes d'endiguement qui va en croissant régulièrement depuis 250 mètres, à l'amont du département de Vaucluse, jusqu'à 400 mètres près du confluent avec le Rhône, s'est trouvé trop grand pour les eaux basses et moyennes et trop faible pour les grandes crues. Le lit est encombré de bancs de graviers autour desquels serpentent plusieurs chenaux ; les courants viennent battre les têtes d'épis, qui les rejettent violemment sur l'autre rive, et les intervalles compris entre ces ouvrages, loin de se colmater, sont corrodés. Enfin, les crues surmontent les épis malgré leur grande hauteur, affouillent en même temps leur tête en rivière et les détruisent.

Les grandes crues de 1886 ayant causé de nombreux dégâts, on résolut, au lieu d'exhausser les levées, ce qui les aurait exposées à être encore enlevées, d'en déraser l'extrémité en rivière en la rendant plongeante, de manière à augmenter la largeur du lit majeur. Les résultats obtenus ont été des plus satisfaisants, et cette transformation est appliquée dès maintenant aux ouvrages existants que les courants rongent et raccourcissent chaque année.

Les épis transversaux, insubmersibles en dehors du lit majeur, plongent vers le thalweg depuis la limite de ce lit ; sur la rive concave, ils se raccordent avec des amorces de levées longitudinales submersibles arasées au niveau des hautes eaux de printemps suivant les alignements du lit mineur. Sur la rive convexe, ils se prolongent jusqu'au thalweg (*fig.* 143).

Les principes que nous venons d'exposer ont été appliqués à plusieurs digues de la Durance, construites autrefois d'après les anciens errements reconnus défectueux.

Nous allons indiquer les travaux de transformation exécutés sur l'une d'elles située sur une rive concave : la digue de Croze (Pl. III et IV).

Établie de 1875 à 1877, elle devait se composer, d'après le

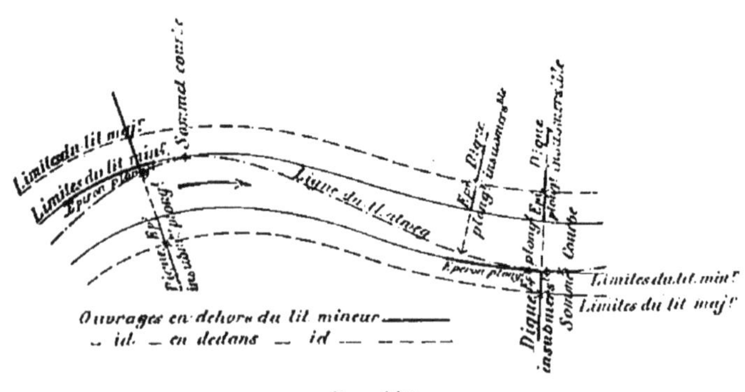

Fig. 143.

projet primitif, d'un épi transversal de 550 mètres environ de longueur relié par une levée en terre à une levée longitudinale insubmersible, et d'un éperon longitudinal établi suivant la ligne d'endiguement, ayant 58m,50 de branche amont et 23m,50 de branche aval. La partie transversale était arasée à 1m,50 au-dessus du niveau des plus hautes eaux connues ; quant à l'éperon longitudinal, il était légèrement plongeant tant vers l'amont que vers l'aval ; la pente était telle sur chaque branche que le dessus étant, au droit de l'épi à 0m,50 au-dessus des plus hautes eaux, atteignait aux musoirs 1m,50 au-dessous de ce même niveau.

En exécution, il n'a pas été possible de réaliser ces dispositions d'une manière complète ; l'établissement de la levée au moyen de graviers et limon eût été absolument défectueux, et on dut y substituer des enrochements; mais, vu le manque de ressources, on s'arrêta lorsque la dépense eut atteint l'estimation du projet.

Les crues exceptionnelles de 1882 et 1886 exercèrent sur cet ouvrage inachevé des ravages considérables, et les crues ordinaires annuelles continuèrent la désagrégation et l'éparpillement des blocs qui constituaient la partie en rivière ; l'éperon disparut complètement, et le musoir de l'épi transversal recula peu à peu en arrière de la ligne d'endiguement.

La nouvelle défense comprend : 1° un épi transversal arasé suivant le profil adopté pour le lit mineur, partant, du côté des terres, d'un niveau supérieur de 0m,50 environ à celui des plus hautes eaux et aboutissant sur la ligne d'endiguement à la cote moyenne des eaux de printemps (Pl. III) ; 2° un éperon longitudinal composé d'une branche aval assez courte et d'une branche amont beaucoup plus développée, atteignant comme cote de hauteur, à la rencontre de l'épi transversal, le niveau des hautes eaux de printemps et au musoir 0m,50 au-dessus des plus basses eaux (Pl. IV).

L'épi transversal existant antérieurement avait 104 mètres de longueur totale ; il était en terre avec perré à l'amont sur une longueur de 24 mètres à partir de son point d'enracinement et en enrochement sur le reste de la longueur. Il a dû être dérasé et prolongé en enrochements sur 20 mètres, de manière à atteindre la nouvelle ligne limitative du lit mineur. La pente constante est de 0m,0208 ; dans ces conditions la cote à l'extrémité de l'épi est précisément le niveau des hautes eaux de printemps. Du côté des terres, la hauteur est telle qu'en deçà de la ligne du lit majeur l'ouvrage est nettement insubmersible.

Sur toute la partie dérasée, les remblais ou enrochements ont été recouverts d'un perré affectant la forme d'une doucine, dont la partie antérieure s'appuie sur la face amont de l'épi et la partie postérieure sur un fort patin en béton ayant 2 mètres de hauteur pour une largeur moyenne de $1^m,25$ (Pl. IV, *fig.* 4).

A la suite de ce perré il existe, sur 5 mètres de longueur, un solin en béton de $0^m,10$ d'épaisseur, établi sur fondation de galets ; ce solin est limité vers l'aval par une petite bordure en béton offrant une largeur de $0^m,50$ pour une hauteur de 1 mètre. Ces dispositions ont pour but de permettre aux eaux qui se sont écoulées sur la doucine de ne rentrer dans le lit normal qu'après avoir repris une direction bien parallèle à l'axe de la rivière ; elles évitent la production de mouvements tourbillonnaires fâcheux pour le pied du patin.

L'éperon longitudinal est constitué entièrement par des enrochements sur 120 mètres, et sur les 5 derniers mètres d'aval par un fort massif de béton qui épaule solidement tout l'ouvrage.

Cet éperon se subdivise en deux parties : l'une, de 100 mètres, dirigée vers l'amont et s'abaissant depuis l'axe de l'épi transversal, où sa cote est celle des hautes eaux de printemps, jusqu'au musoir, où elle est à $0^m,50$ en contre-haut du plus bas étiage ; l'autre, de 25 mètres, dirigée vers l'aval et dont les cotes extrêmes sont les mêmes que ci-dessus. Sa surface est rendue unie et sans aspérités, de manière à permettre l'écoulement des eaux moyennes sans qu'il en résulte d'affouillements.

Le profil en travers type comporte une plate-forme de 3 mètres et un talus de 3/1 du côté de la Durance et de 1,1 du côté des terres (Pl. IV, *fig.* 3).

En cas de difficultés particulières, l'arasement à la cote des crues de printemps de l'extrémité de la digue transversale n'est pas absolument indispensable. Pour l'un de ces ouvrages, on a dû l'araser à $3^m,30$ au-dessus des basses eaux, soit à $1^m,30$ au-dessus des crues ordinaires, et les résultats ont été non moins satisfaisants. On conçoit, en effet, que la diminution de débouché qui en résulte ne règne que sur une très petite longueur et ne réduit que d'une façon insignifiante les débouchés des hautes eaux. Il est, d'ailleurs, possible de compenser cette diminution en reculant d'une quantité très minime les ouvrages de la rive opposée.

Quand, pour s'enraciner à un point insubmersible de la vallée, la digue transversale devrait avoir une trop grande longueur, c'est-à-dire quand, par suite du peu de relèvement en travers de la vallée, le champ d'inondation aurait une trop grande largeur, on infléchit la levée longitudinale vers l'amont à une certaine distance de son extrémité (400 à 500 mètres) pour gagner soit un point insubmersible en amont, soit la digue transversale immédiatement supérieure.

Bien que les ouvrages ainsi modifiés n'aient pas encore subi l'épreuve de crues exceptionnelles comme celle de 1886, il y a tout lieu de croire que, les hautes eaux devant trouver un écoulement assuré, elles n'auront pas à souffrir, comme les anciennes digues, des effets de ces crues.

147. Digues à T en charpente. — Dans les régions où le bois est abondant, on l'utilise souvent pour la construction des digues à T.

L'ouvrage est formé par une file de pieux moisés de $0^{m},20$ environ de diamètre et de 4 à 5 mètres de longueur espacés de 1 mètre d'axe en axe ; la branche transversale est tracée suivant les alignements du lit. La partie amont a environ la moitié de la longueur de la grande branche du T; la partie aval se compose seulement de deux pieux destinés à consolider l'angle du T. La grande branche est inclinée vers l'amont de manière à faire avec la berge un angle de 60 à 70° environ.

Les pieux de la grande branche sont arasés au niveau de la berge ; ceux de la partie transversale, un peu au-dessus de l'étiage ; le raccordement de ces niveaux se fait sur la grande branche, dont les pieux, vers l'angle du T, sont arasés suivant une ligne inclinée à 3/1. Cette disposition est prise pour éviter les affouillements des pieux au courant sur les rivières torrentielles, les talus verticaux attirant, comm nous le savons, le courant et provoquant des affouillements qui peuvent entraîner la perte de l'ouvrage ; le talus de 3/1 convient très bien pour les graviers.

Pour empêcher le courant de passer entre les pieux, des déblais provenant de l'ouverture d'un chenal au milieu du lit sont transportés le long des épis de façon à former de chaque côté de la grande branche et à l'intérieur des parties transversales une plate-forme de 1 mètre au moins de largeur en couronne ; des fascines placées le long des pieux empêchent les terres de glisser au courant.

Enfin, pour protéger l'angle amont de l'épi qui supporte tout le choc des eaux, on emploie des blocs d'enrochements artificiels établis jusqu'au niveau de l'étiage.

Les épis plongeants en charpente en forme de T ne constituent des ouvrages de défense efficaces que s'ils sont assez courts.

L'expérience en a été faite sur la rivière de la Neste, en un point de laquelle les eaux, après s'être brisées contre un banc de rochers situé sur la rive droite, dans un coude, sont violemment repoussées sur la rive gauche qui, formée de terres meubles, était profondément corrodée. La rivière, en ce point, s'étant creusé un nouveau lit à travers des terres de grande valeur, on a cherché à la ramener dans son lit

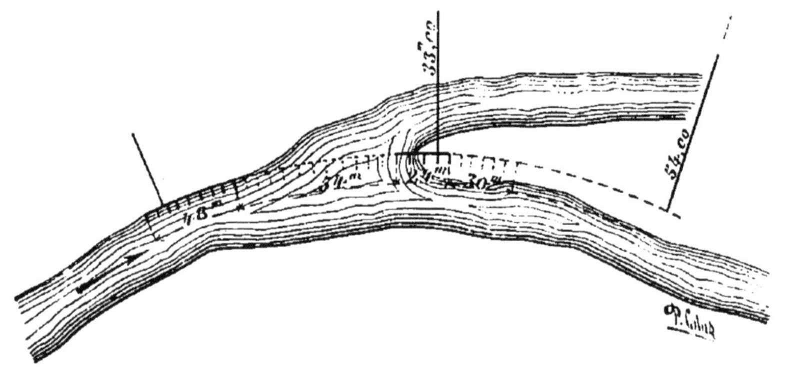

Fig. 144.

primitif (*fig.* 144). Les premiers travaux de défense ont consisté en une digue de 48 mètres de longueur constituée par une file de pierres défendue contre l'action directe du courant à l'aide de neuf petits épis plongeants de 4 mètres de longueur. On avait, en outre, établi vers l'aval deux forts épis en forme de T et présentant, l'un 33 mètres, et l'autre 54 mètres de longueur. Le corps du T était constitué par une ligne de pieux et fascines contrebutée vers l'aval par un cavalier en gravier; la tête était formée d'une rangée de pieux défendus par de petits épis et des enrochements.

La digue longitudinale a parfaitement résisté aux actions des crues, mais les cavaliers constituant le corps des épis ont été emportés par elles. Il n'est plus resté debout que les pieux et les moises, de telle sorte que la rivière n'a pas tardé à reprendre le lit qu'elle s'était creusé antérieurement et à menacer de nouveau les terres riveraines.

Pour remédier à cet état de choses on aurait pu opérer la réfection des épis, en les consolidant, en remplaçant l'ancien fascinage par un blindage en madriers et en reconstituant le cavalier en gravier contrebutant le T. Cette solution a été abandonnée. Des épis d'aussi grande longueur ne peuvent pas présenter une forme plongeante assez accentuée et paraissent incapables d'assurer la direction du courant. En temps de crues, ils forment en pleine rivière de véritables barrages et provoquent des tourbillons qui peuvent avoir pour conséquence soit une déviation brusque de cours d'eau, soit le contournement de l'enracinement de l'ouvrage. De plus, un accident est toujours à craindre ; si des renards viennent à se produire dans le corps de l'épi, la destruction totale de l'ouvrage peut s'ensuivre.

On a préféré prolonger la digue longitudinale jusqu'à la rencontre de l'épi d'amont, de façon à barrer complètement le nouveau lit et à continuer cette défense au-delà assez loin vers l'aval pour empêcher le courant de contourner cet ouvrage et de venir frapper directement contre la rive gauche entre les deux épis. En outre, pour favoriser l'atterrissement du faux bras et pour empêcher les eaux se déversant entre eux d'approfondir ce bras, on a décidé que la partie inférieure des branches normales serait blindée avec des madriers jusqu'au niveau moyen des bancs de gravier. On a formé ainsi, entre les divers épis, des sortes d'encaissements où le courant des petites crues se trouve brisé par les digues basses submersibles, ce qui facilite l'atterrissement.

Quant à la nouvelle digue longitudinale (Pl. V), elle est formée, comme celle qu'elle prolonge, d'une rangée de pieux moisés espacés de $1^{m},50$ d'axe en axe et supportant un blindage en madriers jointifs soigneusement cloué sur les pieux. De petits épis plongeants semblables à ceux de l'ancienne digue empêchent le courant de se fixer contre le pied de l'ouvrage, qui est, d'ailleurs, défendu par des blocs d'enrochements de fortes dimensions. En outre, au droit de chaque épi, la digue est contrebutée par un pieu battu en rivière et solidement moisé avec lui.

Le couronnement de la digue est arasé au niveau des hautes eaux.

148. Législation des travaux d'endiguement. — La manière dont doivent être entrepris, sur les cours d'eau non navigables ni flottables, les endiguements, ainsi que les travaux de défense de rives dont il sera question ci-après, est réglée par l'article 33 de la loi du 16 septembre 1807.

Cet article est ainsi conçu :

« *Lorsqu'il s'agira de construire des digues à la mer ou contre les fleuves, rivières et torrents navigables ou non navigables, la nécessité en sera reconnue par le Gouvernement, et la dépense supportée par les propriétés protégées en proportion de leur intérêt aux travaux, sauf le cas où le Gouvernement croirait utile et juste d'accorder des secours sur les fonds publics.* »

D'un autre côté, la loi du 14 floréal an XI, que nous avons déjà mentionnée au sujet des curages, assimile à ces derniers travaux, quant à la compétence, l'entretien des digues et ouvrages d'art qui y correspondent.

Avant la promulgation de la loi du 21 juin 1865, les préfets pouvaient, par application des décrets du 25 mars 1852 (§ 6, tableau D) et 13 avril 1861 (§ 8, tableau D), sur la décentralisation administrative, constituer en syndicats les propriétaires intéressés à l'exécution ou à l'entretien d'un travail d'endiguement ou de défense, lorsque ceux-ci réclamaient tous cette mesure. Mais, s'il n'y avait pas unanimité de la part des intéressés, les préfets n'étaient plus compétents, et l'exécution des digues ne pouvait être entreprise qu'après qu'un décret délibéré en Conseil d'État en avait constaté la nécessité, par application de l'article 33 de la loi du 16 septembre 1807.

Ces décrets avaient ceci de particulier qu'ils organisaient, outre le syndicat chargé du soin de surveiller les travaux et de répartir la dépense, une commission spéciale ayant pour mission de déterminer les limites du périmètre défendu, de classer les propriétés en zones d'après leur intérêt aux travaux, de déterminer les bases d'après lesquelles le syndicat était tenu de faire la répartition des dépenses et aussi de statuer sur les réclamations relatives aux classements des propriétés. Cette commission jugeait ainsi, sauf recours au Conseil d'État, les contestations relatives à ses propres opérations.

La loi des 21 juin 1865-22 décembre 1888 a dépouillé les commissions spéciales de leurs pouvoirs juridictionnels et les a transmis aux conseils de préfecture. Toutefois, leurs attributions administratives leur ont été maintenues, et c'est à elles encore qu'il appartient de fixer l'estimation des terrains par classes en vue de la répartition des dépenses.

Aux termes de la même loi, le préfet peut réunir en association syndicale autorisée les propriétaires intéressés à la défense, non plus seulement lorsqu'ils sont unanimes à le demander, mais encore lorsque les conditions de majorité prévues à l'article 12 de la loi des 21 juin 1865-22 décembre 1888 sont remplies.

Quand il s'agit de travaux de défense contre des cours d'eau torrentiels, l'initiative est souvent prise par les communes intéressées. Dans ce cas, à la demande de la commune, les ingénieurs du service hydraulique, sur l'invitation du préfet, dressent le projet des travaux à exécuter, qui est soumis à l'approbation du conseil municipal. Si la commune désire obtenir une subvention de l'État, il est nécessaire que le projet soit adressé au Ministre compétent avant tout commencement d'exécution. Les travaux sont ensuite entrepris aux frais de la commune, sous déduction des secours qu'elle a pu obtenir de l'État.

Quand l'utilité générale des travaux est reconnue et que le

projet paraît susceptible d'être approuvé, l'État alloue généralement pour son exécution une subvention du 1/3 de la dépense.

Si les intéressés ne prennent pas l'initiative de l'exécution des travaux de défense reconnus nécessaires, on tente d'abord de les réunir en association syndicale autorisée, par application de la loi de 1865-1888. Si cette tentative ne réussit pas et si le Gouvernement estime que la nécessité des travaux s'impose, il est pourvu d'office à leur exécution, en appliquant l'article 33 de la loi du 16 septembre 1807.

149. Des intéressés aux travaux d'endiguement. — Sont intéressés aux travaux d'endiguement tous les propriétaires de terrains susceptibles d'être inondés par les eaux de crues et qui, après leur exécution, se trouveront protégés. Il est souvent difficile de déterminer la limite du périmètre intéressé, à cause de l'incertitude de la position du niveau des plus hautes eaux.

Le plan périmétral qui servira à fixer les limites de l'association syndicale est d'abord soumis à une enquête dans la même forme que l'enquête n° 2 relative aux règlements d'usines. En outre, dans le cas où il intervient un décret, par application de la loi du 16 septembre 1807, les propriétaires englobés dans le périmètre et qui croiraient que leurs terrains ne sont pas intéressés aux travaux ont droit de recours devant le Conseil de préfecture et, en appel, devant le Conseil d'État.

150. Répartition des dépenses d'endiguement. — La répartition des dépenses entre les intéressés se fait en partageant les propriétés en zones dites de danger. Chacune d'elles comprend l'ensemble des propriétés pour lesquelles les risques à courir sont les mêmes, quelle que soit, d'ailleurs, leur valeur intrinsèque; cette zone est affectée d'un coefficient dit coefficient de danger.

La valeur des immeubles compris dans chaque zone est à son tour évaluée et affectée d'un autre coefficient dit coefficient de valeur. Le produit de ces deux coefficients représente la mesure d'intérêt que la propriété a aux travaux et, par conséquent, la proportion dans laquelle elle doit contribuer aux dépenses.

Les estimations nécessaires sont faites par des experts.

Les résultats en sont soumis à l'enquête pour recueillir les observations des intéressés, lesquels ont également un recours ouvert à ce sujet devant le Conseil de préfecture.

151. Modèle d'arrêté préfectoral instituant un Syndicat d'endiguement. — Nous donnons ci-après, à titre d'exemple, le texte d'un arrêté préfectoral instituant un syndicat d'endiguement, en exécution de la loi de 1865-1888, les conditions de majorité exigées par l'article 12 de la dite loi ayant été remplies.

Nous, Préfet du département de l'Isère,

Vu le projet d'association syndicale des propriétaires intéressés à l'exécution des travaux de défense contre la Bonne (rive gauche), sur le territoire des Mas du Battant (commune d'Entraigues), des Chaux des Terres, du moulin de la Roche, des îles de Rivière, des Blaches et des Soches (commune de Valbonnais);

Vu le plan périmétral, le tableau parcellaire, les profils, ainsi que le métré estimatif des travaux;

Vu l'arrêté préfectoral du 23 août 1890, qui a soumis le projet susvisé à une enquête de vingt jours dans les communes de Valbonnais et d'Entraigues;

Vu les certificats d'affiche et de publication;

Vu les pièces de l'enquête;

Vu l'avis motivé de M. le maire du Périer, commissaire enquêteur;

Vu le rapport de MM. les ingénieurs des ponts et chaussées en date des 26-28 novembre 1890;

Vu le procès-verbal de l'assemblée générale des intéressés, qui a eu lieu le 21 décembre 1890, à la mairie de Valbonnais, sous la présidence de M. le maire de cette commune, en exécution de l'arrêté préfectoral du 3 décembre 1890;

Vu le nouveau rapport de MM. les ingénieurs des ponts et chaussées en date des 9-12 juin 1891;

Vu la loi des 21 juin 1865-22 décembre 1888;

Considérant qu'il résulte du procès-verbal de l'assemblée générale que, sur 72 intéressés représentant une surface totale de $29^{h},99^{a},98$, le nombre total des adhérents est de 43, possédant une contenance de $22^{h},37$; que, dès lors, les conditions de majorité exigées par la loi des 21 juin 1865-22 décembre 1888 (art. 12) étant remplies, rien ne s'oppose à la constitution définitive du syndicat;

Adoptant le projet ci-dessus visé dressé par MM. les ingénieurs,

Arrêtons :

Constitution de la société

Article premier. — Les propriétaires des terrains que comprend le périmètre tracé sur le plan annexé au présent acte, et dont les noms sont portés à l'état qui l'accompagne, sont réunis en association syndicale, pour assurer l'exécution et l'entretien des travaux de défense contre la Bonne (rive gauche), sur le territoire des Mas du Battant (commune d'Entraigues), des Chaux des Terres, du moulin de la Roche, des îles de Rivière, des Blaches et des Soches (commune de Valbonnais). L'association prendra le nom des Chaux.

Le siège de l'association est fixé à la mairie de la commune de Valbonnais.

TITRE PREMIER

Assemblée générale. — Syndicat

Art. 2. — L'assemblée générale des intéressés se compose des propriétaires de terrains possédant au moins 30 ares.

Les propriétaires de parcelles inférieures à ce minimum peuvent se réunir pour se faire représenter à l'assemblée générale par un ou plusieurs d'entre eux, en nombre égal au nombre de fois que le minimum (30 ares) se trouve compris dans leurs parcelles réunies.

Chaque propriétaire de terrain a droit à autant de voix qu'il possède de fois le minimum ci-dessus indiqué, sans que ce nombre puisse dépasser cinq voix.

Art. 3. — Les absents et les femmes peuvent se faire représenter à l'assemblée générale par des fondés de pouvoirs, sans que le même fondé de pouvoirs puisse être porteur de plus de trois mandats.

Art. 4. — Les convocations à l'assemblée générale se font collectivement, dans chaque commune, à son de trompe ou de caisse, et par des affiches apposées à la porte de la mairie et dans un lieu apparent, près ou sur les portes de l'église.

L'assemblée générale est valablement constituée lorsque le nombre des voix représentées est au moins égal à la moitié plus une du total des voix de l'association.

Si cette condition n'est pas remplie dans une première réunion, il doit y avoir, à quinze jours d'intervalle, une seconde réunion dans laquelle l'assemblée délibère valablement, quel que soit le nombre de voix représentées.

Les délibérations sont prises à la majorité.

Art. 5. — L'association est administrée par un syndicat composé de cinq membres élus par l'assemblée générale, parmi les intéressés. Toutefois, s'il est accordé par l'État une subvention pour l'exécution des travaux, l'administration préfectorale aura le droit de désigner deux des syndics si la subvention est inférieure à la moitié de la dépense, et trois si elle est supérieure.

Art. 6. — A l'effet de procéder à la première élection, le préfet convoque l'assemblée générale par un arrêté qui fixe le lieu de la réunion, nomme le président et détermine les formes de l'élection.

L'élection se fait par scrutin de liste, et, pour le premier tour, à la majorité absolue des voix représentées ; si tous les syndics ne sont pas élus au premier tour, l'élection se poursuit à la majorité relative.

Dans le cas où l'assemblée générale, après deux convocations, ne s'est pas réunie ou n'a pas procédé à l'élection, les syndics seront nommés par le préfet.

Art. 7. — Le syndicat est renouvelé tous les ans à raison de un membre par an.

Lors des quatre premiers renouvellements partiels, les membres sortants sont désignés par le sort ; ils sont rééligibles et continuent leurs fonctions jusqu'à leur remplacement.

Art. 8. — Les syndics ne peuvent se faire représenter aux réunions du syndicat par des mandataires de leur choix : pour les remplacer en cas d'absence, deux suppléants sont élus de la même manière et en même temps que les syndics titulaires.

Art. 9. — Dans le cas où l'un des syndics titulaires est démissionnaire ou vient à décéder, il est provisoirement remplacé par un syndic suppléant.

L'assemblée générale, à sa première réunion, élit un nouveau syndic, mais seulement pour le temps pendant lequel le syndic remplacé devait conserver ses fonctions.

Art. 10. — Les réunions de l'assemblée générale ont lieu aux époques fixées par le syndicat.

Le préfet peut les prescrire d'office, quand il le juge nécessaire, le syndicat entendu.

Art. 11. — Le syndicat nomme dans son sein un directeur et, s'il y a lieu, un directeur adjoint.

La durée de leurs fonctions est de trois ans. Ils sont toujours rééligibles.

Le directeur convoque et préside les assemblées générales.

Il est chargé de la surveillance des intérêts de la communauté et de la conservation des plans, registres et autres papiers relatifs à l'association. L'inventaire de ces pièces est exactement tenu, et le syndicat en fait le récolement et la vérification toutes les fois qu'il le juge convenable.

Le directeur représente l'association en justice, tant en demandant qu'en défendant.

ART. 12. — Le syndicat fixe le lieu de ses réunions.

Il est convoqué et présidé par le directeur et, en cas d'empêchement, par le directeur adjoint.

Il doit, en outre, se réunir toutes les fois que deux de ses membres le demandent, ou qu'il en est requis directement par le préfet.

ART. 13. — Les délibérations sont prises à la majorité des voix des membres présents ; en cas de partage, la voix du président est prépondérante.

Le syndicat ne peut délibérer qu'au nombre de trois membres ; toutefois, lorsqu'après deux convocations faites par le directeur à huit jours d'intervalle et dûment constatées sur le registre des délibérations les syndics ne sont pas réunis en nombre suffisant, les délibérations prises après la troisième convocation sont valables, quel que soit le nombre des membres présents.

ART. 14. — Tout membre du syndicat qui, sans motifs reconnus légitimes, a manqué à trois convocations successives, peut être déclaré démissionnaire par le préfet, après mise en demeure de fournir ses observations.

ART. 15. — Les délibérations sont inscrites, par ordre de date, sur un registre coté et paraphé par le directeur ; elles sont signées par tous les membres présents à la séance, ou mention est faite des motifs qui ont empêché ceux-ci de signer.

Les délibérations du syndicat doivent être communiquées sans déplacement aux membres de l'association qui en font la demande.

Art. 16. — Le syndicat pourvoit aux moyens d'assurer l'exécution, l'entretien et la conservation des travaux de défense contre le torrent de la Bonne (rive gauche).

Il est chargé notamment :

De faire rédiger, lorsqu'il en est besoin, les projets de ces travaux, de les arrêter et d'en déterminer le mode d'exécution ;

De passer les marchés et les adjudications, de veiller à l'accomplissement de toutes leurs conditions ;

De dresser l'état général des terrains intéressés aux travaux, de fixer la part contributive de chaque propriétaire dans le paiement des dépenses ;

D'arrêter les budgets annuels ;

De contracter les emprunts nécessaires à l'association, après que ces emprunts ont été votés par l'assemblée générale ;

De désigner tous experts, de nommer tous agents chargés d'opérations ou fonctions intéressant l'association ;

D'autoriser toutes actions devant les tribunaux judiciaires et administratifs ;

De recevoir le compte administratif du directeur, de contrôler et vérifier la comptabilité du receveur de l'association ;

Enfin, de donner son avis sur tous les intérêts de la communauté, lorsqu'il est consulté par l'administration, et de proposer tout ce qu'il croit utile aux propriétaires associés.

TITRE II

Travaux. — Exécution et paiement

Art. 17. — Les projets des travaux sont rédigés par un homme de l'art choisi par le syndicat.

Ils sont soumis à l'approbation du préfet, lorsqu'il s'agit de travaux autres que ceux de simple entretien.

Art. 18. — Dans le cas où il est nécessaire de recourir à l'expropriation, les travaux doivent être l'objet d'une instruction spéciale, afin d'en faire déclarer, s'il y a lieu, l'utilité publique et autoriser l'exécution par décret rendu en Conseil d'État.

Le syndicat doit en adresser les projets au préfet, qui les transmet à l'Administration supérieure, avec l'avis des ingénieurs.

Art. 19. — Les travaux sont dirigés et reçus par le directeur et le membre du syndicat délégué à cet effet, assistés, au besoin, d'un homme de l'art.

Ils sont contrôlés et surveillés par les ingénieurs, qui, en cas de subvention de l'État, s'assurent que ces travaux sont conformes aux projets approuvés.

Art. 20. — Les travaux d'urgence peuvent être exécutés immédiatement et d'office, par ordre du directeur, qui est tenu d'en rendre compte sans retard au préfet.

Ce magistrat peut suspendre l'exécution de ces travaux, après avoir pris l'avis du syndicat et de l'ingénieur en chef.

A défaut du directeur, le préfet peut faire constater l'urgence des travaux et ordonner, sur l'avis de l'ingénieur en chef, leur exécution immédiate.

Art. 21. — Les paiements d'acomptes pour les travaux exécutés sont effectués, en vertu de mandats du directeur, d'après les états de situation dressés par le syndic délégué, assisté, au besoin, d'un homme de l'art.

Pour le paiement du solde de l'entreprise, il doit être produit, en outre, un procès-verbal de réception définitive des travaux.

A défaut du directeur, le préfet peut délivrer des mandats d'après les états de situation, pour le paiement des dépenses faites d'office, conformément à ses ordres.

Art. 22. — Dans le courant des deux premiers mois de l'année, le syndicat dépose, pendant quinze jours, après publication, à la mairie de la commune de Valbonnais, le compte des travaux exécutés pendant la campagne précédente, afin que les intéressés puissent présenter leurs observations.

Art. 23. — Dans le courant du mois d'octobre, le directeur, accompagné de l'homme de l'art choisi par le syndicat, vérifie la situation de tous les ouvrages qui intéressent l'association et dresse, de concert avec lui, le projet du budget comprenant les travaux à exécuter et les dépenses à faire pour l'année suivante.

Ce projet est affiché, pendant quinze jours, à la mairie, où il est ouvert un registre destiné à recevoir les réclamations des propriétaires intéressés.

Il est ensuite présenté, avec ces réclamations, au syndicat qui l'arrête.

TITRE III

Répartition des dépenses

Art. 24. — Les dépenses de l'association sont supportées par les propriétaires intéressés, de manière que la contribution de chaque imposé soit relative au degré d'intérêt qu'il a aux travaux.

A cet effet le syndicat dresse, d'après ce principe et par commune, l'état de répartition des dépenses entre les intéressés.

Cet état est déposé pendant un mois à la mairie de chaque commune, où les intéressés sont admis à présenter leurs observations.

Le dépôt est annoncé par publications et affiches.

Dans la huitaine de la clôture de cette enquête, le syndicat donne son avis sur les observations qui ont pu être produites, et l'état rectifié, s'il y a lieu, est soumis à l'approbation du préfet, pour servir de base aux rôles à mettre en recouvrement.

TITRE IV

Comptabilité et recouvrement des rôles

Art. 25. — Le syndicat nomme un receveur pour le recouvrement des taxes ; ce receveur peut être un percepteur des contributions directes.

Art. 26. — La quotité du cautionnement du receveur et celle de ses remises sont fixées par le syndicat.

Art. 27. — Les rôles sont dressés par le receveur d'après l'état de répartition arrêté conformément à l'article 24.

Ils sont affichés à la porte de la mairie de chaque commune intéressée pendant huit jours, rectifiés, s'il y a lieu, par le syndicat et rendus exécutoires par le préfet.

Le recouvrement en est fait comme en matière de contributions directes.

Art. 28. — Le receveur est responsable du défaut de paiement des taxes dans les délais fixés par les rôles, à moins qu'il ne justifie de poursuites faites contre les contribuables en retard.

Art. 29. — Le receveur acquitte les mandats délivrés par le directeur ou par le préfet, conformément aux dispositions de l'article 21.

Il rend compte annuellement au syndicat, avant le 1er février, des recettes et dépenses qu'il a faites pendant l'année précédente.

Il ne lui est pas tenu compte des paiements irrégulièrement faits.

Art. 30. — Le syndicat vérifie le compte annuel du receveur, l'arrête provisoirement et l'adresse au préfet, pour être soumis au Conseil de préfecture.

Art. 31. — Le directeur vérifie, lorsqu'il le juge convenable, la situation de la caisse du receveur, qui est tenu de lui communiquer toutes les pièces de sa comptabilité.

TITRE V

Compétence

Art. 32. — Les contestations relatives à la fixation du périmètre des terrains compris dans l'association, à la division des terrains en différentes classes, au classement des propriétés en raison de leur intérêt aux travaux, à la répartition et à la perception des taxes, à l'exécution des travaux, sont jugées par le Conseil de préfecture, sauf recours au Conseil d'État (art. 16 de la loi du 21 juin 1865).

Art. 33. — Le présent arrêté sera publié et affiché dans les communes de Valbonnais et d'Entraigues, par les soins de M. le maire. Il sera, en outre, conformément à l'article 12 de la loi du 21 juin 1865, inséré dans le *Recueil des Actes administratifs*. M. l'ingénieur en chef des ponts et chaussées, chargé d'en assurer l'exécution pour ce qui le concerne, en recevra également une ampliation.

En préfecture de Grenoble, 15 janvier 1891.

152. Modèle de règlement d'administration publique d'endiguement. — Malgré les modifications apportées par la loi de 1865-1888 au fonctionnement des commissions spéciales (§ 148), le modèle de règlement d'administration publique d'endiguement en usage antérieurement à 1865 continue d'être en vigueur en tout ce qu'il n'a pas de contraire à cette loi. Nous en reproduisons le texte.

PROJET DE DÉCRET

Vu le projet des travaux à exécuter pour.....................

ensemble le projet de règlement d'administration publique préparé pour l'organisation en syndicat des propriétaires intéressés;

Vu les pièces de l'enquête ouverte sur ledit projet, notamment l'avis de la commission d'enquête en date du..... ;

Vu les rapports des ingénieurs en date du..... ;

Vu l'avis du préfet en date du..... :

Vu le plan des lieux dressé le..... et comprenant tous les terrains qui sont présumés devoir profiter des travaux;

Vu l'avis du Conseil général des Ponts et Chaussées en date du..... ;

Vu les lois des 4 pluviôse an VI, 14 floréal an XI et 16 septembre 1807, les décrets du 29 août 1809 et 27 décembre 1812, relatifs aux marais de Beaucaire (Gard) et de l'Authie (Pas-de-Calais, Somme);

Vu la loi du 3 mai 1841;

Le Conseil d'État entendu ;

Décrète :

TITRE PREMIER

Déclaration d'utilité publique des travaux

ARTICLE PREMIER. — Sont déclarés d'utilité publique les travaux à exécuter..

ART. 2. — L'acquisition des terrains nécessaires pour l'exécution des travaux sera poursuivie conformément aux dispositions de la loi du 3 mai 1841.

TITRE II

Formation du syndicat

ART. 3. — Les propriétaires intéressés à l'exécution des travaux mentionnés en l'article 1er du présent décret, et dont les terrains sont compris dans le périmètre indiqué sur le plan ci-dessus visé, qui restera annexé au présent décret, formeront entre eux une association sous le nom de........., pour concourir, chacun dans la proportion de son intérêt, aux dépenses desdits ouvrages.

ART. 4. — L'association sera administrée par un syndicat composé de......, membres, qui seront nommés par le préfet et choisis parmi les propriétaires les plus imposés à raison des terrains à défendre.

Art. 5. — Le syndicat sera renouvelé par................ tous les ans. Lors des.............. premiers renouvellements partiels, les membres sortants seront désignés par le sort; ils seront rééligibles et continueront leurs fonctions jusqu'à leur remplacement.

Art. 6. — Les membres du syndicat ne pourront se faire représenter aux assemblées par des mandataires de leur choix. A l'effet de les remplacer en cas d'absence,........... suppléants seront nommés comme les syndics titulaires.

Art. 7. — Dans le cas où l'un des syndics titulaires ou suppléants serait démissionnaire ou viendrait à décéder, le préfet pourvoira immédiatement à son remplacement; les fonctions du syndic ainsi nommé ne dureront que le temps pendant lequel le membre remplacé serait encore resté en fonctions.

Art. 8. — Un des syndics sera nommé par le préfet pour remplir les fonctions de directeur.

Il sera, en cette qualité, chargé de la surveillance générale des intérêts de la communauté et de la conservation des plans, registres et autres papiers relatifs à l'administration des travaux.

Art. 9. — Les fonctions de directeur dureront trois ans; néanmoins, elles pourront être prorogées jusqu'à l'expiration des fonctions syndicales de ce membre de l'association.

Le directeur aura un adjoint nommé par le préfet. Cet adjoint, dont les fonctions seront annuelles, sera pris parmi les membres du syndicat et remplacera le directeur en cas d'empêchement.

Le directeur et son adjoint seront rééligibles et continueront leurs fonctions jusqu'à leur remplacement.

Art. 10. — Le syndicat sera convoqué et présidé par le directeur, et, en cas d'empêchement, par le directeur adjoint.

Il pourra être réuni sur la demande de deux de ses membres ou sur l'invitation directe du préfet.

Art. 11. — Les délibérations sont prises à la majorité des voix des membres présents; en cas de partage, celle du président sera prépondérante.

Le syndicat ne pourra délibérer qu'au nombre de.............. membres au moins; toutefois, lorsque, après deux convocations faites par le directeur à huit jours d'intervalle et dûment constatées sur le registre des délibérations, les syndics ne seront pas réunis en nombre suffisant, la délibération prise après la troisième convocation sera valable, quel que soit le nombre des membres présents.

Dans tous les cas, les délibérations du syndicat ne pourront être exécutées qu'après l'approbation du préfet.

Art. 12. — Le préfet pourra déclarer démissionnaire et remplacer immédiatement tout membre du syndicat qui, sans motifs reconnus légitimes, aura manqué à trois convocations successives.

Art. 13. — Les délibérations seront inscrites, par ordre de dates, sur un registre coté et paraphé par le directeur; elles seront signées par tous les membres présents à la séance, ou mention sera faite des motifs qui les auront empêchés de signer.

Tous les membres de l'association auront le droit de prendre communication, sans déplacement, des délibérations du syndicat.

Art. 14. — Le syndicat est spécialement chargé de faire dresser un plan parcellaire, appuyé d'un rapport, indiquant, avec des teintes diverses, le périmètre des terrains compris dans l'association et leur classification;

De faire rédiger les projets des travaux, de les discuter et d'en proposer le mode d'exécution;

De concourir aux mesures nécessaires pour passer les marchés ou adjudications;

De surveiller l'exécution des travaux;

De dresser le tableau de la répartition des dépenses entre les divers intéressés, d'après les bases arrêtées par la commission spéciale dont il sera parlé ci-après;

De préparer les budgets annuels;

De contracter les emprunts qui pourront être nécessaires à l'association; ces emprunts devront, en outre, être autorisés par l'Administration supérieure; toutefois, le préfet pourra les approuver définitivement lorsqu'ils seront de peu d'importance et qu'ils ne porteront pas à plus de........... la totalité des emprunts de l'association;

De contrôler et vérifier les comptes administratifs du syndic directeur, ainsi que la comptabilité du receveur de l'association;

Enfin, de donner son avis sur tous les intérêts de la communauté, lorsqu'il sera consulté par l'Administration, et de proposer tout ce qu'il croira utile aux propriétaires associés.

Art. 15. — Le plan parcellaire et le rapport dont il est parlé dans l'article précédent devront être déposés, pendant le délai d'un mois, à la mairie de la commune d............ afin que chacun puisse en prendre connaissance.

Ce délai ne courra qu'à partir de l'avertissement qui sera donné, à son de trompe ou de caisse, dans toutes les communes comprises dans le périmètre du syndicat, et affiché aux portes des églises et des mairies.

Les maires certifieront ces publications, et celui de la commune où les plans et procès-verbaux auront été déposés mentionnera, dans un procès-verbal qu'il ouvrira à cet effet, les déclarations et réclamations qui lui auront été faites verbalement ou par écrit, en ayant soin d'indiquer les numéros des parcelles des réclamants.

TITRE III[1]

De la commission spéciale

Art. 16. — Aux termes des articles 42 et suivants de la loi du 16 septembre 1807, une commission spéciale sera appelée à statuer sur les réclamations relatives au classement des propriétés comprises dans le périmètre indiqué au plan ci-annexé, et qui profiteront des travaux ; elle déterminera les bases de la répartition des dépenses entre les intéressés.

Art. 17. — Cette commission sera composée de sept membres, nommés par nous, et choisis parmi les personnes n'ayant aucun intérêt direct dans les travaux, et qui seront présumées avoir le plus de connaissances relatives soit aux localités, soit aux divers objets sur lesquels elles auront à prononcer.

Avant d'entrer en fonctions, les membres de la commission prêteront, entre les mains du préfet, le serment de remplir leurs fonctions avec zèle et intégrité.

Art. 18. — Le président sera nommé par le préfet, et le secrétaire, par la commission lors de sa première réunion.

En cas d'absence du président et du secrétaire, le plus âgé des membres de la commission sera président, le plus jeune sera secrétaire.

Art. 19. — La commission se réunira dans le lieu qui sera désigné par le préfet, et lorsqu'elle le jugera convenable.

Les convocations seront faites, à la diligence du président, par écrit.

Art. 20. — Le préfet aura la faculté de la réunir lorsqu'il le croira nécessaire.

Art. 21. — Les décisions de la commission seront inscrites sur un registre coté et paraphé par le président, signé par tous les membres présents à la délibération, et notifiées administrativement aux parties par le secrétaire, à la diligence du président.

Ces décisions seront motivées ; elles viseront les moyens de défense présentés par les parties.

Art. 22. — Les fonctions de la commission spéciale cesseront aussitôt après l'entier accomplissement des opérations précédemment indiquées.

Art. 23. — A cette époque, remise sera faite aux archives de la préfecture de tous les registres et papiers, sur inventaire en double expédition, dont l'une pour le préfet, et l'autre pour le secrétaire de la commission.

[1] Les dispositions édictées par les articles 16 à 24 ont été modifiées comme il est dit ci-après (p. 425).

Art. 24. — Les frais de toutes natures occasionnés par les opérations de la commission spéciale, et notamment les indemnités de déplacement qui pourraient être dues aux commissaires, seront payés comme les autres dépenses de l'association.

TITRE IV

Des travaux, de leur mode d'exécution et de leur paiement

Art. 25. — Les projets des travaux seront rédigés ou vérifiés par l'ingénieur, examinés par le syndicat et par l'ingénieur en chef, et approuvés par le préfet. Ce magistrat devra, toutefois, les soumettre à l'approbation de l'Administration supérieure, lorsqu'il s'agira de travaux autres que ceux de simple entretien.

Art. 26. — Les travaux seront adjugés, autant que possible, d'après le mode adopté pour ceux des ponts et chaussées, en présence du directeur du syndicat.

Ils pourront cependant être exécutés de toute autre manière, sur la demande du syndicat et d'après l'autorisation du préfet.

Art. 27. — L'exécution des travaux aura lieu sous la surveillance des ingénieurs.. et sous la surveillance du directeur, ainsi que d'un membre que le syndicat désignera à cet effet.

Il sera nommé, s'il y a lieu, par le préfet, un conducteur spécial, sur la présentation du syndicat et sur l'avis de l'ingénieur en chef.

Art. 28. — La réception des travaux sera faite par l'ingénieur .... en présence du directeur et d'un membre du syndicat.

Le procès-verbal, qui sera soumis au visa de l'ingénieur en chef, devra constater que les travaux ont été exécutés conformément aux projets approuvés et aux règles de l'art.

Art. 29. — Les travaux d'urgence pourront être exécutés immédiatement par ordre du directeur, qui sera tenu d'en rendre compte sans retard au syndicat et au préfet.

Ce magistrat pourra suspendre l'exécution de ces travaux, s'il le juge convenable, après avoir pris l'avis de l'ingénieur en chef et du syndicat.

A défaut du directeur, le préfet pourra faire constater l'urgence des travaux et ordonner, sur l'avis des ingénieurs, leur exécution immédiate.

Art. 30. — Les paiements d'acomptes pour les travaux exécutés seront effectués en vertu de mandats du directeur, d'après les états de situation dressés par l'ingénieur......... et visés par le syndic chargé de la surveillance des travaux.

Pour les paiements définitifs, il sera produit, en outre, un procès-verbal de réception, dressé conformément aux dispositions de l'article 26.

A défaut du directeur, le préfet pourra délivrer des mandats, d'après les états de situation des ingénieurs, pour le paiement des dépenses faites d'office conformément à ses ordres.

Art. 31. — Dans le courant des deux premiers mois de chaque année, le syndicat déposera, pendant quinze jours, à la mairie de la commune d................................ ...... le compte des travaux exécutés pendant la campagne précédente, afin que les propriétaires puissent en prendre connaissance et présenter leurs observations.

Art. 32. — Aux mois de septembre et d'octobre de chaque année, l'ingénieur....... .... accompagné du directeur, vérifiera la situation des travaux et dressera, de concert avec lui, le projet de budget et l'état d'indication des travaux pour l'année suivante.

Ce projet sera affiché pendant quinze jours, à la mairie de la commune d... afin que les propriétaires puissent présenter leurs observations.

Il sera ensuite soumis à l'examen du syndicat, à celui de l'ingénieur en chef et, enfin, à l'approbation du préfet.

En cas de dissentiment entre eux, l'ingénieur et le directeur dresseront séparément leur projet de budget, qui sera soumis à la publicité prescrite au paragraphe précédent, et le préfet prononcera, après avoir consulté l'ingénieur en chef et après avoir préalablement demandé l'avis du syndicat, qui devra le fournir sous un délai de quinzaine ; faute de quoi, il sera passé outre.

Il sera procédé de même en cas de dépenses extraordinaires et non prévues.

Le projet de budget sera toujours accompagné d'un rapport qui fera connaître l'état des ouvrages.

TITRE V

De la réduction des rôles et de leur recouvrement

Art. 33. — Le recouvrement des taxes sera fait par le percepteur des contributions directes de la commune ou par un caissier spécial qui sera nommé par le préfet, sur la présentation du syndicat.

Art. 34. — Ce receveur fournira un cautionnement proportionné au montant des rôles ; il lui sera alloué une remise dont la quotité sera proposée par le syndicat et déterminée par le Ministre des finances, s'il s'agit d'un percepteur des contributions directes, et par le préfet, dans le cas contraire.

Art. 35. — Au moyen de cette remise, le receveur dressera les rôles sur les documents fournis par le syndicat.

Ces rôles, après avoir été affichés à la porte de la mairie de la commune d.. pendant un délai de huit jours, seront visés par le directeur du syndicat et rendus exécutoires par le préfet.

La perception en sera faite comme en matière de contributions directes.

Art. 36. — Le receveur sera responsable du défaut de paiement des taxes dans les délais fixés par les rôles, à moins qu'il ne justifie de poursuites faites contre les contribuables en retard.

Art. 37. — Le receveur acquittera les mandats délivrés conformément aux dispositions du présent règlement.

Il rendra compte annuellement au syndicat, avant le 1er février, des recettes et des dépenses qu'il aura faites pendant l'année précédente.

Il ne lui sera pas tenu compte des paiements irrégulièrement faits.

Art. 38. — Le syndicat vérifiera le compte annuel du receveur, l'arrêtera provisoirement et l'adressera au préfet pour être soumis au Conseil de préfecture, qui l'arrêtera définitivement, s'il y a lieu.

Art. 39. — Le syndic directeur vérifiera, lorsqu'il le jugera convenable, la situation de la caisse du receveur, qui sera tenu de lui communiquer toutes les pièces de sa comptabilité.

TITRE VI

Dispositions générales

Art. 40. — Les réclamations relatives à la confection des rôles qui auront été dressés par le receveur d'après les documents fournis par le syndicat, ainsi que les contestations relatives à l'exécution des travaux, seront portées devant le Conseil de préfecture, conformément aux dispositions des lois des 28 pluviôse an VIII et 14 floréal an XI, sauf recours au Conseil d'État.

Art. 41. — Le préfet prendra des arrêtés pour prescrire les mesures de police qu'il jugera utiles et nécessaires à la conservation des ouvrages qui font l'objet de l'association.

Art. 42. — Les délits ou contraventions seront constatés et réprimés conformément aux lois sur la matière.

Art. 43. — Les honoraires, frais de voyage et autres dépenses, qui seraient dus aux ingénieurs employés en exécution du présent décret, seront payés sur les fonds des travaux, d'après les règlements qui en seront faits conformément aux dispositions du décret du 10 mai 1854.

Actuellement, dans les règlements d'administration publique, on remplace les dsipositions qui précèdent, relativement aux commissions spéciales, par les suivantes :

Art. ... — Il sera institué, conformément au titre X de la loi du 16 septembre 1807, une commission spéciale chargée de donner son avis sur le classement des propriétés et d'homologuer le procès-verbal d'estimation par classe.

Art. ... — Cette commission sera composée de........ membres nommés par décret et choisis parmi les personnes n'ayant aucun intérêt direct aux travaux et qui seront présumées avoir le plus de connaissances relatives soit aux localités, soit aux divers objets sur lesquels elles auront à prononcer.

Art. ... — Le président sera nommé par le préfet, et le secrétaire, par la commission, lors de sa première réunion. En cas d'absence du président et du secrétaire, le plus âgé des membres de la commission sera président, et le plus jeune sera secrétaire.

Art. ... — La commission se réunira dans le lieu qui lui sera désigné par le préfet et lorsqu'elle le jugera convenable. Les convocations seront faites à la diligence du président et par écrit.

Art. ... — Le préfet aura la faculté de la réunir lorsqu'il le jugera nécessaire.

Art. ... — Les décisions de la commission seront inscrites sur un registre coté et paraphé par le président, signé par tous les membres présents à la délibération et notifié administrativement aux parties par le secrétaire, à la diligence du président. Ces décisions seront motivées ; elles viseront les observations présentées par les parties pendant les enquêtes.

Art. ... — Les fonctions de la commission spéciale cesseront aussitôt après l'entier accomplissement des opérations précédemment indiquées.

Art. ... — A cette époque, remise sera faite aux archives de la préfecture de tous les registres et papiers, sur inventaire en double expédition, dont l'une pour le préfet, et l'autre pour le secrétaire de la commission.

Art. ... — Les frais de toutes natures occasionnés par les opérations de la commission spéciale, et notamment les indemnités de déplacement qui pourraient être dues aux commissaires, seront payées comme les autres dépenses de l'association.

CHAPITRE VI

DÉFENSE DES RIVES

153. **Généralités.** — Lorsqu'un cours d'eau coule entre des berges naturelles d'une hauteur suffisante pour que les terres riveraines soient à l'abri des crues ordinaires, il arrive souvent que ces berges sont insuffisamment consistantes pour résister à l'action des eaux, principalement dans les coudes concaves contre lesquels les eaux sont poussées par la force centrifuge.

Abandonnées à elles-mêmes, ces rives se corrodent peu à peu. Vainement chercherait-on à arrêter la corrosion au moyen de redressements, ces travaux présentent de graves inconvénients que nous avons déjà eu l'occasion de signaler et pourraient aller à l'encontre du but poursuivi. Il est généralement préférable de se borner à défendre la berge attaquée, par des travaux de revêtement.

Il suffit quelquefois, pour arrêter la corrosion, de procéder au recoupement des berges ébouleuses, auxquelles on donne un talus suffisamment adouci pour permettre aux terres de se tenir. Il est bon de ménager un peu au-dessus du niveau des eaux une petite banquette de $0^m,40$ à $0^m,50$ de largeur, que l'on plante en joncs ou en roseaux (*fig.* 145).

Mais, la plupart du temps, il est nécessaire d'entreprendre des travaux plus importants.

Tel a été le cas notamment sur une section de la rivière de la Loue (Jura), qui coule dans une vallée dont le sol est formé par du gravier recouvert d'une couche de terre végétale assez épaisse et très fertile. Son cours est très sinueux. La berge concave de la rivière est généralement un peu plus élevée que le niveau général de la prairie, en sorte que l'on descend

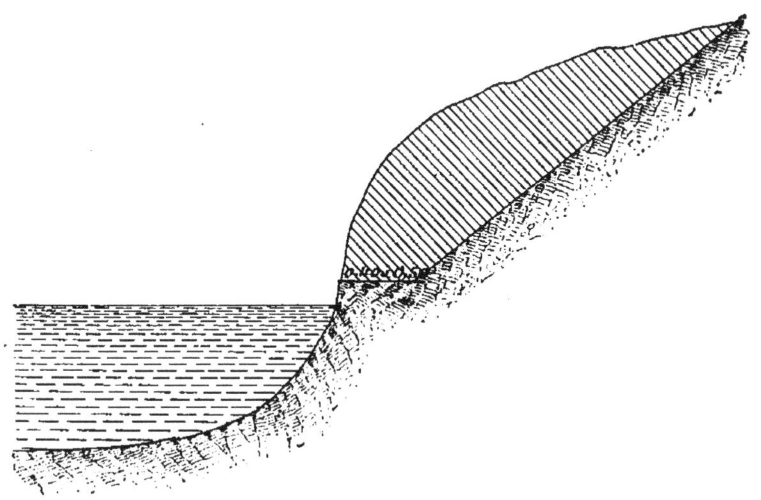

Fig. 145.

une pente très douce en s'éloignant perpendiculairement à cette berge (*fig.* 146).

L'eau corrode constamment la berge concave, en restituant

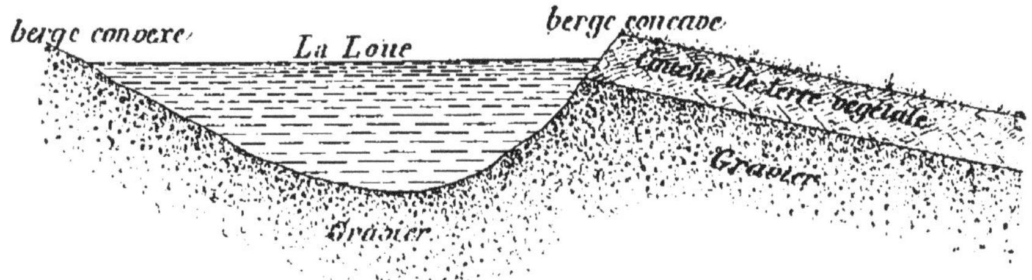

Fig. 146.

sur la berge convexe le terrain qu'elle a mangé en face, mais cette restitution est presque sans valeur pour les cultivateurs, car le sol rendu n'est constitué pendant bien des années que par des graviers arides où ne croissent que des osiers. L'action de la rivière se borne donc à un lent déplacement normalement à son lit et dans le sens concave, tant

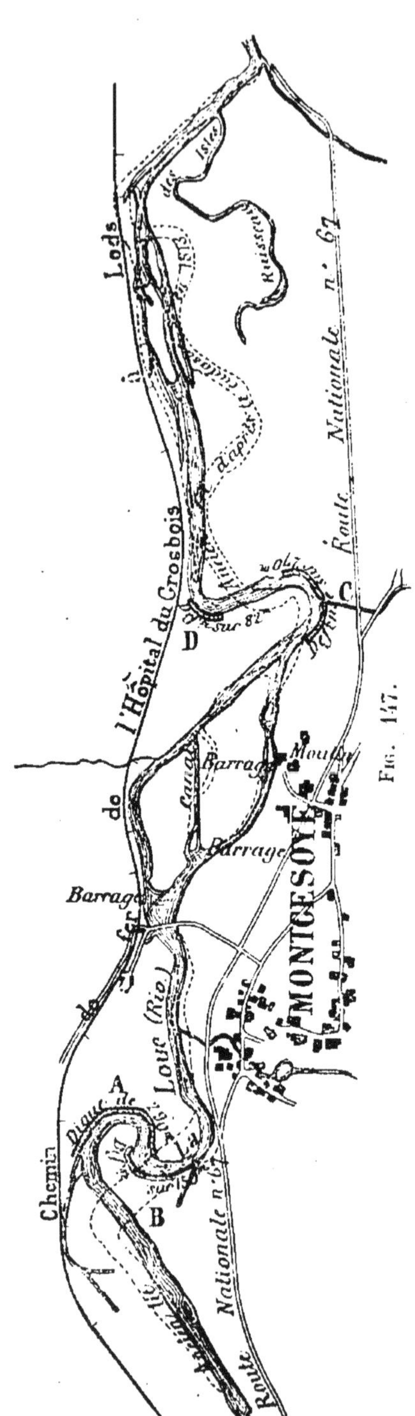

Fig. 147.

que la berge reste assez élevée pour n'être surmontée que par les crues exceptionnelles. Mais il arrive un moment où cette revanche a diminué suffisamment, par suite de la pente transversale du terrain, pour qu'elle soit dominée fréquemment par les crues ordinaires et même par les eaux moyennes. L'eau saute alors par-dessus cette berge et coule sur la prairie avec une vitesse beaucoup plus grande que celle qu'elle a dans le lit de la rivière, parce qu'elle suit une ligne de plus grande pente. Le gazon florissant qui recouvrait le sol de la prairie protège bien pendant deux ou trois ans la surface du terrain contre toute corrosion ; mais, sous l'action de plus en plus fréquente du courant, quelques plaques finissent par être enlevées, et la dégradation s'accentue alors rapidement pour aboutir à de profonds ravinements, puis à un nouveau lit.

Ce phénomène s'est produit en particulier dans la partie du cours de la Loue représentée par le plan (*fig.* 147). On aurait pu chercher à rectifier le cours sinueux et irrégulier qu'affecte la rivière, mais cette opération eût été très aléatoire. Tout redressement de l'un des quatre coudes dangereux A, B, C, D, devant avoir pour résultat de doubler au moins, et peut-être même de tripler la pente de la rivière qui, en étiage, est déjà de 0m,00166 par mètre. Par suite, on aurait augmenté également dans une forte proportion la vitesse et la force de corrosion; il eût été évidemment très dangereux d'établir un pareil courant sur un sol éminemment affouillable, et le mal que l'on voudrait éviter sur un point ne ferait probablement que se déplacer pour se reporter sur un autre. Enfin, ces dérivations auraient nécessité des acquisitions de terrains qui eussent entraîné des dépenses considérables.

Il a dès lors paru plus sûr et plus économique de conserver le lit de la rivière dans l'état où il se trouvait, et de chercher à l'y fixer définitivement au moyen de travaux de défense.

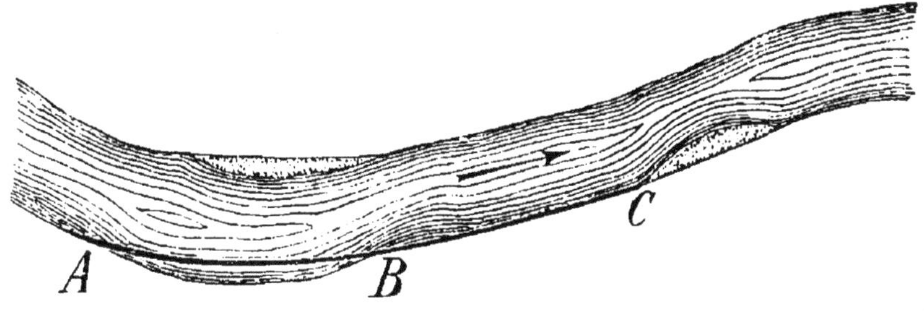

FIG. 148.

On profite souvent de l'exécution de ces travaux pour régulariser la berge et lui donner un profil analogue à celui qu'on obtient dans les endiguements, tout en se rapprochant, autant que possible, de l'état des lieux existants.

Pour la protection d'une rive concave, telle que ABC (*fig.* 148), on partage la longueur à défendre en deux parties, dont l'une BC suit la rive naturelle, tandis que l'autre AB comporte une régularisation; on doit créer là une berge fictive en avant de la rive naturelle, et la rattacher à cette dernière par des ouvrages transversaux, pour éviter que cette berge artificielle soit tournée, et pour faciliter le colmatage. Dans la partie AB, il suffit d'abattre le talus du sommet jusqu'à la berge, de manière à lui donner une inclinaison de 2 de base pour 1 de hauteur. Une fois les travaux terminés, cette partie de cours d'eau se trouve dans la même situation que si elle était endiguée, et ce résultat peut être obtenu avec une dépense moindre que celle qu'aurait nécessité l'établissement d'une digue.

Parfois les travaux de défense des rives se combinent avec ceux d'endiguement ; par exemple, quand on cherche à fixer la position d'une rivière torrentielle à l'aide d'endiguements discontinus, dans certaines parties où le tracé suit une rive naturelle assez consistante pour que de simples revêtements la rendent capable de fixer le courant.

Il arrive aussi parfois qu'on consolide les berges, dans le but de protéger une digue insubmersible située en arrière, et de former un lit mineur, sans recourir à l'établissement, toujours coûteux, d'épis plongeants.

En somme, les travaux de défense des rives ont beaucoup d'analogie avec ceux du revêtement du talus intérieur des digues artificielles et n'en diffèrent guère qu'en ce que ces revêtements ont souvent comme conséquence une régularisation du tracé des berges naturelles.

154. Tracé des rives. — Les travaux de défense de rives sont essentiellement discontinus et n'affectent que la berge concave des courbes ; la rive opposée, n'étant pas sujette à être attaquée par le courant, n'a pas besoin d'être défendue.

Le tracé à donner à la berge rectifiée doit être tel qu'il assure aux eaux les meilleures conditions d'écoulement, eu égard à l'état primitif des lieux ; on doit aussi adoucir la courbure de la rive, tout en évitant de diminuer la largeur du lit. Enfin, à l'extrémité aval, le perré doit se terminer non pas par un retour d'équerre qui serait offensif pour la berge opposée, mais bien par un plan incliné à pente douce se raccordant avec la partie aval non défendue de la même berge. En temps de crue, cette disposition permet aux eaux d'envahir par l'aval les terrains protégés, en tournant le perré de défense. Les eaux s'élèvent à la fois des deux côtés du perré, en se tenant sensiblement à la même hauteur dans la rivière que sur les terrains riverains ; dans ces conditions, aucun ravinement n'est à craindre.

Il est quelquefois utile de prolonger la partie courbe à ses deux extrémités par de courts alignements droits. C'est là une bonne disposition, de nature à fixer le courant contre la rive, en permettant aux eaux d'y prendre un cours régulier.

155. Des perrés maçonnés. — Comme pour les revêtements de digues, les défenses de rives s'exécutent souvent en maçonnerie.

Les ouvrages les plus solides sont des perrés maçonnés. Ils présentent cependant certains inconvénients : les alternatives de sécheresse et d'humidité et les gelées auxquelles sont exposées les maçonneries finissent par en détruire l'étanchéité ; il se forme par les joints dégradés des vides qui augmentent peu à peu et entraînent la rupture d'une partie des ouvrages.

Néanmoins, on peut remédier à cet inconvénient en arrê-

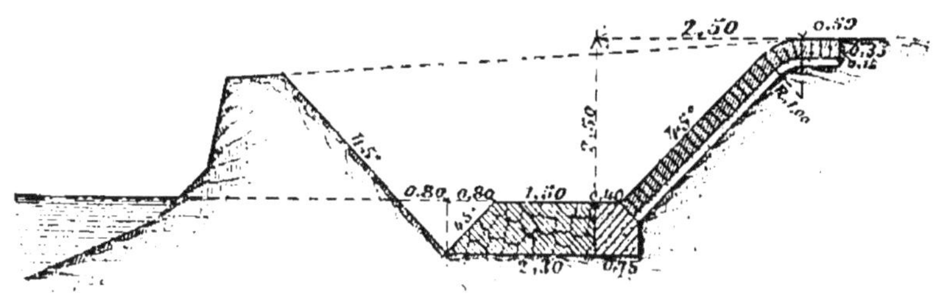

Fig. 149.

tant la maçonnerie au niveau de l'étiage et en la faisant reposer, au-dessous de ce niveau, sur une fondation en béton et enrochements.

On a construit des perrés de ce genre le long de la rivière d'Allier (*fig.* 149). Le revêtement se compose d'un perré en maçonnerie de moellons de 0m,35 d'épaisseur, reposant sur une forme en gravier de 0m,15. Les moellons sont posés à la main sur un bain de mortier, et perpendiculairement au parement ; ils sont serrés par glissement les uns contre les autres, de manière à faire refluer le mortier par tous les joints, puis frappés et tassés en tête.

Les parements sont construits à joints incertains ; le rejointoiement se fait au fur et à mesure de l'exécution. Le perré est fondé au niveau de l'étiage sur un massif en béton de 0m,75 de largeur et 0m,80 de hauteur, en avant duquel est placée une risberme en enrochements de 0m,80 de hauteur, dont la face supérieure est arasée au niveau de l'étiage, et qui a une largeur moyenne variant de 2 mètres à 3m,40, suivant que le revêtement est plus ou moins exposé à l'action du courant. Les blocs d'enrochement à immerger pour constituer la risberme doivent avoir un volume suffisant pour ne pas être déplacés par les crues; sur l'Allier le volume minimum est de 1/6 de mètre cube. Ils sont échoués un à un à la main, verticalement, et on cherche à obtenir un massif régulier et continu. Ils sont disposés de façon à laisser le moins de vide possible, en chevauchant comme dans une véritable maçonnerie brute. Ils forment un ensemble solidaire.

Le parement extérieur du perré, aussi régulier que possible, est incliné à 45°, s'élève jusqu'à 2m,50 de hauteur verticale au-dessus de l'étiage, et là le revêtement se retourne horizontalement sur 1 mètre, de façon à former bordure sur la berge.

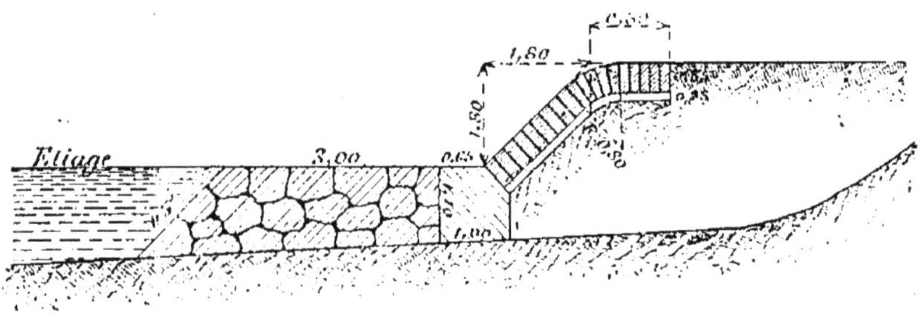

Fig. 150.

En arrière de cette bordure, le terrain est remblayé de façon à présenter une surface horizontale, sur laquelle les eaux de crue puissent s'étendre sans déversement.

Nous donnons (*fig.* 149 et 150) le profil d'un perré dans le cas où il est établi en déblai sur la rive, en arrière de l'ancienne berge, et dans le cas où il est établi en lit de rivière.

Ces ouvrages ont été construits autrefois dans l'intérêt de la navigation, laquelle a depuis presque complètement disparu. Leur prix de revient est, d'ailleurs, assez élevé et dépasse 100 francs par mètre courant.

Ils donnent lieu à quelques critiques. Le massif de béton sur lequel ils sont fondés paraît sans objet, et il semble préférable de lui substituer un massif d'enrochements arasé à un niveau un peu supérieur à l'étiage. On pourrait réduire sans inconvénient à $0^{m},60$ au maximum la largeur de la risberme en enrochements destinée à défendre le pied de ces perrés contre les affouillements, sauf à en augmenter l'épaisseur. Enfin, le lit de graviers sur lequel est posé le perré paraît inutile, étant donné que ce perré doit être maçonné.

Il serait donc possible de diminuer la dépense, tout en laissant aux ouvrages des dimensions suffisantes pour défendre efficacement les terres riveraines. Il y aurait aussi lieu de prendre des dispositions pour que les eaux de crues, se répandant dans la plaine en arrière, n'y créent pas des courants indépendants du courant principal et susceptibles d'affouiller la surface du sol. On a constaté, en effet, que des brèches se sont formées dans certaines de ces digues, et on a reconnu que c'était bien plutôt par un courant de cette nature qui avait pris le revêtement à revers que par un affouillement dans le lit de la rivière au pied du perré que ces brèches s'étaient produites.

Les revêtements en maçonnerie à mortier doivent toujours être garantis contre les infiltrations des sources, s'il y en a dans le terrain à revêtir. Dès que les eaux n'ont pas d'issue, elles finissent par se faire quelque jour, et, lorsque les gelées arrivent, tout le revêtement est poussé dehors. Il faut faire arriver les sources dans des petits caniveaux derrière le revêtement et les recueillir pour les faire sortir par des barbacanes pratiquées à cet effet dans le corps de la maçonnerie.

156. Des revêtements en briques. — On emploie quelquefois, pour les revêtements, de la brique ou des briquaillons.

Il existe sur certains canaux de navigation du Nord de la France, des revêtements en briques maçonnés s'appuyant sur l'arête supérieure de coffrages en charpente formés de pieux en chêne de 2 mètres de longueur espacés de $0^{m},80$ d'axe en axe (*fig.* 151). Sur ces pieux repose un chapeau en sapin de forme triangulaire obtenu en débitant suivant leur diagonale des longerons de 0m,16 de côté. Ces chapeaux sont fixés sur chaque pieu par deux pointes à tête renforcée. Derrière les pieux sont également fixés avec les mêmes pointes des planches en sapin de 0m,25 de hauteur sur 0m,035 d'épaisseur, dont le champ supérieur est recouvert par le chapeau, tandis que le champ inférieur repose sur la terre ferme. Les perrés en briques sont inclinés à 1 1/2 de base pour 1 de hauteur. Les maçonneries établies normalement à la surface du talus reposent sur une couche de 0m,10 de briquaillons et ont 0m,22 d'épaisseur. Leur hauteur, mesurée suivant l'inclinaison du talus, est de 0m,54. Elle est formée par trois

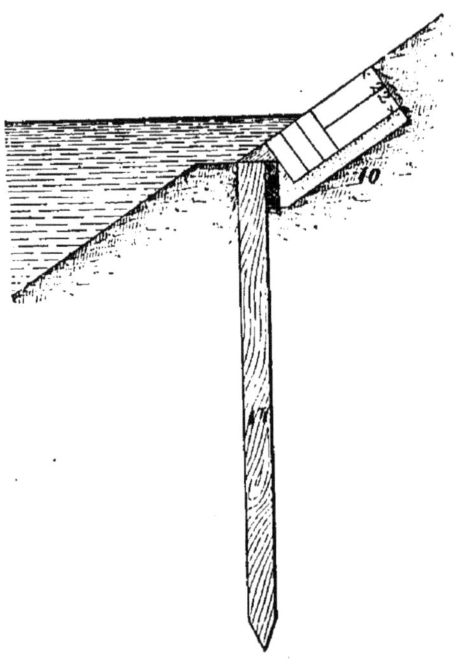

Fig. 151.

assises de briques boutisses et reçoit un couronnement composé de deux cours de briques de champ posées alternativement en panneresses et en boutisses pour assurer une bonne liaison des maçonneries. On les recouvre d'un enduit en mortier de 0m,02 d'épaisseur lissé fortement.

Ce mode de revêtement, qui n'exige qu'une assez faible dépense (9 francs environ par mètre courant de perré), ne constitue qu'une défense partielle de la berge aux environs de la ligne de flottaison.

Nous croyons utile de donner la description de quelques perrés en briques ou briquaillons qui ont été employés pour la défense des berges du canal de la mer du Nord à la Baltique [1].

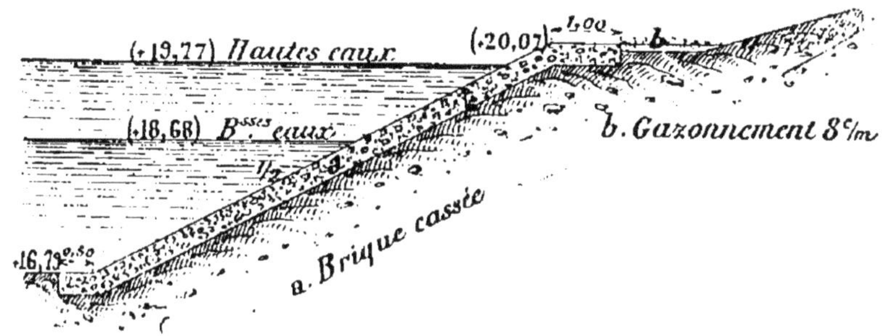

Fig. 152.

La forme et le mode de construction de ces perrés varient avec la nature des matériaux dont on dispose. Selon les

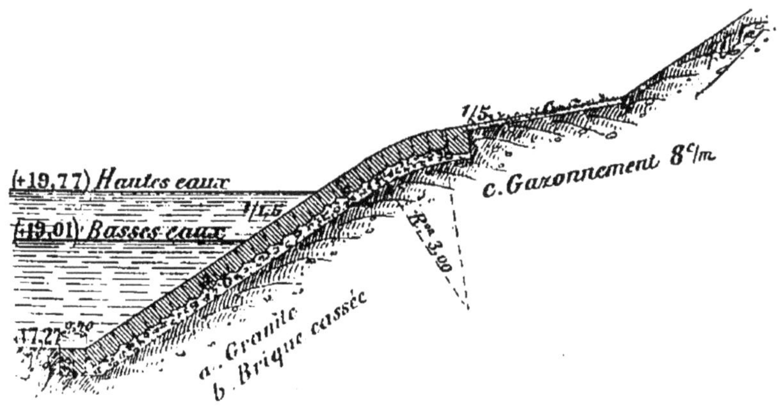

Fig. 153.

circonstances locales, on rencontre quatre espèces de revêtements.

1° Le plus simple se compose d'une couche de 0m,30 d'épaisseur de briquaillons ou de pierres cassées jetées sur le talus,

[1] Les renseignements qui suivent sont empruntés à un rapport de M. Schlichting, professeur de constructions hydrauliques à l'Ecole royale technique supérieure de Berlin.

les plus fins d'abord et les plus gros ensuite, pour former la paroi extérieure (*fig.* 152). Les pierres provenant des fouilles sont employées dans le revêtement, à la condition qu'elles présentent des arêtes vives, pour ne pas être trop facilement déplacées par les vagues ; ces enrochements s'appuient contre une risberme en briques de 0m,50 de largeur.

2° La figure 153 représente un perré en moellons établi sur une fondation de 0m,20 d'épaisseur formée de briquaillons et

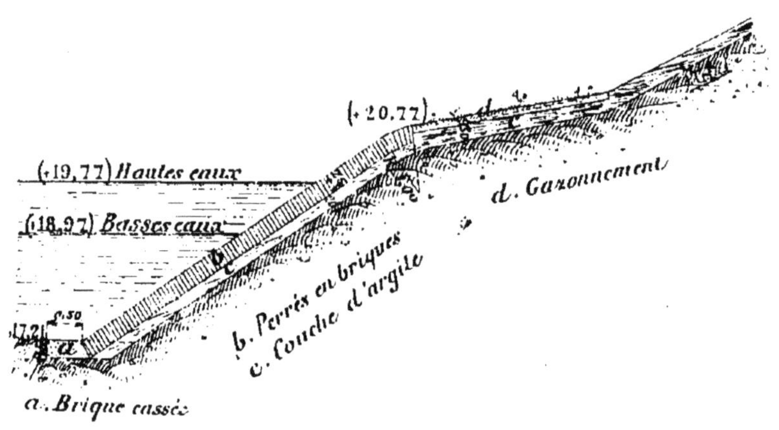

Fig. 154.

de gravier ; le perré se compose d'un pavage en moellons de granit de 0m,10 d'épaisseur s'appuyant à son pied sur un massif de 0m,40 de large et se raccordant avec la partie supérieure gazonnée du talus par un arc de cercle de 3 mètres de rayon.

3° Lorsqu'on se trouve en terrain sablonneux, le talus est recouvert d'abord d'une couche de glaise de 0m,20 (*fig.* 154), sur laquelle on construit un revêtement en briques de 0m,25 d'épaisseur posées de champ, s'appuyant au pied contre un massif de 0m,50 de large et se raccordant avec le talus supérieur incliné à 5/1 au moyen d'un arc de cercle de 1 mètre de rayon.

4° Quand les moellons et la brique sont trop coûteux et qu'il est facile de se procurer à bon marché du sable et du ciment, le revêtement est formé de trois parties au-dessus d'un massif en moellons de 0m,75 de large et 0m,25 d'épaisseur établi au pied du talus (*fig.* 155). C'est d'abord au-dessous des basses eaux moyennes, sur $1^m,75$ de hauteur, une couche de $0^m,20$ de béton de sable au dosage de 1 de ciment pour 5 de sable, reposant sur un lit de sable de $0^m,05$ d'épaisseur. Ce béton a une résistance telle qu'on peut à peine l'entamer au pic. Vient ensuite, à partir du niveau des basses eaux moyennes jusqu'à la hauteur moyenne des hautes eaux, c'est-à-dire dans la partie la plus exposée aux chocs, un perré

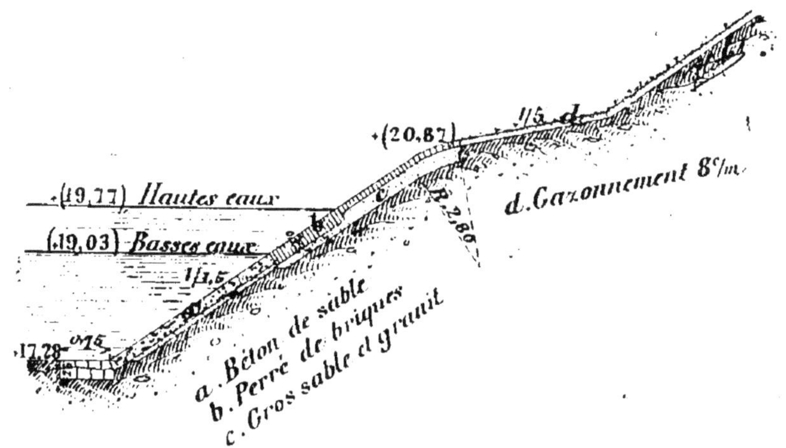

Fig. 155.

en briques de $0^m,25$ de largeur posées de champ sur une couche de sable de $0^m,10$ d'épaisseur, enfin, au dessus, jusqu'au talus supérieur incliné à 5/1, c'est un perré en briques de champ placé sur un lit de sable de $0^m,25$ et se raccordant par un arc de cercle de 2 mètres de rayon avec le talus supérieur.

Le prix de revient par mètre courant varie naturellement avec la cherté des matériaux employés ; il peut toutefois s'évaluer approximativement :

Pour le type (*fig.* 152),	de 56 francs	à 62 fr. 25 ;
— — 153)	—	à 64 fr. 75 ;
— — 154)	—	à 69 fr. 50 ;
— — 155),	de 42 francs	à 73 fr. 00.

157. Des perrés à pierres sèches. — Les inconvénients que présentent les perrés en maçonnerie disparaissent en grande partie quand on emploie la pierre sèche. Les matériaux qui composent alors les perrés laissant passer les eaux qui imprègnent les terres, celles-ci peuvent retourner au cours d'eau sans exercer de poussée sur le revêtement ; s'ils sont de bonne qualité, la gelée ne les atteint pas. Enfin, les mouvements d'affaissement qui peuvent se produire sont locali-

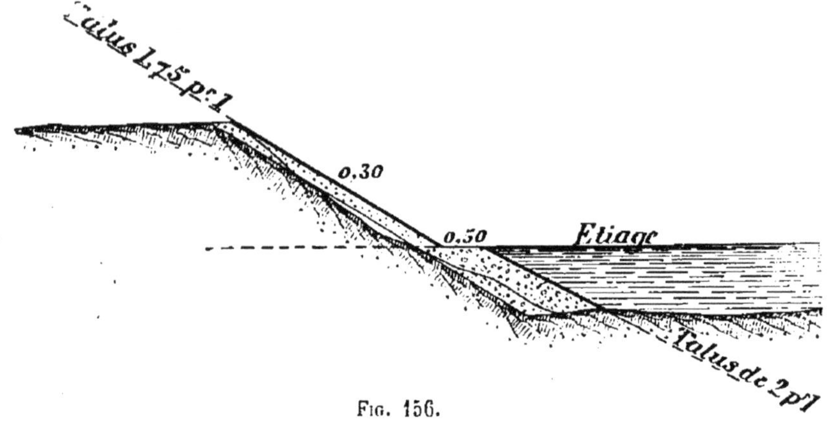

Fig. 156.

sés et n'entraînent qu'à la longue une rupture de l'ouvrage.

Le type de revêtement que nous reproduisons (*fig.* 156) se compose d'un perré à pierres sèches de 0m,30 environ d'épaisseur, incliné de 1m,25 à 2 de base pour 1 de hauteur et régnant du niveau de l'étiage à celui des crues ordinaires, c'est-à-dire dans la partie où les érosions se produisent le plus ordinairement. Il repose sur un massif d'enrochements faisant une saillie de 0m,50 sur le parement du perré, et dont l'inclinaison est de 1,5 à 2 pour 1.

Si la rive est convenablement tracée, la confection d'un perré n'entraîne qu'une régularisation du talus de la berge, afin de lui donner la même inclinaison qu'au perré.

Il existe, le long de la Loire, dans la traversée du département de l'Allier notamment, un certain nombre de ces ouvrages qu'on consolide en plantant des osiers dans les intervalles des pierres, de manière à développer une végétation qui fortifie sans aucun frais la défense.

Sur la Meuse, on emploie depuis longtemps un système de défense assez économique. Il consiste en un placage en moellons avec boutures de saules ; la surface extérieure est réglée suivant un talus de 3 de base pour 2 de hauteur. Ce placage repose sur un massif d'enrochements en moellons réglé à 3 de base pour 1 de hauteur, s'élevant jusqu'à $0^{m},30$ au-dessus de l'étiage et formant une risberme de $0^{m},50$. La partie supérieure du revêtement est noyée dans un bourrelet en terre revêtu de gazon posé à plat. Le prix de revient ne dépasse pas 10 à 12 francs le mètre courant de rive.

Dans la partie inférieure du cours de la Durance, où la violence du courant produit souvent des corrosions de rives, on emploie pour la défense un système spécial de perrés à pierres

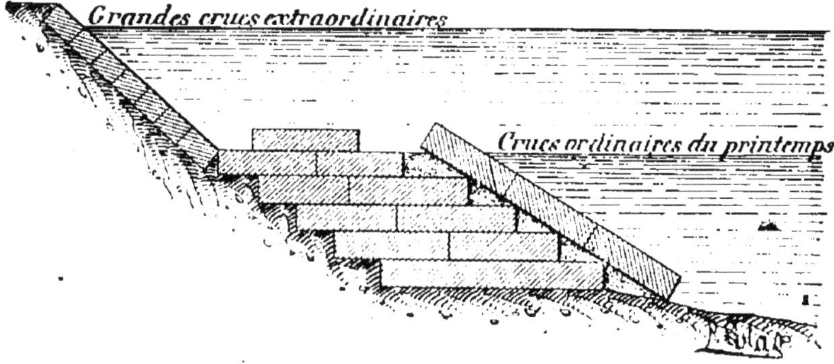

FIG. 157.

sèches. Sur la rive droite, la ville et la plaine d'Avignon sont mises à l'abri des crues à l'aide d'une digue insubmersible. En avant de la digue est placé le perré, qu'on désigne sous le nom de *palière*. Il est formé de dalles en pierre dure ayant pour dimensions environ $1^{m},80 \times 1^{m},20 \times 0^{m},40$, et disposées par lits horizontaux (*fig.* 157) depuis le fond de la rivière; son sommet est arasé à la cote des crue ordinaires de printemps. Le long des marches de cette sorte d'escalier on fait glisser d'autres pierres plates, dites *sentinelles*. Le perré reposant sur le fond de gravier essentiellement affouillable de la Durance, à la suite de chaque crue un certain nombre de ces pierres s'enfoncent; on recharge alors la partie supérieure et on remplace les sentinelles de manière à maintenir toujours au même niveau le sommet du perré. Les limons que charrient la rivière comblent peu à peu les interstices entre les dalles; de plus, la fondation que forment les pierres antérieurement disparues est des plus solides, en sorte que ce système de défense devient à la longue très efficace. On approvisionne, chaque année, une certaine quantité de dalles et on recharge le sommet du perré ou on fait glisser des sentinelles chaque fois qu'un tassement du pied rend l'opération nécessaire.

En certains points du cours de la rivière, le lit majeur est très large ; il est impossible d'employer le système des palières, qui nécessiterait alors l'emploi d'un cube énorme de dalles pour garnir tout l'espace compris entre le pied de la digue insubmersible et le talus qui limite intérieurement le lit par lequel s'écoulent les hautes eaux de printemps. Dans ce cas, on relie la dernière rangée horizontale de dalles au pied de cette digue au moyen d'un bloc de béton d'une épaisseur suffisante pour empêcher les eaux de venir prendre la palière à revers (*fig.* 158).

La pierre dure qu'on emploie pour les dalles revient, à

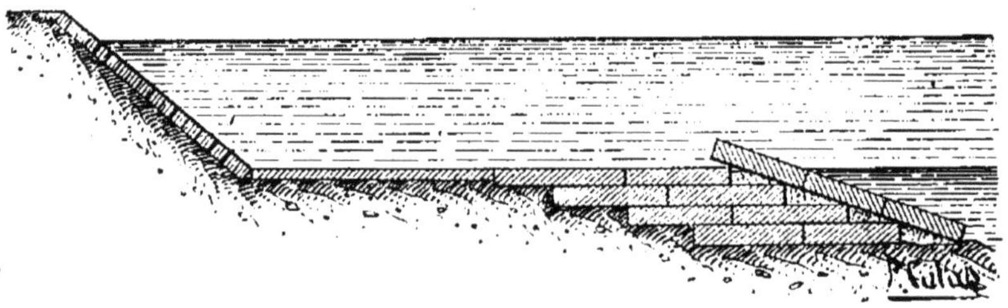

Fig. 158.

pied d'œuvre et toute taillée, à 12 francs environ le mètre cube. Le rechargement est assuré par le service qui a la surveillance des digues de la rivière, de sorte que ce mode de défense est très peu coûteux.

158. Fondations avec pieux et palplanches. — L'immersion des blocs d'enrochements et des risbermes du pied des perrés présente quelquefois des difficultés ; en cas de mouvements dans ces matériaux, il faut attendre un temps plus ou moins long pour leur permettre de se tasser, avant de construire la partie supérieure du revêtement. On évite cet inconvénient en fixant artificiellement le pied des perrés au moyen

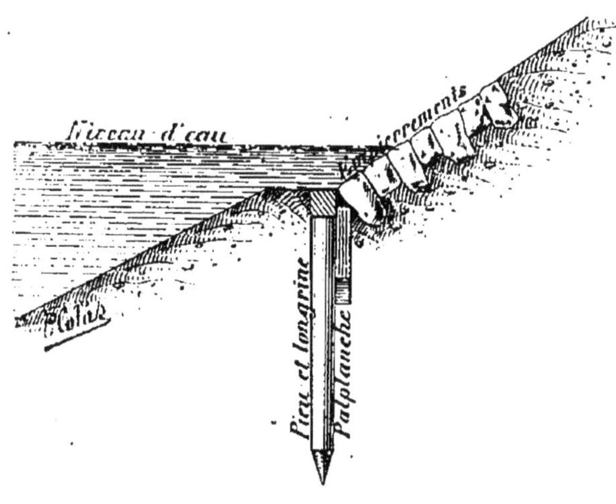

Fig. 159.

de pieux et palplanches assez longs pour descendre jusqu'au-

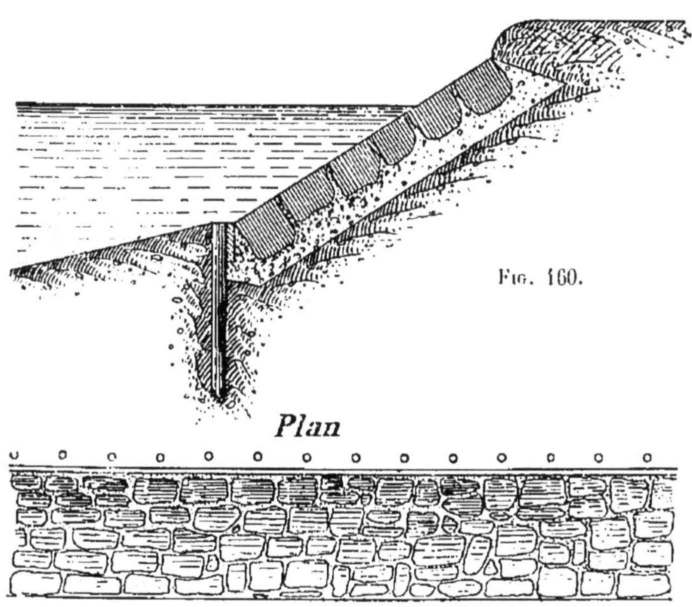

Fig. 160.

Fig. 161.

dessous des affouillements possibles et pour résister à la poussée du revêtement.

On peut, par exemple, battre une pile de pieux de 2 mètres récépés à $0^m,50$ au-dessous de l'étiage, espacés de $1^m,50$ et couplés par une longrine (*fig.* 159). Derrière ces pieux on glisse, suivant la nature du terrain, soit un revêtement de madriers, soit des palplanches. Sur la figure 159, le talus supérieur incliné à 3/2 est pavé avec des moellons bruts. Sur les figures 160 et 161, une file de pieux moisés supporte un

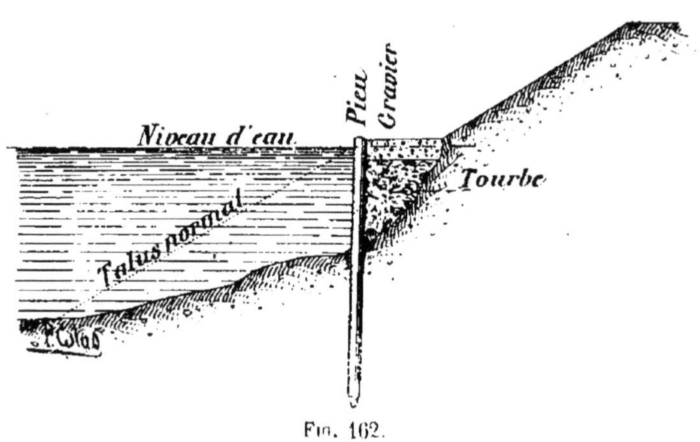

Fig. 162.

pavage en moellons de $0^m,20$ à $0^m,25$ reposant sur une couche de pierraille.

On a également employé les pieux moisés pour remédier aux éboulements de la rive en pilonnant, derrière cette ligne de défense, de la tourbe recouverte par une couche de gravier (*fig.* 162).

Parfois, on bat deux files de pieux parallèles reliées l'une à l'autre et entre lesquelles on place un massif de moellons sur lequel s'appuie le pied du perré.

On a ainsi une base susceptible de résister à la pression comme à la poussée et de répartir uniformément les efforts sur le sol.

Si les matériaux dont on dispose fournissent des piquets plutôt que des pieux, c'est-à-dire des éléments qui résistent plutôt par leur nombre que par la fiche de chacun d'eux, on peut employer un mode de revêtement analogue à celui que représente la figure 163. Le terrain étant formé d'une terre très molle et tourbeuse, ce revêtement comprend une couche de pierraille placée entre onze rangées de perches et soutenue au pied par une rangée serrée de pieux en sapin de $1^{m},60$ de longueur.

Quelquefois, si la poussée du terrain semble très redoutable, on place en arrière, dans les terres, des pieux de retenue auxquels, à l'aide de moises transversales, on rattache

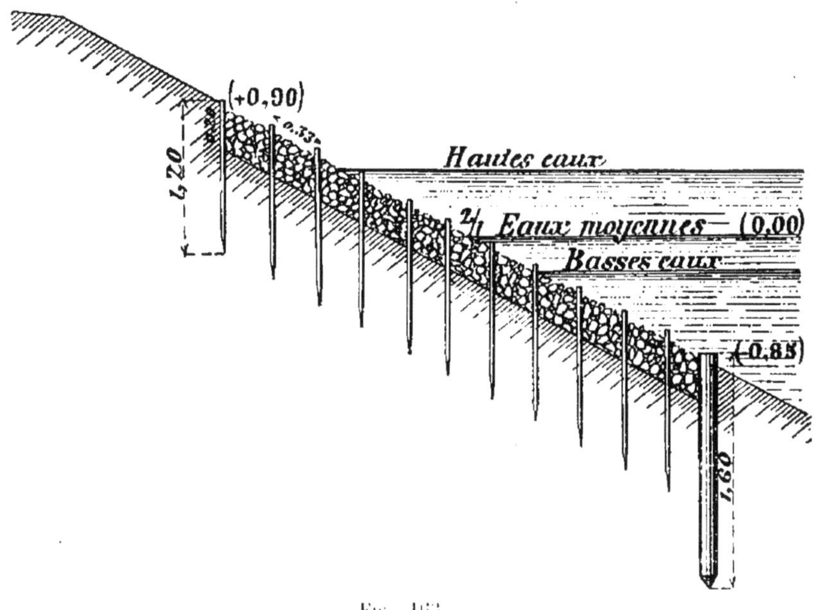

FIG. 163.

la file de pieux et palplanches qui maintient le pied de la défense de rive.

Les combinaisons susceptibles d'être adoptées varient à l'infini avec les ressources dont on dispose ; il est toujours bon, d'ailleurs, de s'inspirer des travaux déjà exécutés dans des circonstances analogues ; on ne doit pas perdre de vue que les bois en œuvre doivent être tenus constamment immergés pour les soustraire aux alternatives de sécheresse et d'humidité, qui en entraîneraient la ruine.

159. Des clayonnages, des fascinages et des tunages. — Dans les contrées où la pierre fait défaut, on utilise avantageusement le bois dans les travaux de défense des rives, sous forme de clayonnages, de fascinages et de tunages.

Dans le nord de la France, les clayonnages se font en enfonçant dans le talus de la berge des piquets espacés de

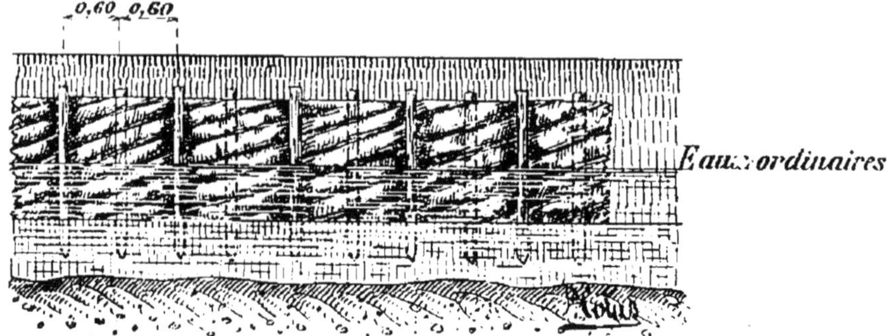

FIG. 164. — Élévation.

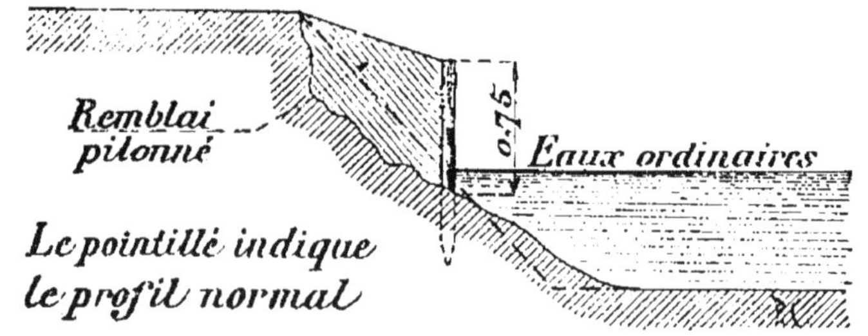

FIG. 165. — Profil en travers.

0m,50 environ, formés de vergettes d'osier fraîchement coupées ; puis, on les incline fortement, et on les enlace autour de piquets de bois vert enfoncés verticalement dans le sol (*fig*. 164 et 165). On dessine ainsi une série de cases dans lesquelles on jette un peu de terre de la rive et de détritus, tels que feuilles mortes, ronces, etc. On pilonne le tout fortement.

Il est avantageux d'employer pour les vergettes des bois de deux ans, lesquels s'enracinent rapidement. L'osier coupé au moment où la sève commence à se mettre en mouvement (févriers-mars) entre rapidement en végétation, même quand il est conservé dans l'eau. Cette végétation se propage par accrues que l'on coupe régulièrement, pour que le revêtement se maintienne à l'état de buisson.

On utilise parfois les clayonnages pour arrêter les corrosions des berges. Dans ce cas, ils sont formés de clayons solides en branches de saule, qu'on enfonce obliquement par le gros bout en avant du pied des berges qui menacent de s'ébouler, en les enracinant fortement dans le terrain solide. Les pieux qui les composent doivent être d'une

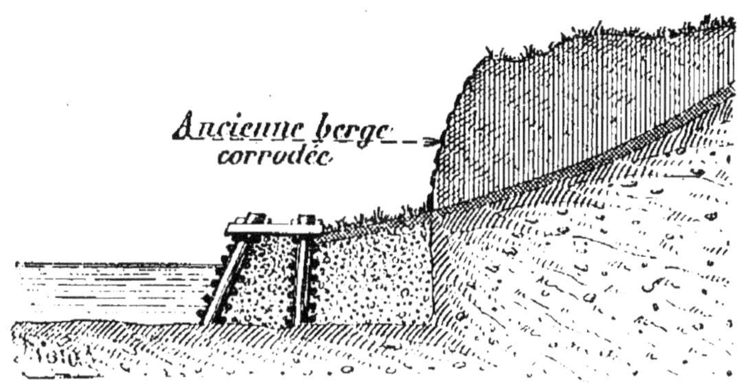

FIG. 166.

essence de bois résistant dans l'eau, comme l'aulne, le saule ou le chêne.

Si le courant est fort, on emploie des clayonnages doubles, c'est-à-dire qu'on place à 1 mètre environ en arrière de la première ligne, une seconde rangée de pieux fichés verticalement (*fig.* 166). On remplit l'espace compris entre les deux clayonnages avec du gravier, et on complète l'ouvrage en reliant, de distance en distance, les têtes des pieux des deux clayonnages, par des traverses en grosses branches.

En Allemagne, on emploie fréquemment des clayonnages formés de pieux en bois de saule espacés de $0^{m},50$, plantés en temps utile pour pouvoir végéter. Au-dessus de la ligne des eaux moyennes, la berge est défendue par un perré qui continue le clayonnage, et le couronnement est gazonné (*fig.* 167 et 168)[1].

Les tunages et les fascinages constituent deux modes différents d'utilisation des fascines.

[1] RONNA, *Journal d'Agriculture pratique*, 1896, 1re série, n° 1.

Celles qu'on emploie dans les tunages ont une assez grande longueur : $3^m,50$ à $4^m,50$. Elles sont formées de branches de saule, de hêtre, de charme ou de bouleau, réunies par deux ou trois harts ou brins d'osier de $1^m,10$ à $1^m,20$ de longueur ; elles ont généralement de $0^m,60$ à 1 mètre de dia-

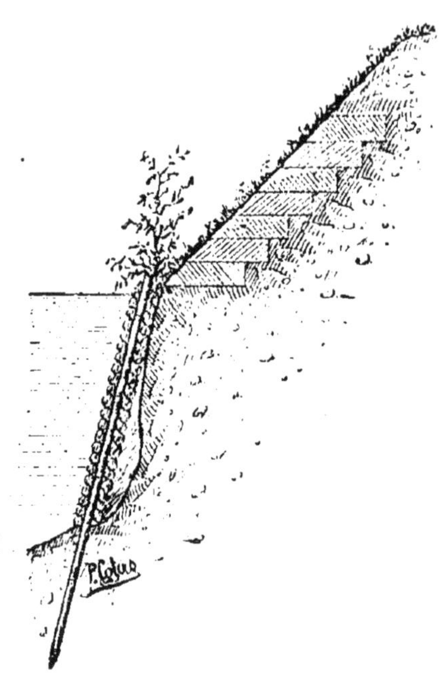

Fig. 167. — Coupe transversale.

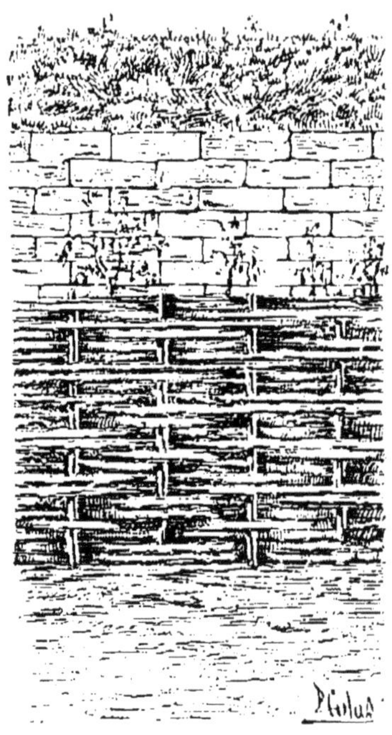

Fig. 168. — Élévation.

mètre à leur plus grande épaisseur, vers la deuxième hart. Elles s'immergent horizontalement et se maintiennent au moyen de piquets de $1^m,50$ environ de longueur. On enlace les piquets par des cours de clayons. Les vides que laissent entre elles les fascines sont remplis par du gravier ou de la terre, et on les recouvre avec les mêmes matériaux, ou, si possible, avec des blocs de pierre.

Ce mode de défense est très usité en Hollande, où la pierre fait totalement défaut. On l'emploie aussi sur une vaste échelle aux États-Unis, où le bois se trouve en abondance. En France, il en existe peu d'exemples, et on ne peut guère citer, à ce sujet, que les travaux exécutés autrefois sur le Rhin[1].

On utilise parfois les fascinages pour remplacer les pierres dans les enrochements. Dans ce cas, les fascines, qui portent encore le nom de saucissons, sont des paniers remplis de graviers, d'argile ou de menus matériaux; elles ont $0^m,80$ environ de diamètre en leur milieu, 3 à 4 mètres de lon-

Fig. 169. — Plan.

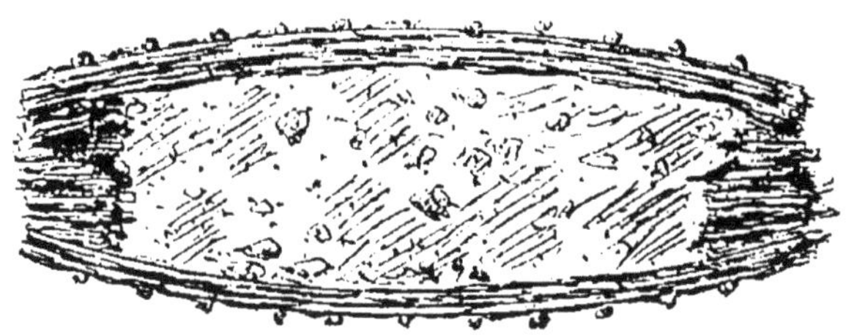

Fig. 170. — Coupe en long.

gueur et sont reliées par des harts distantes de $0^m,25$ à $0^m,50$ (*fig.* 169 et 170). On les fabrique avec des branches de saule, de bouleau, de charme ou de hètre.

Les fascines, étant sans arêtes, ne peuvent s'échouer que le long de talus à inclinaison assez douce; dans le cas où il n'en est pas ainsi, on doit couvrir les saucissons échoués par des blocs de pierre (*fig.* 171). Les intervalles qu'ils laissent entre eux sont remplis de galets, de graviers, de terre ou de sable.

L'emploi de ce mode de défense est assez répandu sur les rivières qui descendent des massifs des monts du Jura.

[1] *Annales des Ponts et Chaussées*, 1833, 2e sem.

Quand le travail ne comporte pas de rectification du tracé de la berge, on échoue des saucissons de 4 mètres de longueur et de 0m,40 à 0m,60 de diamètre qu'on assemble au moyen de fils de fer ; on les recouvre d'enrochements dont la surface est réglée suivant un talus à 45°. Au-dessus de l'étiage, la berge est abattue suivant un talus de 2/1 et recouverte d'un fascinage à plat avec clayons longitudinaux et lignes de piquets espacés de 0m,50 (*fig.* 171).

Quelquefois, quand la hauteur de la berge est assez grande, la défense s'arrête à 1m,50 au-dessus de l'étiage. Pour le surplus, celle-ci est recoupée suivant un talus plus doux qu'on revêt d'un gazon posé à plat.

Le revêtement en fascinages avec clayons longitudinaux coûte 1 fr. 50 le mètre carré. Les saucissons de 4 mètres de

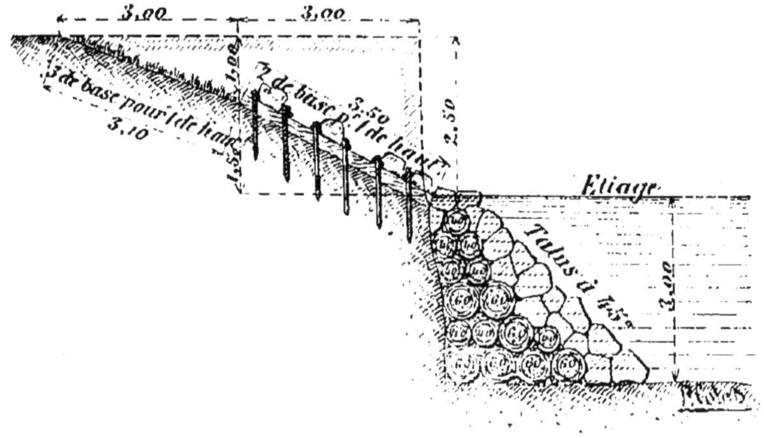

Fig. 171.

longueur coûtent 2 fr. 80 l'un pour un diamètre de 0m,40, et 3 fr. 60 pour un diamètre de 0m,60. L'ensemble du travail de défense nécessite une dépense de 30 francs environ par mètre courant de rive.

Quand l'ancienne berge, sapée par sa base et s'éboulant par tranches successives, ne peut être conservée, on en crée une nouvelle à l'aide d'une ligne de pieux reliés par une moise et par des clayonnages. Du côté de la rivière, on appuie contre cette cloison des déblais graveleux protégés par trois cours de gros gabions longitudinaux farcis de graviers. Le tout est protégé par des enrochements réglés à 45°. La nouvelle berge est reliée à l'ancienne par des piles transversales de pieux clayonnés formant des compartiments sans courant, où les atterrissements se font rapidement.

La dépense peut être évaluée approximativement à 54 francs par mètre courant pour les défenses avec rectification de la rive.

Un système plus économique, en usage sur la Garonne, mérite d'être recommandé. Il comporte une série d'épis plongeants un peu inclinés vers l'amont, enracinés à la rive insubmersible au-dessus du niveau des hautes eaux et venant aboutir au fond naturel du lit un peu au-dessous de l'étiage (planche VI).

Chaque épi se compose d'un coffrage en charpente et clayonnage, rempli de galets extraits du lit du cours d'eau et flanqué sur chacune de ses deux faces d'un cordon d'enrochements. Le coffrage est formé de deux files de pierres parallèles reliés longitudinalement par des moises simples et transversalement par des moises et des liernes. Celles-ci, fixées elles-mêmes par des tirefonds, peuvent être constituées par des pieux en grume sciés en deux suivant leur axe. Des lattes flexibles entre-croisées et disposées horizontalement entourent ces pieux et forment ainsi un clayonnage qui constitue les parois latérales du coffrage.

De chaque côté des pieux, dans l'espace laissé libre par les lattes, on plante des boutures de saule, de peuplier ou autres essences analogues.

Les épis placés transversalement à la direction du courant produisent rapidement des atterrissements qui s'opposent à la continuation de l'attaque de la rive. Les boutures plantées de chaque côté des pieux ne tardent pas à prendre racine, et la végétation en se développant consolide les dépôts nouvellement formés et leur communique une grande résistance à l'entraînement des eaux. La présence de cette végétation obvie, d'ailleurs, aux conséquences fâcheuses qui pourraient résulter de la destruction des charpentes de l'épi, lesquelles finissent toujours par pourrir et disparaître avec le temps.

160. Législation des travaux de défense des rives. — Ainsi que nous l'avons fait connaître ci-dessus (§ 148), les travaux de défense de rives sont assimilés, en ce qui concerne la législation, aux travaux d'endiguement. Nous n'avons donc pas à y revenir.

Ces travaux, lorsqu'ils présentent un intérêt général, sont souvent subventionnés par l'État.

Dans les départements du Doubs et du Jura où il est parfois nécessaire de prendre des mesures contre la corrosion des rives, les dépenses que nécessitent les travaux sont partagées entre l'État, le département et le syndicat des intéressés, qui en supportent chacun un tiers. Cette proportion du tiers est celle que le Gouvernement adopte ordinairement dans les subventions qu'il accorde.

Quant aux dépenses d'entretien, elles sont en entier à la charge des intéressés.

ANNEXES

NOTE A

Le fondement légal des pouvoirs de l'administration pour poursuivre les recouvrements et percevoir les taxes en matière d'hydraulique agricole est le suivant :

Le vote annuel du budget comprend deux parties distinctes, savoir :

1° La loi qui autorise le recouvrement des contributions directes et fixe le montant des recettes qui en résulte ; elle est plus spécialement désignée dans le langage courant sous le nom de *loi de finances ;*

2° La loi qui ouvre les crédits affectés aux dépenses ; c'est à elle que s'applique plus spécialement dans le langage courant le qualificatif de *budget*.

L'ordre dans lequel ces deux lois sont votées a varié selon les années. Normalement, le vote de la loi de finances suit immédiatement le vote du budget ; mais, lorsque les circonstances font craindre que le vote du budget soit retardé, on liquide d'abord la loi de finances, dont le vote précède quelquefois de plusieurs mois celui du budget. C'est ce qui est arrivé, par exemple, pour l'année 1896, où la loi de finances a été promulguée le 17 juillet 1895 (*Journal officiel* du 18), alors que le budget n'a été promulgué que le 28 décembre suivant (*Journal officiel* du 29).

A ces deux lois sont annexés des tableaux désignés par des lettres de l'alphabet (tableaux A, B, C, etc...), dans lesquels se trouve la nomenclature des perceptions et recouvrements autorisés. Les lettres indicatives de ces tableaux varient d'une année à l'autre. Les perceptions du tableau annexé à la loi de finances s'opèrent comme en matière de contributions directes ; le tableau annexé au budget proprement dit comprend, en particulier, les perceptions et rentrées accessoires de l'administration des contributions indirectes et celles qui n'exigent pas de rôles.

L'état annexé à la loi de finances est intitulé :

Tableau des droits, produits et revenus dont les rôles peuvent être établis pour l'année (millésime) conformément aux lois existantes, au profit de l'État, des départements et des communes, des établissements publics et des communautés d'habitants dûment autorisées.

Il contient entre autres les articles suivants :

Taxes imposées avec l'autorisation du Gouvernement, pour la surveillance, la conservation et la réparation des digues et autres ouvrages d'art intéressant les communautés de propriétaires ou d'habitants ;

Taxes pour les travaux de desséchement autorisés par la loi du 16 septembre 1807 *et taxes d'affouage, là où il est d'usage et utile d'en établir ;*

Taxes perçues pour l'entretien, la réparation et la reconstruction des canaux et rivières non navigables et des ouvrages d'art qui y correspondent [loi du 14 floréal an XI (4 mai 1803)] ;

Taxes perçues pour le recouvrement des dépenses faites d'office au compte des riverains et usagers des cours d'eau non navigables et de leurs dérivations, dans l'intérêt de la police et de la répartition générale des eaux (loi des 12-20 août 1790) ;

Taxes au profit des associations syndicales autorisées par les lois des 21 juin 1865 et 22 décembre 1888 ;

Frais de travaux intéressant la salubrité publique (loi du 16 septembre 1807) ;

Taxes d'arrosage autorisées par le Gouvernement (loi du 23 juin 1857, art. 25) ;

Honoraires et frais de déplacements dus aux ingénieurs des ponts et chaussées et des mines, pour leur intervention dans les affaires d'intérêt communal ou privé (décret des 13 octobre 1851, 10 et 27 mai 1854).

L'état annexé au budget est intitulé :

Tableau des droits, produits et revenus divers dont la perception est autorisée pour l'année... conformément aux lois existantes, au profit de l'État, des départements, des communes, des établissements publics et des communautés d'habitants dûment autorisées.

Il contient entre autres les articles suivants :

Pêche, francs bords, prises d'eau (lois des 18-27 mai, 19 août et 12 septembre 1791, 28 messidor an II et 16 juillet 1840, loi du 14 juillet 1856; décrets du 23 décembre 1810 et du 25 mars 1863) ;

Revenus et produits de toute nature du domaine public fluvial, maritime et terrestre (lois des 22 octobre, 5 novembre 1790, 22 novembre, 1er décembre 1790, 8 juillet 1791);

Remboursement des frais de contrôle et de surveillance des divers établissements et sociétés dépendant des ministères de l'intérieur, du commerce et de l'industrie, de l'agriculture et des travaux publics (avis du Conseil d'État approuvé par l'Empereur le 1er avril 1809 ; ordonnance royale du 12 juin 1842 ; lois de recettes de 1843; ordonnance du 2 août 1844 ; art. 66 de la loi du 24 juillet 1867 ; décrets du 22 février 1855 ; 22 décembre 1855 ; loi du 11 mai 1857 ; décret du 9 juin 1881 ; loi du 6 juin 1857 ; loi du 27 décembre 1884; arrêté ministériel du 30 avril 1866 ; loi du 22 décembre 1888 ; lois et décrets spéciaux).

Les tableaux d'où ces indications sont extraites pourraient utilement être simplifiés et remaniés dans le sens d'une coordination plus rationnelle des matières qu'ils contiennent. Il est difficile de se rendre compte des motifs qui ont fait encadrer certains articles dans le second tableau plutôt que dans le premier, et le lecteur a même pu se demander, au vu des extraits qui précèdent, quel lien peut exister entre les taxes d'affouage et les taxes de dessèchement, que l'on a réunies dans un même article. Quoi qu'il en soit, nous avons cru qu'il serait utile de préciser l'état actuel de la législation à cet égard.

NOTE B

Circulaire du Ministre de l'Intérieur du 29 octobre 1872

Monsieur le Préfet, dans la plupart des départements, chaque fois que des travaux exécutés sur un chemin vicinal peuvent modifier le régime des cours d'eau non navigables ni flottables, il s'établit une entente préalable entre les ingénieurs du service hydraulique et les agents voyers.

En fait, cette entente est nécessaire ; il serait superflu de vouloir le démontrer. En droit, elle n'est pas moins justifiée, car, si aucune instruction spéciale ne l'a prescrite jusqu'ici, un décret du 8 mai 1861 a placé dans les attributions du Ministre des Travaux publics tout ce qui concerne la police, le curage et l'amélioration des cours d'eau dont je viens de parler [1].

Je suis cependant avisé que quelques départements négligent de se conformer à l'usage général. S'il en était ainsi dans le vôtre, je vous prierais, suivant le désir de mon collègue, de prescrire, avant l'approbation des projets concernant des travaux de cette nature, une conférence entre les agents de la vicinalité et ceux du service hydraulique. Si ces derniers ne donnaient pas leur adhésion à l'exécution des travaux, vous m'en référeriez, en me transmettant les pièces de l'affaire et vos observations. J'examinerai la difficulté et je vous ferai connaître, après m'être concerté avec le département des Travaux publics, la solution à laquelle je me serai arrêté.

Veuillez m'accuser réception de la présente circulaire.

Recevez, etc.

Le Ministre de l'Intérieur,

Victor Lefranc.

[1] Ces services sont aujourd'hui dans les attributions du Ministre de l'Agriculture.

NOTE C

Nomenclature des fleuves et rivières partiellement navigables ou flottables, avec indication des points où commencent le flottage ou la navigation

DÉSIGNATION des RIVIÈRES	ORIGINE DE LA PARTIE flottable en trains	ORIGINE DE LA PARTIE navigable par bateaux	DÉPARTEMENTS TRAVERSÉS par la partie non navigable ni flottable	DÉPARTEMENTS TRAVERSÉS par la partie flottable en trains	DÉPARTEMENTS TRAVERSÉS par la partie navigable par bateaux
Aa	»	Vanne du Haut-Pont à Saint-Omer.	Pas-de-Calais	»	Pas-de-Calais
(Aber-Benoit)	»	»	Finistère	»	»
(Aber-il-Dut)	»	»	Finistère.	»	»
Aber-Wrach ou Laberwach	»	Pont suspendu de Paluden	Finistère	»	Finistère
Acheneau	»	Lac de Grandlieu	Loire-Inférieure	»	Loire-Inférieure
Adour	Digue du moulin dans la commune d'Aire (Landes).	Saint-Sever (Landes)	Hautes-Pyrénées, Gers, Landes.	Landes	Landes, Basses-Pyrénées.
Aff	»	Gacilly (Morbihan).	Ille-et-Vilaine, Morbihan.	»	Morbihan
Ain	Pont-de-Navoy (Jura)	La Chartreuse de Vaucluse (Jura).	Jura	Jura	Jura, Ain
Aisne	Commune de Mouron (Ardennes).	Château-Porcien (Aisne)	Meuse, Marne, Ardennes.	Ardennes	Ardennes, Aisne, Oise
Allier	Saint-Arçons (Haute-Loire)	Fontanes (Haute-Loire)	Lozère, Ardèche, Haute-Loire.	Haute-Loire	Haute-Loire, Puy-de-Dôme, Allier, Nièvre, Cher.
Ancre, ou Albert, ou Miramont	»	Barrage de la 1re usine en amont de l'embouchure.	Pas-de-Calais, Somme	»	Somme
Andelle	»	Commune de Pitres (Eure)	Seine-Inférieure, Eure	»	Eure
Aran	»	Pont du moulin de Bardos	Basses-Pyrénées	»	Basses-Pyrénées
Arc	Pont de la Madeleine, commune de Sainte-Marie de Cuines.	»	Savoie	Savoie	»
Ardanabia	»	Porto-Berry, commune de Briscous.	Basses-Pyrénées	»	Basses-Pyrénées
Ardèche	Pont d'Arc (Ardèche)	Saint-Martin-d'Ardèche (Ardèche)	Ardèche	Ardèche	Ardèche, Gard
Arguenon	»	Plancoët	Côtes-du-Nord	»	Côtes-du-Nord
(Ar-iar, ou Pont-ar-Yar)	»	»	Côtes-du-Nord	»	»
Ariège	»	Pont de Cintegabelle (Haute-Garonne).	Ariège, Haute-Garonne	»	Haute-Garonne
Arly	Hameau de Mollières, commune d'Ugine (Savoie).	»	Haute-Savoie, Savoie	Savoie	»
Armançon	(Rivière autrefois en partie flottable, aujourd'hui déclassée)		Côte-d'Or, Yonne.		
Aron	Commune de Cercy-la-Tour	»	Nièvre	Nièvre	»
(Arques)	»	»	Seine-Inférieure	»	»
Arroux	»	Pont de Gueugnon	Côte-d'Or, Saône-et-Loire.	»	Saône-et-Loire

NOTA. — Les noms entre parenthèses sont ceux de petites rivières qui se jettent directement dans la mer et n'ont pas de navigation.

DÉSIGNATION des RIVIÈRES	ORIGINE DE LA PARTIE flottable en trains	navigable par bateaux	DÉPARTEMENTS TRAVERSÉS par la partie non navigable ni flottable	par la partie flottable en trains	par la partie navigable par bateaux
Arz..............	»	2e pont d'Arz	Morbihan	»	Morbihan
Arve	Depuis le confluent du Bonnant jusqu'à la frontière suisse.	»	Haute-Savoie	Haute-Savoie	»
Aube	Brienne-la-Vieille	Pont d'Arcis-sur-Aube	Haute-Marne, Côte-d'Or, Aube.	Aube	Aube, Marne
Aude	Pont de Quillau	»	Pyrénées-Orientales, Ariège, Aude.	Aude	»
Aulne	»	Châteaulin	Côtes-du-Nord, Finistère.	»	Finistère
Auray	»	D'Auray à Locmariaquer	Morbihan	»	Morbihan
Aure..............	»	Portes d'Isigny	Calvados	»	Calvados
(Authie)	»	»	Pas-de-Calais, Somme.	»	»
Authion..........	»	Pont de Vivy	Indre-et-Loire, Maine-et-Loire.	»	Maine-et-Loire
Autise (jeune)....	»	Port de Courdault	»	»	Vendée
Autise (vieille)....	»	Port de Souille	Deux-Sèvres, Vendée.	»	Vendée
(Auzance)........	»	»	Vendée	»	»
(Aven)...........	»	»	Finistère	»	»
Avre	»	Pont de Moreuil	Oise, Somme	»	Somme
Avre (Petite).....	»	Pont Mathieu (route nationale n° 35).	»	»	Somme
Baïse	»	Saint-Jean-Poutge	Hautes-Pyrénées, Gers	»	Gers, Lot-et-Garonne
Bar	(Rivière autrefois partiellement navigable, aujourd'hui déclassée).		Ardennes		
Bez..............	Monsac	»	Drôme	Drôme	»
Bidassoa	»	Bordarrupia, territoire de Biriatou.	Basses-Pyrénées	»	Basses-Pyrénées
Bidouze	»	Port du Moulin de Came	Basses-Pyrénées	»	Basses-Pyrénées
Bienne...........	Pont de Mollinges	»	Jura	Jura, Ain.	»
(Bignon).........	»	»	Côtes-du-Nord	»	»
Blavet...........	»	Hennebont	Morbihan	»	Morbihan
(Bono)...........	»	»	Morbihan	»	»
Boucau (Vieux)....	»	Etang de Soustons	Landes	»	Landes
(Bouches d'Erquy).	»	»	Côtes-du-Nord	»	»
Boulogne.........	Depuis le moulin de Besson jusqu'à Saint-Philbert.	Depuis St-Philbert jusqu'au lac de Grandlieu.	Vendée, Loire-Inférieure.	Loire-Inférieure	Loire-Inférieure
Bourne...........	Pont-en-Royans	»	Isère	Isère, Drôme	»
Bourre...........	(Rivière autrefois en partie navigable, aujourd'hui déclassée).		Nord		

DÉSIGNATION des RIVIÈRES	ORIGINE DE LA PARTIE		DÉPARTEMENTS TRAVERSÉS		
	FLOTTABLE EN TRAINS	NAVIGABLE PAR BATEAUX	par la partie non navigable ni flottable	par la partie flottable en trains	par la partie navigable par bateaux
Boutonne.........	»	Pont de St-Jean-d'Angély	Deux-Sèvres, Charente-Inférieure.	»	Charente-Inférieure
Brenne ou Brême..	»	Pont de Brême	Loir-et-Cher, Indre-et-Loire.	»	Indre-et-Loire
(Bresle)..........	»	»	Seine-Infér^re, Somme	»	»
Brivet............	»	Pontchâteau	Loire-Inférieure	»	Loire-Inférieure
Buëch (Grand) ou Buëch d'Aspres.	Pont de la commune de St-Julien-en-Beauchêne.	»	Drôme, Hautes-Alpes	Hautes-Alpes, Basses-Alpes.	»
Buëch (Petit).....	Pont de la Roche	»	Hautes-Alpes	Hautes-Alpes	»
Canche...........	»	Montreuil	Pas-de-Calais	»	Pas-de-Calais
Cèze.............	Limite des communes de Bagnols et de Chusclan.	»	Lozère, Gard	Gard	»
Chalaronne.......	»	Creux de la Morelle, commune de Thoissey.	Ain	»	Ain
Charente.........	»	Montignac	Haute-Vienne, Vienne, Charente.	»	Charente, Charente-Inférieure.
Chatillon (Voir Val).					
Chée.............	Alliancelles	»	Meuse, Marne.	»	Marne
Cher.............	Moulin d'Enchaumes, au-dessous de Montluçon.	Vierzon	Creuse, Puy-de-Dôme, Allier.	Allier, Cher	Cher, Loir-et-Cher, Indre-et-Loire.
Cher (Vieux)......	(Rivière autrefois partiellement flottable, aujourd'hui déclassée).		Indre-et-Loire		
Chéran...........	Id.		Savoie, Haute-Savoie.		
Chère............	»	Fougeray	Loire-Inférieure	»	Loire-Inférieure
Chiers...........	»	Pont de la Ferté	Meurthe-et-Moselle, Meuse, Ardennes.	»	Ardennes
Choisille (ou Choiselle)..........	(Rivière autrefois partiellement navigable, aujourd'hui déclassée).		Indre-et-Loire	»	»
Ciron............	Confluent du ruisseau de Bartos.	»	Landes, Lot-et-Garonne Gironde.	Gironde	»
Coney............	»	Pont de Selles	Vosges, Haute-Saône.	»	Haute-Saône
Couesnon.........	»	Les Moulins d'Angle, au confluent de la rivière de Loysance, près Antrain.	Mayenne, Ille-et-Vilaine	»	Ille-et-Vilaine, Manche
Courrejean (Estey de)............	»	Moulin Leblanc	Gironde	»	Gironde
Coutances (canal de) (Voir Soulles).					
Creuse...........	Saint-Martin	Rives	Corrèze, Creuse, Indre	Indre, Indre-et-Loire.	Indre-et-Loire
Cure.............	Pont d'Arcy	»	Nièvre, Yonne	Yonne	»
(Dahouet).........	»	»	Côtes-du-Nord	»	»

DÉSIGNATION des RIVIÈRES	ORIGINE DE LA PARTIE		DÉPARTEMENTS TRAVERSÉS		
	flottable en trains	navigable par bateaux	par la partie non navigable ni flottable	par la partie flottable en trains	par la partie navigable par bateaux
(Daoulas).........	»	»	Finistère	»	»
Deûle (Basse).....	»	Lille	Pas-de-Calais, Nord	»	Nord
Deûle (Haute).....	»	Limite des départements du Pas-de-Calais et du Nord.	Pas-de-Calais	»	Nord
Dive.............	»	Pas-de-Jeu	Vienne, Deux-Sèvres	»	Vienne, Maine-et-Loire
Dives............	»	Pont de Méry-Corbon	Orne, Calvados	»	Calvados
Don..............	»	Pont de la Landelle	Maine-et-Loire, Loire-Inférieure.	»	Loire-Inférieure
Dordogne........	Confluent de la Rhue près Bort.	Meyronnes	Puy-de-Dôme, Cantal, Corrèze.	Corrèze, Lot	Lot, Dordogne, Gironde
Dore.............	Commune de la Naud au-dessous de Courpierre.	»	Puy-de-Dôme	Puy-de-Dôme	»
Doubs...........	»	Voujancourt	Doubs	»	Doubs, Jura, Saône-et-Loire.
Dourduff.........	»	Moulin à Mer	Finistère	»	Finistère
(Douron).........	»	»	Côtes-du-Nord, Finistère.	»	»
Douves...........	»	Saint-Sauveur-le-Vicomte	Manche	»	Manche
Douze............	Roquefort (confluent de l'Estampon).	»	Gers, Landes	Landes	»
Drac.............	Pont de Claix	»	Hautes-Alpes, Isère	Isère	»
Drôme...........	Confluent du Bez	»	Drôme	Drôme	»
Dronne...........	»	Coutras	Haute-Vienne, Dordogne, Charente, Charente-Inférieure, Gironde.	»	Gironde
Drot (ou Dropt)....	»	Eymet	Dordogne, Lot-et-Garonne.	Dordogne, Lot-et-Garonne, Gironde.	»
(Dun)............	»	»	Seine-Inférieure	»	»
Durance..........	Pont de la commune de St-Clément.	»	Hautes-Alpes	Hautes-Alpes, Basses-Alpes, Bouches-du-Rhône, Vaucluse.	»
(Durdent)........	»	»	Seine-Inférieure	»	»
Elorn (ou rivière de Landerneau)....	»	Landerneau	Finistère	»	Finistère
Erdre............	»	Nort	Maine-et-Loire, Loire-Inférieure.	»	Loire-Inférieure
Escaut...........	»	Cambrai	Aisne, Nord	»	Nord
(Etel)............	»	»	Morbihan	»	»
Eure.............	»	Louviers (naissance du bras de l'Epervier).	Orne, Eure-et-Loire, Eure.	»	Eure
(Faou)...........	»	»	Finistère	»	»

DÉSIGNATION des RIVIÈRES	ORIGINE DE LA PARTIE flottable par trains	ORIGINE DE LA PARTIE navigable par bateaux	DÉPARTEMENTS TRAVERSÉS par la partie non navigable ni flottable	DÉPARTEMENTS TRAVERSÉS par la partie flottable en trains	DÉPARTEMENTS TRAVERSÉS par la partie navigable par bateaux
Fave.............	1250 mètres au-dessous de la commune de la Lubine.	»	Vosges	Vosges	»
Fier.............	»	Point placé dans le prolongement de la tête ouest du 1er tunnel de la route départementale n° 6.	Haute-Savoie	»	Haute-Savoie
(Frémur).........	»	»	Côtes-du-Nord	»	»
Furans...........	Pont d'Audert	»	Ain	Ain	»
Gardon...........	Bac de Comps	»	Lozère, Gard.	Gard	»
Garonne..........	Entrée en France, au Pont du Roi.	Confluent du Salat, à Roquefort.	»	Haute-Garonne, Htes-Pyrénées.	Hte-Garonne, Tarn-et-Garonne, Lot-et-Garonne, Gironde.
Gave de Mauléon (ou Saison).....	Pont d'Osserain	»	Basses-Pyrénées	Basses-Pyrénées	»
Gave d'Oloron....	Pont d'Oloron	»	Basses-Pyrénées	Basses-Pyrénées, Landes.	»
Gave de Pau.....	Pont de Bétharam, commune de Lestelle.	Confluent des Gaves de Pau et d'Oloron à Peyrehorade.	Hautes-Pyrénées, Basses-Pyrénées.	Basses-Pyrénées, Landes.	Landes
Gers.............	»	Pont de Layrac	Hautes-Pyrénées, Gers, Lot-et-Garonne.	»	Lot-et-Garonne
Giffre............	(Rivière autrefois partiellement flottable, aujourd'hui déclassée).		Haute-Savoie	»	»
Giramort (Estey de).	»	Route nationale n° 10	Gironde	»	Gironde
Gironde..........	»	Navigable sur tout son cours	»	»	Gironde
(Gouessant).......	»	»	Côtes-du-Nord	»	»
Gouet............	»	Le Légué	Côtes-du-Nord	»	Côtes-du-Nord
Goutte de la Maix.	Scierie de la Maix	»	Vosges	Vosges	»
Goyen...........	»	Port de Pont-Croix	Finistère	»	Finistère
Guer (ou Léguer).	»	Port de Lannion	Côtes-du-Nord	»	Côtes-du-Nord
Graveyron (Estey de)........	»	Moulin Leblanc	Gironde	»	Gironde
(Guindy)..........	»	»	Côtes-du-Nord	»	»
(Guilliec).........	»	»	Finistère	»	»
(Guy-Chatenay) (ou rivière de Talmont)	»	»	Vendée	»	»
Hallue (ou Querieux).	»	Barrage de la 1re usine en amont de son embouchure dans la Somme.	Somme	»	Somme
Haute-Perche (Voir Perche).					
Hérault..........	»	Port de Bessan	Gard, Hérault	»	Hérault
Houlle...........	»	Moulin Lafoscade	Pas-de-Calais	»	Pas-de-Calais
(Hopital).........	»	»	Finistère	»	»
(Ic)..............	»	»	Côtes-du-Nord	»	»
(Ile).............	»		Vendée	»	»

DÉSIGNATION des RIVIÈRES	ORIGINE DE LA PARTIE		DÉPARTEMENTS TRAVERSÉS		
	flottable en trains	navigable par bateaux	par la partie non navigable ni flottable	par la partie flottable en trains	par la partie navigable par bateaux
Isère............	Aigueblanche	Limite des départements de la Savoie et de l'Isère.	Savoie	Savoie	Isère, Drôme
Isle.............	»	Vieux pont de Périgueux	Hte-Vienne, Dordogne	»	Dordogne, Gironde
(Jarlot)..........	»	»	Finistère	»	»
Jaudy............	»	Port de la Roche-Derrien	Côtes-du-Nord	»	Côtes-du-Nord
(Jaunay).........	»	»	Vendée	»	»
(Kellec) (ou Horno).	»	»	Finistère	»	»
Laberwrach (Voir Aber-wrach).					
Laïta............	»	Port de Quimperlé	Finistère	»	Finistère
Lanterne.........	Mersnay	»	Haute-Saône	Haute-Saône	»
Langoiran (Estey de)............	»	Route nationale n° 10	Gironde	»	Gironde
Latresne (Estey de).	»	Route nationale n° 10	Gironde	»	Gironde
Lawe............	»	L'Argent-Perdu, à Béthune	Pas-de-Calais	»	Pas-de-Calais, Nord
Lay.............	»	Beaulieu, près Mareuil	Vendée	»	Vendée

DÉSIGNATION des RIVIÈRES	flottable en trains	navigable par bateaux	par la partie non navigable ni flottable	par la partie flottable en trains	par la partie navigable par bateaux
Layon...........	»	Pont de Chaudefonds	Maine-et-Loire	»	Maine-et-Loire
(Leff)...........	»	»	Côtes-du-Nord	»	»
(Léguer)..........	»	»	Côtes-du-Nord	»	»
Leyre (occidentale) (ou Leyre de Sabres).........	Moulin de Rotgé	»	Landes	Landes, Gironde	»
Leyre (orientale) (ou Leyre de Sore)..	Moulin de Sore	»	Landes	Landes	»
Leysse..........	»	Le Haut-Varron, commune du Bourget.	Savoie	»	Savoie
Lez.............	»	Montpellier	Hérault	»	Hérault
Lézarde..........	»	Pont aux Chaines, à Harfleur.	Seine-Inférieure	»	Seine-Inférieure
(Liane)...........	»	»	Pas-de-Calais	»	»
(Ligneron)........	»	»	Vendée	»	»
Liboury..........	»	Moulin de Roby	Basses-Pyrénées	»	Basses-Pyrénées
Loir............	Moulin de la Pointe, au-dessus de la commune de la Chartre.	Port Gauthier, commune de Sainte-Cécile.	Eure-et-Loir, Loir-et-Cher, Sarthe.	Sarthe	Sarthe, Maine-et-Loire.
Loire............	Vorey	La Noirie, au-dessus de Saint-Rambert.	Ardèche, Haute-Loire	Haute-Loire, Loire	Loire, Saône-et-Loire, Allier, Nièvre, Loiret, Loir-et-Cher, Indre-et-Loire, Maine-et-Loire, Loire-Infér.
Loiret...........	»	640 mètres au-dessus du pont de Saint-Mesmin.	Loiret	»	Loiret

DÉSIGNATION des RIVIÈRES	ORIGINE DE LA PARTIE		DÉPARTEMENTS TRAVERSÉS		
	flottable en trains	navigable par bateaux	par la partie non navigable ni flottable	par la partie flottable en trains	par la partie navigable par bateaux
Lot.............	»	Moulin d'Olt	Lozère, Aveyron	»	Aveyron, Lot, Lot-et-Garonne.
Loue............	Commune de Cramans	»	Doubs, Jura	Jura	»
Luce............	(Rivière autrefois partiellement navigable, aujourd'hui déclassée.)		Somme	»	»
Luy	»	Moulin d'Oro	B[ses]-Pyrénées, Landes	»	Landes
Lyonne (ou Lionne)	Saint-Jean en Royans	»	Drôme	Drôme	»
Lys.............	»	Bassin d'Aire	Pas-de-Calais	»	Pas-de-Calais, Nord
Madelaine	(Rivière autrefois en partie navigable, aujourd'hui déclassée.)		Manche	»	
Maine	»	Navigable sur tout son cours	»	»	Maine-et-Loire
Maine (Petite).....	»	Caffineau	Vendée, Loire-Infér.	»	Loire-Inférieure
Marne............	»	200 mètres en aval du pont de Saint-Dizier.	Haute-Marne	»	Haute-Marne, Marne, Aisne, Seine-et-Oise, Seine.
Masse............	(Rivière autrefois partiellement navigable, aujourd'hui déclassée.)		Indre-et-Loire		
Mayenne.........	»	Usine de Brives	Orne, Mayenne	»	Mayenne, Maine-et-Loire.
Merderet.........	»	Chemin de grande communication, n° 70.	Manche	»	Manche
Meu	»	Moulin de Bury	Côtes-du-Nord, Ille-et-Vilaine.	»	Ille-et-Vilaine
Meurthe..........	Confluent de la Fave	Pont de Malvézille, près Nancy.	Vosges	Vosges, Meurthe-et-Moselle.	Meurthe-et-Moselle
Meuse............	»	Euville	Haute-Marne, Vosges, Meuse.	»	Ardennes, Meuse
Midouze..........	»	Mont-de-Marsan	»	»	Landes
Mignon	»	Le Moulin Neuf, sous Mauzé	Deux-Sèvres	»	Deux-Sèvres Charente-Inférieure
Morin (Grand)	»	Tigeaux	Marne, Seine-et-Marne	»	Seine-et-Marne
Morlaix (Voir Dourduff).					
Moron	»	Pont du Moron	Gironde	»	Gironde
Moselle	Pont de la Vierge, au-dessus d'Epinal.	Frouard	Vosges	Vosges, Meurthe-et-Moselle.	Meurthe-et-Moselle
Mosson	»	Port-au-Vin (commune de Villeneuve-lès-Maguelone).	Hérault	»	Hérault
Neste	Commune de Saint-Lary	»	Hautes-Pyrénées	Hautes-Pyrénées, Haute-Garonne.	»
Nive.............	Confluent du torrent de Laurhibarre à 2.500[m] au-dessous de Saint-Jean-Pied-de-Port.	Commune de Cambo	Basses-Pyrénées	Basses-Pyrénées	Basses-Pyrénées

DÉSIGNATION des RIVIÈRES	ORIGINE DE LA PARTIE		DÉPARTEMENTS TRAVERSÉS		
	flottable en trains	navigable par bateaux	par la partie non navigable ni flottable	par la partie flottable en trains	par la partie navigable par bateaux
Nivelle	»	Pont d'Ascaïn	Basses-Pyrénées	»	Basses-Pyrénées
Odet	»	Port de Quimper	Finistère	»	Finistère
OEille (Estey de l').	»	Route nationale n° 10	Gironde	»	Gironde
Ognon	»	Pont Saint-Martin	Vendée, Loire-Infér.	»	Loire-Inférieure
Oise	Beautor	Chauny	Aisne	Aisne	Aisne, Oise, Seine-et-Oise.
(Oncin)	»	»	Basses-Pyrénées	»	»
Orb	»	Le Pas de Los Egos, près Sérignan.	Aveyron, Hérault	»	Hérault
Ornain	Bar-le-Duc	»	Haute-Marne, Meuse	Meuse	»
Orne	»	Pont du chemin de fer à Caen.	Orne, Calvados	»	Calvados
Oudon	»	Le Moulin sous la Tour, en amont de Segré.	Mayenne, Maine-et-Loire.	»	Maine-et-Loire
Oust	»	Port de Malestroit	Côtes-du-Nord, Morbihan.	»	Morbihan, Ille-et-Vilaine.
(Payré)	»	»	Vendée	»	»
(Pennelé)	»	»	Finistère	»	»
Pensez	»	Port de Pensez	Finistère	»	Finistère
Perche (Etier de la Haute)	»	La Haute-Perche	Loire-Inférieure	»	Loire-Inférieure
Plaine	La scierie de Saint-Pierre, au-dessus de la commune de Raon-les-Leau.	»	Vosges	Vosges	»
(Pont-de-Buis)	»	»	Finistère	»	»
Podensac (Estey de)	»	Source des Fontaines	Gironde	»	Gironde
Plassac (chenal de).	»	Ecluse de chasse, située à l'amont du port de Plassac.	»	»	Gironde
Pont-l'Abbé	»	Port de Pont-l'Abbé	Finistère	»	Finistère
(Pouldavid)	»	»	Finistère	»	»
Rabodeau	Scierie l'Abbé, commune de Moussey.	»	Vosges	Vosges	»
Rance	»	Evran	Côtes-du-Nord, Ille-et-Vilaine.	»	Côtes-du-Nord, Ille-et-Vilaine.
Ravines	Scierie Coichot au-dessus de Sainte-Praye, commune de Moy-en-Moutier.	»	Vosges	Vosges	»
(Remur)	»	»	Côtes-du-Nord	»	»
Revigny (canal de).	(Autrefois navigable, aujourd'hui déclassé).		Meuse, Marne	»	»
Reyssouze	»	Pont de Vaux	Ain	»	Ain

DÉSIGNATION des RIVIÈRES	ORIGINE DE LA PARTIE		DÉPARTEMENTS TRAVERSÉS		
	flottable en trains	navigable par bateaux	par la partie non navigable ni flottable	par la partie flottable en trains	par la partie navigable par bateaux
Rhône...........	Entrée en France	Hameau du Parc, commune de Sorgieu (Ain).	»	Ain, Savoie	Ain, Savoie, Isère, Rhône, Loire, Ardèche, Drôme, Gard, Vaucluse, Bouches-du-Rhône.
Rille.............	»	Pont-Audemer	Orne, Eure	»	Eure
(Saane)..........	»	»	Seine-Inférieure	»	»
(Sach)...........	»	»	Morbihan	»	»
Saison (Voir Gave de Mauléon).	»	»	»	»	»
Saint-Bonnet (Chenal de).........	»	Pont éclusé servant aux chasses.	Gironde	»	Gironde
Salat............	Taurignan-Castel	La Cave	Ariège	Ariège	Ariège, Hte-Garonne
Sambre..........	»	Landrecies	Aisne, Nord	»	Nord
Saône............	Pont de Jonvelle	Corre, origine du canal de l'Est.	Vosges, Haute-Saône	Haute-Saône	Hte-Saône, Côte-d'Or, Saône-et-Loire, Ain, Rhône.
Sarthe...........	»	Barrage de St-Gervais, à 2 kil. en amont du Mans.	Orne, Sarthe	»	Sarthe, Maine-et-Loire
Saulx............	Estrepy	»	Haute-Marne, Meuse. Marne.	Marne	»
Savières (canal de).	»	Navigable sur tout son cours	»	»	Savoie
Scarpe...........	»	Saint-Nicolas-les-Arras	Pas-de-Calais	»	Pas-de-Calais, Nord
(Scie)............	»	»	Seine-Inférieure	»	»
Scorff...........	»	Pont Scorff	Côtes-du-Nord, Finistère.	»	Finistère
Sée..............	»	Tirpied, au-dessous d'Avranches.	Manche	»	Manche
Seille............	»	Louhans	Jura, Saône-et-Loire	»	Saône-et-Loire
Seine............	»	Pont de Méry	Côte-d'Or, Aube	»	Aube, Seine-et-Marne. Seine-et-Oise, Seine, Eure, Seine-Inférieure.
Sélune...........	»	Moulin de Ducey	Manche	»	Manche
Semoy...........	Entrée en France	Commune des Hautes-Rivières.	Ardennes	Ardennes	Ardennes
Séran............	Confluent de l'Arvières	»	Ain	Ain	»
Seudre...........	»	Commune de Saujon	Charente-Inférieure	»	Charente-Inférieure
(Seules)..........	»	»	Calvados	»	»
Sèves............	(Rivière autrefois en partie navigable, aujourd'hui déclassée).		Manche	»	»
Sèvre-Nantaise....	»	Pont de Monnières	Deux-Sèvres, Vendée, Maine-et-Loire, Loire-Inférieure.	»	Loire-Inférieure

DÉSIGNATION des RIVIÈRES	ORIGINE DE LA PARTIE		DÉPARTEMENTS TRAVERSÉS		
	flottable en trains	navigable par bateaux	par la partie non navigable ni flottable	par la partie flottable en trains	par la partie navigable par bateaux
Sèvre-Niortaise....	»	Niort	Deux-Sèvres	»	Deux-Sèvres, Vendée, Charente-Inférieure.
Sienne	»	Pont de la Roque, route départementale n° 23, commune de Montchaton.	Calvados, Manche	»	Manche
(Slack)..........	»	»	Pas-de-Calais	»	»
Somme..........	»	La Neuville-lès-Bray	Aisne, Somme	»	Somme
Soulles (ou canal de Coutances)...	(Voie autrefois navigable, aujourd'hui déclassée).		Manche	»	»
(Stéïr)...........	»	»	Finistère	»	»
Taintroué........	Scierie de Rougiville, commune de Taintroué.	»	Vosges	Vosges	»
Tarn............	»	Cataracte du Sault-de-Sabo	Lozère, Aveyron, Tarn	»	Tarn, Haute-Garonne, Tarn-et-Garonne.
Taute...........	»	Moulin de Ménil, près Marchésieux.	Manche	»	Manche
Tenu	»	Bellevue	Loire-Inférieure	»	Loire-Inférieure
Terrette..........	(Rivière autrefois en partie navigable, aujourd'hui déclassée).		Manche	»	»
Thiou...........	»	Lac d'Annecy (jusqu'au barrage de Sainte-Claire).	Haute-Savoie	»	Haute-Savoie
Thiou (Petit) ou Vassé..........	»	Lac d'Annecy (jusqu'au petit pont des Boucheries)	Haute-Savoie	»	Haute-Savoie
Thouet..........	»	Moulin Couché, en amont de Montreuil-Bellay.	Deux-Sèvres, Maine-et-Loire.	»	Maine-et-Loire
Touques.........	»	Commune de Breuil-en-Auge	Orne, Calvados.	»	Calvados
Trieux	»	Port de Pontrieux	Côtes-du-Nord	»	Côtes-du-Nord
(Trinité).........	»	»	Morbihan	»	»
(Urne)	»	»	Côtes-du-Nord	»	»
Usses (Les).......	(Rivière autrefois partiellement flottable ; aujourd'hui déclassée).		Haute-Savoie	»	»
Val et Châtillon...	Cirey (Châtillon), scierie de Marquis (Val).	»	Meurthe-et-Moselle	Meurthe-et-Moselle	»
(Valmont)	»	»	Seine-Inférieure	»	»
Vanloue..........	(Rivière autrefois en partie navigable, aujourd'hui déclassée).		Manche	»	»
Vannes.....	»	Vannes	Morbihan	»	Morbihan
Var.............	Confluent de la Vésubie	»	Alpes-Maritimes	Alpes-Maritimes	»
Vendée..........	»	Fontenay-le-Comte	Deux-Sèvres, Vendée	»	Vendée
(Veules).........	»	»	Seine-Inférieure	»	»

DÉSIGNATION des RIVIÈRES	ORIGINE DE LA PARTIE		DÉPARTEMENTS TRAVERSÉS		
	flottable en trains	navigable par bateaux	par la partie non navigable ni flottable	par la partie flottable en trains	par la partie navigable par bateaux
Vézère...........	»	Terrasson	Corrèze, Dordogne	»	Dordogne
Vezouze..........	Sur tout son cours	»	»	Meurthe-et-Moselle	»
(Vidourle)........	»	»	Hérault, Gard	»	»
Vie..............	»	Pont du Pas-Opton, commune de Saint-Maixent.	Vendée	»	Vendée
Vienne...........	»	Pont de Chitré	Corrèze, Haute-Vienne, Charente, Vienne.	»	Vienne, Indre-et-Loire
Vilaine...........	»	Pont de Cesson, près Rennes	Mayenne, Ille-et-Vilaine.	»	Ille-et-Vilaine, Loire-Inférieure, Morbihan.
Vire..............	»	Pontfarcy	Calvados	»	Calvados, Manche
(Wimereux)........	»	»	Pas-de-Calais	»	»
(Yèves)...........	»	»	Seine-Inférieure	»	»
Yonne............	Le Pertuis d'Armes	Auxerre	Nièvre	Nièvre, Yonne	Yonne, Seine-et-Marne

TABLE DES MATIÈRES

INTRODUCTION

PREMIÈRE PARTIE

Réglementation des prises d'eau sur cours d'eau non navigables ni flottables

CHAPITRE I

Généralités

CHAPITRE II

Dispositions générales des prises d'eau d'usines

CHAPITRE III

Dispositions particulières des ouvrages de retenue et de décharge

CHAPITRE IV

Exemple de la réglementation d'un barrage d'usine

CHAPITRE V

Réglementation des barrages dans des conditions spéciales

CHAPITRE VI

Opérations et études nécessitées par la réglementation des usines

CHAPITRE VII

Récolement des ouvrages

CHAPITRE VIII

Revision des règlements

CHAPITRE IX

Réglementation des barrages d'irrigation et de submersion

DEUXIÈME PARTIE

Entretien et amélioration des cours d'eau non navigables ni flottables

CHAPITRE I

Considérations générales sur les cours d'eau

CHAPITRE II

Curages

CHAPITRE III

Faucardements

CHAPITRE IV

Suppression des obstacles à l'écoulement des eaux

CHAPITRE V

Endiguements

CHAPITRE VI

Défense des rives

ANNEXES

Tours. — Imprimerie Deslis Frères.

www.ingramcontent.com/pod-product-compliance
Ingram Content Group UK Ltd.
Pitfield, Milton Keynes, MK11 3LW, UK
UKHW022049260726
13993UKWH00001B/6

9 782019 952488